多功能混凝土技术

Multifunction Concrete Technology

冯乃谦　马展祥　林仲龙　编著

中国建筑工业出版社

图书在版编目（CIP）数据

多功能混凝土技术＝Multifunction Concrete Technology/冯乃谦，马展祥，林仲龙编著．—北京：中国建筑工业出版社，2022.11
ISBN 978-7-112-27985-2

Ⅰ．①多…　Ⅱ．①冯…　②马…　③林…　Ⅲ．①混凝土-研究　Ⅳ．①TU528

中国版本图书馆 CIP 数据核字（2022）第 176712 号

本书从多方面论述了多功能混凝土技术及应用，共分 24 章，主要内容包括：混凝土材料与技术发展的回顾；混凝土技术向高性能、超高性能方向发展；高强与高性能混凝土的发展及生产应用；超高性能混凝土的开发与应用；高性能与超高性能混凝土用粗、细骨料；新型高效减水剂研发与应用；混凝土收缩开裂与减缩剂的应用；混凝土中钢筋防（阻）锈剂；混凝土中氯离子固化剂的研发与应用；微珠超细粉及其功能；天然沸石超细粉的特性与混凝土中的应用；矿渣超细粉的特性与应用；硅粉在混凝土中的应用；粉煤灰在混凝土中的应用；多功能混凝土技术的研发与工程应用；高强与超高强多功能混凝土；C120 多功能混凝土研发与应用；强度 150MPa 多功能混凝土研发与性能检测；造纸白泥 C30、C60 多功能混凝土的研发与应用；超高强多功能混凝土的超高泵送技术；轻骨料多功能混凝土及其应用；飞灰及灰渣在多功能混凝土中的应用技术；多功能混凝土技术对混凝土制品生产与应用带来的变革和创新；多功能混凝土结构的电化学保护技术。

本书适用于高等院校相关专业的师生，也可供有关工程技术人员参考。

责任编辑：辛海丽　郭　栋
责任校对：张　颖

多功能混凝土技术
Multifunction Concrete Technology
冯乃谦　马展祥　林仲龙　编著

*

中国建筑工业出版社出版、发行（北京海淀三里河路 9 号）
各地新华书店、建筑书店经销
霸州市顺浩图文科技发展有限公司制版
北京建筑工业印刷厂印刷

*

开本：787 毫米×1092 毫米　1/16　印张：24　字数：469 千字
2022 年 11 月第一版　2022 年 11 月第一次印刷
定价：**78.00** 元
ISBN 978-7-112-27985-2
（39897）

前　言

随着人类社会的发展和进步，混凝土材料与应用技术也不断提高。从我国甘肃省大地湾遗址中，发掘出与古罗马火山灰混凝土相似的地面材料，这种大约5000年前的地面材料，具有令人吃惊的耐久性。日本的多个公司和研究单位，从我国大地湾遗址取样，进行了系统的微观结构分析，利用这种混凝土长寿命的基本原理，研发出了“EIEN”（永远）的混凝土技术，制造了混凝土结构的模板，用于海洋工程，外包桥墩的永久性模板，也称之为万年混凝土。大地湾遗址中的地面材料，也是当今世界上最古老的混凝土。

20世纪70年代，挪威为了提高海上钢筋混凝土平台的耐久性，在混凝土中掺入了硅灰。其结果不单提高了混凝土的耐久性，也提高了混凝土的强度，改善了混凝土的流动性。这种混凝土不能以某一种性能去衡量，后来被命名为高性能混凝土。

在矿物质粉体技术和高效减水剂技术发展的基础上，又由高性能混凝土进一步发展了超高性能混凝土。日本已将强度为200MPa的超高性能混凝土用于超高层建筑的底层柱中。在美国，强度250MPa的超高性能混凝土已商业化。在欧洲，强度200～250MPa的超高性能混凝土已用于桥梁及特殊结构中。加拿大魁北克的某座桥梁面板，使用了强度250MPa的超高性能混凝土。

在我国，广州的东塔超高层建筑中，试验应用了强度150MPa的超高性能混凝土。这种混凝土具有多种功能：自密实、自养护、低水化热、低收缩、高保塑与高耐久性等，即以某一方面的功能不能完全体现出这种混凝土的特点。故称为多功能混凝土。在东塔工程中，进行了超高泵送试验，由地面直接泵送至510m高度，浇筑了梁板柱及剪力墙。脱模时，构件表面上没有发现任何裂纹，质量上乘。

挪威的混凝土专家指出：“超高性能混凝土是混凝土技术突破性的进展”。多功能混凝土技术，强度高的可达150MPa，C30混凝土也具有多种功能。多功能混凝土的原材料可与普通混凝土类同，也可以用工业废弃物生产。除了普通混凝土外，还有轻骨料多功能混凝土、生活垃圾焚烧发电飞灰及炉渣制造的免烧陶粒多功能混凝土等。飞灰免烧陶粒还能固化飞灰中的重金属及放射性元素，极微量的二噁英也被包裹在免烧陶粒中，使飞灰无害化及资源化。

在中建四局叶浩文董事长的支持下，冯乃谦教授带领和指导研究队伍，结合广州的西塔、东塔及深圳京基大厦三项超高层建筑工程的需要，研发出了C100

的超高性能混凝土和C100的超高性能自密实混凝土，并在广州的西塔把这两种混凝土超高泵送至420m，浇筑了钢管混凝土。接着又结合京基大厦，开发出了C120UHPC，新拌混凝土能保塑3h，从宝安的正强混凝土搅拌站，经过1.5h运送到蔡屋围的施工现场，并泵送至500m以上的高度，浇筑了梁板柱构件。在广州的东塔工程中，首层C80超高性能混凝土剪力墙。脱模后，发现墙面上都有裂缝，多者在同一个墙面上有120多条裂缝，这是混凝土自收缩造成的。在中建四局叶浩文董事长和广州天达混凝土有限公司领导的支持下，在广州天达混凝土有限公司实验室，开展了抑制超高性能混凝土自收缩开裂的研究，从组成材料、小型模拟试验、剪力墙模拟试验、实际尺寸结构试验等，检验了强度由低到高的多功能混凝土的性能；也从混凝土的传统材料到工业废渣的资源化应用等方面，研发和应用了造纸白泥多功能混凝土和工业废弃物多功能混凝土。多功能混凝土技术荣获了中国发明多项专利，并荣获了中国（上海）国际发明博览会多枚金奖、美国硅谷召开的日内瓦发明博览会金奖1枚。碱激发飞灰免烧陶粒固化重金属的专利，荣获了中国（上海）国际发明博览会及英国国际发明博览会金奖各1枚。

本书共分24章。第1章阐述了混凝土材料与技术的发展；第2章讲述了粉体技术与减水剂技术如何促进了混凝土技术向高性能、超高性能方向发展；第3章高性能混凝土的发展与生产应用；第4章超高性能混凝土的开发与应用；第5章高性能与超高性能混凝土用粗、细骨料；第6章新型高效减水剂的研发与应用；第7章混凝土收缩开裂与减缩剂的应用；第8章混凝土中钢筋防（阻）锈剂；第9章混凝土中氯离子固化剂的研发与应用；第10章微珠超细粉及其功能；第11章天然沸石超细粉的特性与混凝土中的应用；第12章矿渣超细粉的特性与应用；第13章硅粉在混凝土中的应用；第14章粉煤灰在混凝土中的应用；第15章多功能混凝土技术的研发与工程应用；第16章高强与超高强多功能混凝土；第17章C120多功能混凝土研发与应用；第18章强度150MPa多功能混凝土研发与性能检测；第19章造纸白泥C30、C60多功能混凝土的研发与应用；第20章超高强多功能混凝土的超高泵送技术；第21章轻骨料多功能混凝土及其应用；第22章飞灰及灰渣在多功能混凝土中的应用技术；第23章多功能混凝土技术对混凝土制品生产与应用带来的变革与创新；第24章多功能混凝土结构的电化学保护技术。

书中的内容从多方面论述了多功能混凝土技术，可供高等院校师生使用，也可供工程技术人员参考。书中难免有错误和问题，请批评指正。在多功能混凝土试验研究与试验应用的过程中，得到了中国建筑第四工程局有限公司、广州天达混凝土有限公司、深圳建工集团股份有限公司、深圳正强投资发展有限公司、中联重科股份有限公司及三一重工股份有限公司等单位的大力支持和帮助，在此表示衷心感谢。

本书是冯乃谦教授专著，出版得到了广州天达混凝土有限公司马展祥总经理的全力支持，试验研究过程中得到了中建四局叶浩文董事长及广州天达混凝土有限公司林仲龙董事长的大力支持。向井毅教授、笠井芳夫教授、西林新藏教授是作者留学日本时的导师和朋友，给予作者莫大的帮助与指导，对他们也表示衷心感谢。冯乃谦教授长期受聘为广州天达混凝土有限公司的技术顾问，在混凝土试验研究方面，得到了林仲龙董事长及马展祥总经理的多方关照，在该公司还结交了许多朋友，他们具有创新精神，为 MPC 的研发与应用付出了辛勤的劳动，在此表示衷心感谢。

冯乃谦

2022 年 7 月

目　录

第1章　混凝土材料与技术发展的回顾

混凝土是当前世界上应用最大宗的建筑工程材料，年产量人均1t左右；世界混凝土年产量约65亿～70亿t，中国约占总产量的一半以上。

现代混凝土技术的发展，从1824年水泥的发明，到1835年混凝土出现，水泥混凝土的历史还不到200年，混凝土经历了深层次高新技术的发展：原始社会混凝土，古罗马的火山灰混凝土，普通混凝土，高性能与超高性能混凝土，多功能混凝土等。

超高性能混凝土是混凝土技术突破性的进展。

1.1　世界上最古老的混凝土

原始社会的混凝土，是世界上最古老的混凝土。中国甘肃天水市秦安县境内，大地湾古文化遗址总面积约110万m^2，最早距今约7800年，最晚距今也有4800年左右，有3000年文化的延续。有一座属于仰韶文化晚期，三门开和带檐廊的大型建筑（图1-1），房址面积270m^2，室内面积达150m^2。平地起建，面积达130m^2的F901宫殿式建筑主室，地面材料全部为礓石和砂石，类似现代水泥地面（图1-2）。

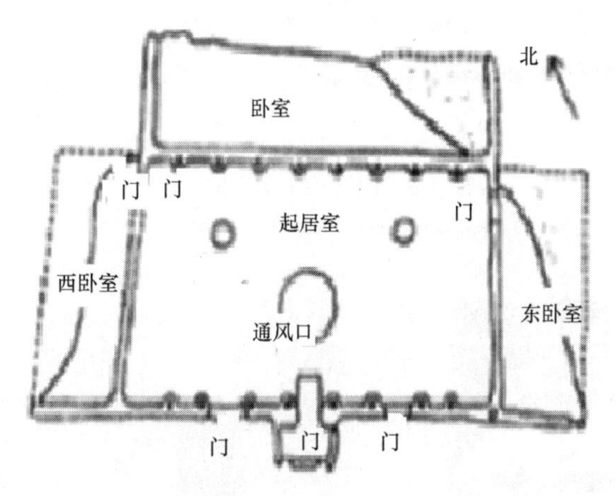

图1-1　仰韶文化晚期的三门开和带檐廊的大型建筑

日本笠井芳夫教授编著的《轻质混凝土》中介绍：世界最古老的轻质混凝土是在中国甘肃省秦安县大地湾大型居住群的遗址中。日本大学生产工学部及日本

图 1-2 类似现代水泥混凝土地面

鹿岛株式会社等从大地湾取样，进行 XRD（图 1-3）及 SEM 等方面的微观分析，进一步指出，大地湾居住群遗址地面，用含有碳酸钙和黏土的礓石经过煅烧后，变成了水硬性水泥，骨料也是用同样礓石烧成的，变成了具有无数孔隙的人造轻骨料，密度 1.68g/cm^3，粒径 20mm 左右，密实体积率 67%，混凝土立方体抗压强度 110kgf/cm^2，经过 5000 年仍保持着充分强度的结构材料（图 1-4）。

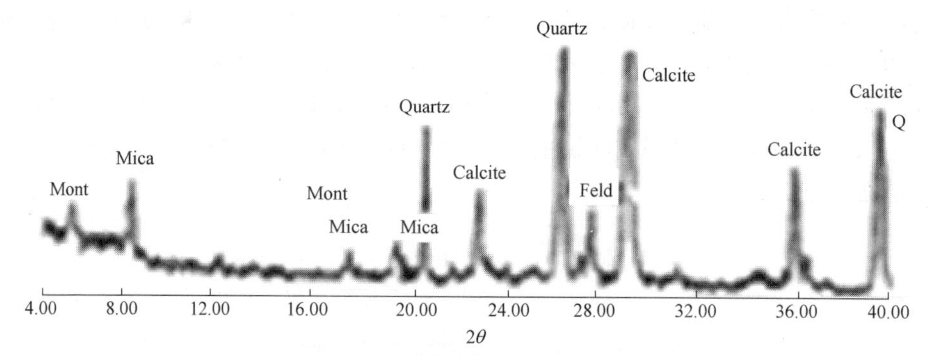

图 1-3 礓石粉末的 XRD 图谱

Calcite—方解石；Quartz—石英；Feld—长石；Mica—云母；Mont—蒙脱石

图 1-4 礓石混凝土地面外貌及古代混凝土样品

将礓石于不同温度下加热，失重如表 1-1 所示。由此可见，该地面混凝土经长期碳化作用，大多数水化物都被碳化，变成了碳酸钙。

礓石于不同温度下加热失重　表 1-1

110℃干燥至恒重	失重 0.85%
1000℃ 加热 1h	失重 27.1%
550～1000℃加热	失重 25.8%
$CaCO_3$ 含量	60%

1.2　从古代混凝土中得到的启示

1.2.1　礓石和波特兰水泥化学成分比较

礓石混凝土材料中的礓石化学成分如表 1-2 所示，偏光显微镜图谱如图 1-5 所示，将古代混凝土试样在 800℃、900℃、1000℃煅烧后的 XRD 图谱如图 1-6 所示。

礓石和波特兰水泥化学成分比较　表 1-2

试料序号	SiO_2	Al_2O_3	Fe_2O_3	CaO	MgO	SO_3	Na_2O	K_2O	TiO_2	P_2O_3	MnO
00	35.5	8.7	5.0	45.2	2.1	0.1		2.3	0.6		0.4
01	21.8	4.7	2.8	67.6	1.2	0.1		1.5	0.4		—
平均	20.9	5.3	4.4	65.2	1.8	0.2		1.1	0.4		0.2
波特兰水泥	21.2	6.4	2.7	64.7	2.0	1.9	0.28	0.56	0.3	0.22	0.09

注：00 号及 01 号的礓石中 Na_2O 未检测，其他成分如 SiO_2、Al_2O_3、CaO、MgO 等礓石和波特兰水泥化学成分相近。

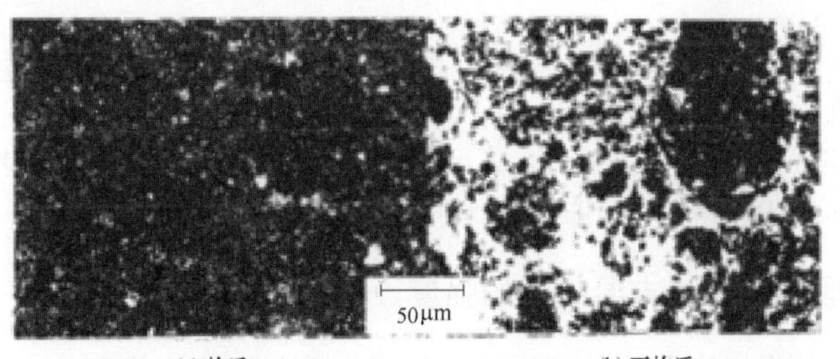

(a) 均质　(b) 不均质

图 1-5　礓石的偏光显微镜图谱

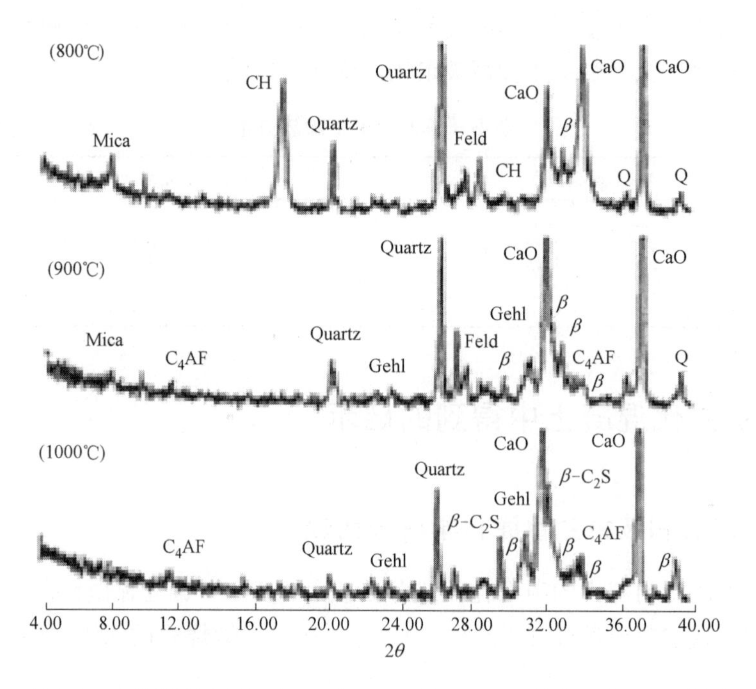

图 1-6 古代混凝土试样在 800℃、900℃、1000℃煅烧后的 XRD 图谱

由图 1-6 可见：(1) 800℃加热时，方解石和蒙脱石分解，生成水硬性矿物 β C_2S，此外，在此温度下，蒙脱石分解生成的 CaO，活性很高，在大气中冷却过程中，吸收水蒸气，生成 $Ca(OH)_2$；(2) 900℃烧成的试样，有大量石英存在，白云母和长石的特征峰也能见到，CaO 和水硬性的矿物 β C_2S 同时可见，偶尔也能发现 C_4AF 的特征峰；(3) 1000℃煅烧试样，白云母和长石的特征峰消失，在此温度下，有大量的方解石和石英反应生成 β C_2S，由古代混凝土试样，通过再现烧成条件，得到和现今波特兰水泥相同的矿物组成。

1.2.2 古代混凝土试样的 XRD 图谱

1000℃烧成的试样，按水灰比为 0.5 加水调成水泥浆，成型后养护 1 个月和 6 个月，进行 XRD 的分析，如图 1-7 所示。

除 β C_2S、石英的特征峰外，还可观察到 AFm、CH 及 C-S-H 的特征峰，确实有 β C_2S 的水化物存在，即证明礓石粉末进行了水化反应。

1.2.3 煅烧礓石粉末混凝土的强度

不同温度煅烧的礓石粉末混凝土，不同养护龄期的强度如图 1-8 所示。

不同煅烧温度，恒温 8h，制成的试件，强度如表 1-3 所示。

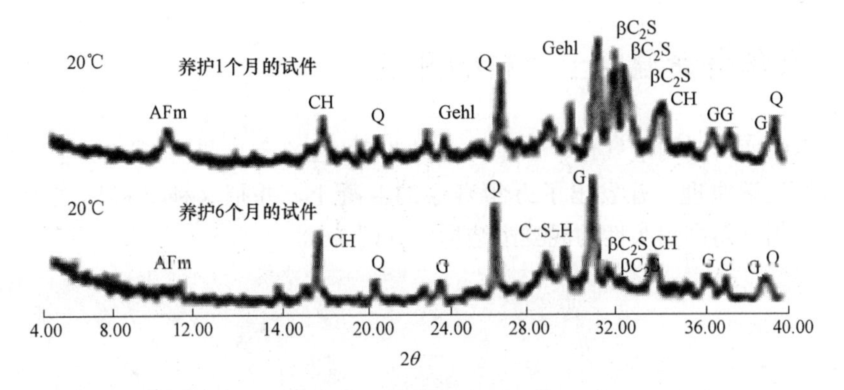

图 1-7　1000℃烧成的礓石粉末与水拌合试件 XRD 图谱

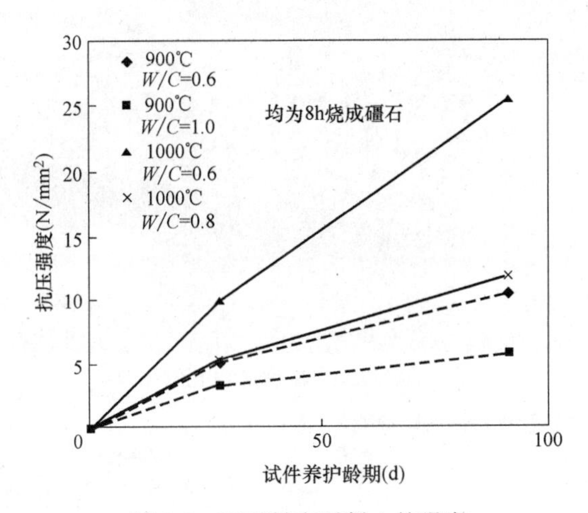

图 1-8　礓石粉末混凝土的强度

煅烧礓石粉末混凝土试件强度　　**表 1-3**

烧成温度(℃)	恒温时间(h)	水灰比	抗压强度(N/mm^2)	
			28d	91d
1000	8	0.6	10	25.4
900	8	0.6	6	10.5

从地面采集样品的混凝土强度为 $10N/mm^2$。

1.2.4　结语

从上述材料的分析中可见：中国大地湾 5000 年前的礓石混凝土，胶结料的主要矿物成分类似 $βC_2S$，能把砂粒等胶结在一起，变成混凝土，混凝土已全部碳化，变成了 $CaCO_3$，具有极长的使用寿命。

1.3 万年寿命混凝土材料的开发

日本的鹿岛公司电气化学工业、石川岛建材工业等，借鉴了这种最古老混凝土材料的化学原理，开发出了万年寿命的混凝土，并把这种材料称之为 EIEN（永远），用于超高耐久性的混凝土结构中（图 1-9）。

(a) 模拟大地湾最古老混凝土永久性模板

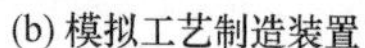

(b) 模拟工艺制造装置

(c) 用永久性模板浇筑的混凝土桥支座

图 1-9 模拟大地湾最古老混凝土模板的工艺与应用

模拟大地湾最古老混凝土模板的性能：

（1）收缩，普通混凝土的 1/2；

（2）盐分浸透，普通混凝土的 1/8；

（3）中性化深度，0（20℃，60%RH，$CO_2$5%，1 年）。

1.4　古罗马的火山灰混凝土

古罗马时期创造发明的混凝土材料，是人类在营建生活、生产家园过程中的主要工程材料之一。距今约 2000 年前，古罗马人巧用罗马盛产的火山灰、石灰和大理岩碎屑，与水混合，成为火山灰混合物，能自动水化硬化成为混凝土。古罗马人用这种材料建造了古罗马建筑群，如斗兽场、教堂及万神庙等，历史上曾经辉煌一时，如图 1-10 所示。古罗马火山灰混凝土建造的古罗马建筑群，豪迈且繁华。公元 5 世纪，日耳曼人入侵罗马，罗马被洗劫一空，许多建筑遂毁于兵燹，仅剩残迹供后人怀古兴叹。火山灰混凝土的力量之大，让后人惊叹！

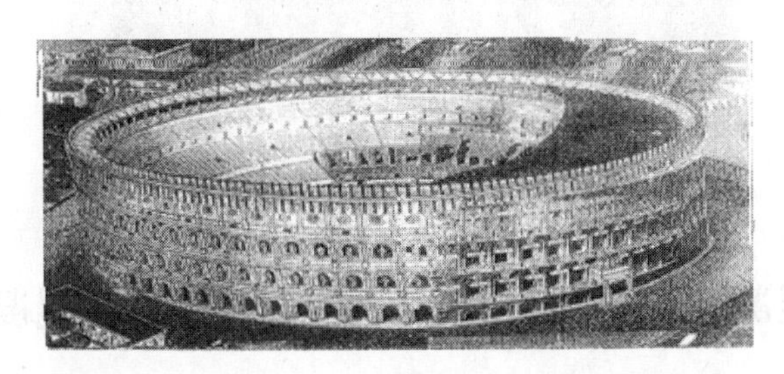

图 1-10　古罗马斗兽场复原图（公元 72—80 年）

1.5　普通混凝土

人类文明的发展，借助古罗马建筑的余晖，创造发明了水泥混凝土。1824 年，英国的约瑟夫·阿斯普丁（Joseph Aspdin）获得了制造波特兰水泥的专利权。这种水泥硬化后的颜色，与英国波特兰石的颜色相似，故有此命名。波特兰水泥的出现，为普通混凝土诞生奠定了物质基础，使制造混凝土的胶结材料发生了质的变化。水泥混凝土的生产技术迅速发展，混凝土用量急剧增加，应用范围日益扩大。至今，已成为世界上用量最多的人造石材。

第二次世界大战后，用水泥混凝土修复战争创伤，不仅老建筑物得以修复，新建的宏伟建筑群也像雨后春笋般耸立起来。这预示着水泥混凝土文明时代的到来。

1.6　第一栋全混凝土房屋

1835 年，罗马水泥制造商，约翰·巴斯雷·怀特（John Bazley White）修建了第一栋全混凝土的房屋。采用了混凝土墙、屋瓦、窗樑及混凝土装饰物，甚至花园中的神像也用混凝土建造。其后，许多全混凝土的房屋均参照该模式建造。但是，当时的楼板仍是木结构或钢结构。怀特修建的第一栋全混凝土的房屋如图 1-11 所示。

图 1-11 怀特修建的第一栋全混凝土的房屋

1.7 钢筋混凝土、预应力钢筋混凝土及纤维混凝土的出现

1850 年，法国人朗波特（Lambot）用加钢筋网的方法制造了一条小水泥船，这是最早的钢筋混凝土结构物。随后，都用钢筋来增强混凝土，以弥补混凝土抗拉及抗折强度低的缺陷，极大地促进了混凝土应用于各类工程结构。1887 年，科伦（M. Koenen）发表了钢筋混凝土的计算方法。混凝土配筋后，可作为受弯构件和受拉构件，但并没有解决混凝土容易开裂的问题。1928 年，法国的弗列什涅（E. Freyssinet）提出了混凝土的收缩和徐变理论，采用了高强度钢丝和发明了预应力锚具，为预应力混凝土技术在混凝土工程应用奠定了基础。用张拉钢筋对混凝土预先施加压应力，可使混凝土构件在荷载作用下，既能抗拉又不致形成裂缝，特别是应用高强混凝土时，预应力方法最为有效。

预应力钢筋混凝土的出现，是混凝土技术突破性的进展。在大跨度建筑、高层和超高层建筑、抗震结构，以及防裂、抗内压等方面均有卓越效果，从而大大地扩展了混凝土的应用范围。

为了降低混凝土的脆性，提高延性，提出了分散配筋的理论。1940 年，意大利的列维（L. Nervi）提出了钢丝网水泥配筋材料，使配筋混凝土具有匀质材料的性能，大跨度的钢筋混凝土建筑物和薄壳结构应运而生。后来，人们又提出了纤维配筋的概念，用纤维对混凝土分散配筋，显著地提高了混凝土的抗裂性，增加了混凝土的延性。

1.8　混凝土强度计算与水灰比理论

1918 年，艾布拉姆斯（D. A. Abrams）发表了著名的计算混凝土本身强度的水灰比理论，混凝土的强度（R）与水灰比（W/C）成反比，耐久性的先决条件也以降低 W/C 为主要手段，为普通混凝土奠定了理论基础。水灰比定律至今仍对高性能混凝土与超高性能混凝土的配制起着指导作用。1875 年，威廉・拉赛尔斯（Willian Lascellss）将成型后的混凝土构件，通过钢模施加外部压力，使混凝土中的拌合水通过模板孔隙向外溢出，使混凝土的水灰比由原来的 31% 降至 22%，从而得到了抗压强度 110MPa 的高强混凝土，这为水灰比定律提供了早期实例。

1.9　普通混凝土性能研究

现代材料科学表明，当材料的组分确定后，它的各种性能与其内部结构有着密切的关系，硬化混凝土是一种多相、多孔的复合材料，具有高度不均匀和复杂的内部结构。从宏观水平看，混凝土可视为由骨料颗粒（粗骨料和砂）分散在水泥基体中所组成的两相材料，如图 1-12 所示；从微观水平看，如图 1-13 所示，不仅骨料和水泥基体两相分布不均匀，而且两相自身也是不均匀的。水泥基体的微观结构中，存在水化产物、未水化水泥颗粒、毛细孔等，分布极不均匀。

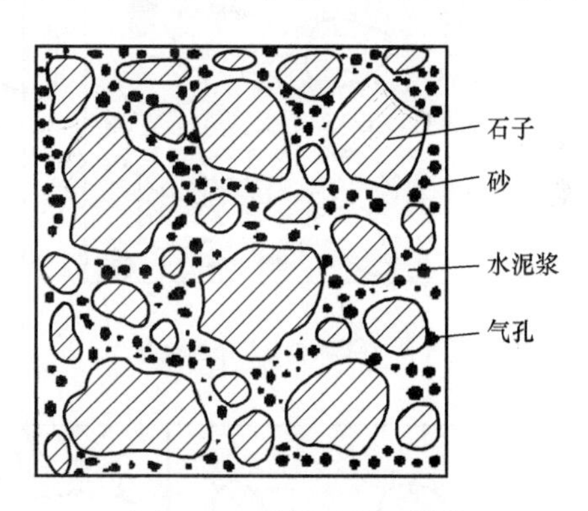

图 1-12　混凝土宏观结构

虽然混凝土结构高度不均匀和不稳定，难以从材料科学的角度建立结构-性能关系模型，进行分析研究；但是较深入地了解混凝土各组成的重要结构特征，对了解和控制混凝土的性能还是基本、有实际工程意义的。

1.9.1　骨料相的结构构造

在普通混凝土中，骨料较另外两相的强度高，故骨料对混凝土的强度无直接影响，但如果粒径大，针、片状颗粒越多，则会影响混凝土，使强度降低。因这类骨料表面聚积的水膜较大，使水泥石过渡区趋于变得更弱，更易于引发微裂缝（图 1-14a）。如果混凝土的组成材料不合理，用水量过多，造成离析分层，将极大地影响混凝土的整体性（图 1-14b）。混凝土中水泥浆体与骨料比例的变化，

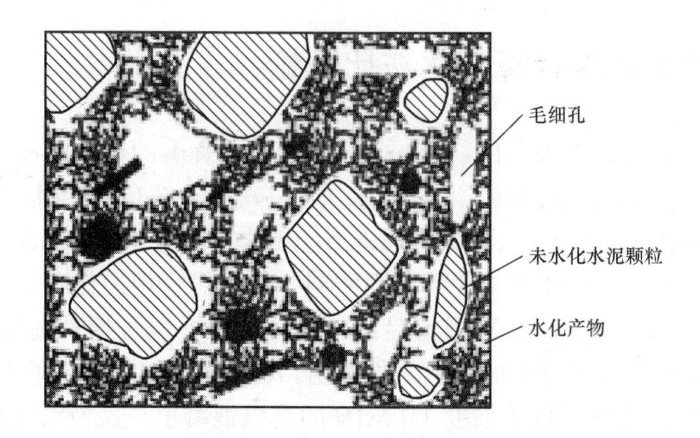

图 1-13 硬化水泥浆体微观结构

会造成混凝土宏观结构的三种状态（图 1-14c）。这些都给混凝土宏观力学性能带来影响。

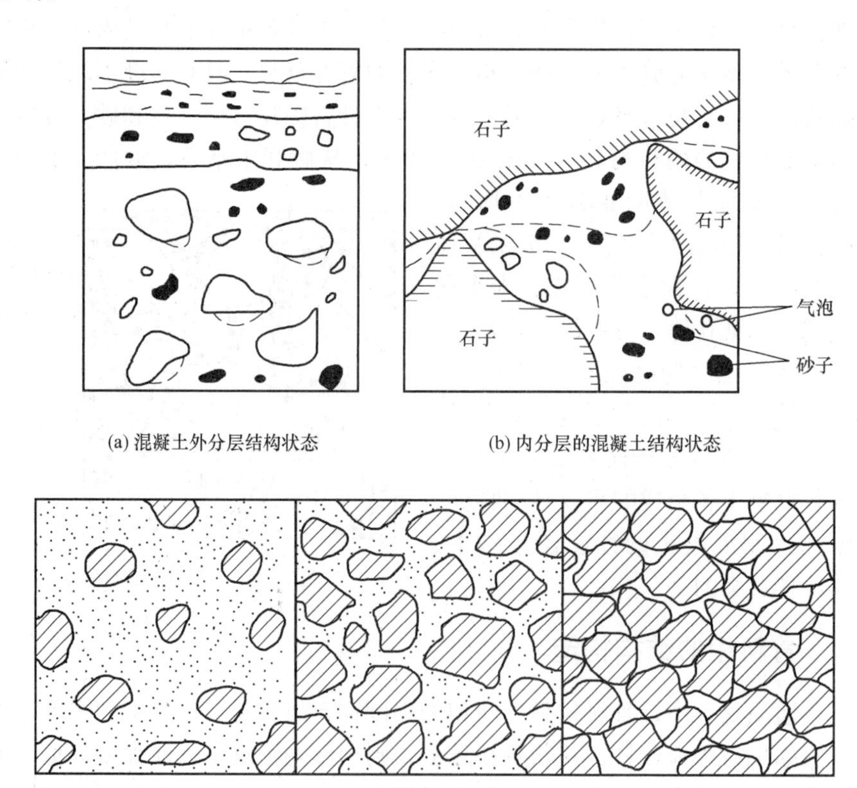

图 1-14 粗骨料的数量与质量对结构影响

1.9.2　硬化水泥浆体结构

硬化水泥浆体是固相、液相和气相多孔的复杂结构体系，而且随时间及外界温度、湿度等变化而变化。混凝土结构系统中的硬化水泥浆体，是水泥水化后所形成的结构体系，水泥浆体中的固体、孔和水对硬化水泥浆体乃至混凝土的性能的影响起着关键性的作用。

1. 硬化水泥浆体中的固体

在扫描电镜下观察主要有四个固相：水化硅酸钙凝胶相（C-S-H 相），氢氧化钙相（CH 相），水化硫铝酸钙相和未水化水泥熟料颗粒相。

（1）C-S-H 相：在水泥浆体中约占体积的 50%～75%，对水泥浆体的性能起着重要作用。C-S-H 相没有固定组成，它是 C/S 变动于 1.5～2.0 之间，而且 H/S 变化很大的凝胶体；C-S-H 相的形貌也常变动于纤维状和网状之间。C-S-H 相的确切结构尚未知道，但曾有学者对此建立了多种结构模型，以解释硬化水泥浆体的性能。各种模型都有一个共同点，认为 C-S-H 相具有非常高的比表面积和表面能。因此，改变表面能或增加粒子间的离子共价键，就能改变硬化水泥浆体的物理力学性能，这些模型的共同点都强调了水在 C-S-H 相的结构和性能中的作用。

（2）CH 相：约占水泥浆体体积的 10%～25%，具有固定的化学组成 $Ca(OH)_2$，是结晶良好的六方柱晶体。由于比表面积小且会出现层状结构，出现解理，导致水泥石的力学性能减弱。

（3）水化硫铝酸钙相：约占浆体体积的 10%～15%，在水泥石的性能中起的作用较小，但硫酸盐对水泥混凝土的腐蚀影响较大，在水泥水化早期，形成钙矾石结晶，后期转变为六方板状的硫铝酸钙。

（4）未水化水泥熟料颗粒相：占浆体体积约小于 5%，由于水泥颗粒的尺度约 1～50μm，随着水化进程，小颗粒很快水化，而大颗粒在长期水化后仍能在水泥石中发现。

2. 硬化水泥浆体中的孔隙

硬化水泥浆体中的孔隙是一个重要的结构组成，对水泥石的物理力学性能有很大影响。孔结构的特征包含了孔隙率大小和孔径分布两个参数。此外，还有孔的形貌、连通性、开口性等。图 1-15 展示了硬化水泥浆体中固相与孔隙一般的尺寸范围。

硬化水泥浆体中孔隙，按其大小和性质，可分为毛细孔和凝胶孔两大类，如表 1-4 所示。水泥的水化过程，可看作原来为水泥和水占有的空间，越来越多地被水化产物占有。而那些没有被水泥或水化产物所占有的空间，构成了毛细孔。毛细孔的尺寸和体积主要取决于水灰比和水泥水化的程度（图 1-16）。水化良好

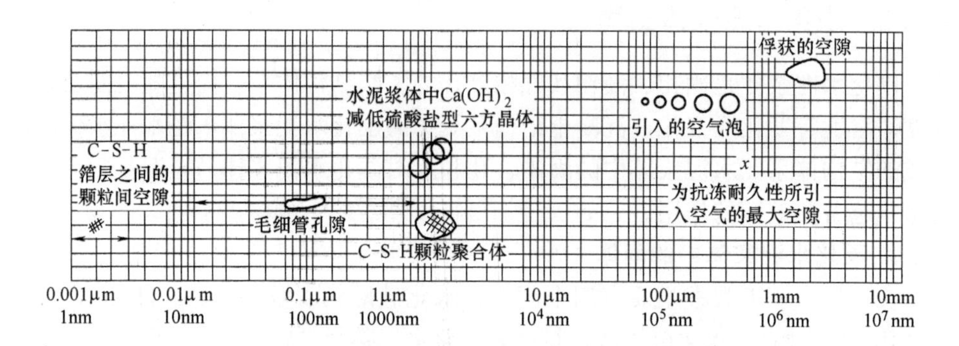

图 1-15 硬化水泥浆体中固相与孔隙一般的尺寸范围示意图

的低水灰比浆体，水化早期的毛细孔尺寸约 10μm，而后期则多数降至 0.05μm 左右。在扫描电镜中能看到毛细孔，却无法分辨出凝胶孔。凝胶孔包含在 C-S-H 占有的体积内，可看作是 C-S-H 的一部分。另外，水泥浆体在拌合的过程中，还会嵌入一些气孔，尺寸范围约 5～200μm。有时可大至 3mm，对水泥石起不良作用。

水泥石中孔的分类与对性能的影响 表 1-4

称	描述	孔径(nm)	水的作用	对水泥石性能影响
毛细孔	大孔	$50\sim10^4$	容积水	强度,渗透性
	中等孔	10～50	产生中等表面张力	强度,渗透性
凝胶孔	细小毛细孔	2.5～10	产生强表面张力	相对湿度 50%时收缩
	(凝胶孔)	0.5～2.5	强吸附,不形成凹月面	收缩,徐变
	凝胶孔	≤0.5	包含在键内结构水	收缩,徐变

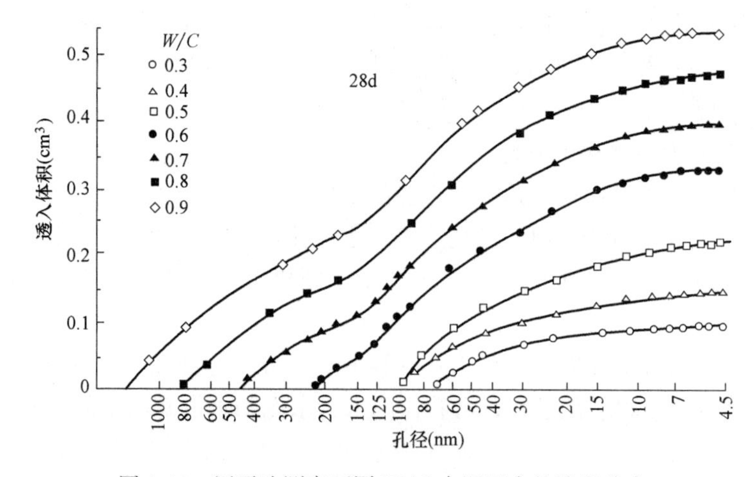

图 1-16 压汞法测定不同 W/C 水泥石中的孔径分布

由此可见，降低毛细管孔隙是水泥混凝土具有高性能、超高性能的必要条件。英国的试验研究表明，通过降低水泥石中的毛细管孔隙，使孔隙率降低至 2%时，可得到抗压强度 665MPa 的水泥石（图 1-17）。

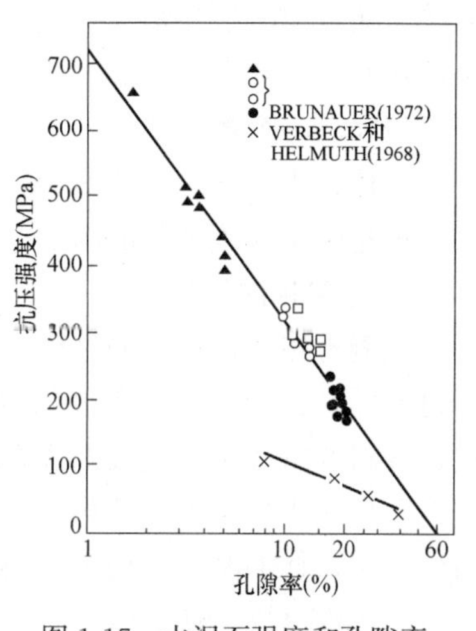

图 1-17　水泥石强度和孔隙率关系（寺村，坂井）

3. 硬化水泥浆体中的水

根据水从水泥石中失去的难易程度，可将水分划分为以下四种类型，如图 1-18 所示。

（1）化学结合水：是水化产物中的一部分。只有当水化产物受热分解时才会放出来。

（2）层间水：处于 C-S-H 层间，为氢键牢固固定，仅在强烈干燥（相对湿度＜11%）时才会失去，对收缩和徐变影响很大。

（3）吸附水：是物理吸附于水泥浆表面的水，可形成多分子层吸附。当相对湿度≤30%时，该部分水大部分失去，对收缩和徐变有较大的影响。

（4）毛细孔水：是一种重力水，分为两类，孔尺寸＞5nm 的毛细孔水，可视为自由水，失去该部分水，水泥石不会产生体积变形；孔尺寸＜5nm 的毛细孔水，具有较强的毛细作用，失去后会使水泥石发生收缩。

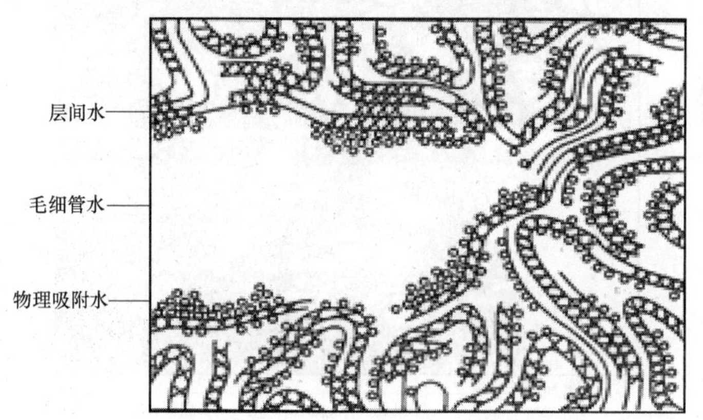

图 1-18　与 C-S-H 凝胶有关的水的类型

水泥石中的含水状态还影响强度，水饱和水泥石的抗压强度比干燥状态的水泥石的抗压强度约降低 10%。

1.9.3　骨料与水泥石之间过渡相的结构

过渡相的结构对混凝土的性能影响很大。例如，混凝土拉伸破坏时呈脆性，但在压缩破坏时呈弹塑性。混凝土各组分分别在单轴向压力试验时，直至破坏都保持弹性，但复合成混凝土后，又显示出非弹性行为。为何混凝土的抗压强度比抗拉强度高一个数量级呢？为什么采用相同的材料，做成砂浆的强度高于混凝土？为什么粗骨料的尺寸增大，做成的混凝土强度会降低？等等。这些问题，可以说都是由于过渡区造成的。

1. 过渡相的结构

混凝土在浇筑成型的过程中，在凝结前，由于组成材料的密度不同，粒度大小也不同，会产生不同程度的分层现象。例如混凝土中的水分，由于密度较水泥、骨料的密度小，由底部逐渐向上表面浮动，碰到粗骨料时，在粗骨料下表面积聚，生成水囊，硬化后形成内分层，水分上升至表面形成外分层。由于内分层与外分层，使混凝土结构不均匀，参见图 1-14。

由于内分层，使混凝土具有各向异性的特征，表现为垂直方向的抗拉强度比水平方向的要低；使贴近粗骨料下表面处水泥浆体中的水灰比大，在该处水化物形成的结晶产物晶形也较大；界面处水泥石的孔隙比水泥浆本体中的孔隙多，并产生氢氧化钙结晶取向层的形成，使其 C 轴垂直于粗骨料表面。随着水化继续进行，结晶差的 C-S-H、CH 和钙矾石的较小的晶体，填充于结晶较大的钙矾石和 CH 晶体构成的骨架内。混凝土中，水泥石本体、骨料和过渡区如图 1-19 所示。

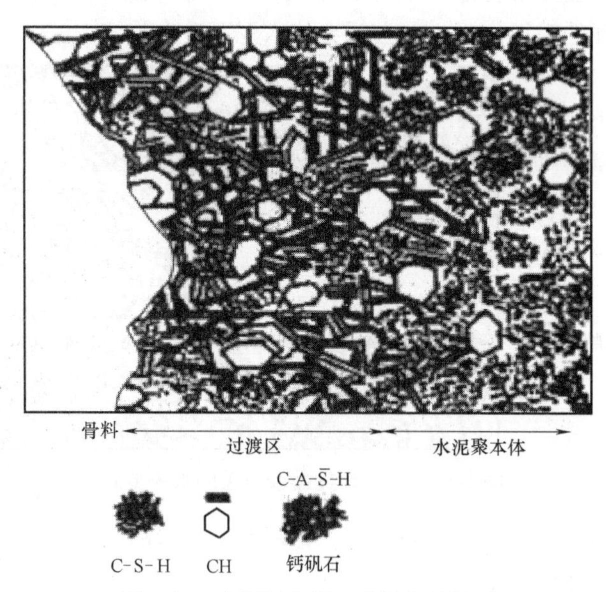

图 1-19 水泥石本体、骨料和过渡区

2. 过渡区的强度

混凝土过渡区的强度，一般要比水泥石本体的强度要低，如图 1-20 所示，

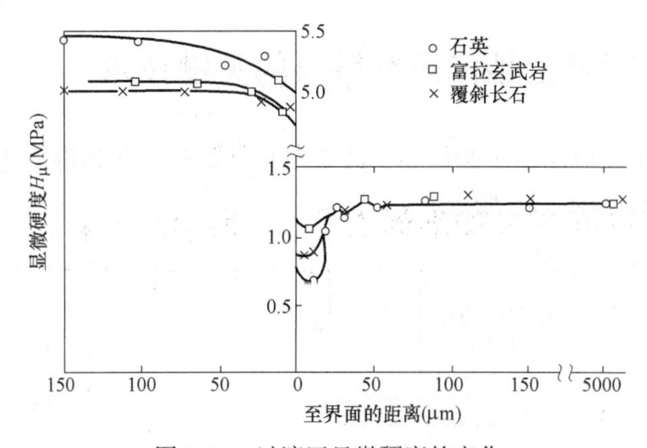

图 1-20　过渡区显微硬度的变化

是混凝土三相组成中最薄弱的环节。

造成过渡区的强度低的主要原因有：

(1) 过渡区的水灰比大，其孔隙体积与孔径均比水泥石本体或砂浆基体大；

(2) 过渡区的氢氧化钙结晶多，且晶体大，定向排列，强度低；

(3) 过渡区内微裂缝存在，是强度降低的主要因素。

3. 过渡区对混凝土性能的影响

在硬化混凝土中，过渡区相是一个强度最薄弱环节，因其强度低于水泥石本体相和骨料相。过渡区在混凝土受压前已存有微裂缝，加载后，又会因过渡区薄弱而引发裂缝扩展，使混凝土在受压过程中呈现非弹性行为；而在拉伸过程中，过渡区的裂缝扩展比受压时更为迅速。故混凝土的抗拉强度远低于抗压强度，且呈脆性破坏。过渡区同样也影响到混凝土的弹性和刚性。由于过渡区搭接的薄弱，不能很好地传递应力，故混凝土的刚性较小。当混凝土暴露于火或高温环境下，过渡区的微裂缝激烈扩展，使混凝土的弹性模量比抗压强度降低更快。过渡区的特性也影响到混凝土的耐久性。由于过渡区的裂缝存在，故抗渗性较水泥浆或水泥砂浆弱；而且，对钢筋锈蚀也带来不良影响。除过渡区外，混凝土结构是高度不均匀体。图 1-21 分析了混凝土截面上的结构与强度的关系，说明了混凝土结构和性能的非均质性。

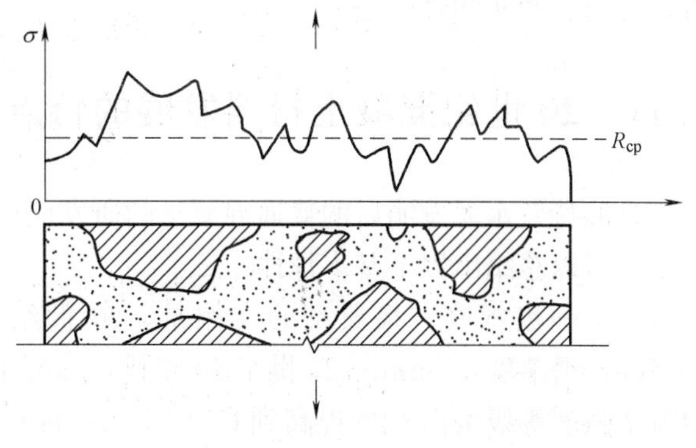

图 1-21　混凝土截面上与结构有关的强度分布

1.10 普通混凝土性能研究解决的关键技术

普通混凝土在应用中不断研究、改善与总结提高；普通混凝土性能研究解决的关键技术归纳如图 1-22 所示。

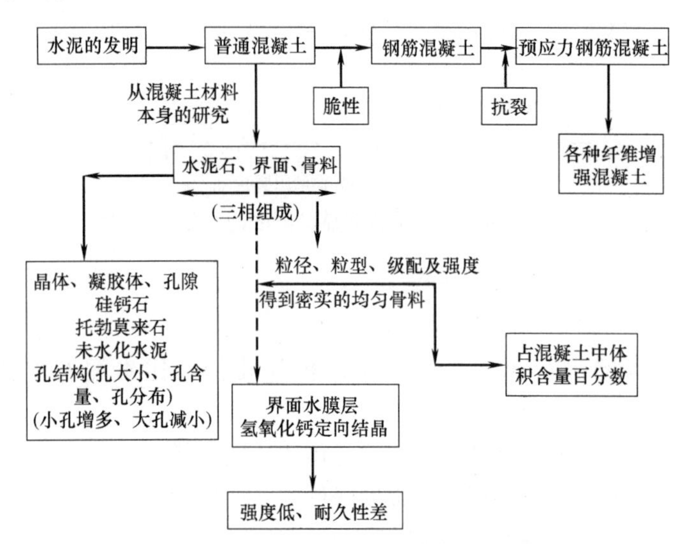

图 1-22 普通混凝土性能研究中解决的关键问题

可见，混凝土由水泥石、界面和骨料三相组成。

(1) 水泥石由晶体、凝胶体和孔隙组成。这部分的关键是孔结构，也即孔的大小、孔的含量与孔的分布。希望小孔增多，大孔减少。

(2) 界面相的薄弱环节，是界面水膜层及 $Ca(OH)_2$ 在界面上的结晶与定向排列，使混凝土强度差，耐久性低。

(3) 骨料相对混凝土性能的影响，主要是骨料的粒径、粒型和强度。希望能得到均匀、密实的骨料。

1.11 20 世纪混凝土材料发展的特点

自波特兰水泥发明后的普通混凝土的研发应用，在经过不到 200 年的历史发展中，可以总结出以下基本规律：

(1) 强度提高。最典型的实例是，20 世纪 70 年代，挪威混凝土的强度 50MPa，坍落度 120mm；20 世纪 90 年代，混凝土的强度 100MPa。中国常用的混凝土强度等级也由 C20 提高到 C30、C40；现在，强度 150MPa 的多功能混凝土也有试验应用。

（2）工作性能改善。混凝土拌合物由干硬性、半干硬性发展到塑性、流动性，以及流态混凝土及自密实混凝土。中建四局和深圳正强投资公司混凝土搅拌站，在清华大学教授的指导下，开发出了能保塑 3h 以上的超高性能混凝土，并成功应用于工程上。

（3）混凝土结构工作寿命的延长。挪威的海岸采油平台，高 370m，沉入水下约 300m。为了提高耐久性，在混凝土中掺入了硅粉。这使混凝土的密实度提高，耐久性提高，有效地延长了混凝土工作寿命。混凝土结构的寿命历来受到国内外的重视，如日本的小樽港建设，至今仍保留着 100 多年前的试件。

（4）节约资源、节约能源与提高经济效益。1981 年，ACI 226 委员会开始研究粉煤灰（FA）和矿渣（BFS）在混凝土中的应用，提高了混凝土的耐久性及工业副产品的有效应用，工业废弃物与建设垃圾成了混凝土的有用资源。我国沈旦升先生对 FA 的研究、推广与应用，为我国工业副产品的应用与提高混凝土的耐久性作出了贡献。

（5）水灰比定律。1918 年水灰比定律，混凝土的强度与水灰比成反比，耐久性的先决条件也以降低水灰比为主要手段，为普通混凝土奠定了理论基础。水灰比定律至今仍对高性能混凝土与超高性能混凝土的配制起着指导作用。

第2章　混凝土技术向高性能、超高性能方向发展

19世纪末期，混凝土材料从骨料、界面到水泥石的研究，逐步转入粉体技术应用的研究。20世纪70～90年代，挪威把硅粉掺入混凝土中，提高了性能，开发出了高性能混凝土。随后，日本开发了超细矿粉、球状水泥、级配水泥等。近年来，还开发了强度为200MPa的水泥。美国开发了偏高岭土超细粉，中国开发了天然沸石超细粉，这些都大大地推动了高性能混凝土（HPC）、超高性能混凝土（UHPC）的发展。

2.1　超细粉在高性能与超高性能混凝土中的填充效应

矿物超细粉（一般系指比表面积≥6000cm^2/g的矿物质粉体）在HPC与UHPC中的功能，首先表现在填充的密实效应。如图2-1所示。

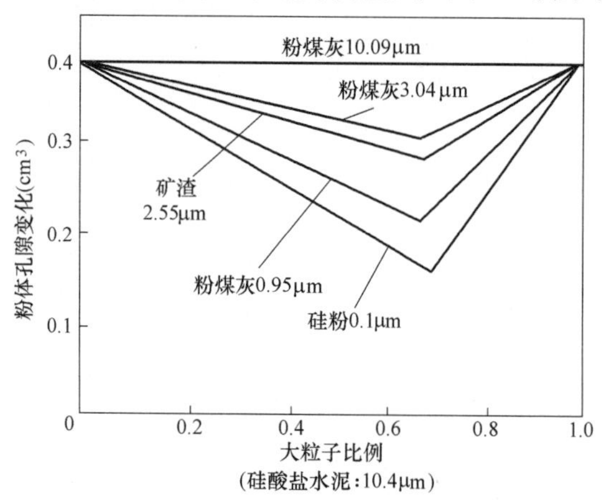

图2-1　粒子组合与空隙率的变化

硅酸盐水泥的平均粒径10.4μm，粉煤灰平均粒径10.09μm，两者以任意百分比配合，其孔隙体积均无变化；但若以平均粒径为0.1μm的硅粉与之配合，当硅粉的体积为30%，硅酸盐水泥的体积为70%时，两者复合后粉体的孔隙体积达到最低，约为15%。如以平均粒径为0.95μm的粉煤灰，以30%的体积与70%硅酸盐水泥的体积复合时，复合后粉体的孔隙体积达到最低，约为20%。也就是说，两种粉体的粒径比为1/10～1/20时，按70%与30%的体积比复配

时，粉体的孔隙体积达到最低，密实度达到最大。这样，在单方混凝土用水量相同的情况下，浆体的流动性最好；如果达到相同流动性的浆体，则这种复合粉体的用水量最低，硬化水泥石的强度最高，混凝土的强度最高，耐久性也最好。

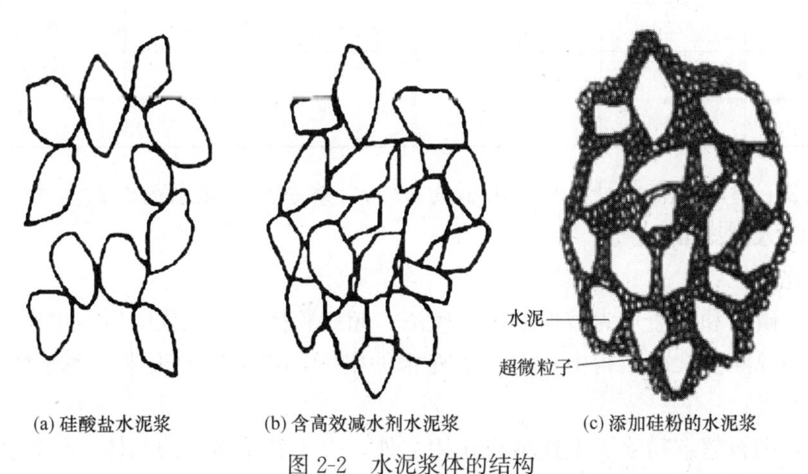

(a) 硅酸盐水泥浆　(b) 含高效减水剂水泥浆　(c) 添加硅粉的水泥浆

图 2-2　水泥浆体的结构

硅酸盐水泥浆体中，如图 2-2（a）所示，有大量的自由水束缚于水泥颗粒形成的结构中。这种浆体的流动性差，硬化后孔隙大，性能不好。

含高效减水剂的浆体，如图 2-2（b）所示，由于排放出自由水分，水泥粒子间隙低，硬化后具有更高的强度和耐久性。图 2-2（c）中，由于超细粉填充于水泥粒子之间，硬化后水泥石的密实度、强度和耐久性均得到提高。

2.2　超细粉在混凝土中的流化效应

如上所述，由于超细粉对水泥粉体的填充效应，以一部分超细粉取代水泥，水泥浆孔隙中的水被超细粉挤出来，能使水泥净浆流动度增大，这称为超细粉的流化效应。表 2-1 是含不同品种、不同掺量超细粉对浆体稠度的变化。试验用粉体的比表面积如表 2-2 所示。

各种超细粉浆体的沉入度（mm）　表 2-1

水泥：粉体	95：5	90：10	85：15	80：20	75：25
矿渣粉	33.5	34	35	37	38
磷渣粉	34	35.5	36	38	38.5
沸石粉	31	30	26	20	16.5
硅粉	31	21	14.5	—	—

试验用的矿物质粉体的比表面积 **表 2-2**

名称	比表面积 (cm^2/g)	粉体的性质	名称	比表面积 (cm^2/g)	粉体的性质
磷渣粉	6820	玻璃态	磷渣粉(2)	8560	玻璃态
矿渣粉	6820	玻璃态	矿渣粉(2)	8560	玻璃态
沸石粉	6820	多孔结晶	沸石粉(2)	8560	多孔结晶
硅粉	200000	玻璃态			

表 2-1 中，基准水泥浆的加水量为 27%，萘系高效减水剂的掺量为 1.0%，浆体的沉入度 32mm。

由此可见：

(1) 磷渣和矿渣均为玻璃态工业废渣。超细粉掺入水泥浆中后，填充于水泥颗粒间的孔隙及絮凝结构中，占据了充水的空间，水被挤放出来，使浆体变稀，流动性增大；

(2) 沸石超细粉除了上述填充作用之外，由于其系多孔的晶体粒子，能吸收一部分水，吸水的稠化作用比排水的流化作用占优势，使浆体流动性降低；

(3) 硅粉比表面积大，表面吸附水量大，使浆体稠度明显增大。

无论何种超细粉均有表面能高的特点；由玻璃体研磨制成的超细粉，在研磨过程中产生极多断裂键，表面能高的特点尤为突出。其自身或对水泥颗粒所产生的吸附作用，也会在一定程度上形成絮状结构的浆体，加上某些超细粉（如天然沸石粉）的吸水性带来的稠化作用，可能会使超细粉的填充稀化效果降低或使其不能表现出来。

2.3 超细粉与高效减水剂双掺的流化效应

以水泥和超细粉按不同比例配合，$W/B=29\%$，外掺萘系高效减水剂（NF）0.9%，基准净浆流动度为 240mm，含不同超细粉净浆流动度如图 2-3 及表 2-3 所示。

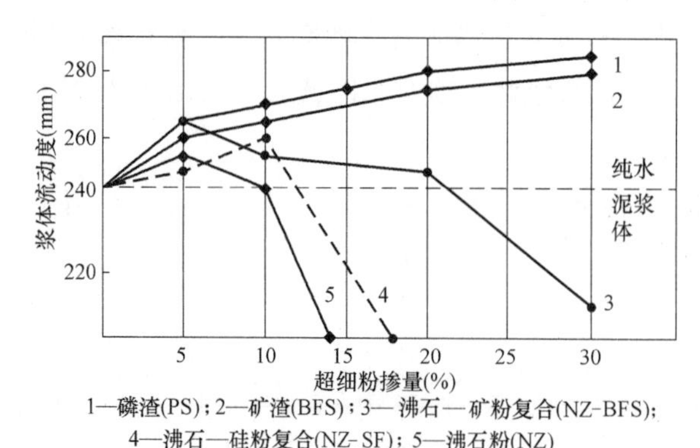

1—磷渣(PS)；2—矿渣(BFS)；3—沸石—矿粉复合(NZ-BFS)；4—沸石—硅粉复合(NZ-SF)；5—沸石粉(NZ)

图 2-3 含不同超细粉净浆流动度

由此可见，沸石超细粉浆体中，按 29% 的用水量配成浆体，减水剂掺入与否，浆体都无流动性；但对于超细矿粉及超细磷渣粉，掺与不掺减水剂均产生流动，这是由于超细粉的性质不同造成的。

不同超细粉不同掺量的浆体流动性　表 2-3

水泥：超细粉 / 粉体种类	95：5	90：10	80：20	70：30	超细粉 100%	
					不掺 NF	掺 NF
沸石粉(2)	255	242	不流动		不流动	不流动
矿渣粉(2)	260	265	270	280	80	285
磷渣粉(2)	265	270	275	285	85	230
沸-硅粉(2)	250	260	170			
沸-矿粉(2)	265	258	246	215		

2.4　高效减水剂掺量对浆体流动性的影响

试验方案浆体的类型有四种：(1) 水泥；(2) 水泥+20%BFS；(3) 水泥+20%PS；(4) 水泥+10%NZ。BFS—超细矿粉，PS—超细磷渣粉，NZ—超细天然沸石粉。高效减水剂 NF 掺量为 0.4%～0.9%；结果如表 2-4 所示。

高效减水剂掺量的影响（流动值 mm）　表 2-4

NF 掺量(%)	0.4	0.5	0.6	0.7	0.8	0.9
水泥	129	138	155	190	235	236
C+20%BFS	125	136	185	230	265	267
C+20%PS	132	170	215	250	270	272
C+10%NZ	—	不流	130	195	237	237

当高效减水剂 NF 掺量为 0.4%时，C+20%BFS 的流动性低于基准浆体；NF 掺量为 0.5%时，两者差别不大；NF 掺量为 0.6%时，C+20%BFS 的流动性高于基准浆体。这表明对于不同超细粉，为了克服超细粉的吸附现象，高效减水剂 NF 有一最低掺量。如 C+10%NZ 超细粉，NF 掺量为 0.6%时，浆体才有流动性；而当高效减水剂 NF 掺量到某一数值时，浆体流动值趋于某一稳定值，再增加高效减水剂 NF 掺量，流动性也不增大。如表中 NF 掺量 0.8%～0.9%，浆体的流动性基本不变。

试验证明，高效减水剂 NF 与超细粉共掺，比单独掺入高效减水剂或单独掺入超细粉时，浆体的流动性大得多。

100% NZ 或 SF 超细粉，即使掺入了高效减水剂 NF，也无流动性。

2.5 矿渣超细粉、磷渣超细粉和高效减水剂共掺的流化效应

在浆体中，水泥粒子和超细粉粒子均吸附高效减水剂，使浆体中的粒子产生分散现象，如图 2-4 所示。超细粉在水泥颗粒孔隙中，吸附高效减水剂分子后，在粒子表面也形成双电层电位，与水泥粒子双电层电位叠加，静电排斥力更大；而且，超细粉粒子在水泥颗粒孔隙中的作用力场，相当于劈柴一样的尖劈作用，水泥颗粒更容易分散，浆体流动增大。磷渣超细粉、矿渣超细粉均属分散性超细粉，而天然沸石超细粉及硅粉则属于填充性超细粉。

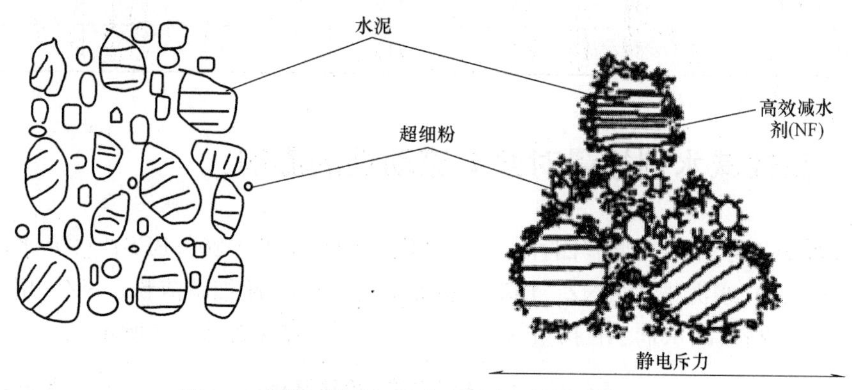

图 2-4 高效减水剂 NF 与超细粉共掺的流化效应

2.6 超细粉的强度效应

2.6.1 超细粉对水泥浆体的增强效果

以 W/B=0.38、萘系高效减水剂掺量 1.1%、水泥胶砂跳桌扩展度 150mm 作为基准，分别用 20%矿渣、20%磷渣和 20%（沸石粉+矿粉）代替水泥，使扩展度也在 150mm 左右（相差≤3mm）作为比较。测定 3d、7d 和 28d 的强度，如表 2-5 所示，均比基准砂浆强度高。

流动性相同的砂浆，含不含超细粉的强度 表 2-5

项目 类别	减水剂掺量(%)	跳桌扩展度(mm)	W/B	抗压强度(MPa)		
				3d	7d	28d
水泥	1.1	152	0.38	41.2	53.8	72.2
20%矿粉	1.1	150	0.36	48.2	64.8	74.4
20%磷渣	1.1	153	0.35	42.4	59.2	89.7
20%沸+矿	1.1	150	0.37	44.9	63.2	82.1

可见，以 20%的矿粉、磷渣粉或天然沸石粉与矿粉复合的超细粉，等量替代水泥后，水泥浆硬化体 28d 的强度，均高于基准水泥浆硬化体的强度。

2.6.2　超细粉对混凝土的增强效果

用偏高岭土（MK）超细粉等量取代混凝土中部分水泥，其他组成材料不变，测定混凝土 3d、7d、28d 的强度，如表 2-6 所示，每个 W/B 中有三种不同的 MK 超细粉。

MK 超细粉对混凝土的增强效果　　**表 2-6**

W/B	序号	混凝土组成材料（kg/m^3）						抗压强度（MPa）		
		水泥	MK	河砂	碎石	水	减水剂	3d	7d	28d
0.50	1-0	350	—	800	1100	175	10.0	24.7	37.0	46.7
	1-1	297	53	800	1100	175	11.7	28.8	42.5	52.0
	1-2	297	53	800	1100	175	11.7	24.7	38.3	44.6
	1-3	297	53	800	1100	175	10.0	28.0	41.2	48.0
0.40	2-0	450	—	800	1100	180	10.0	32.3	45.0	49.2
	2-1	382	68	800	1100	180	10.0	37.4	46.9	40.1
	2-2	382	68	800	1100	180	10.0	36.1	47.5	57.8
	2-3	382	68	800	1100	180	10.0	36.1	49.7	58.7
0.30	3-0	550	—	750	1100	165	14.2	56.7	63.6	71.1
	3-1	467	83	750	1100	165	14.2	39.0	66.8	84.0
	3-2	467	83	750	1100	165	14.2	46.9	56.4	74.6
	3-3	467	83	750	1100	165	14.2	50.1	69.4	78.4

由表 2-6 可见，以 15%的 MK 超细粉等量替代水泥后，$W/B=0.3$、0.4 的混凝土 28d 强度均高于对比的基准混凝土；但 $W/B=0.5$ 的混凝土，含 MK 超细粉混凝土的强度与基准混凝土强度差别不大。

2.7　超细粉的耐久性效应

2.7.1　预防混凝土病害的发生

当混凝土中碱含量超过 $3kg/m^3$ 时，如混凝土中的骨料又具有碱活性，这时混凝土很容易发生碱-骨料反应。如受到水分的作用，会产生膨胀，造成混凝土的开裂损伤甚至破坏。在混凝土中掺入 30%粉煤灰、40%矿粉、20%～25%的天然沸石粉、15%～20%偏高岭土超细粉或 10%硅粉，均能有效地抑制碱-硅反应的有害膨胀。

2.7.2 抵抗耐久性病害对混凝土的侵蚀

混凝土的耐久性病害的侵蚀，可以看作是一种劣化外力对混凝土的作用。例如，温度、湿度及中性化的作用，混凝土结构都会遭受到这种劣化外力的作用。另外如盐害、冻害及盐碱地腐蚀等对混凝土的作用，是特殊的劣化外力，根据结构所处的环境而定。如我国沿海地区，盐害最为严重，而东北与西北地区冻害较为突出，在青海省的青海湖边，则盐害与冻害同时存在。此外，冬季道路、桥梁上撒的除冰盐，也会带来盐害。

在混凝土中掺入矿物质超细粉后，使混凝土的电通量明显下降，也即抗渗性大幅度提高，抵抗耐久性病害侵蚀的性能提高。

相同 *W/B* 矿物超细粉对混凝土电通量的影响（ASTMC1202，6h，电通量 C）

表 2-7

W/B	0.30		0.33		0.36		0.39	
龄期	28d	70d	28d	70d	28d	70d	28d	70d
525 普硅水泥	1805	1016	2248	1650	2705	1945	2763	2101
内掺 30%矿粉	1685	614	1798	698	1959	785	785	864
内掺 30%粉煤灰	1223	500	1583	580	1864	595	1973	664

由表 2-7 可见，以 30%矿粉（比表面积接近 5000cm^2/g）及 30%粉煤灰（6000cm^2/g）等量取代水泥后，混凝土 28d 和 70d 龄期的电通量均低于基准混凝土。根据混凝土的电通量可以对其渗透性进行评价，如表 2-8 所示。

ASTMC1202 混凝土渗透性评价　　表 2-8

6h 总电通量(C)	Cl^- 渗透性
>4000	高
2000～4000	中
1000～2000	低
100～1000	很低
<100	可忽略

由此可见，通过采用不同品种的超细粉，取代混凝土中的部分水泥后，混凝土抗 Cl^- 渗透性都能明显提高。

2.8 水泥基材料硬化体的孔隙和强度

水泥基材料硬化体是一种多孔质材料，有毛细管孔、凝胶孔等，如表 2-9 所示。

水泥石孔隙及对性能的影响　表 2-9

名称	直径	分类	对水泥石性能影响
毛细管孔隙	10～0.05μm	大毛细孔	强度，渗透性
毛细管孔隙	500～25Å	中等毛细孔	强度，渗透性及干缩
凝胶孔隙	100～25Å	小的凝胶孔	相对湿度＜50％的干缩
凝胶孔隙	25～5Å	微孔	干缩，徐变
凝胶孔隙	＞5Å	层间孔	干缩，徐变

由此可见，毛细管孔对宏观力学性能及抗渗性能影响较大，而凝胶孔对干缩性能影响较大。混凝土要达到高性能和超高性能首先要降低毛细管孔的含量。业界不同学者用不同的工艺方法，得到不同孔隙含量与强度的水泥石。其中，英国学者获得的水泥石强度最高，抗压强度达 665MPa，水泥石中孔隙含量只有 2％。

2.9　水泥基材料的两个模型

为了提高水泥混凝土的性能，国际上对水泥基材料的高强度高性能进行了系统的研究，并提出了高性能水泥基材料的两个模型。

2.9.1　无宏观缺陷的水泥材料

无宏观缺陷的水泥材料（Macro-Defect Free，MDF）由 Birchall 提出，1979 年英国化学工业公司和牛津大学共同研究；随后，美国、日本、瑞典也开展了该项研究。

采用硅酸盐水泥或铝酸盐水泥（90％～99％）；掺入水溶性树脂（4％～7％），水灰比≤20％。

采用强制式高效剪切搅拌机，热压成型工艺，能得到的 MDF 的性能：抗压强度 300MPa，抗弯强度 150MPa，弹性模量 50GPa。

制备工艺：（水泥＋PVA＋外加剂）→制成混凝土→剪切搅拌→热压成型→养护→制品。

该模型的主导思想是采用水溶性树脂填充水泥粒子间的孔隙，同时水溶性树脂粒子又把水泥粒子粘结起来，以获得密实度高、强度高的水泥石结构；但由于制成工艺困难，实用化较难。

2.9.2　超细粒子密实填充的水泥材料

超细粒子密实填充的水泥材料（Density System Containing Homogenously Arranged Ultra-Fine Particles，DSP），由 Bache 详细阐述（专利），是在瑞典、

挪威、冰岛等国家对硅粉开发与应用的基础上发展起来的。日本电气化学工业公司将该项技术引入日本，基本组成为：水泥、硅粉、聚羧酸高效减水剂。可见，密实填充体系是由硅酸盐水泥＋超细硅粉＋高效减水剂及水组成的。超细粉的粒径为水泥粒径的1/10～1/100时，就可以达到微填充效果。这时，拌合水可达到最低，掺入高效减水剂能获得最佳的流动性，便于施工应用。当今的HPC与UHPC均采用该项技术的基本原理。该材料的抗压强度可达180～300MPa，抗弯强度可达20～40MPa。

以DSP模型为基础，掺入SF及石英砂纤维等材料，可配制工程复合材料（ECC）等超高性能混凝土；而掺入砂石，可配制HPC及UHPC等高性能、超高性能混凝土。

以上所述简明地阐述了HPC与UHPC发展的物质基础、理论基础、技术条件及客观要求。

第3章　高强与高性能混凝土的发展及生产应用

3.1　引言

高性能混凝土应该说最早起源于挪威。挪威在北海油田钻井平台建设中，为了提高混凝土的耐久性，在其中掺入了硅粉，结果不但耐久性和强度提高，而且工作性能还有明显的改善。这种混凝土的性能仅从某一个方面是概括不了的，他们把这种混凝土称为高性能混凝土（HPC），并于1987年在挪威斯塔万格（Stavanger）召开了第一次高强/高性能混凝土（HS/HPC）的国际会议。参加者有来自24个国家的235人，虽然当时只有56篇论文，但论文集就有688页。这时，挪威的混凝土强度已由1970年的50MPa发展到1990年的100MPa了。以后，HS/HPC国际会议每隔三年召开一次，2014年9月在北京召开了第十次国际会议。

在欧洲，混凝土高强度与高性能是并提的，即高强/高性能混凝土（HS/HPC）。挪威逐步形成了掺硅粉的混凝土技术，并把硅粉的应用推向世界。

在中国，20世纪70年代，北京地铁防护门的建设中，应用了C60大流动性高强混凝土。为了满足施工要求，混凝土保塑3h以上。从1992年开始，中国多所高校、科研院所与工程单位开始研究高强/高性能混凝土，高性能混凝土委员会编写了中国工程建设标准化协会标准《高性能混凝土应用技术规程》CECS 207：2006，于2006年颁布实施。

1981年，ACI 226委员会开始研究FA和BFS在混凝土中的应用，提高了混凝土的耐久性及工业副产品的有效应用。1986年，抗压强度12000psi的混凝土在美国已可商业化；同年日本东京大学开展了SCC的研究。

1993年，美国混凝土协会（ACI）成立了HPC委员会，并对HPC作了初步的定义："易于浇筑捣实，但不影响强度；早期强度高，长期力学性能好；韧性好；在恶劣环境下，长期性能好。"

高性能混凝土在性能上的重要特征是具有高的耐久性；而在组成材料上，除了使用高效减水剂外，无机粉体（超细粉）的应用是其重要的特征。现在，HPC主要是往高强度、高性能方向发展。

3.2　高强与高性能混凝土的技术标准

各国关于HPC的技术标准各有特色，甚至同一个国家不同行业协会对HPC

的定义，差别也很大。

比较有代表性的，是美国国家标准与技术研究院（NIST）和 ACI 于 1990 年 5 月共同提出的意见："HPC 是具有某些性能要求的匀质混凝土。必须采用优质的材料和严格的施工工艺来配制。新拌混凝土不泌水离析，易于浇筑捣实，但不影响强度；长期力学性能好；早期强度高；在恶劣环境下，长期强度好，体积稳定性好，耐久性好。"HPC 特别适用于高层建筑、桥梁及暴露于严酷环境下的建筑结构物。1998 年，ACI 进一步指出："当混凝土的某些特性是为了某一特定的用途和环境而制定时，这就是高性能混凝土。"

本书作者进一步对此阐明：如海洋工程混凝土结构物，在潮水中干湿变化部分的混凝土，需要经受海水的浪溅作用、干湿变化的作用、冻融循环作用及海盐的渗透扩散作用等，这就要求混凝土有高强度、高耐久性和抗冲击韧性等。满足这些性能要求的混凝土就是高性能混凝土。

1996 年，国际材料与结构研究实验联合会（RILEM）也相应成立了 SCC 及 HPC 委员会。1998 年，日本土木学会正式颁布了 SCC 规范，并把 SCC 也称为 HPC，使 SCC 进入商业化的应用前景，并将 SCC 的技术与国际接轨。各国的混凝土技术工作者也把 SCC 作为研发的重大课题。

1993 年，我国土木学会在预应力钢筋混凝土分会下成立了高强混凝土委员会；1998 年，在硅酸盐学会水泥混凝土分会下成立了高性能混凝土（HPC）委员会。

现在，许多国家都制订了高性能混凝土技术标准，在这些标准中都包含了 HPC 的设计和施工；此外，还有大量文献和图书，覆盖了 HPC 的工程技术范围并提供了相关的指导，拓宽了使用者掌握这种特殊技术的能力。

3.3 高强混凝土与高性能混凝土比较

高性能混凝土（HPC）一般都具有高强度，但高强混凝土（HSC）不一定具有高性能。高性能最重要的指标是高耐久性。混凝土的强度与耐久性并不具有相关性。混凝土的强度可以通过适当降低水胶比获得，而混凝土与混凝土结构的耐久性，除了适当降低水胶比外，还要通过掺加适当品种的超细粉获得，如表 3-1 所示。

HSC、HPC 的组成与性能比较 **表 3-1**

类别	W/C (W/B)	水泥	矿粉	砂子	碎石	水	减水剂 (%)	抗压强度 (MPa)	氯离子扩散系数 ($10^{-9}cm^2/s$)	电通量 (库仑)
HSC	0.28	600	—	650	1050	168	1.30	78.5	10.024	1536
HPC	0.28	360	240	650	1050	168	0.70	79.6	3.899	281

HSC与HPC相比，后者氯离子扩散系数为前者的1/2.57；后者电通量为前者的1/5.5。按照氯离子抗散系数评价其耐久性时，HPC的使用寿命约为HSC的3倍。

HSC的内分层及外分层结构如图3-1所示，微观结构如图3-2所示。混凝土成型后，在结构形成过程中自由水相对密度小，由底层向上浮动，在混凝土中形成直径大小不同毛细管。当自由水分上升碰到骨料的障碍后，在骨料表面形成内分层；当水分移动到表层时，使表面有泌水层，这就是外分层。内分层、外分层与毛细管，都是由于混凝土中水分移动造成的，故HSC（纯水泥高强混凝土）强度降低、抗渗性降低、耐久性降低，但HPC（含矿渣超细粉的高性能混凝土）没有发现上述界面孔隙的存在，界面结构致密。

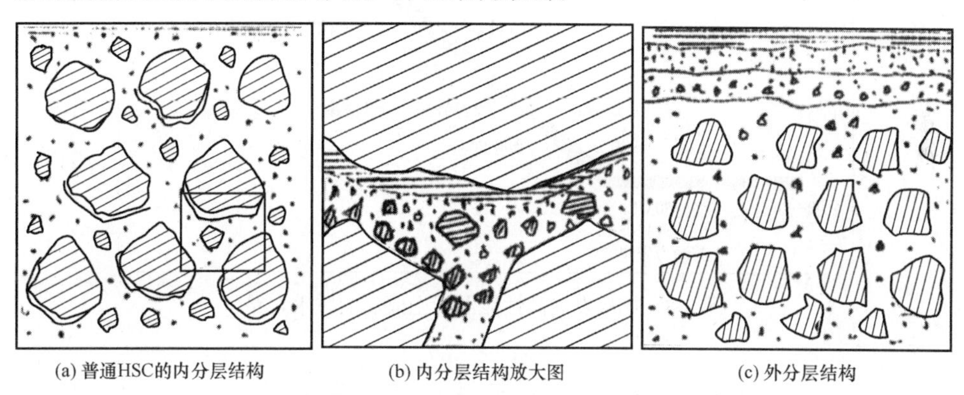
(a) 普通HSC的内分层结构　(b) 内分层结构放大图　(c) 外分层结构

图3-1　HSC结构形成中的内外分层

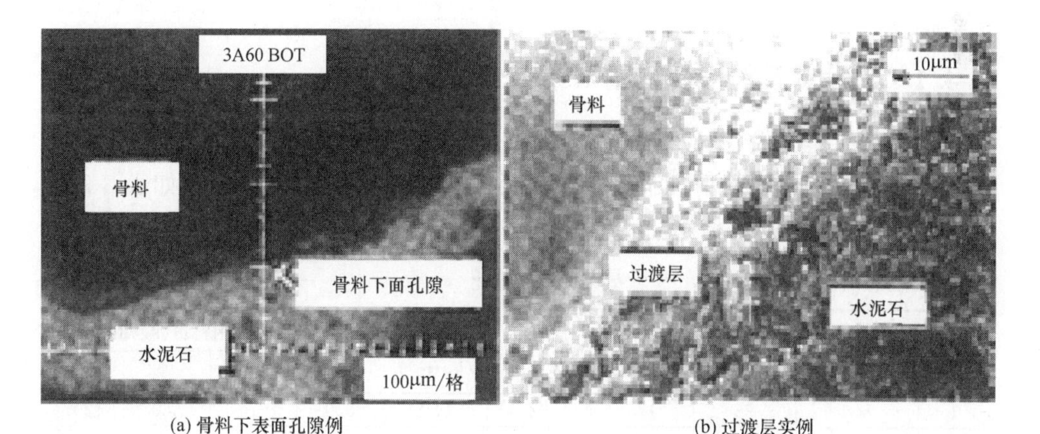

(a) 骨料下表面孔隙例　(b) 过渡层实例

图3-2　内分层的微观结构（长泷）

美国S. P. Shah教授曾提出：“尽管HSC具有较高的强度，但其并不具有所需的综合耐久性。”HPC既包括力学性能，也包括一些非力学性能的概念，如填充性、抗渗性、不离析、抗侵蚀性及体积稳定性等。

在挪威，由于 HPC 的开发与应用，20 世纪 70 年代混凝土平均强度只有 50MPa，坍落度 120mm，施工劳动力耗费很大；但经过 20 年的发展，混凝土平均强度达到了 100MPa，坍落度达到了 270mm，泵送施工，自密实成型，是成功的范例。成功的因素归纳如图 3-3 所示。

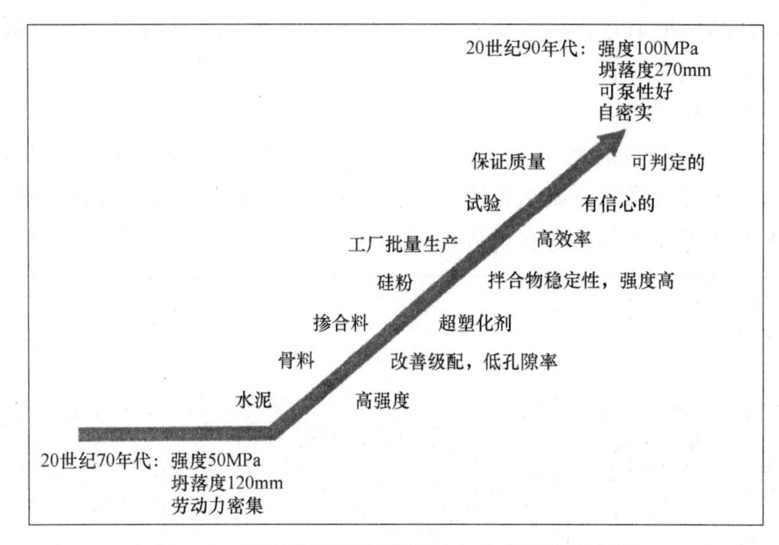

图 3-3 挪威发展高性能混凝土成功的技术之路

3.4 高强与高性能混凝土的配制与应用实例

3.4.1 天然沸石粉掺合料的 HS/HPC

试验以日本的大谷石及二井沸石加工成超细粉，对 HPC 的水泥取代量均为 10%；配制因素相同的情况下，观察混凝土性能的变化。HPC 配比如表 3-2 所示，试验结果如表 3-3 所示。

HPC 配比　　表 3-2

水泥+掺合料		W/C+Z (%)	水 (kg/m³)	砂率 (%)	减水剂 (kg/m³)	单方混凝土用料量(kg/m³)			
种类	粒径(μm)					水泥	沸石粉	砂	碎石
1	8.0	35	175	32	5.0	500	—	560	1207
2	6.7	35	175	32	5.9	450	50	560	1207
2	6.2	35	175	32	5.0	450	50	560	1207
2	5.6	35	175	32	5.0	459	50	560	1207
3	6.8	35	175	32	5.0	450	50	560	1207
3	6.4	35	175	32	5.0	450	50	560	1207
3	5.6	35	175	32	5.0	450	50	560	1207

试验结果　表 3-3

混凝土种类	实测坍落度(cm)	实测含气量(%)	混凝土抗压强度(kgf/cm^2)		
			3d	7d	28d
水泥	20	3.1	475	595	708
大谷石	17.5	3.5	490	655	779
大谷石	17.0	3.5	513	666	779
大谷石	17.0	3.4	513	684	800
二井石	17.0	3.5	485	525	757
二井石	17.0	3.3	485	655	764
二井石	17.0	3.2	522	642	743

由表 3-2、表 3-3 可见，以 10%的大谷石及二井石超细粉等量代替水泥后，混凝土 3d、7d 抗压强度都比较高，特别是 28d 抗压强度约比基准强度提高 10%。大谷石的活性 SiO_2 及活性 Al_2O_3 含量分别是 12.08%和 8.39%，参与水泥的水化反应，促进了混凝土强度的提高。

从微观分析可见，图 3-4（a）是掺入 20%大谷石超细粉的水泥石，图中

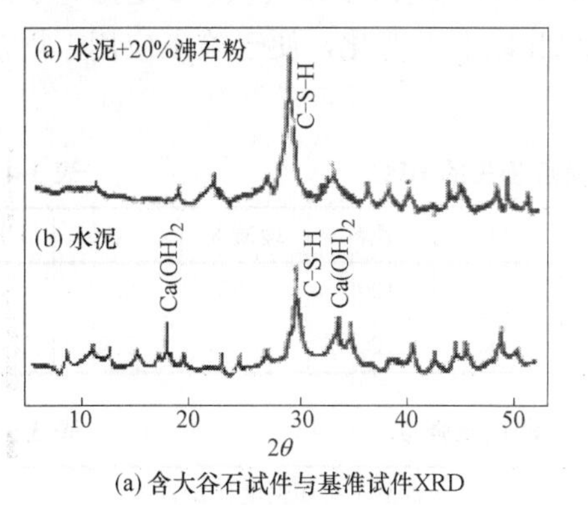

(a) 含大谷石试件与基准试件XRD

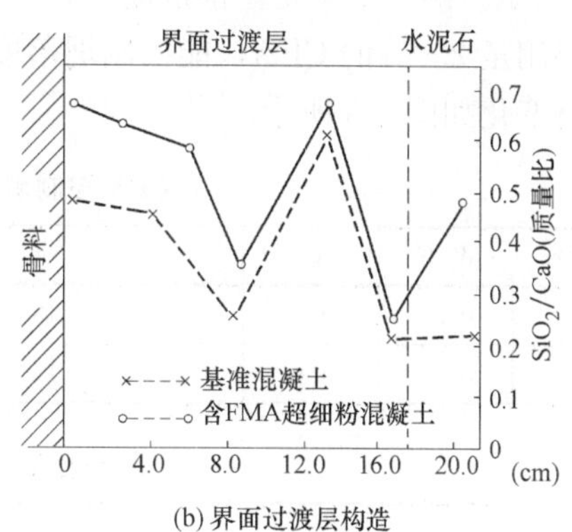

(b) 界面过渡层构造

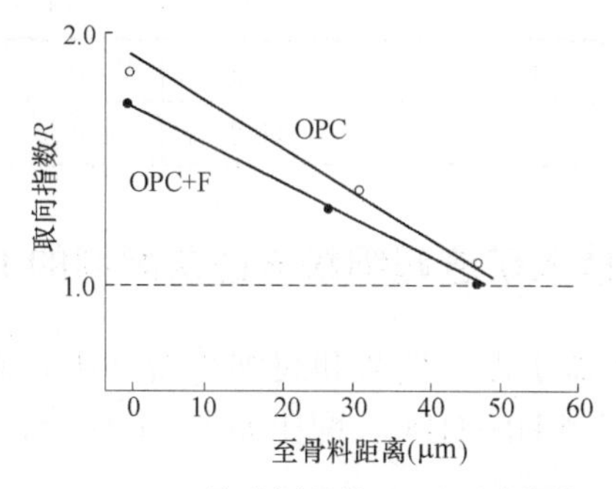

(c) 界面过渡层的$Ca(OH)_2$定向指数

图 3-4　基准试件与含大谷石超细粉试件的细观结构

$Ca(OH)_2$ 的特征峰已消失，这是由于大谷石超细粉与 $Ca(OH)_2$ 反应的结果；图 3-4（b）是基准水泥石，图中 $Ca(OH)_2$ 的特征峰很明显。另外，从混凝土界面过渡带图谱也可看出，含大谷石的混凝土界面过渡带 SiO_2/CaO 的质量比高于基准混凝土，降低了 $Ca(OH)_2$ 的富集，故含天然沸石粉 10%～15%的 HS/HPC 的性能得到改善和提高。

界面过渡层的 $Ca(OH)_2$ 定向指数越低，对强度越有利。掺入 10%天然沸石超细粉后，取向指数降低，故强度比基准混凝土高。

3.4.2　HS/HPC 在地铁防护门中的应用

1965 年前后，某地铁防护门，要施工应用 $600m^3$ 左右的 C60 高性能混凝土，要求 3h 以上的保塑性能，以利施工。我们用天然沸石粉和高效减水剂拌合，搅拌均匀后做成粒径 5～10mm 的小球，将其按混凝土胶凝材料的 1.5%～2.0%掺入混凝土中，缓慢释放出高效减水剂，控制坍落度损失达 2h 以上，这种产品我们称为载体流化剂（CFA）。试验混凝土配合比如表 3-4 所示，抗压强度如表 3-5 所示。两表中 1 是基准混凝土，没掺 CFA，坍落度损失快；2 是掺入了胶凝材料用量 2.0%的 CFA，能控制坍落度 2h 以上无变化，便于施工应用。坍落度经时变化如图 3-5 所示。

CFA 控制坍落度损失的 HPC　　**表 3-4**

序号	*W/C*	*C*	NZ	水	砂	骨料	缓凝剂	NF	CFA
1	0.37	500	—	185	600	1200	1.25	2.5	0
2	0.37	450	50	185	600	1200		2.5	2.0%

混凝土不同龄期抗压强度　　**表 3-5**

序号	*W/C*	混凝土抗压强度(MPa)			
		3d	7d	28d	90d
1	0.37	39.2	51.8	70.5	74.2
2	0.37	44.2	55.8	75.3	81.2

3.4.3　混凝土中掺入矿渣超细粉与硅灰配制的 HS/HPC

以 425 普通硅酸盐水泥、硅灰和超细矿粉（比表面积 $7000cm^2/g$）为掺合料，$W/C=30\%$，配制 HS/HPC，配比如表 3-6 所示，3d、28d 及 90d 强度如表 3-7 所示。

试验证明，以硅灰 10%＋矿粉 30%等量取代水泥，配制 HS/HPC 的强度和流动性的效果最好，抗酸性介质侵蚀的耐久性也较好。

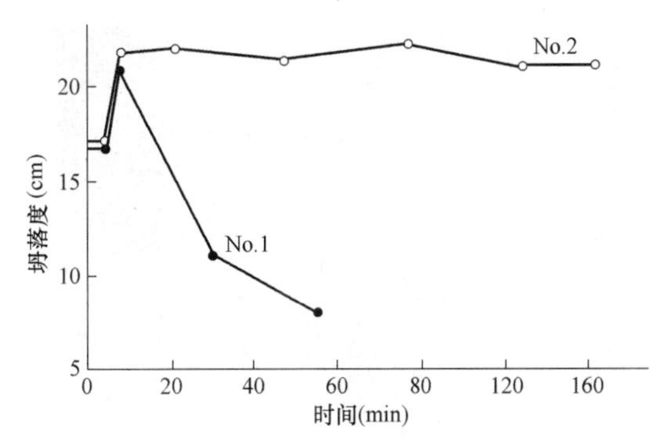

图 3-5　CFA 控制 HPC 的坍落度损失

HS/HPC 配比及新拌混凝土性能　　**表 3-6**

序号	水泥	硅灰	矿粉	砂	碎石	水	减水剂(%)	坍落度(cm)	扩展度(cm)
1	500	—	—	645	1055	150	1.3	21	48
2	450	50	—	645	1055	150	1.3	21	44
3	350	—	150	645	1055	150	1.3	23	60
4	300	50	150	645	1055	150	1.3	22	55

HS/HPC 的强度　　**表 3-7**

序号	抗压强度(MPa)			抗折强度(MPa)			劈裂抗拉强度(MPa)		
1	51.8	66.1	78.0	6.09	7.20	7.21	3.91	4.46	5.65
2	54.3	89.3	99.1	7.62	10.14	11.4	4.06	6.16	7.22
3	64.5	91.6	97.8	7.11	9.96	11.1	4.20	6.09	6.29
4	57.5	113.7	113.4	7.50	11.64	12.36	4.14	6.09	6.59

3.5　高强与高性能混凝土发展及应用需要解决的问题

3.5.1　自收缩开裂

HS/HPC 的组成材料中，水泥用量偏高，用水量偏低，混凝土初凝后，水泥进一步水化，吸收混凝土中的毛细管水，使毛细管脱水，变成自真空状态，毛细管产生张力。此张力超过了混凝土的抗拉强度，混凝土就会开裂。这种开裂是混凝土与周围环境没有介质交换条件下由于毛细管脱水、产生毛细管张力造成的，故称为自收缩开裂，如图 3-6 所示。某超高层建筑的首层剪力墙，采用 C80 HPC，脱模后全部剪力墙混凝土开裂，有的墙面上出现 120 多根裂缝。自收缩开裂成为 HPC 必须解决的技术难点之一。

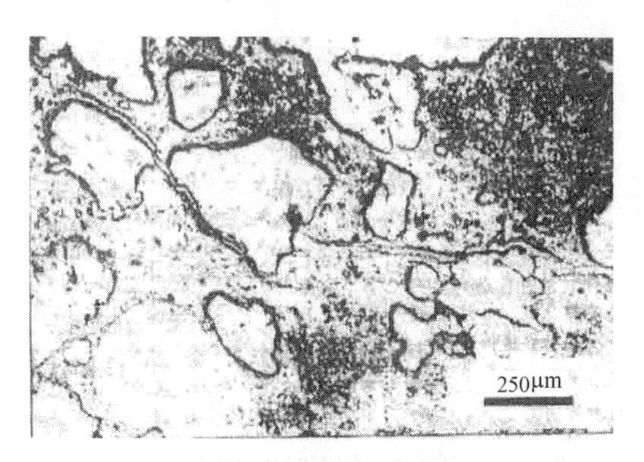

(a) HS/HPC试件脱模后的抛光面

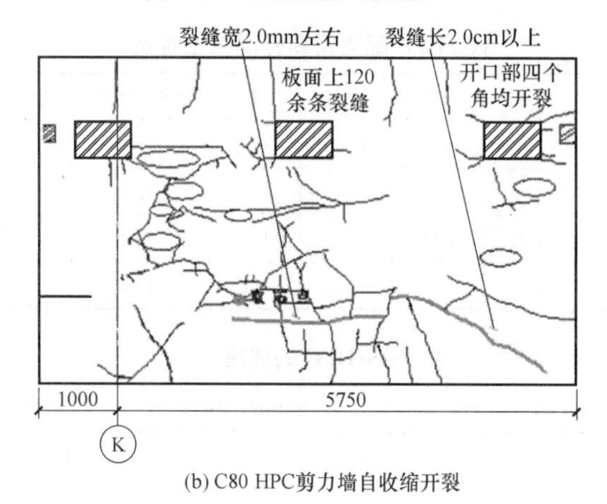

(b) C80 HPC剪力墙自收缩开裂

图 3-6　HS/HPC 的自收缩开裂

HS/HPC 在发展和应用中的另一个技术难点是湿胀开裂。由于水泥用量偏高，W/C 较低，HS/HPC 长期处于水中时，水分向混凝土内部扩散渗透，未水化水泥的内核吸水膨胀，也可能引起 HS/HPC 的湿胀开裂，如图 3-7 所示。

图 3-7　HS/HPC 长期在水中会引发湿胀开裂

3.5.2 混凝土的脆性增大

HS/HPC 的应力-应变曲线的下降段比较陡斜，反映出其脆性比较大，如图 3-8 所示。混凝土的脆性增大，会给工程结构特别是有抗震要求的工程结构带来很大危害。

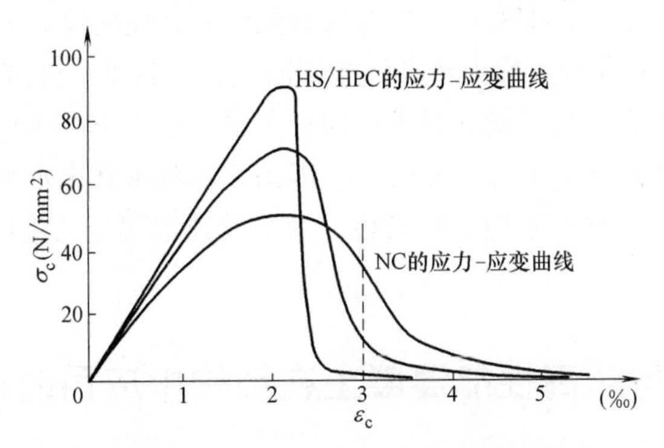

图 3-8　普通混凝土与 HS/HPC 的应力-应变曲线（Wittman）

HS/HPC 的自收缩开裂、湿胀开裂及高脆性，都是由于 W/C 低、水泥用量高、抗压强度高等因素带来的。超高性能混凝土（UHPC）这三方面的问题比 HS/HPC 更为严重。这些问题如何解决，将在本书第 4 章中进一步阐述。

第4章　超高性能混凝土的开发与应用

超高性能混凝土（UHPC）是具有超高强度的高性能混凝土。在我国，强度≥100MPa的高性能混凝土称为超高性能混凝土；在日本，强度等级C80以上的高性能混凝土就称为超高性能混凝土；而在美国，强度150MPa以上的高性能混凝土才称为超高性能混凝土；由此可见，因国家混凝土技术水平的高低，超高性能混凝土的强度等级略有不同；现阶段，超高性能混凝土的强度≥100MPa是适宜的。

4.1　高性能与超高性能混凝土在结构中应用的优越性

4.1.1　技术经济效果

HPC与UHPC在结构中应用的效果如表4-1所示。

HPC与UHPC在结构中应用的效果　　表4-1

混凝土强度	效果
60MPa代替30～40MPa	减少40%混凝土用量和39%钢材用量,降低造价20%～35%
80MPa代替40MPa	体积、自重均缩减30%
150MPa代替60～80MPa	柱子断面缩小,梁跨度增大,可利用空间增大

4.1.2　结构体系的变化

采用UHPC代替普通混凝土，粗柱短梁的框架结构，过渡到细柱长梁的筒式结构，如图4-1所示。柱子断面变细，梁的跨度增大，可利用的面积和空间增大，现在超高层建筑都采用这种结构体系。

4.1.3　强度150MPa UHPC代替60～80MPa HPC的效果

强度150MPa UHPC代替60～80MPa HPC，如图4-2所示，结构体系由粗柱短梁变为细柱长梁，可利用面积和空间增大。

4.1.4　相同弯矩作用下构件质量比较

承受的弯矩均为150kN・m，工字钢与预应力UHPC每米长度的质量相同，

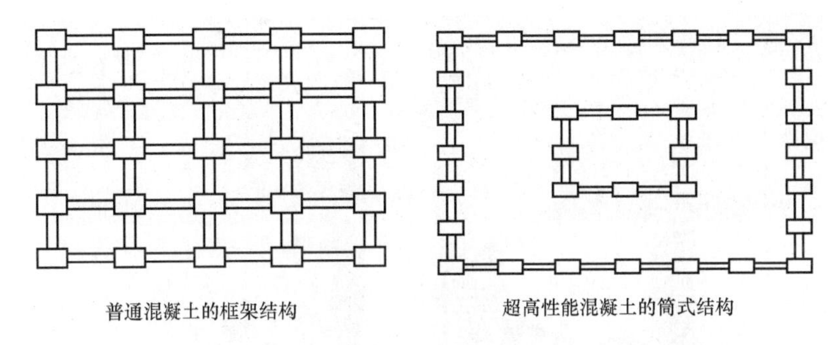

图 4-1　粗柱短梁的框架结构过渡到细柱长梁的筒式结构

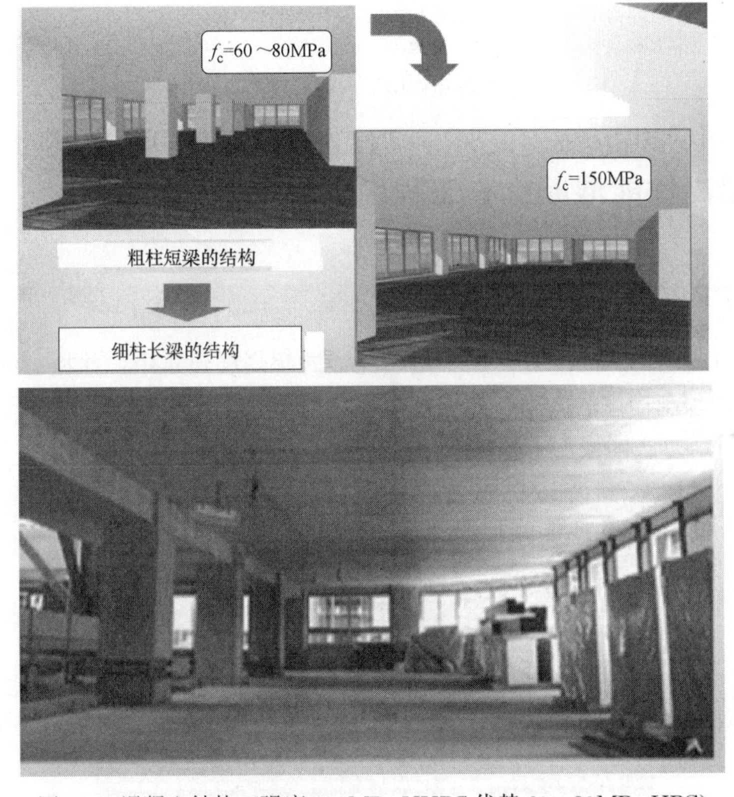

图 4-2　混凝土结构（强度 150MPa UHPC 代替 60～80MPa HPC）

均为 50kg，普通强度混凝土预应力构件，每米长度的质量超过 210kg，为前者的 4 倍以上（图 4-3）。而预应力的 UHPC 结构比钢结构寿命长，维修费用低。对超高层建筑中的柱子和剪力墙，UHPC 提供了一种最经济的材料去承受压力，而且在使用上能得到较大的空间。UHPC 混凝土技术是发展的方向，是混凝土技术突破性的进展。

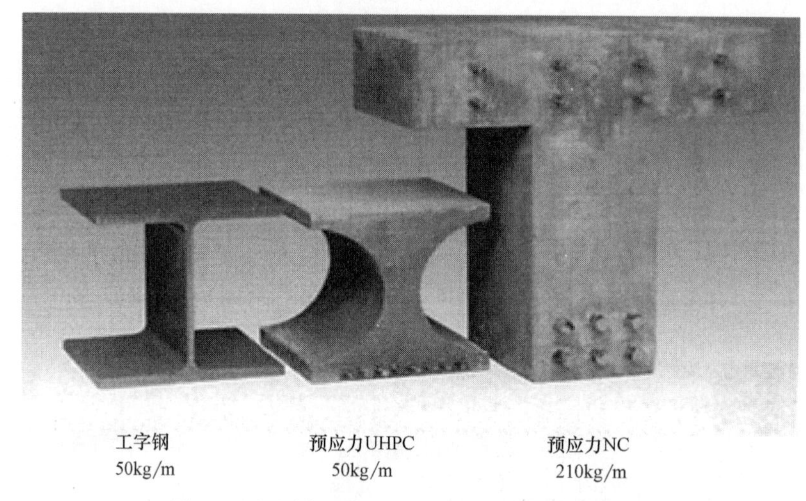

图 4-3 相同弯矩作用下不同材料构件质量比较

4.2 超高性能混凝土在工程中的应用

4.2.1 UHPC 在欧洲的应用

德国首先将 C105 UHPC 用于法兰克福的超高层建筑中，并将 C115 UHPC 用于现浇和预制构件的生产，在卡塞尔市（Kassel）采用 UHPC 建造了行人桥，如图 4-4 所示。法国使用 UHPC 建造收费站，如图 4-5 所示。

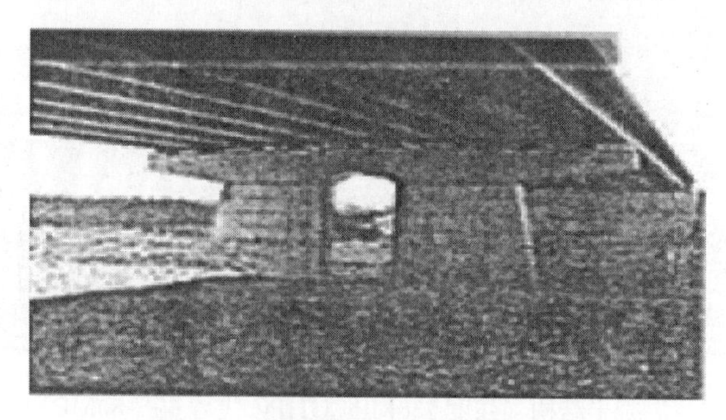

图 4-4 德国建造的 UHPC 行人桥

丹麦用 UHPC 生产了预制楼梯（图 4-6）；荷兰生产 UHPC 预制板，用于海洋山洞的防护门（图 4-7）。

4.2.2 UHPC 在北美的应用

1987 年，美国西雅图双联广场（Two Union Square）采用了强度 131MPa 的

长98m，宽28m，中心厚85cm

图 4-5　法国 UHPC 建造的收费站

图 4-6　UHPC 建造的楼梯（丹麦）

(a) UHPC板材的生产

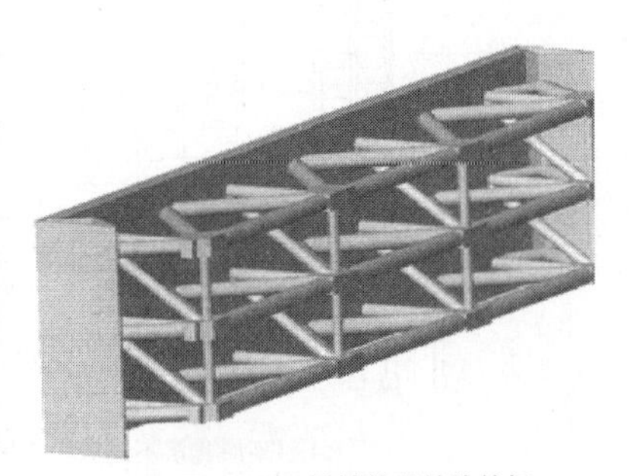

(b) UHPC 板材装配的防护门

图 4-7　UHPC 预制板用于防护门（45m 宽×15m 高）

UHPC。2008 年，生产应用了强度达 250MPa 的 UHPC。强度 250MPa UHPC 已商品化进入市场。

加拿大魁北克省的人行桥桥面板，使用了强度 200MPa 的 UHPC。

4.2.3　UHPC 在日本的应用

1. 日本超高层建筑中 HS/HPC 的应用

日本在预拌混凝土工厂生产了强度高于 150MPa 的超高强混凝土，如图 4-8 所示。在试验基础上，用于超高层建筑结构中。这种混凝土使用的胶凝材料是普通硅酸盐水泥、矿渣、石膏和硅粉。试验证明，坍落度、坍落度流动值、含气量和抗压强度均符合 150MPa 的混凝土要求，并在此基础上进行生产和施工应用。还在 53 层超高层建筑中，应用了强度 180MPa 的 UHPC，如图 4-9 所示。

2. 工程复合材料在日本超高层大跨度结构的住宅楼中应用

工程复合材料（Engineered Cementitious Composites），简称为 ECC 材料，由 Victor. C. Li 和 Kanda 共同开发研究。他们用聚乙烯醇纤维配制的 PVA-ECC 取得了很大成果。ECC 也是一种 UHPC，组成材料中没有粗骨料，是由 DSP＋砂＋纤维，经拌合成型而得，具有很高的抗弯强度和变形能力，如图 4-10（a）

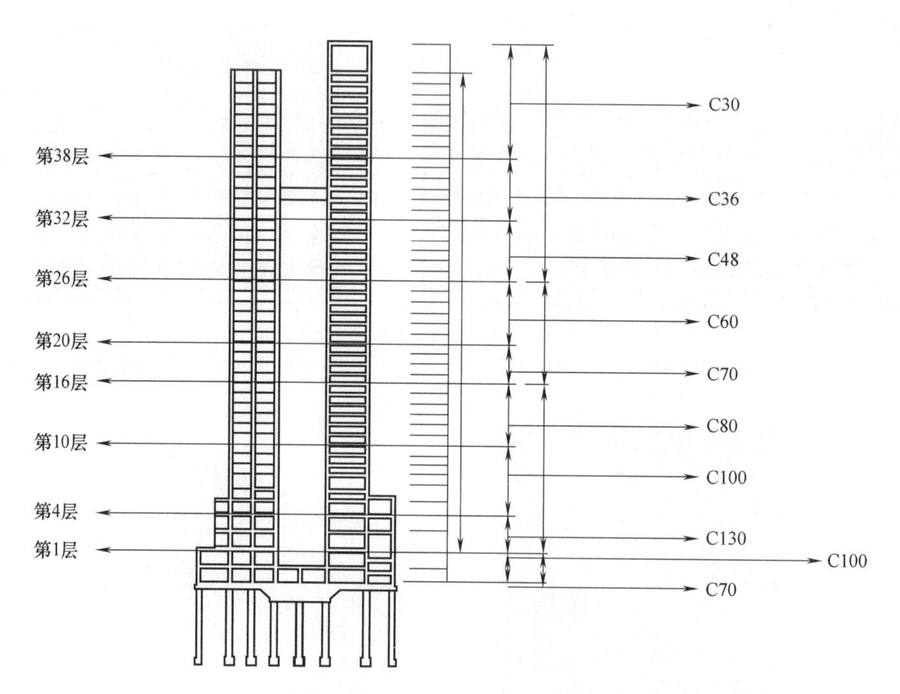

(a) 超高层建筑不同层中使用的HPC与UHPC

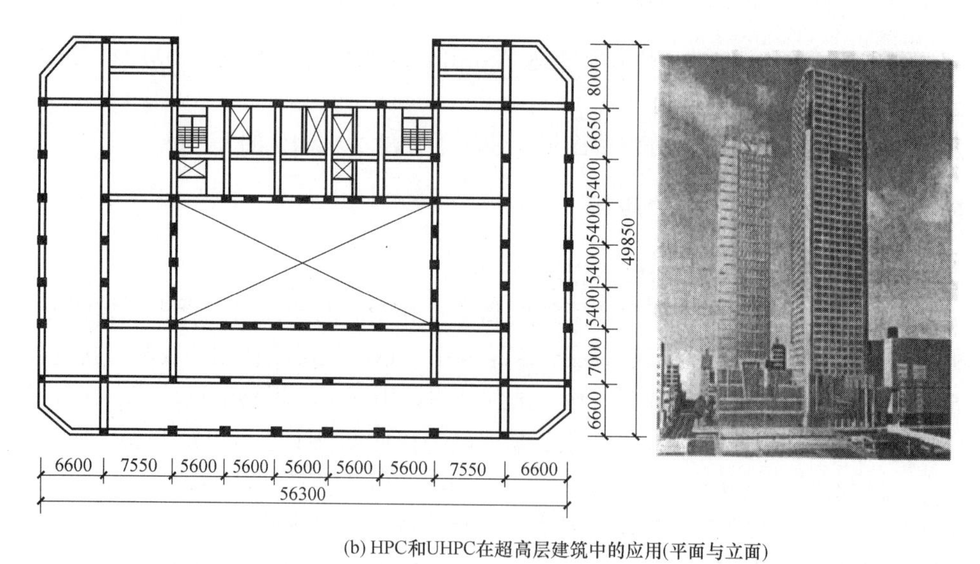

(b) HPC和UHPC在超高层建筑中的应用(平面与立面)

图 4-8 日本在超高层建筑中使用 HPC 与 UHPC

所示；ECC 应用于抗震建筑结构中，如图 4-10（b）、（c）所示，可用来防震、抗震。

图 4-9　超高层建筑中应用强度 180MPa 的 UHPC

(a) ECC材料的抗弯试验

(b) ECC材料抗震住宅

(c) ECC材料抗震大跨度结构

图 4-10　ECC 材料抗震大跨度结构

此外，日本在不同时期，还在建筑工程中使用了大量的 UHPC。1993～1999 年，强度 100MPa 的 UHPC 用于超高层住宅楼；20 世纪 90 年代，在德国法兰克福建造的日本中心大厦（Japan Center Office），采用了 105MPa 的 UHPC；2001 年，200MPa 的 UHPC 用于酒田未来桥；2004 年，130MPa 的 UHPC 用于超高层住宅。日本的太平洋水泥集团开发了 200MPa 级的特种水泥，可以配制 80～120MPa（最高达 150MPa）的超高性能混凝土。

4.2.4 HPC 与 UHPC 在中国的开发与应用

在我国工程技术标准协会的主持下，制订了 HPC 技术标准。按照此标准，HPC 除保证设计的强度以外，还要进行耐久性能设计。在我国，C60 的高强高性能混凝土已经得到比较多的应用；C80 高性能混凝土在管桩的生产上得到了普遍应用，比如，北京机场扩建工程，广州白银广场钢管混凝土，深圳安托山的 C80 高强高性能混凝土，长沙的粉煤灰超细粉 C80 高性能混凝土，沈阳 C100 高性能混凝土等。我国实验室研究强度最高的高性能混凝土大约是 150MPa。

图 4-11 施工中的广州西塔工程

1. 广州西塔工程（高 437m，图 4-11）

在该工程中，研发了 C100 UHPC 及 C100 UHP-SCC，均用于钢管混凝土。

2. 深圳京基大厦研发和应用了 C120 UHPC

结合京基大厦超高层钢筋混凝土结构的需要，及国内外高性能超高性能混凝土的发展情况，京基大厦开展了 C120 超高性能混凝土的研究。C120 超高性能混凝土的配比如表 4-2 所示。目标强度，28d 要达到 125MPa 以上，无收缩或微收缩（收缩值 4/10000 以下），韧性高，抗火性能好，耐久性能优异；施工性能、保塑性能优异，便于超高泵送等。

京基大厦 C120 超高性能混凝土配比（kg/m^3） **表 4-2**

W/B	C	MB	SF	S	G	W	复合减水剂
0.18	500	170	80	700	1000	130	4.0%

混凝土的强度试验：3d，100MPa；7d，108MPa；28d，13 组试件平均强度 135MPa，均方差 5.56MPa。

深圳市建设工程质量检测了 4 组 C120 混凝土强度，分别达到标准值的 105%、103%、105%及 114%。

3. 广州东塔工程研发的 UHPC

广州东塔工程研发的强度 150MPa 的 UHPC，于 2015 年秋天，从该工程的地面上，泵送至 510m 高度，浇筑了剪力墙、梁、板、柱等构件，并且具有免振自密实成型、自养护等特性；脱模时，在结构表面，未见任何裂缝。东塔工程项目超高泵送时 UHPC 的配比如表 4-3 所示，新拌混凝土的性能如表 4-4 所示，混凝土不同龄期的强度如表 4-5 所示。

UHPC 的配比（kg/m^3）　表 4-3

水泥 52.5R	微珠	硅粉	沸石粉	砂	碎石	水	减水剂	CFA	膨胀剂
600	200	100	20	750	850	130	2.4%	20	10

新拌混凝土的性能　表 4-4

经时	倒筒时间（s）	坍落度（mm）	扩展度（mm）	U 形仪上升（mm/s）	和易性
初始	2.88	280	770×770	340mm/14s	好
2h	4.06	275	740×750	330mm/30s	好

混凝土不同龄期强度（MPa）　表 4-5

龄期(d)	1	3	7	28	56
强度	104	125	136	147	150

4.3　超高性能自密实混凝土及超高性能混凝土的技术途径

研发超高强超高性能混凝土，首先要选择优质的原材料，如砂、碎石的级配，粒径与粒型，减水剂的减水率及保塑性，水泥与超细粉的匹配组合，以及合理的用水量及配比等。

4.3.1　超高性能自密实混凝土（UHP-SCC）

以现有水泥为基础，掺入硅粉、微珠、超细矿粉等，作为胶凝材料配制 UHPC。根据日本的经验，UHPC 的单方用水量≥150kg；C100 UHPC，W/B 为 20%左右，胶凝材料用量≥750kg/m^3，水泥用量≥500kg/m^3。配合比如表 4-6 所示。

C100 UHP-SCC 的配合比（kg/m^3） 表 4-6

水泥	微珠	硅粉	沸石粉	砂	碎石	水	减水剂	CFA	W/B
500	150	70	30	800	900	150	1.5%	1.5%	0.2

这样的配比，实际的W/C=30%，水灰比较大，又掺入了 $30kg/m^3$ 的天然沸石超细粉，可作为混凝土自养护剂和增稠剂，混凝土的流动性很大，但又不会产生泌水和离析。CFA 能使混凝土保塑。这样的 UHP-SCC 流动性、保塑性和自密实性都会很好，保证了超高泵送和自密实成型。水泥与微珠、硅粉组合，W/B 为 20%左右，浆体流动性好，强度也高，保证具有足够的强度要求。

4.3.2 混凝土中粉体的粒度组合，降低粉体的微孔隙

现有水泥为基础，通过粉体的粒度级配，降低粉体的微孔隙，使浆体流动性提高，强度提高，但黏度下降，用以配制 UHPC 及 UHP-SCC，更有科学性、经济性；并达到低碳，节省能源与资源的目的。如表 4-7 的配比，先找出胶凝材料对新拌混凝土性能的影响，然后确定胶凝材料的组成和数量，再配制混凝土。不同粉体搭配组成的胶凝材料，配制新拌混凝土性能如表 4-8 所示。

UHP 的组成材料（kg/m^3） 表 4-7

水泥	微珠	矿粉	硅粉	沸石粉	水	砂	碎石	减水剂	CFA
600	190	(190)	90	20	130	720	880	5.4	9

注：水泥（C）为 P·O52.5；微珠（MB），比表面积 8000～10000cm^2/g；矿粉（BFS），比表面积 8000cm^2/g；沸石粉（NZ），比表面积 6000cm^2/g；聚羧酸高效减水剂，含固量 40%；载体流化剂（CFA）由 NZ 粉+高效减水剂配制而成。

不同粉体组合新拌混凝土性能 表 4-8

组合的粉体	坍落度(mm)	扩展度(mm)	倒筒落下时间(s)
C+BFS	265	650/630	18
C+BFS+SF	275	660/670	7
C+MB+SF	285	680/690	5

由此可见，水泥、微珠与硅粉组合的胶凝材料流动性最优。这是由于粉体的微观填充效应，孔隙率降低，在同样用水量及减水剂用量下，流动性增大。特别是微珠为球状体、玻璃体，需水量更低，如图 4-12 所示。

4.3.3 球状水泥

从胶凝材料的粒径粒形与级配出发，使胶凝材料的微观孔隙降低，达到相同流动性下用水量最少，这是 UHPC 配制技术的途径。日本太平洋水泥公司研发

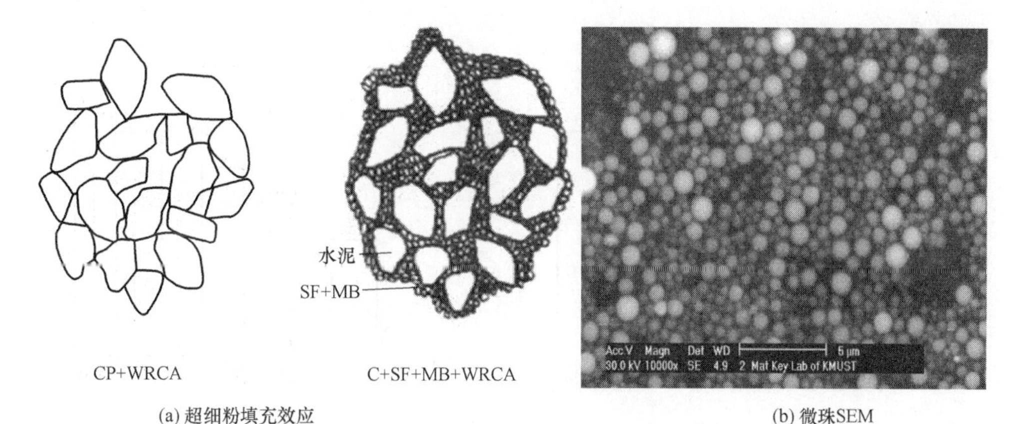

(a) 超细粉填充效应　(b) 微珠SEM

图 4-12　超细粉填充效应与微珠 SEM

出强度达 200MPa 的水泥，供应配制了 C150～C180 的超高强超高性能混凝土。球状水泥如图 4-13 所示。

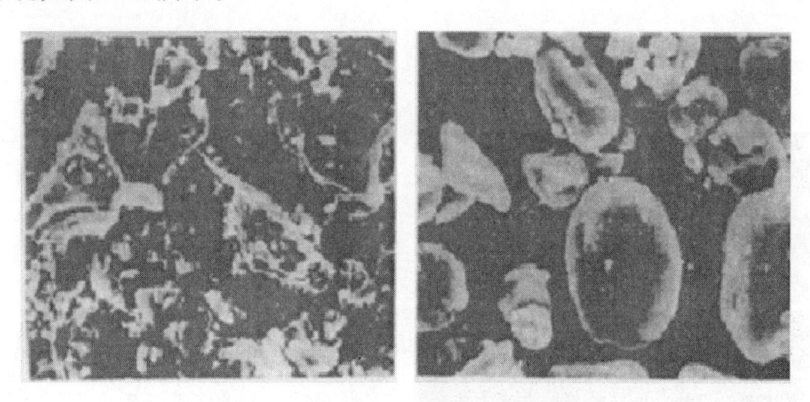

图 4-13　普通水泥与球状水泥的 SEM

球状水泥评价是按其粒子的球状度，由下式求得：粒子的球状度＝粒子投影面积相等的圆的直径/粒子投影面最小外接圆直径。普通硅酸盐水泥的球状度是 0.67，球状水泥是 0.85。球状水泥的球状度与真球（球状度＝1）接近。球状水泥与普通水泥相比，具有以下特性。

1. 球状化引起水泥性能变化

球状水泥（SC）与普通水泥（OPC）流动性如图 4-14 所示。无论是水泥浆还是砂浆，SC 的流动性均大幅度大于 OPC。

2. 表面 Zeta 电位的变化

X 射线对球状水泥表面元素及其 Zeta 电位如图 4-15、图 4-16、表 4-9 所示。

表 4-9 及图 4-16 表明了 SC 的 Zeta 电位约为 OPC 的 3 倍，这是球状化处理后，粒子间静电斥力引起的。

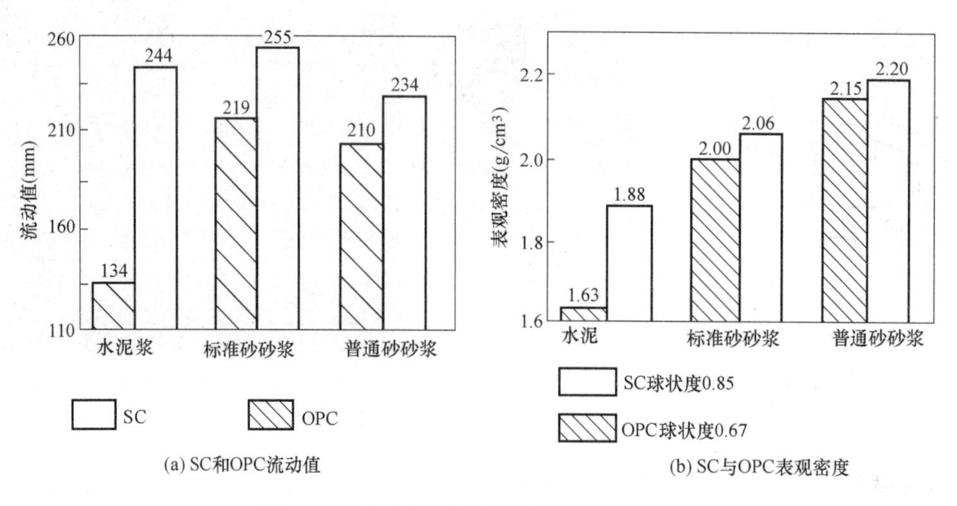

图 4-14 球状水泥与普通水泥流动性比较

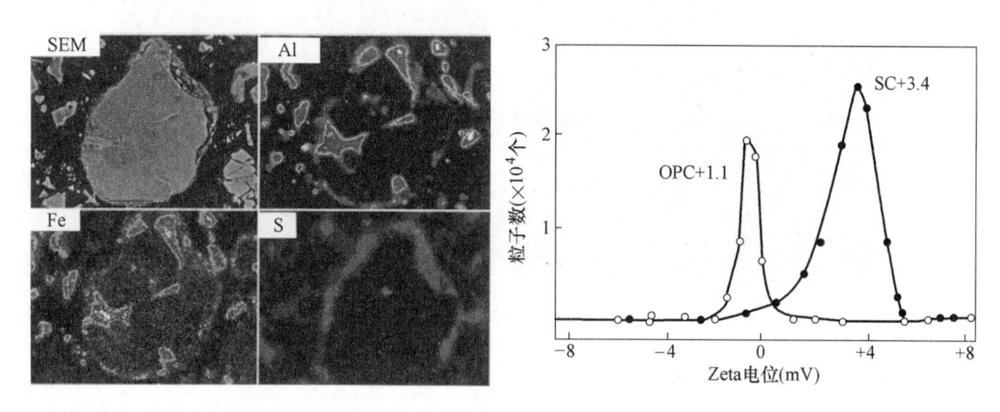

图 4-15 X 射线及 SEM 对球状水泥粒子表面分析

图 4-16 球状水泥与普通水泥表面的 Zeta 电位

球状水泥粒子表面 Zeta 电位及粉末性质 **表 4-9**

水泥类型	Zeta 电位 (mV)	平均粒径 (μm)	Blaine (cm^2/g)	比表面积 (cm^2/g)	松堆密度 (g/cm^3)	密实堆密度 (g/cm^3)
OPC	+1.13	13.5	3270	9694	0.98	1.86
SC	+3.42	10.1	2480	5026	1.19	1.91

3. 流动性试验

（1）浆体流动值

相同的水灰比下，SC 净浆的流动值比 OPC 的约高 100mm，如图 4-17 所示。

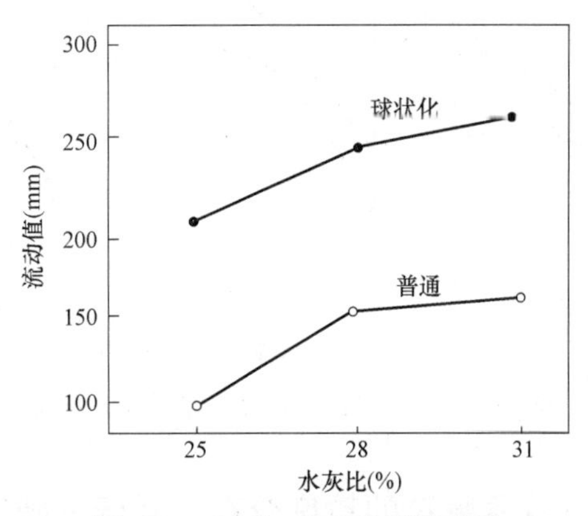

图 4-17　SC 与 OPC 净浆流动值

（2）砂浆的流动性

SC 砂浆的流动性与 OPC 的相比大幅度提高，且经时变化小，如图 4-18 所示。

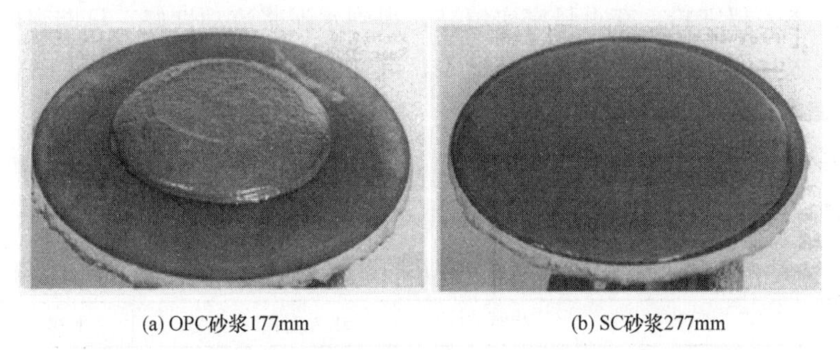

(a) OPC砂浆177mm　　(b) SC砂浆277mm

图 4-18　砂浆的流动性试验对比（W/C=0.55，$C:S$=1∶2）

（3）混凝土的流动性

相同的水灰比下，一方面，SC 混凝土的坍落度增大（最大达 22cm），W/C 均为 25%，OPC 混凝土的坍落度约为 5cm，但 SC 混凝土的坍落度约为 20cm，显示出良好的流动性；另一方面，如果 SC 与 OPC 混凝土的坍落度相同，则 SC 混凝土的用水量比 OPC 混凝土的用水量可降低 9%～30%，用 SC 配制高性能与超高性能混凝土，在混凝土的流动性方面具有很突出的优点。

4. SC 混凝土与 OPC 混凝土的强度

如图 4-19 所示，不论是普通混凝土、HS/HPC，还是 UHPC，SC 混凝土的强度均比 OPC 混凝土大幅度提高，56d 强度≥150MPa。

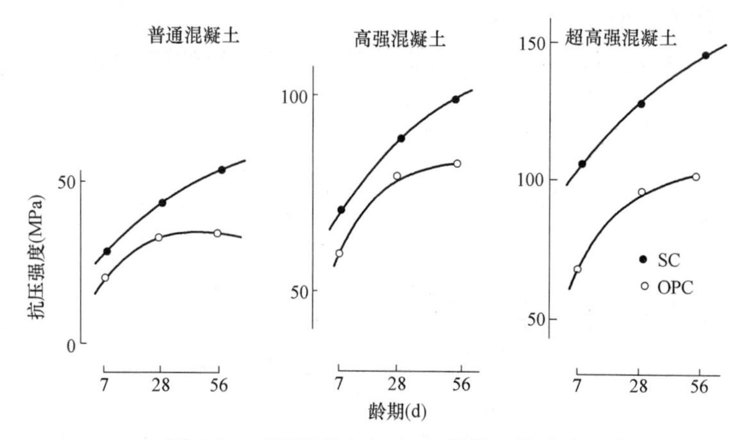

图 4-19 SC 混凝土与 OPC 混凝土的强度

4.3.4 调粒水泥（改善颗粒的粒度分布，降低孔隙率）

在 DSP 材料基础上，研发出了调粒水泥。特征如下：

（1）调整水泥组成中粒度分布，提高填充率；

（2）增大水泥粒子粒径，粒度分布向粗方向移动；

（3）掺入超细粉，获得最密实填充，得到水泥浆流动性好、早期强度高、水化热低、水化放热慢、省资源、省能源、高性能的混凝土。

1. 调粒水泥用的原材料

调粒水泥用的原材料如表 4-10 所示。可见，最粗粒 90.47μm，最细粒 0.2μm。

调粒水泥用的原材料 表 4-10

原材料	代号	相对密度	比表面积(cm^2/g)	平均粒径(μm)
硅酸盐水泥	N	3.17	3400	19.57
水泥粗粉	O	3.17	600	90.74
石灰石粉	W	2.71	18000	6.04
硅粉	S	2.26	200000	0.2
粉煤灰	F	2.18	4320	17.38
矿渣粉	K	2.92	6260	7.86

2. 调粒水泥组成

用不同细度的粉体与水泥按一定比例配合，可得调粒水泥，如表 4-11 所示。可见，调粒水泥的粒度范围拓宽了，由水泥的平均粒径 19.57μm，扩大到粗粉的粒径为 90.74μm。特细硅粉，平均粒径为 0.2μm，也即水泥组成的粒子变得更细了。由不同粒径大小的粉体组成调粒水泥粒度，故胶凝材料的粉体密实度提高了。

调粒水泥组成　表 4-11

序号	代号	(N) 水泥	(O) 粗粉	(W) 石灰石粉	(S) 硅粉	(F) 粉煤灰	(K) 矿渣
1	N7W30	70		30			
2	N7W10	70	20	10			
3	N7S10	70	20		10		
4	N7F10	70	20			10	
5	N7K10	70	20				10
6	N	100					

3. 调粒水泥的性能

按照调粒水泥浆体的流动值、调粒水泥水化热及调粒水泥抗压强度三方面综合评价调粒水泥的组成时，N7W5 或 N7S5 较好，这是配制 HPC 和 UHPC 的新型胶凝材料。

4. 调粒水泥混凝土

通过采用不同细度、不同性能的粉体，相互匹配组合，得到了调粒水泥及其相应的性能。下面进一步将调粒水泥配制 HPC 与 UHPC。

1）原材料，粉体的配合比例及混凝土配比

调粒水泥及砂、石原材料有关性能如表 4-12 所示，调粒水泥的配比组成如表 4-13 所示，调粒水泥混凝土配比如表 4-14 所示。

原材料及有关性能　表 4-12

材料	相对密度	比表面积(cm^2/g)	平均粒径(μm)	细度模量
硅酸盐水泥	3.17	3400	19.57	
水泥粗粉	3.17	600	90.74	
石灰石粉	2.71	18000	6.04	
硅粉	2.26	200000		
细骨料	2.58			2.73
粗骨料	2.62			6.63

根据 A、B、C、D、E 五个系列调粒水泥，每个系列水泥中又有不同水灰比，配制系列混凝土如表 4-14 所示。

不同代号的调粒水泥组成 表 4-13

代号	硅酸盐水泥	水泥粗粉	石灰石粉	硅粉	填充率
A	100	0			0.50
B	70	30			0.57
C	70	20	10		0.55
D	70	20		10	0.55
E	70	20	5	5	0.55

在表 4-14 中：

(1) A25、A30 为普通硅酸盐水泥混凝土，水灰比分别为 25%和 30%；

(2) B20、B25、B30B 系列调粒水泥混凝土，水灰比分别为 20%、25%和 30%；

(3) C17.5、C20、C25、C30 为 C 系列调粒水泥混凝土，水灰比分别为 17.5%、20%、25%和 30%；

(4) D20、D25、D30D 系列调粒水泥混凝土，水灰比分别为 20%、25%和 30%；

(5) E17.5、E20、E25、E30 为 E 系列调粒水泥混凝土，水灰比分别为 17.5%、20%、25%和 30%。

2) 调粒水泥混凝土的性能

通过试验，各系列调粒水泥混凝土性能如表 4-15 所示，由混凝土的试验结果可见：

(1) 各组调粒水泥混凝土的 W/C 均在 25%及 30%时，混凝土的坍落度为 25～28cm，其中以 C25 的坍落度最大，达 28cm；扩展度为 59 ～71cm，其中以 C25 的扩展度最大，达 71cm；屈服值也是 C25 的最低，为 15.9MPa。

调粒水泥混凝土配比 表 4-14

试验代号	W/B (%)	s/a (%)	质量(kg/m³)				化学外加剂($B\times$%)		含气量 (%)
			单位水量	水泥粉体	细骨料	粗骨料	高减水性外加剂	含气量调节剂	
A25	25.0	39.6	165	660	618	950	1.8	0.008	2.0
A30	30.0	43.8	155	533	736	950	1.4	0.006	2.1
B20	20.0	33.8	165	825	482	950	2.4	0.015	2.4
B25	25.0	40.7	160	640	647	950	1.4	0.007	2.5
B30	30.0	44.7	155	517	762	950	1.4	0.006	2.2
C17.5	17.5	30.2	160	914	409	950	3.5	0.018	1.7
C20	20.0	36.3	155	776	537	950	2.4	0.012	1.1

续表

试验代号	W/B（%）	s/a（%）	质量（kg/m³）				化学外加剂（B×%）		含气量（%）
			单位水量	水泥粉体	细骨料	粗骨料	高减水性外加剂	含气量调节剂	
C25	25.0	42.6	150	600	700	950	1.8	0.008	1.9
C30	30.0	46.3	145	483	812	950	1.5	0.006	2.5
D20	20.0	30.6	170	850	417	950	3.2	0.018	2.5
D25	25.0	38.7	165	660	594	950	2.3	0.012	2.8
D30	30.0	43.2	160	533	718	950	2.0	0.015	2.5
E17.5	17.5	27.0	165	943	348	950	4.0	0.028	1.9
E20	20.0	34.2	160	800	490	950	3.0	0.018	1.5
E25	25.0	41.1	155	620	658	950	2.0	0.014	2.7
E30	30.0	45.3	150	500	781	950	2.0	0.014	2.9

（2）各组调粒水泥混凝土的 W/C 均在 25%时，D25 的 28d 和 91d 强度最高，分别为 107MPa 与 127MPa。

（3）编号为 E20 的调粒水泥混凝土，坍落度流动值 70cm，91d 龄期强度 143.0MPa，得到了高流动性超高性能混凝土。

（4）在坍落度相同的情况下，调粒水泥混凝土的 W/C 比基准的硅酸盐水泥混凝土降低 5%左右。

调粒水泥混凝土的性能　　　　**表 4-15**

试验符号	W/B（%）	混凝土物性		砂浆的物性		抗压强度			
		坍落度（cm）	坍落度流动值（cm）	黏度（s）	屈服值（Pa）	3d	7d	28d	91d
A25	25.0	26.0	61	16.1	67.5	76.5	92.7	105.3	118.3
A30	30.0	26.5	65	11.9	44.2	63.6	77.8	92.6	103.0
B20	20.0	27.0	63	24.6	91.1	77.2	93.7	110.1	117.2
B25	25.0	25.0	68	10.8	27.8	647.8	80.6	94.7	110.9
B30	30.0	26.5	64	11.9	38.3	45.6	64.5	78.6	92.4
C17.5	17.5	26.5	60	54.0	161.8	86.0	96.3	108.3	121.3
C20	20.0	—	74	18.5	17.6	86.7	95.4	109.8	122.9
C25	25.0	28.0	71	13.6	15.9	63.2	77.6	91.2	100.0
C30	30.0	25.5	59	8.9	43.5	55.0	69.7	84.2	97.2
D20	20.0	27.0	64	38.1	111.7	76.8	95.8	124.5	135.3
D25	25.0	27.5	66	17.2	41.9	58.8	80.5	107.9	127.1

续表

试验符号	W/B (%)	混凝土特性		砂浆的物性		抗压强度			
		坍落度 (cm)	坍落度流动值(cm)	黏度 (s)	屈服值 (Pa)	3d	7d	28d	91d
D30	30.0	27.0	64	13.9	40.5	51.2	71.6	101.0	109.4
E17.5	17.5	27.0	62	59.7	158.3	82.6	99.1	125.0	133.7
E20	20.0	—	70	26.6	28.6	88.0	102.9	124.8	143.1
E25	25.0	—	68	16.5	27.4	65.9	84.5	106.8	117.1
E30	30.0	27.0	66	13.1	24.7	53.6	70.9	96.6	113.3

UHPC 可分为两大类：

（1）胶凝材料＋纤维＋有机胶粘剂＋水→拌合成型→UHPC 制品，如 ECC 则属此类，无粗细骨料，如在其中加入细骨料，拌合成型，振动模压等工艺，得到各种预制板材等制品，UHPC 强度≥200MPa。

（2）胶凝材料＋砂＋粗骨料＋水等，得到强度≥150MPa 的混凝土，用于剪力墙、梁及柱等构部件。

第5章 高性能与超高性能混凝土用粗、细骨料

5.1 引言

骨料就是作为混凝土骨架的材料，在混凝土总体积中约占70%，是混凝土的主要成分。

混凝土骨料有粗细之分，粒径范围0.15～5mm，为细骨料，如天然砂、海砂及石屑等；粒径范围大于5mm、小于150mm为粗骨料，如卵石、碎石及碎卵石等。此外，为了将资源再生利用，还有再生骨料，即将拆除房屋的建筑垃圾，如混凝土块、砖块等破碎成的粗细骨料，也属本章介绍的骨料范围。

在混凝土中，骨料具有重要的技术、经济和环保作用。正确地选择骨料，符合有关技术标准的要求，是配制高性能、超高性能混凝土的基础。

在普通混凝土中，一般骨料的强度，高于混凝土强度的3～4倍。由于骨料的不同，混凝土抗压强度差别很小。但是，配制高性能超高性能混凝土时，随着混凝土强度的提高，骨料的差别对混凝土抗压强度影响很大。如图5-1所示，当混凝土抗压强度小于50MPa时，也即水灰比0.4左右，这时用碎石K及河卵石

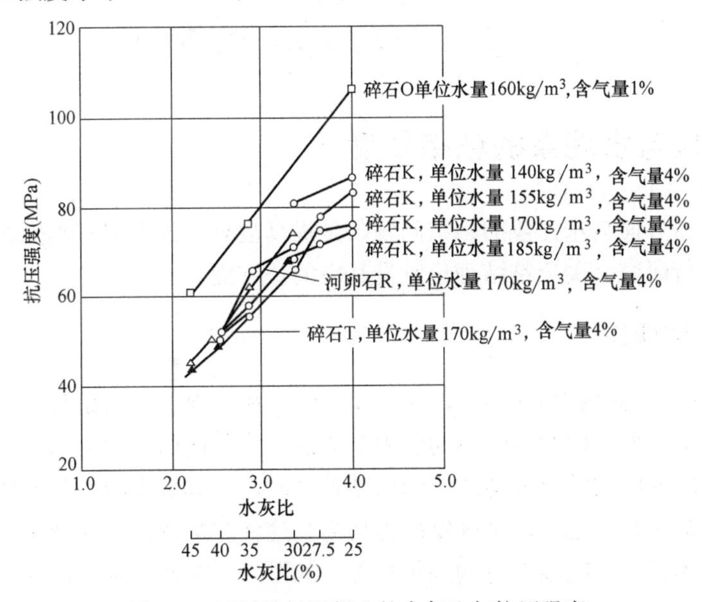

图5-1 不同骨料混凝土的水灰比与抗压强度

R 配制混凝土，其抗压强度均大体相同。但当水灰比小于 0.35 以后，用不同品种的粗骨料，在相同的水灰比下配制混凝土时，抗压强度的差别比较明显。碎石本身的强度及其界面结构均比卵石有利，故其混凝土强度高。

过去，一般把混凝土看成是水泥砂浆与粗骨料的两相复合材料，以此来分析外力作用下的应力与应变，找出混凝土组成材料的数量与质量对强度的影响。但是，实际上混凝土是由三相复合而成，即由骨料、水泥浆与界面过渡层所组成，如图 5-2 所示。高性能、超高性能混凝土中，界面过渡层则是相对薄弱环节。如何改善与提高界面过渡层的性能，是提高高性能超高性能混凝土强度、耐久性与抗渗性的技术关键。故必须研究骨料与水泥浆之间的相互作用，并研究骨料的品种、数量与质量对界面过渡层的影响。

图 5-2　水泥浆与骨料界面过渡层的微观结构

5.2　骨料与水泥浆的粘结强度

关于骨料界面与水泥浆的粘结问题，是提高混凝土强度的基本问题，必须对有关理论进行研究，关于粘结理论就是其中的一方面。

5.2.1　粘结理论

不同种类的两种物质接触时，相互间产生一种附着力，就是粘结力，是由构成物质的分子、原子间相互作用的引力造成的。分子间的引力由范德华引力及两个氢原子间键形成的结合力构成，固体被粘结时，在其表面涂上胶粘剂。经固化后，固体被粘结在一起，这种现象称为粘结。这种粘结现象，从液体胶粘剂润湿被粘结的固体开始。粘结力与润湿角有关，如图 5-3 所示。润湿角越小，则容易润湿；而越容易润湿，粘结力越大。

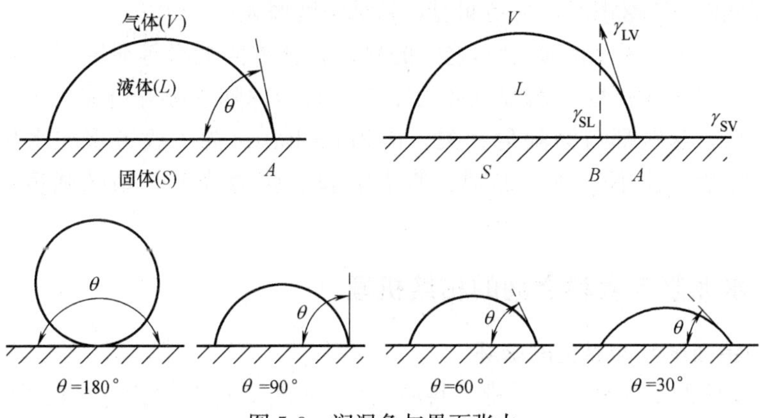

图 5-3　润湿角与界面张力

图 5-3 中，A 点是气、液、固三相的交点。γ_{LV} 为气相与液相之间的作用力（水的界面张力）；γ_{SV} 为固相 S 与气相 V 之间的作用力；γ_{SL} 为固相 S 与液相 L 之间的作用力。

各作用力在 A 点平衡时：

$$\gamma_{SV}=\gamma_{SL}+\gamma_{LV}\cos\theta \tag{5-1}$$

粘结功＝固体表面张力＋液体表面张力－固体与液体之间的界面张力：

$$W_A=\gamma_S+\gamma_{LV}-\gamma_{SL} \tag{5-2}$$

将式（5-1）代入式（5-2），如 $\gamma_S=\gamma_{SV}$ 时，则 $W_A=\gamma_{LV}(1+\cos\theta)$ 润湿角 θ 越小，W_A 越大，粘结性能好。在固体中有临界的表面张力 γ_C，为了润湿物体的表面，液体表面张力 γ_{SL} 必须大于 γ_C。

此外，关系到粘结强度的溶解度因子（Solubility Parameter，简称 SP），与凝聚能（Cohesive Energy Densities，简称 CED ）之间有以下关系：

$$SP=CED^{1/2} \tag{5-3}$$

$$CED=\Delta E/V=\Delta H-RT/V=d/M(\Delta H-RT) \tag{5-4}$$

式中　ΔE——蒸发能量；
V——分子体积；
ΔH——蒸发潜热；
R——气体常数；
d——密度；
M——克分子量；
T——绝对温度。

根据式（5-4），可计算出凝聚能 CED，再根据式（5-3），可计算溶解度因子

SP，相互间的 SP 越相近，则易润湿，粘结强度增大。

上述理论适用于水泥浆-骨料之间的界面。日本的大岸等研究了数种建设工程材料的界面能对强度与润湿方面的影响，我国的陈志源等研究了水泥浆与大理石的粘结，这些都与润湿角有关。R. Zimbelmann 为了改善水泥水化物与骨料的粘结性能，使用一种添加剂，使水的表面张力降低，粘结强度提高 2～2.8 倍。

5.2.2 水泥浆与骨料之间的粘结机理

1. 粘结强度与混凝土的破坏

混凝土中的水泥浆，除了把骨料粘结在一起外，还有保持骨料粒子间的基体部分强度的作用，这与用环氧树脂将两个物体粘结起来是不同的。此外，水泥浆水化物的粘结，与有机物的粘结不同。由于粘结剂是水泥浆，随着龄期的增长，其结构与强度都发生变化；而且，因水灰比、养护条件及骨料的物理化学性质而异。也就是说，界面范围的强度与下列因素有关：（1）水泥浆的强度；（2）骨料本身的强度；（3）骨料与水化物的粘结力；（4）水化物的凝聚力；（5）水化物与硬化水泥浆的结合。

因此，混凝土的破坏有各种不同的情况：水泥石部分，界面，骨料，或者这些因素的复合状态。

川村等通过显微硬度计，连续地测定了在界面处水泥浆一侧及骨料一侧的两边硬度，进一步探明了界面区的物理化学特征。还通过裂缝微观分析，说明了界面裂缝发生与发展的情况。谷川等把混凝土中与粗骨料有关的裂缝归纳如下：

（1）由于泌水，骨料下部形成原生裂缝；

（2）砂浆与粗骨料界面处，由于温度产生变形差异而产生的裂缝；

（3）在砂浆处发生的裂缝；

（4）砂浆发生的裂缝与骨料裂缝联结在一起，形成长、大裂缝；

（5）粗骨料内部发生的裂缝等。

普通混凝土的破坏，发生在粗骨料与水泥石的界面处，或水泥石处，但强度超过 80～100MPa 的高强混凝土的破坏，则由骨料破坏导致的比例较大。

2. 界面状态

在粗骨料与水泥石的界面处形成一个过渡带，其特征是粗大的孔隙富集（参阅图 5-2）。在过渡带范围内，接触层与骨料表面处，几乎是垂直板状或是层状的 $Ca(OH)_2$（以 CH 代表）结晶；中间层则分布着 CH 及钙矾石的粗大结晶，以及少量的 C-S-H 凝胶，强度不好。硅酸盐水泥混凝土中，大量的 CH 结晶，在骨料表面形成一个粗糙的结构，强度低，抗渗性和耐久性均不好。

5.2.3　骨料类型与粘结强度

1. 骨料表面磨光与水泥浆的粘结强度

将不同岩石的粗骨料，磨光表面，制备成低水灰比的试件，测定其与水泥浆的粘结强度，如图 5-4 所示。可见，粘结强度比较好的是砂岩、安山岩及石英斑岩，其次是石灰岩、玄武岩。

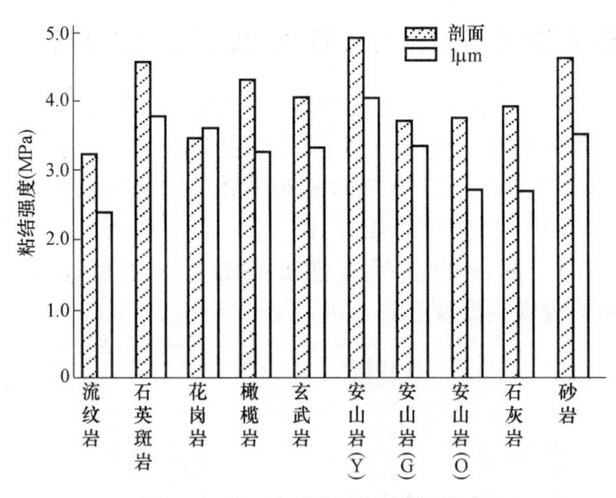

图 5-4　岩石与水泥浆的粘结强度

2. 表面物理凹凸及不同矿物岩石试件的粘结

在这种情况下，水泥浆中含与不含硅粉时，粘结强度差别很大。掺硅粉时，界面粘结强度很高。28d 龄期时，纯拉的抗拉强度达到 11MPa，但离散性大。为了获得稳定强度的 HPC，必须充分注意。

3. 化学成分与活性对粘结强度的影响

在高温高压条件下，骨料表面具有活性，变成活性骨料，与水泥浆发生化学反应，生成托勃莫来石，强度高，故多使用石英质骨料。即使常温下，使用石英质骨料，1d 龄期强度也可达 10MPa；石灰石的骨料在常温下的粘结强度也很好，用石灰石的骨料配制混凝土，可获得 120MPa 强度的 UHPC。

在获得混凝土最高强度的实例中，有用钢砂代替骨料拌制砂浆的，通过高温高压工艺，抗压强度可达 300MPa；而同条件的硅砂砂浆试件，强度只有 220MPa，约高 38%。这说明选择骨料时，骨料强度至关重要。

关于骨料强度，一般采用压碎指标试验方法。HPC 与 UHPC 的强度与其中粗骨料强度有很好的相关性。据报道，综合地评价粗骨料强度与粘结性能，可以评价其是否适用于 HPC 与 UHPC 的标准。在进行混凝土抗压强度试验时，改变粗骨料的用量，观察混凝土抗压强度降低的比例，综合评价骨料的数量与质量对混凝土强度的影响。$W/B=0.25\sim0.40$ 的 HPC 的试验结果表明，这种影响十分明显。此外，粗骨料的粒型与粒径对混凝土的流动性和强度也有很大的影响。

5.3 骨料表观密度、吸水率对高性能与超高性能混凝土抗压强度的影响

5.3.1 骨料表观密度与 HPC、UHPC 抗压强度的关系

图 5-5 说明了骨料的表观密度与 HPC、UHPC 抗压强度的关系。相同水灰比的混凝土中，例如 $W/C=0.25$，骨料的表观密度≤2.5g/cm^3 时，混凝土抗压强度较低，约 50～70MPa；当骨料的表观密度≥2.65g/cm^3 时，同样 $W/C=0.25$ 的混凝土，强度可达 110MPa；$W/C=0.25\sim0.35$，骨料的表观密度 2.65～3.0g/cm^3 时，配制的混凝土强度均较高。也就是说，配制 HPC 与 UHPC 时，骨料的表观密度要选择 2.65g/cm^3 以上。

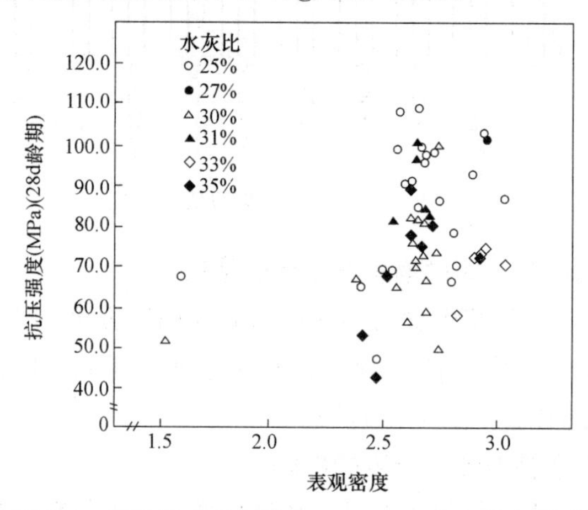

图 5-5 骨料的表观密度与 HPC、UHPC 强度关系

5.3.2 骨料吸水率对 HPC、UHPC 抗压强度的影响

水灰比相同的混凝土，骨料的吸水率大，强度低，如图 5-6 所示。

水灰比 0.25～0.35 的混凝土，骨料的吸水率≤1.0%时，强度均较高；骨料的吸水率较大时，混凝土强度均较低，故配制 HPC 与 UHPC 时，应选用吸水率在 1.0%左右的粗骨料。

5.3.3 不同品种的细骨料与 HPC、UHPC 抗压强度的关系

配制 HPC 与 UHPC 时，细骨料有河砂、山砂、水洗海砂、碎石砂及陆砂等。不同品种砂配制的砂浆，其抗压强度如图 5-7 所示。

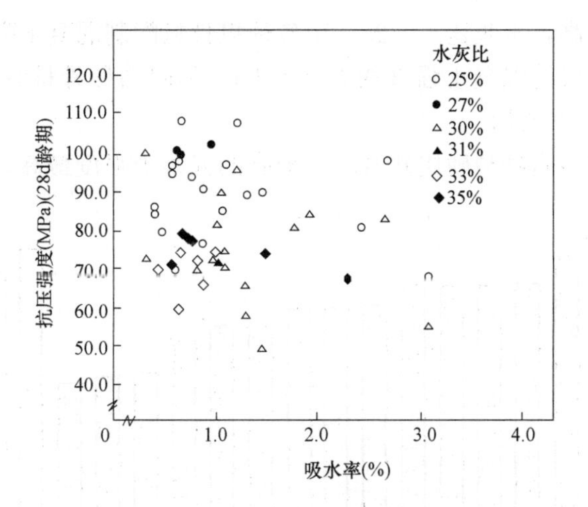

图 5-6　骨料的吸水率与 HPC、UHPC 抗压强度的关系

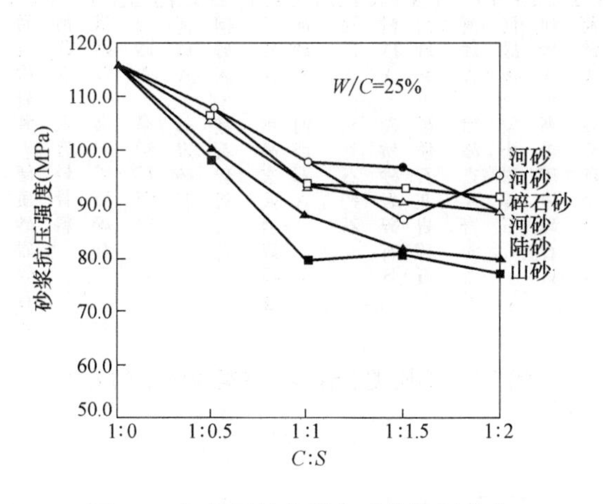

图 5-7　细骨料的种类与砂浆抗压强度

河砂、碎石砂、水洗海砂的砂浆强度较高，陆砂、山砂的砂浆强度较低，故 HPC 及 UHPC 均使用河砂、碎石砂、水洗海砂。

5.4　骨料对混凝土强度及变形性能的影响

5.4.1　抗压强度

为了测定粗骨料的强度，将母岩制成 5cm×5cm×5cm 或 ϕ5cm×5cm 的试件，在水中浸泡 48h，测抗压极限值，与混凝土强度等级之比不低于 1.5；或压碎值 Q_A<10%。一般来说，碎石比卵石好，碎石中母岩强度大，致密的硬质砂

岩及安山岩强度高，水灰比＝0.25，用各种粗骨料配制混凝土强度约差 40MPa，而不同细骨料造成的混凝土强度约差 20MPa。不同品种骨料对混凝土强度的影响如图 5-8、图 5-9 所示。

可见，硬质砂岩砂与硬质砂岩碎石配制的混凝土强度最高，达 120MPa；用

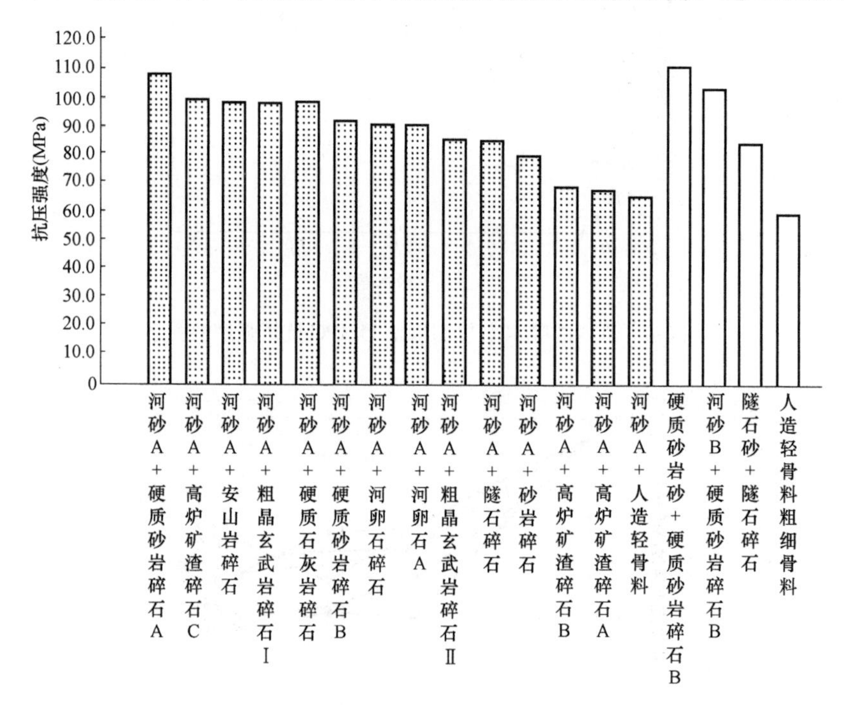

图 5-8　不同类型骨料与混凝土强度的关系

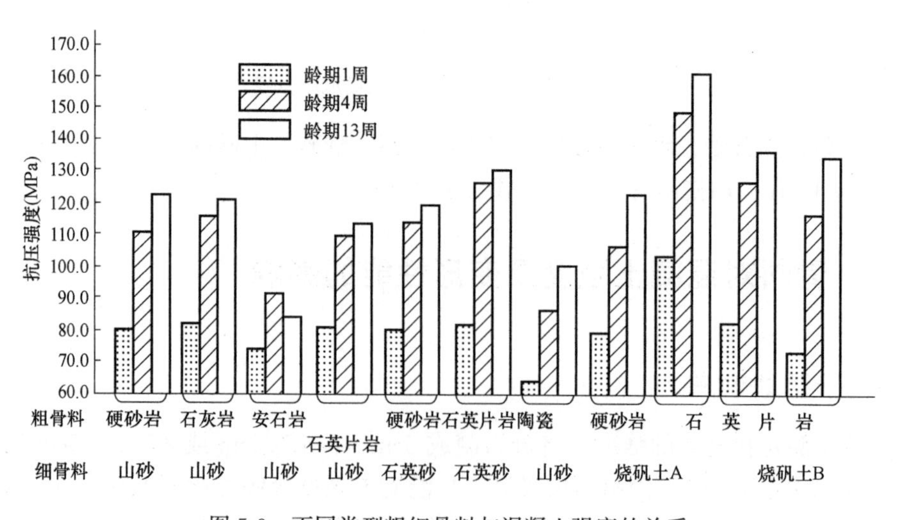

图 5-9　不同类型粗细骨料与混凝土强度的关系

石英片岩粗骨料与烧矾土细骨料配制的混凝土强度，4 周龄期为 150MPa，13 周龄期为 160MPa。

5.4.2　骨料用量与抗压强度关系

单方混凝土中，粗骨料用量多少比较合适试验结果如图 5-10 所示。可见，对于碎石混凝土，粗骨料用量 $300L/m^3$ 时，混凝土差别不大，但粗骨料用量 $400L/m^3$ 时，混凝土抗压强度有明显差别。卵碎石与硬质砂岩碎石相比，强度约差 10MPa。抗压强度≥100MPa 的 UHPC 应选用硬质砂岩碎石，粗骨料用量 $400L/m^3$ 左右。

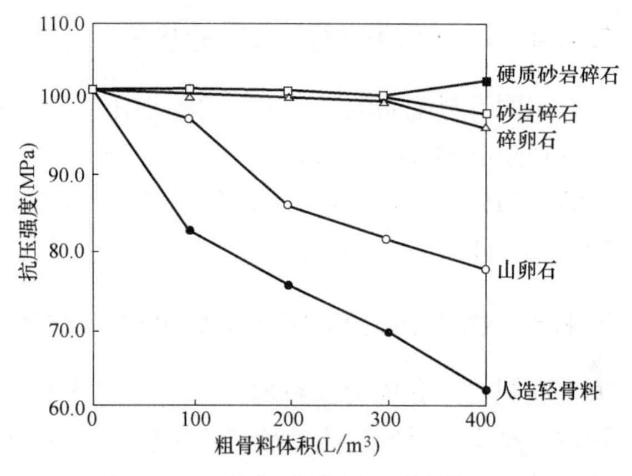

图 5-10　骨料用量与抗压强度关系

5.4.3　骨料用量与混凝土弹性模量关系

不同粗骨料配制的混凝土，弹性模量不同，如图 5-11 所示。

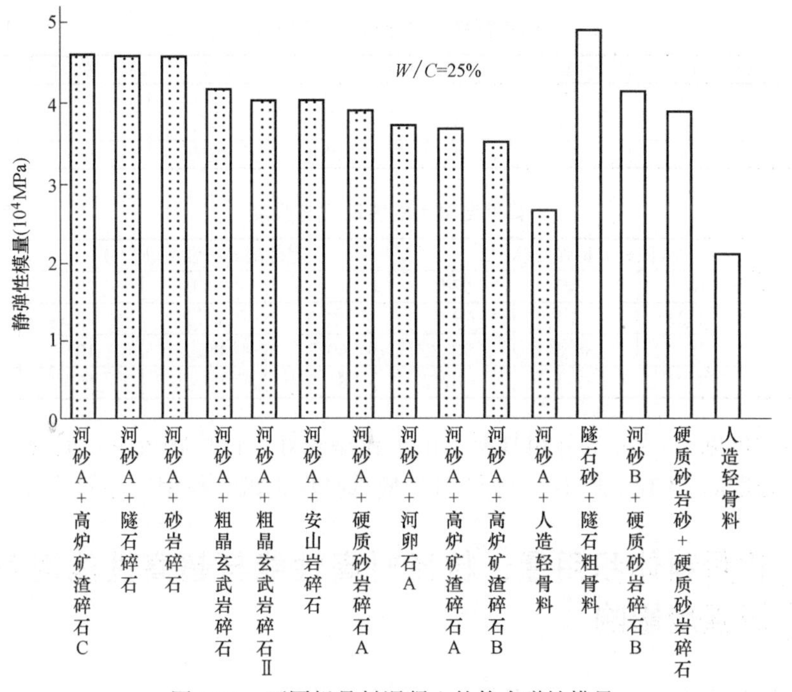

图 5-11　不同粗骨料混凝土的静力弹性模量

通常情况下，混凝土的密度和抗压强度越大，静力弹性模量也越高，一般认为混凝土的静力弹性模量以 0.5 倍的抗压强度增加。HPC 和 UHPC 的静力弹性模量要根据所用骨料，配制成混凝土进行实测而定。由图 5-11 可见，$W/C=0.25$，用河砂与硬矿渣碎石（或砂岩碎石、燧石碎石）配制混凝土的静力弹性模量较高，达 4.5×10^4MPa。

5.4.4 不同骨料对泊松比的影响

不同骨料配制的混凝土，对泊松比的影响较小。强度为 50～100MPa，用不同骨料配制的混凝土的泊松比是 0.16～0.26。即使改变水泥和骨料的品种进行试验，泊松比也在上述范围内。但是，如用水泥熟料配制混凝土，抗压强度为 90～100MPa 时，泊松比是 0.19～0.25。

5.4.5 粗骨料的粒型对混凝土流动性与抗压强度影响

配制 C80 预应力管桩时，采用了三种粗骨料。在相同的配合比下配制 C80 管桩混凝土，对比其流动性与抗压强度，三种粗骨料为：1 号，三亚产的针片状较多碎石，压碎值 6.5%；2 号，三亚产粒径较好的碎石，压碎值 8.1%；3 号，海口产的粒径较好的碎石，压碎值 3.6%。混凝土配合比如表 5-1 所示，流动性及强度试验结果如表 5-2 所示。

C80 管桩混凝土配比（kg/m^3） 表 5-1

编号	C	MB	BFS	S	G	W	AG
1	360	60	80	700	1250	107	2.1%
2	360	60	80	700	1250	107	2.1%
3	360	60	80	700	1250	107	2.1%

管桩混凝土的流动性与强度 表 5-2

编号	太阳棚养护强度(MPa)			室外湿养护强度(MPa)			坍落度
	1d	3d	7d	1d	3d	28d	(cm)
1	52.3	72.1	77.7	42.3	70.1	86.5	3.5
2	77	86.8	92.2	60.7	89.3	107	6.7
3	78.2	87.1	87	64.2	94.7	107	6～7

由此可见，2 号、3 号粗骨料，由于粒型较好，针片状较少，混凝土的流动性好，强度高。故配制 HPC 与 UHPC 应选择反击破、粒型较好的碎石。

5.5 粗骨料体积用量、粒径对高性能与超高性能混凝土抗压强度影响

抗压强度为 C30 的普通混凝土，在受压破坏时，粗骨料是完整的，没有破

坏。但在 HPC 和 UHPC 中，混凝土受压破坏时，粗骨料几乎完全断裂破坏。用不同品种的粗骨料，改变其在混凝土中的体积用量、最大粒径，进行混凝土强度试验，总结出数学模型，用以评价不同骨料的性能。

1. 试验原材料

52.5 普通硅酸盐水泥，萘系高效减水剂，超细矿粉 8000cm^2/g，河砂，中砂，粗骨料：硬质砂岩碎石、石英片岩碎卵石、人造轻骨料。

2. 试验方案

试验的因素与水平如表 5-3 所示。

混凝土试验的因素与水平　　**表 5-3**

因素	水平			
	1	2	3	4
W/C (%)	20	25	35	65
品种	A	B	C	—
用量	0	200	400	—
最大粒径(mm)	10	15	20	—

注：A—硬质砂岩碎石；B—石英片岩碎卵石；C—人造轻骨料。

3. 试验结果

粗骨料体积含量 V_g 对混凝土强度 f_c 的影响如图 5-12 所示；最大粒径 D_{max} 对混凝土强度 f_c 的影响如图 5-13 所示。

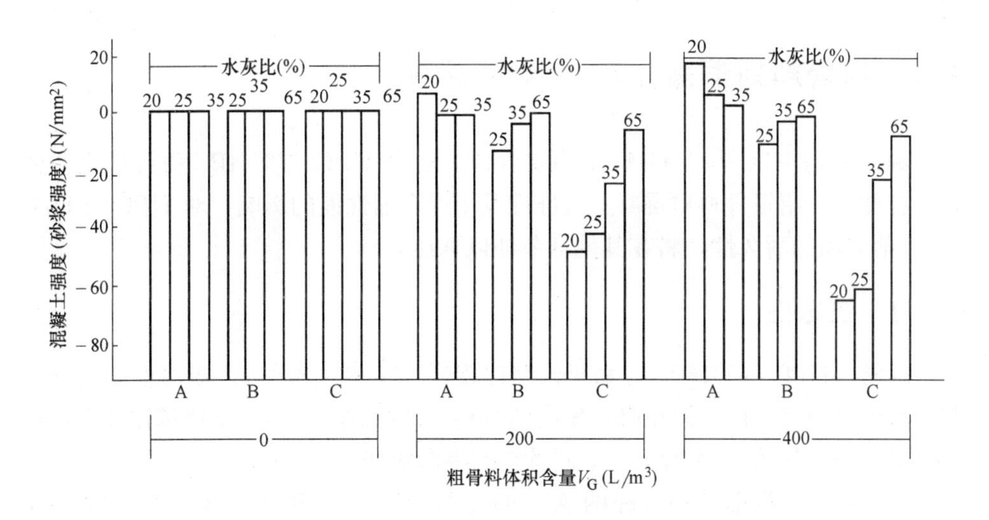

图 5-12　骨料体积含量对混凝土强度 f_c 的影响

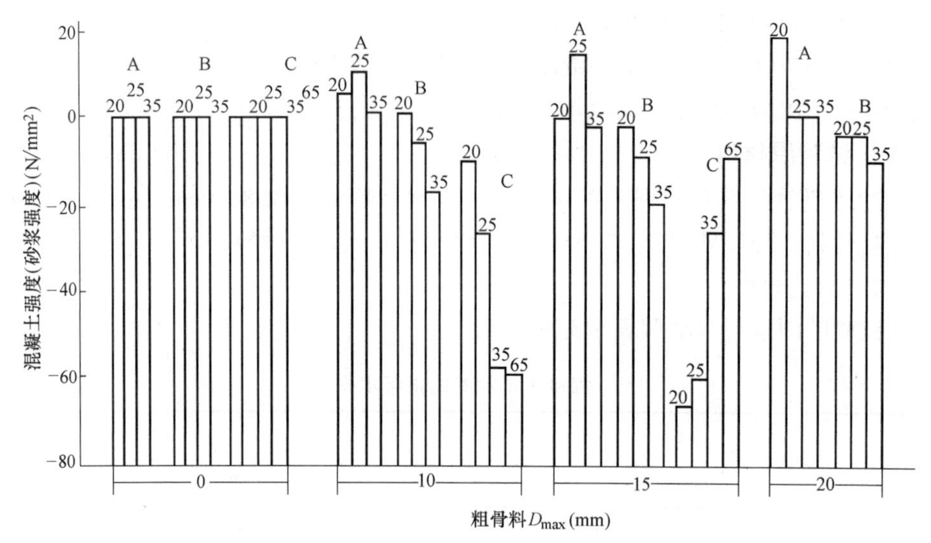

图 5-13 粗骨料最大粒径对混凝土强度 f_c 的影响

可知：

（1）在 W/C=0.65 的普通混凝土中，粗骨料体积含量和最大粒径增大时，混凝土强度降低。但随着混凝土强度提高后，在粗骨料 A 中，混凝土强度随着 V_g 和 D_{max} 的增大而增大；在粗骨料 B 和 C 中，对 W/C=0.65 的普通混凝土，与粗骨料 A 的情况类似；

（2）当 W/C=0.25～0.35 时，随着 V_g 和 D_{max} 的增大，混凝土强度反而降低了。

5.6 粗骨料对混凝土耐久性的影响

耐久性是 HPC 与 UHPC 的重要性能，也是 HPC 与 UHPC 设计的重要依据。在此仅介绍粗骨料对混凝土抗冻性及干燥收缩性能的影响，对 HPC 与 UHPC 其他方面的耐久性，将在其他章节加以陈述。

5.6.1 抗冻性

通常，HPC 与 UHPC 的水灰比都比较低（W/C<35%），即使不掺引气剂其抗冻性也很好；但如使用吸水率高的骨料，即使混凝土的水灰比都比较低，抗冻性也不好，如图 5-14 所示。不同骨料的吸水率如表 5-4 所示。

由此可见，粗细骨料搭配的 Aa、Da、Ba 混凝土（W/C=30%），虽经 300 次冻融循环，相对动弹性模量仍在 100%上下波动。但，粗细骨料搭配的 Db、Ca、Bb、Cc 混凝土（W/C=30%），经 150～200 次冻融循环后，相对动弹性模

骨料的吸水率　　**表 5-4**

编号	种类	吸水率(%)	编号	种 类	吸水率(%)
A	硬质砂岩	0.78	a	河砂	1.69
B、C	安山岩	1.49(B)2.44(C)	b	河砂	3.80
D	安山岩	2.30	c	碎石砂	4.90

量迅速下降，这与骨料吸水率有很大的关系，如表 5-4 所示。因此，配制 HPC 与 UHPC 要注意选择吸水率低的骨料。

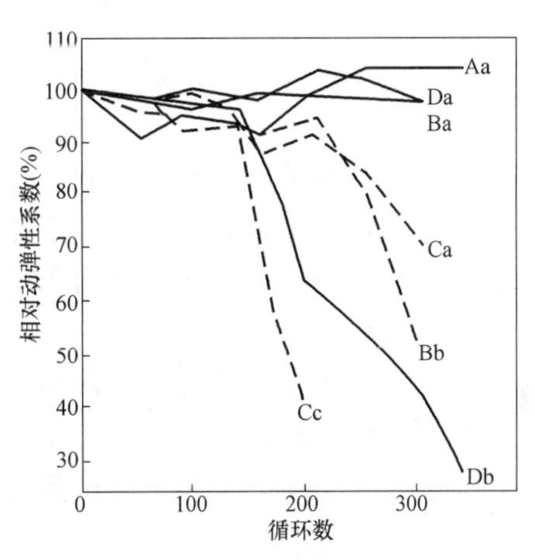

图 5-14　粗骨料对混凝土耐久性影响

5.6.2　干燥收缩性能

骨料对 HPC 与 UHPC 的收缩影响大，使用吸水率大的粗细骨料，混凝土的收缩值增大，使用石灰石骨料混凝土收缩值低。HPC 与 UHPC 的早期收缩影响大，但由于 W/C 低，最终的收缩值与普通混凝土相同或偏低。按照规范，混凝土的总收缩值为 0.05%～0.07%。如收缩值过大，混凝土表面产生裂纹，会引起中性化或腐蚀性离子扩散渗透加快，进一步引起钢筋的锈蚀。HPC 与 UHPC 要注意早期收缩和自收缩。

5.7　粗骨料最大粒径的选择

在配制普通混凝土时，应尽可能选用大粒径的骨料，以降低单方混凝土的用水量，或在相同的用水量下，提高混凝土的流动性。但在 HPC 与 UHPC 中，粗骨料的最大粒径 D_{max} 应如何选择？根据 Jennings. H. M 的推荐，配制 HPC 和 UHPC 应选用强度高的硬质骨料，最大粒径 D_{max}<10mm，而且粒度分布要处于密实填充状态。

选用最大粒径 D_{max} 小的粗骨料，骨料与水泥石的界面变狭窄了，难以发生大的缺陷。处于密实填充状态的骨料，空隙率低，水泥浆的用量可以降低，有利于强度与耐久性。

混凝土的强度基本上也属于固体材料的破坏强度，可用格里菲思（Griffith）理论进行分析。对一个受均匀拉伸的无限大弹性板中的一条贯穿椭圆裂纹，得到下式：

$$\partial_0=\sqrt{2E\gamma/\pi a} \tag{5-5}$$

式中 E——弹性模量；

γ——表面能；

∂_0——断裂应力；

$2a$——把潜在缺陷作为椭圆孔时的长径。

式（5-5）是关于二维弹性板的模型，推广到三维弹性板模型时，可用下式表示：

$$\partial_0=\sqrt{\pi E\gamma/2(1-\nu)a} \tag{5-6}$$

式中 ν——材料的泊松比；其他符号意义同式（5-5）。

式（5-6）中，如 $E=4.5\times10^4$MPa，$\gamma=100\text{erg/cm}^2$，$\nu=0.20$，如果潜在缺陷尺寸 a（椭圆孔的半径）几乎可以看成骨料的 D_{max}，设 $D_{max}=10$mm，此时相对应的断裂应力 ∂_{10}，$D_{max}=20$mm 时的断裂应力 ∂_{20}，则 $\partial_{20}=0.7\partial_{10}$，也即骨料粒径增大，断裂应力降低。因此，在 HPC 和 UHPC 中的粗骨料的 D_{max} 应尽可能降低，一般认为 $D_{max}\leqslant10$mm，最大也不超过 20mm。我们的研究工作证明，当 D_{max} 超过 20mm 后，K_{1c} 随着粒径的增大而降低。

5.8 粗骨料细度模量与质量系数

5.8.1 粗骨料细度模量 M_z

细度模量 M_z 也是评价粗骨料质量的一个重要指标，其计算方法与细骨料的相似。用 40mm、20mm、10mm、5mm、2.5mm、1.25mm、0.63mm、0.315mm 及 0.16mm 筛孔的筛子，对粗骨料进行筛分，求出各筛上累计筛余量，如表 5-5 所示，并按下式计算 M_z：

$$M_z=[(A_2+A_3+A_4+A_5+A_6+A_7+A_8+A_9)-6A_1]/(100-A_1) \tag{5-7}$$

骨料筛分结果 表 5-5

筛孔(mm)	累计筛余量(%)	筛孔(mm)	累计筛余量(%)
40	$A_1=a_1$	1.25	$A_6=a_1+a_2+a_3+a_4$
20	$A_2=a_1+a_2$	0.63	$A_7=a_1+a_2+a_3+a_4$
10	$A_3=a_1+a_2+a_3$	0.315	$A_8=a_1+a_2+a_3+a_4$
5	$A_4=a_1+a_2+a_3+a_4$	0.16	$A_9=a_1+a_2+a_3+a_4$
2.5	$A_5=a_1+a_2+a_3+a_4$		

因粗骨料的粒径 $d>5$mm，故 $d<5$mm 筛孔的累计筛余量均相同。粗骨料细度模量 M_z 一般情况下为 6～8。

5.8.2　骨料质量系数 *K*

质量系数 K 是一个综合评价混凝土骨料质量的指标，既可用于细骨料，又可用于粗骨料。

$$K=M_z(50-p) \tag{5-8}$$

式中　K——骨料质量系数；

M_z——骨料细度模量；

p——骨料空隙体积百分率。

质量系数 K 与细度模量 M_z 和空隙体积百分率 P 有关；K 值大，级配好。

5.9　高性能与超高性能混凝土对骨料的选择

根据当前国内外对 HPC 的要求，其强度等级应在 C60 以上，耐久性应在百年以上。按此目标，对骨料的选择必须考虑到以下问题。

5.9.1　骨料级配

级配好的骨料，孔隙率低，水泥浆用量低，混凝土的收缩变形小，水化热低，体积稳定性好，对强度和耐久性均好。所以，HPC 与 UHPC 用的骨料要综合评价质量的优劣，采用骨料的质量系数 K。

5.9.2　骨料物理性质

选择较大的骨料表观密度（$>2.65\text{kg/m}^3$）和松堆密度（$>1.45\text{kg/m}^3$），吸水率要低（1.0%左右）。这样，骨料空隙率低，致密性高。还要求粒子方正，针片状少，能降低水泥浆用量，提高混凝土的流动性和强度。常用的是石灰石碎石或硬质砂岩碎石，粒径≤20mm；而对 UHPC，则选用安山岩或辉绿岩碎石，粒径≤10mm。

5.9.3　骨料力学性能

不能含有软弱颗粒或风化颗粒的骨料，按《普通混凝土用砂石质量及检验方法标准》JGJ 52—2006 的规定，骨料岩石的抗压强度应为混凝土的抗压强度的 1.5 倍。岩石强度试验采用 50mm 的立方体试件或 ϕ50mm×50mm 的圆柱体，在饱水状态下测定抗压强度值，其值不宜低于 80MPa，压碎指标<10%。混凝土的弹性模量与骨料的弹性模量有以下关系：

$$Y=2.50+0.20X \tag{5-9}$$

式中　Y——混凝土弹性模量；

X——骨料弹性模量。

由此可见，骨料的弹性模量越大，混凝土的弹性模量也相应增大，故要选择弹性模量大的骨料。

5.9.4 骨料化学性能

首先要选择非活性骨料，不含泥块，含泥量<1.0%，应不含有机物、硫化物和硫酸盐等杂质。

5.10 骨料的现状与问题

当前，我国每年商品混凝土产量约20亿m^3，消耗大量的粗细骨料，用以配制HPC与UHPC的骨料更令人忧虑。一方面是骨料的资源匮乏；另一方面是骨料的质量太差。

5.10.1 骨料的资源

以珠江三角洲为例，改革开放以来，这里的建设均采用东江、西江与北江的河砂，偶尔也混杂一定的海砂。"三江"的河砂经30多年的挖掘，资源已基本耗尽，已转入大规模开发水洗海砂。然而，海砂资源也经不起10年的挖掘，粗骨料也已濒临无米之炊的境地。由于粗骨料大都取材于石灰石，绿色山峦遭到严重破坏，天然骨料的开挖也带来了对环境严重的污染，政府下令封山不再开采。因此，骨料价格暴涨，原来80～85元/m^3，现在涨价到了125元/m^3，而且寻找货源困难。在这种情况下，解决骨料的资源是混凝土材料当务之急。

5.10.2 骨料的质量问题

当前，我国骨料市场销售的骨料质量差，针片状颗粒太多，空隙率大，粒径一般大于25mm，甚至30mm以上。利用这种骨料配制HPC与UHPC较困难。市场上也有一部分反击破、粒型较好的粗骨料，但价格高。

5.10.3 碱活性骨料

我国北方的一些石灰石骨料，如北京南口的石灰石、山东潍坊的石灰石、天津某石灰石采石场的骨料，含有活性SiO_2或黏土质石灰岩，能与水泥中的K_2O、Na_2O反应，生成碱氧化硅或碱碳酸盐，造成结构的破坏。如北京的四元立交桥、原西直门桥及天津八里台立交桥等，均发现了碱骨料反应对桥墩、梁的破坏。HPC及UHPC中的水泥用量偏高，会使混凝土中碱含量超过3kg/m^3。如用含有碱活性的骨料，存在着碱骨料反应的危害。因此，对骨料的碱活性必须严格检测。

5.10.4　砂中的氯离子含量

我国有些沿海城市，由于河砂短缺，往往掺入海砂拌制混凝土。如海砂带入混凝土中的氯离子超过了 0.3kg/m^3，会引起混凝土中的钢筋锈蚀，混凝土结构开裂，如图 5-15 所示。

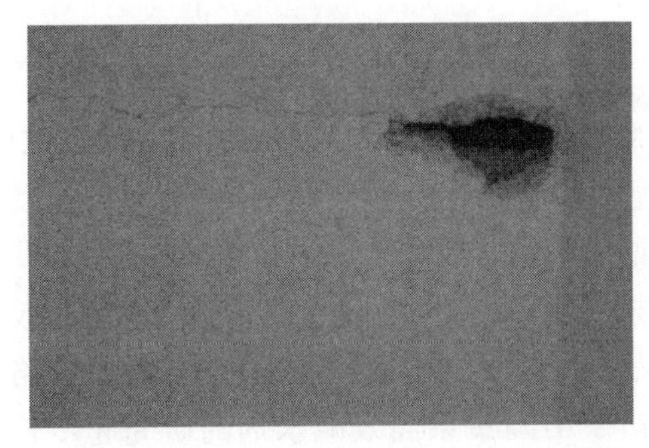
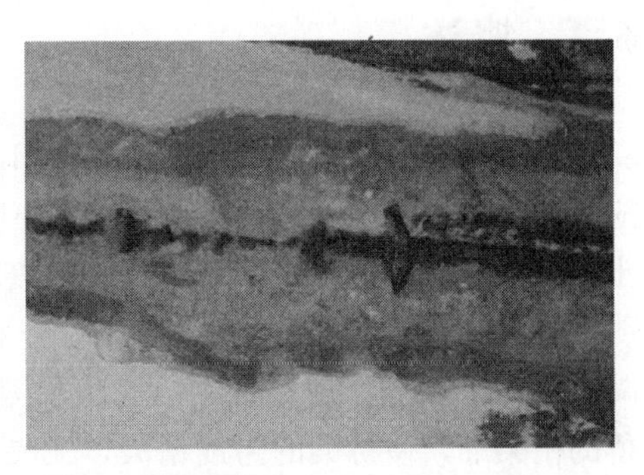

图 5-15　钢筋锈蚀，混凝土结构开裂

因此，工程上常将海砂水洗，并与河砂或人工砂复合使用，这样更能保证安全。如日本冲绳某跨海大桥的预应力钢筋混凝土箱梁使用的 C50 混凝土，就是用 50%水洗海砂及 50%人工砂配制的，如图 5-16 所示。

图 5-16　水洗海砂与人工砂预应力钢筋混凝土箱梁

砂的氯离子含量不应超过规范要求的 0.1%，混凝土中总的氯离子含量不超过 0.3kg/m^3，钢筋混凝土结构才能保证安全。

第 6 章　新型高效减水剂研发与应用

6.1　概述

新型高效减水剂研发与应用是 UHPC 的物质基础。高效减水剂在混凝土中应用，保持坍落度一定值时，可以大幅度降低单方混凝土的用水量；或单方混凝土的用水量一定的条件下，可以大幅度增大混凝土的坍落度。1962 年，日本发明了萘系高效减水剂，这对日本混凝土技术起了很大的推动作用。利用萘系高效减水剂的分散性、缓凝性及引气性低等特性，生产 100MPa 的预应力管桩及铁路桥的桁架等，使桥梁的跨度增大，无噪声。中国萘系高效减水剂的研究起步较晚。1974 年，清华大学卢璋与冶金建筑科学研究院的熊大玉和方德珍等开始研究。1980 年左右，我国的萘系高效减水剂才投入生产应用。

1971 年左右，联邦德国研发出了三聚氰胺高效减水剂，并利用该种减水剂研发出了流态混凝土。1975 年，日本引进了流态混凝土技术，并在日本实用化。1976 年，英国混凝土协会将日本和联邦德国开发出来的这些高效减水剂，汇总入最先进的技术中，用了高效减水剂（Super-plasticizer）的术语。这样，高效减水剂就在全世界都传开了。

6.2　高效减水剂分类

从其化学结构来看，高效减水剂可分为萘系、三聚氰胺系、氨基磺酸盐系、聚羧酸系五大类，如图 6-1 所示。其中，聚羧酸系减水剂有三种类型：丙烯酸系，聚醚系，马来酸系。这些高效减水剂比任何减水剂的减水率都高，配制 UHPC 都采用这些高效减水剂。

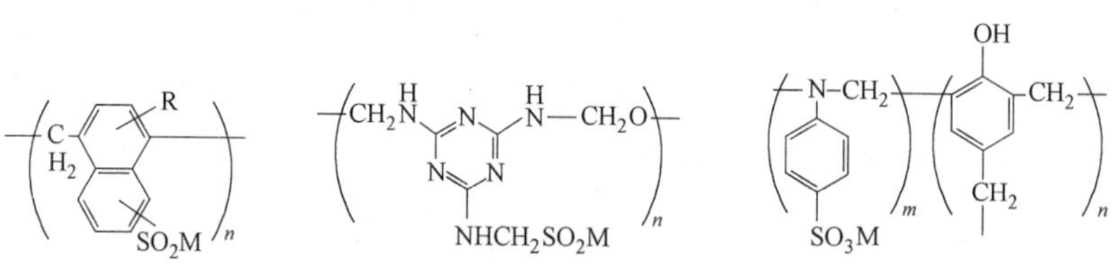

(a) 萘系　(b) 三聚氰胺系　(c) 氨基磺酸盐系

图 6-1　高效减水剂的类型与结构（一）

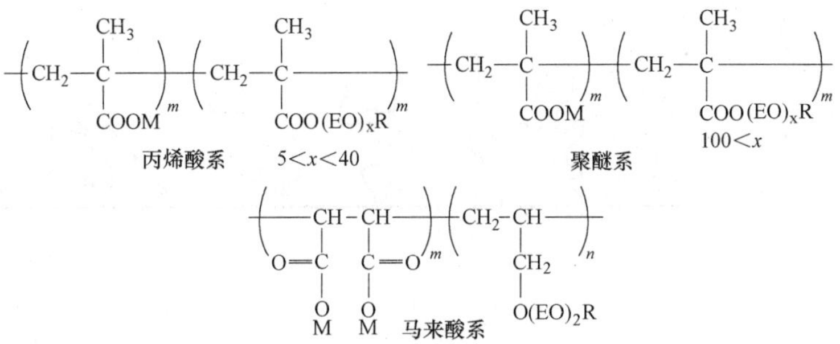

$-\!\left(CH_2-\underset{COOM}{\overset{CH_3}{C}}\right)_m\!\!-\!\left(CH_2-\underset{COO(EO)_xR}{\overset{CH_3}{C}}\right)_m$　　$-\!\left(CH_2-\underset{COOM}{\overset{CH_3}{C}}\right)_m\!\!-\!\left(CH_2-\underset{COO(EO)_xR}{\overset{CH_3}{C}}\right)_m$

丙烯酸系　$5<x<40$　　　　聚醚系　$100<x$

$-\!\left(\underset{O=\underset{OM}{C}}{CH}-\underset{\underset{OM}{C}=O}{CH}\right)_m\!\!-\!\left(CH_2-\underset{CH_2-O(EO)_2R}{CH}\right)_n$

马来酸系

(d) 聚羧酸系

图 6-1　高效减水剂的类型与结构（二）

6.3　高效减水剂的减水机理

6.3.1　分散机理

高效减少水剂掺入水泥浆体中，能把水泥粒子分散开来，释放出其中的自由水，使水泥浆体流动开来。

图 6-2 是萘系、三聚氰胺系和聚羧酸系减水剂的掺量与 Zeta 电位的关系。前两者随着掺量的增加，Zeta 电位增大，说明其对水泥粒子的分散性随着掺量的增加而增大。但当掺量到达一定范围后，Zeta 电位即趋于稳定状态，不再增大。而聚羧酸系减水剂的 Zeta 电位是相对较低的，大体上只有前者的 50%左右，但其对水泥粒子的分散性比前者高得多，这就需要从高效减水剂的分子与水泥粒子间的吸附形态加以说明。

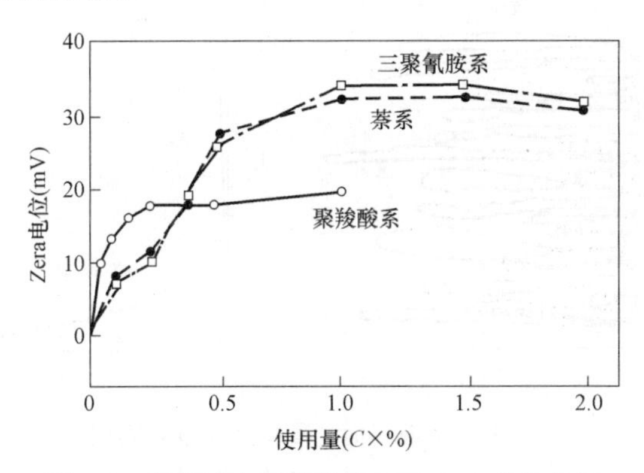

图 6-2　高效减水剂的掺量与 Zeta 电位的关系

在水泥浆中掺入高效减水剂后，在固相与液相的界面上，高分子的各种吸附形态如图 6-3 所示。

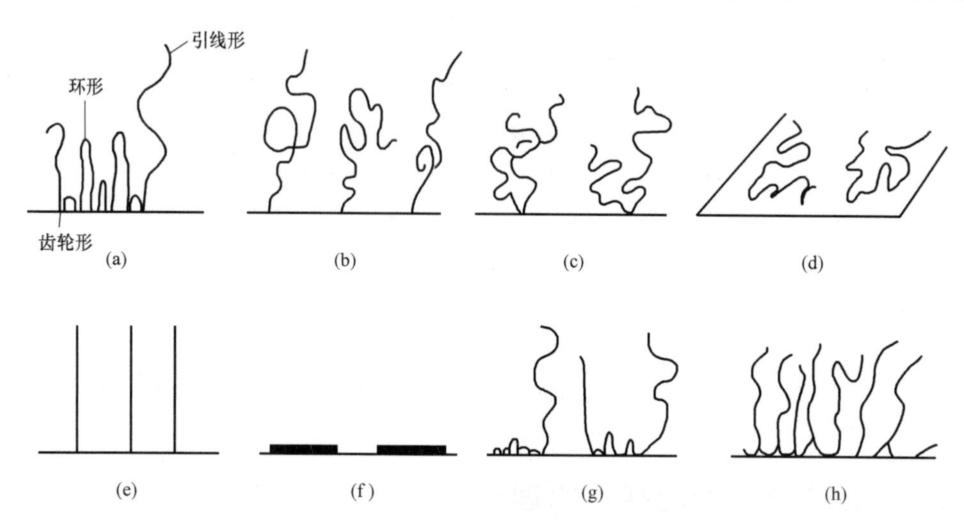

图 6-3 水泥粒子表面吸附高效减水剂分子的形态

（b）末端吸附，引线形；（c）点吸附，2 根引线形；（d）平面状吸附；（e）垂直吸附；（f）刚性链横卧吸附；（g）齿轮形，引线形；（h）接枝共聚物齿轮形吸附

这种对水泥粒子的吸附形态不同，表现出减水剂性能及对坍落度损失的控制有很大的影响。萘系及三聚氰胺系对水泥粒子的吸附形态如图 6-3（f）所示；而聚羧酸减水剂对水泥粒子的吸附形态如图 6-3（h）所示；氨基磺酸盐系减水剂对水泥粒子的吸附形态如图 6-3（a）或图 6-3（g）所示，是环形或引线形的。对水泥粒子表面形成的吸附层如图 6-4（a）所示，并形成折线形的密度分布，图 6-4（b）从直线段到环形层的线段交界处，密度有很大的变化，静电力场之间的排斥力是立体状的，具有更大的分散效果。

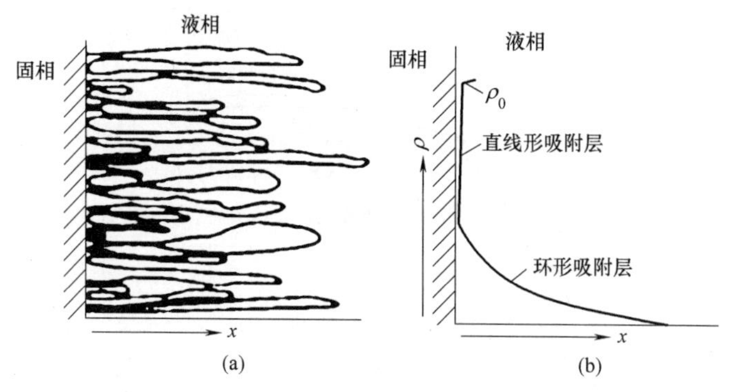

图 6-4 固-液界面的高效减水剂吸附层

（a）吸附层；（b）吸附层密度分布

水泥粒子吸附高效减水剂分子后，粒子间作用的全能量曲线如图 6-5 所示。立体排斥力和范德华引力的总和为全能量曲线，是粒子间的移动力。其总和

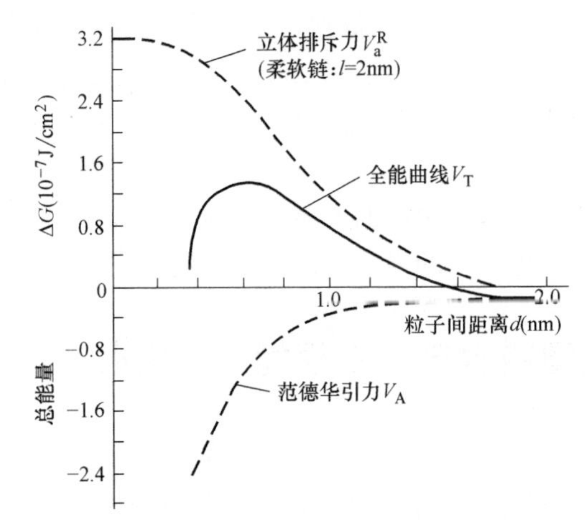

图 6-5　水泥粒子吸附高效减水剂分子后立体全能量曲线

为“＋”时，粒子处于分散状态；其总和为“－”时，粒子处于凝聚状态。因而，可以理解为与 DLVO 理论具有类似的性质，但由于其立体分散作用，分散效果更大。

6.3.2　保持分散机理

保持分散机理，也即砂浆或混凝土掺入高效减水剂后的保塑性。水泥浆拌合后，经时变化与 Zeta 电位的关系如图 6-6 所示。混凝土坍落度经时变化如图 6-7 所示。

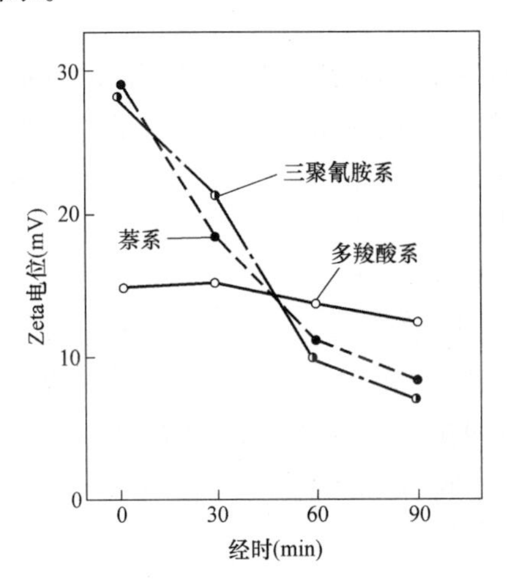

图 6-6　水泥浆经时变化与 Zeta 电位关系

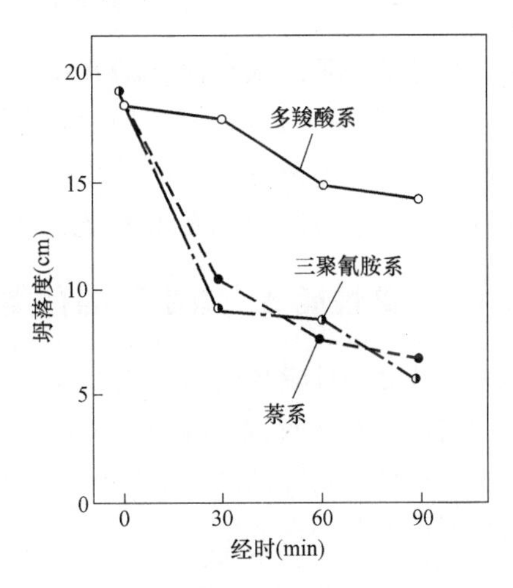

图 6-7　混凝土坍落度经时变化

图 6-6 与图 6-7 有明显的相关性。萘系与三聚氰胺系减水剂的 Zeta 电位，经时降低很快，而用这两种减水剂配制的混凝土坍落度经时损失很快、很大；但聚

羧酸系减水剂的 Zeta 电位，经时降低很少，坍落度经时损失很低。这主要是因为减水剂的分子与水泥粒子的吸附形态不同，使水泥粒子之间吸附层的作用力不同。聚羧酸减水剂与水泥粒子吸附层的作用力是立体的静电斥力，Zeta 电位变化小，保持流动性的功能好。

如果在这种聚羧酸减水剂中，加入能保持分散的组分，例如，能溶于碱不溶于水的高分子化合物，坍落度的损失会得到更有效的控制。

6.4 高效引气型减水剂（高性能 AE 减水剂）

该种高效减水剂掺入混凝土后，除了高效减水外，还能带入一定的气泡，降低新拌混凝土的黏度，比普通引气型减水剂具有更高的减水率及良好的保塑功能，并且提高耐久性。各种减水剂与减水率的关系如图 6-8 所示。

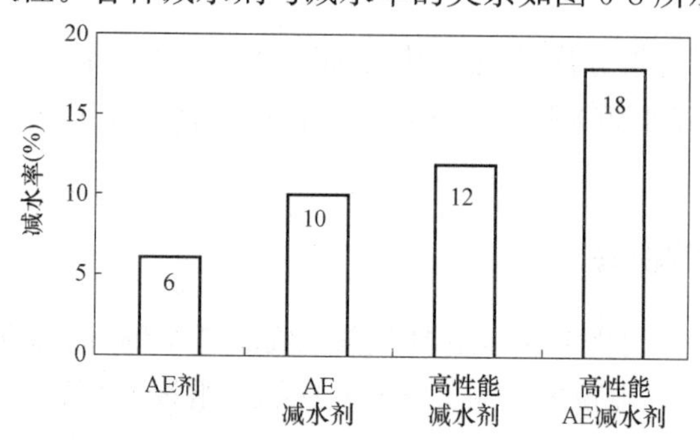

图 6-8 各种减水剂及其减水率（JIS A 6204：2006）

高性能 AE 减水剂由于减水率高，保塑性好（减水率 18%以上，保持坍落度 60min 以上无变化），故很快得到推广应用，市场普及率较高。大量用于普通混凝土、高强混凝土、高流动性混凝土、高耐久性混凝土、大体积混凝土、多孔混凝土、喷射混凝土以及水下浇筑混凝土等。

6.4.1 高性能 AE 减水剂的种类

高性能 AE 减水剂的代表品种有萘磺酸盐甲醛缩合物，三聚氰胺磺酸盐甲醛缩合物，氨基磺酸盐甲醛缩合物，以及聚羧酸系四个系列。基本结构式如图 6-1 所示。在日本各种高性能 AE 减水剂的发展与应用如图 6-9 所示。聚羧酸系引气减水剂，普及率占 80%。

6.4.2 高性能 AE 减水剂的作用与效果

高性能 AE 减水剂主成分是在分子中有长的主链和官能团，以及侧链结构。聚羧酸高效引气减水剂如图 6-1（d）所示，主链起吸附作用，而侧链在水中形

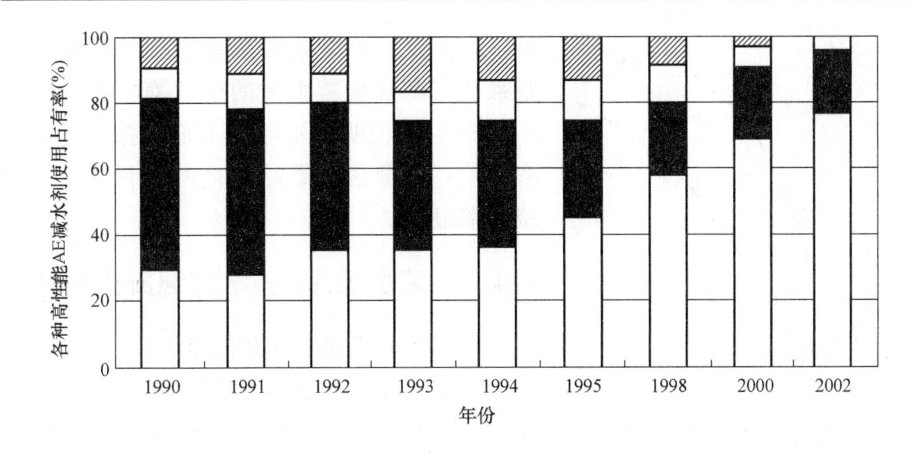

图 6-9　在日本各种高性能 AE 减水剂的变化

成立体分散的保护膜。

高效引气减水剂的减水作用，是把水泥粒子分散，使受约束于水泥粒子间的约束水，变成自由水，流动性增大。水泥粒子被分散后的稳定性是由于水泥粒子吸附高效引气减水剂的分子后，粒子间的静电排斥力及立体障碍的排斥力造成的。静电排斥力对水泥粒子的分散及其稳定性，可根据 DLVO 理论加以说明；萘系及三聚氰胺减水剂对水泥粒子的分散可以用静电排斥力 DLVO 理论加以说明。

立体障碍对分散稳定性，可根据 Mackor 信息叠加效果的理论加以说明。立体障碍的排斥力，能根据界面活性剂的构造、吸附形态及吸附层厚度的信息叠加计算出来。聚羧酸系减水剂被吸附于水泥粒子表面，羧酸基粒子带负电，阻碍水泥粒子的靠近；立体排斥力，使水泥粒子进一步分散。由图 6-10 及图 6-11 可

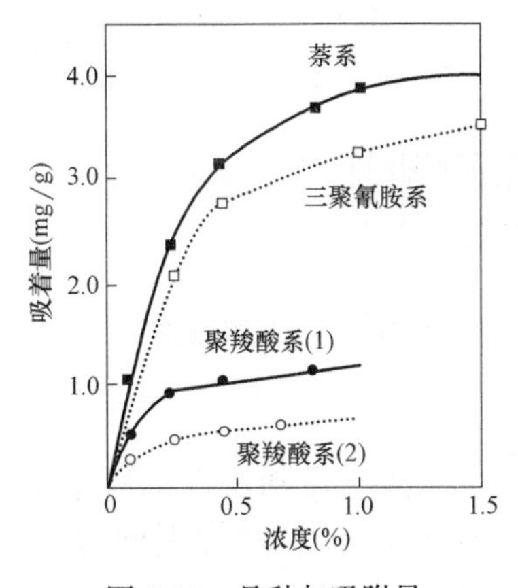

图 6-10　品种与吸附量

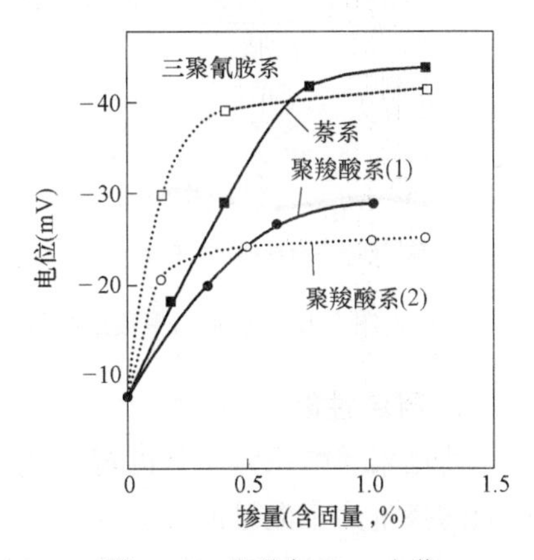

图 6-11　品种与 Zeta 电位

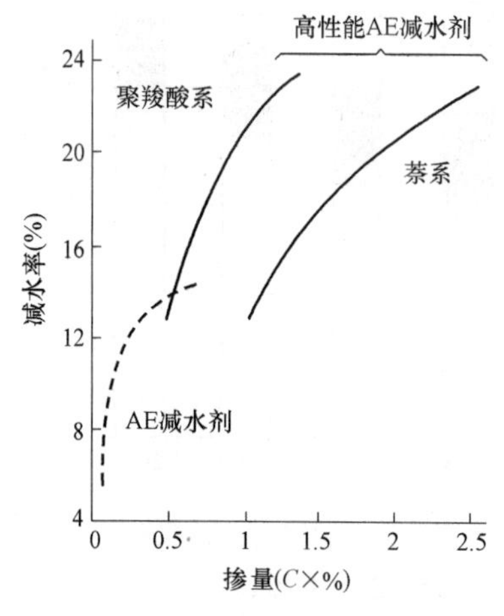

图 6-12 高性能 AE 减水剂的掺量与减水率关系

见，水泥粒子对聚羧酸系减水剂的吸附量比萘系和三聚氰胺减水剂的少，静电排斥力也小。图 6-12 说明了不同减水剂的掺量与减水率的关系。聚羧酸系减水剂的掺量很少，但减水率很高。

6.4.3 高性能 AE 减水剂混凝土的性能

1. 控制坍落度损失的功能

高效引气减水剂的性能与其他减水剂的最大不同点，是具有优异的控制坍落度损失的功能，如图 6-13 所示。

萘系与三聚氰胺系减水剂从结构上是不能抑制水泥粒子对其的吸附速度的，而聚羧酸系减水剂可以调整其分子结构，使第一分子团 m 与第二分子团 n 的比例改变，能自由地改变吸附速度，很容易控制坍落度损失，如图 6-14 及图 6-15 所示。当 $m/n=4/6$ 时，对流动性控制的效果很好，60min 内没有变化。使用高效引气减水剂时，混凝土获得相同坍落度时，掺量低。

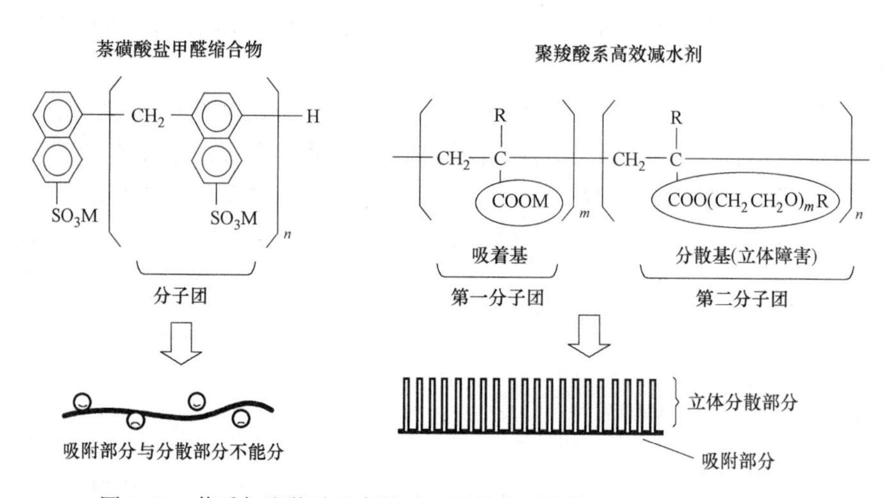

图 6-13 萘系与聚羧酸系高效减水剂的分子结构及与水泥的吸附状态

2. 凝结性能

使用聚羧酸系减水剂的混凝土，无缓凝现象，如图 6-16 所示。聚羧酸系减水剂的掺量为水泥量的 0.5%～1.0%时，初凝时间为 7～9h，终凝时间为 10～12h，与普通掺引气型减水剂的凝结时间相同。

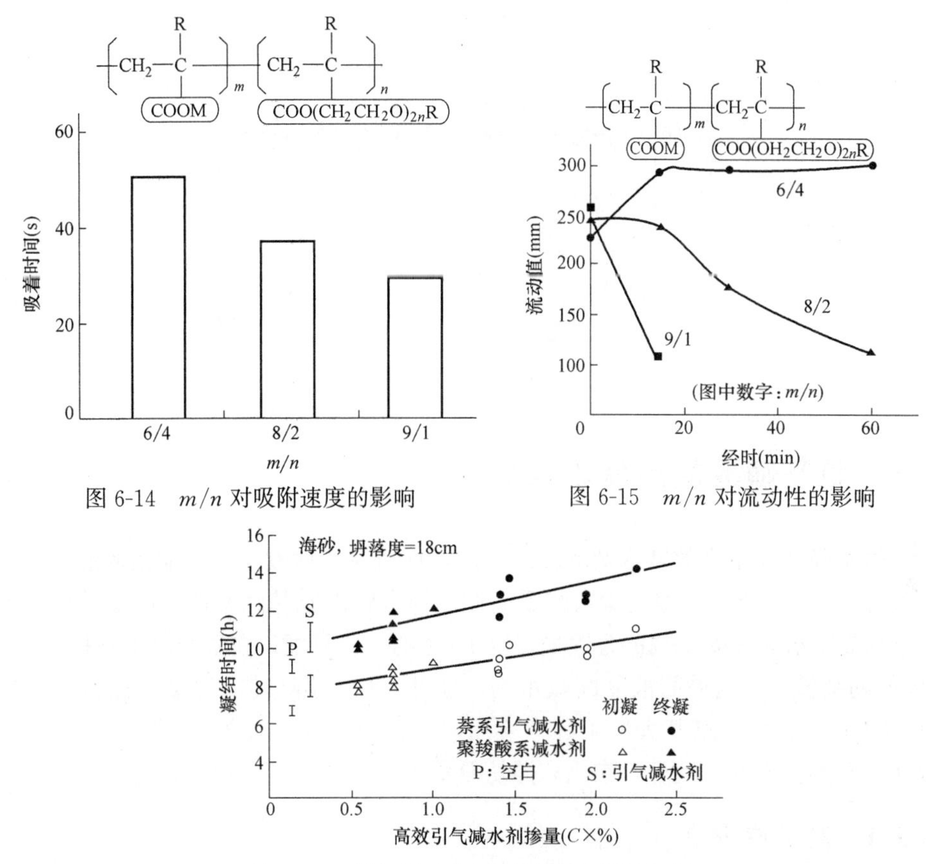

图 6-14　m/n 对吸附速度的影响

图 6-15　m/n 对流动性的影响

图 6-16　高效引气减水剂的掺量与凝结时间

3. 抗压强度

抗压强度的基本规律服从于水灰比定律。相同水灰比条件下，掺高效引气减水剂的混凝土的抗压强度与掺普通引气减水剂的一样，如图 6-17 所示。

当用水量由 $180kg/m^3$ 降至 $150kg/m^3$ 时，即使水灰比相同，掺高效引气减水剂混凝土也比其他减水剂的抗压强度高。

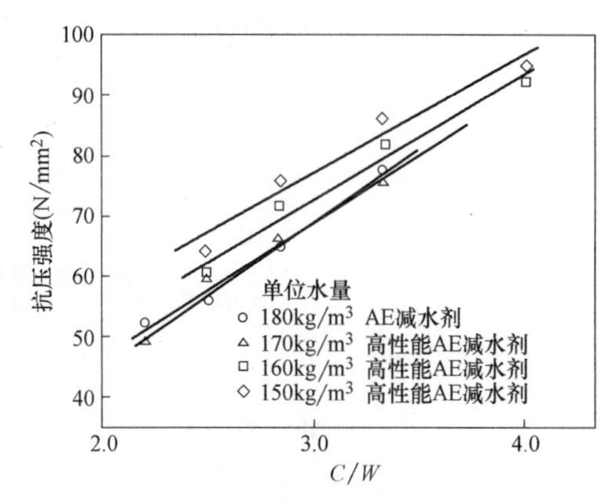

图 6-17　高效引气减水剂的混凝土抗压强度与水灰比关系

4. 抗冻性

一般情况下，满足抗冻性要求的混凝土的含气量为 4%～6%，使用高效引气减水剂的引气量也一样。图 6-18 为使用高效引气减水剂混凝土的抗冻性，不同水灰比的混凝土抗冻性优异。

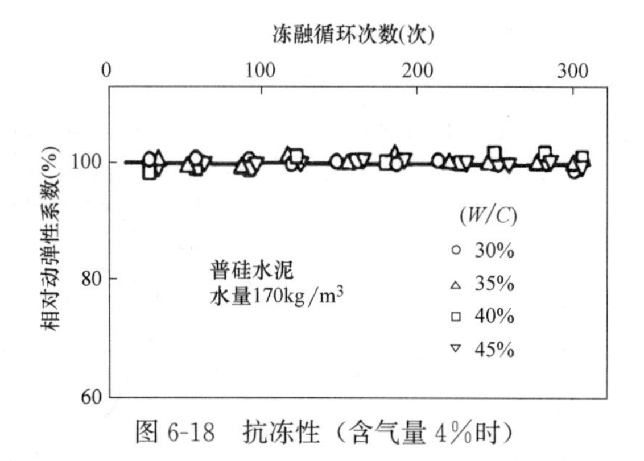

图 6-18　抗冻性（含气量 4%时）

6.5　氨基磺酸盐系高效减水剂

氨基磺酸盐系高效减水剂的减水率高，保持流动性效果好，配制的混凝土耐久性好，生产工艺较萘系与聚羧酸系简便。作者曾以氨基磺酸盐系高效减水剂与萘系高效减水剂各按 35%的含固量，以 1∶1 的比例复配，在复配液中外掺 3%～5%的超细粉。以这种固液复配减水剂，能使 C120 超高性能混凝土保持流动性 3h 以上；并在深圳京基大厦工程中应用，泵送至 510m 的高度，是一种有发展前途的高效减水剂。此外，在山东潍坊及深圳宝安都生产应用了这种减水剂。

6.5.1　制备原理

以芳香族氨基磺酸盐与甲醛加热缩合而成，其主要产物的分子式如图 6-19 所示。

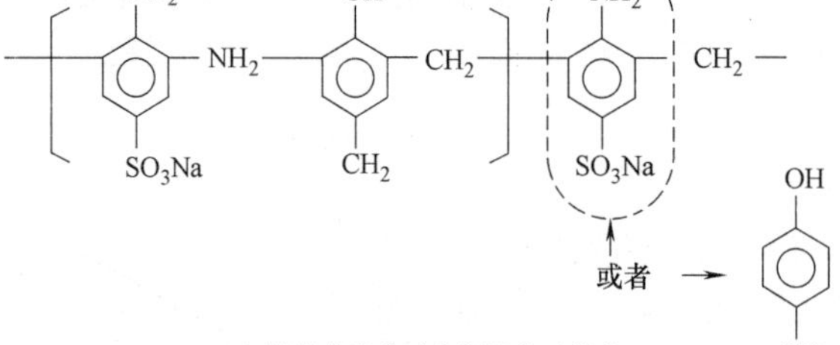

(a) 氨基磺酸盐减水剂的分子结构

加入尿素（$NH_2—C(=O)—NH_2$）

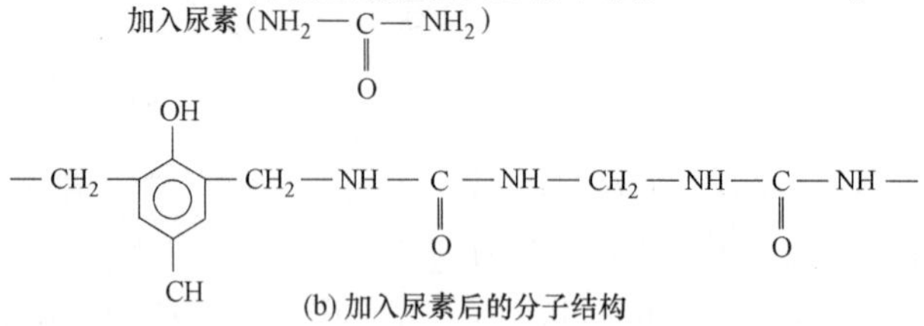

(b) 加入尿素后的分子结构

图 6-19　氨基磺酸盐减水剂的分子结构

其分子结构的特点是分支较多，疏水基分子段较短，极性强。

6.5.2　水泥净浆及混凝土试验

1. 试验用原材料

氨基磺酸系减水剂（AS）及其与萘系高效减水剂复配品 AN1 及 AN2；水泥：（1）小野田 52.5 普硅，（2）东方龙 52.5 普硅，（3）大宇 52.5 普硅，（4）韶峰 52.5 普硅；砂：中偏粗，密度 2.65g/cm^3，表观密度 1.45g/cm^3；级配及有机物含量符合国家规范要求；碎石：石灰石碎石，粒径 5～25mm，密度 2.65g/cm^3，表观密度 1.46g/cm^3；级配合格。其他外加剂：防腐剂（天津产），脂肪酸系减水剂（南宁产），含固量 40%。

2. 净浆流动度试验

水泥 500g，W/C=29%，外加剂掺量 0.7%；在试验用原材料中的各种水泥净浆流动度及其经时变化如表 6-1～表 6-3 所示。

水泥净浆流动度及其经时变化（AS）　表 6-1

水泥品种	流动度经时变化(cm)				
	初始	30min	60min	90min	120min
1	25×25	25×25	25×25	26×26	25×25
2	24×24	25×25	25×25	25×25	24×24
3	24×25	25×25	24×25	24×24	24×24
4	26×25	25×25	25×25	25×25	24×24.5

水泥净浆流动度及其经时变化（AN2）　表 6-2

水泥品种	流动度经时变化(cm)			
	初始	60min	120min	180min
1	26×26	26×26	26×26	—
2	27×26	26×26	26×26	—
3	25×25	25×25	25×25	24×24
4	26×26	26×26	26×26	25×25

水泥净浆流动度及其经时变化（AN1）　表 6-3

水泥品种	流动度经时变化(cm)			
	初始	60min	120min	180min
1	26×26	26×26	26×26	—
2	28×28	27×28	26×26	—
3	25×25	26×26	24×24	25×26
4	28×28	27×27	25×25	

表 6-1 净浆配合比：水泥 500g，水 145mL，AS3.5g；表 6-2 净浆配合比：水泥 500g，水 145mL，AN7.5g；表 6-3 净浆配比同表 6-2。

由水泥净浆试验可见：AS、AN1、AN2 三种氨基磺酸系列减水剂，对四种水泥均有很好的适应性；初始流动性大，经 2h，净浆流动度基本无损失，减水率高，控制流动度损失功能好，这是氨基磺酸系列减水剂的特点之一。AN1 及 AN2 的掺量偏高，是 AS 掺量的 2 倍以上，因这两种减水剂均由氨基系与萘系复合而成。

3. 混凝土试验

混凝土试验配合比如表 6-4 所示，其中 AN1 的含固量 37%，AS 含固量 42%，混凝土试验时要扣除减水剂中用水量，配合比中的粉体：(1) 表示矿粉与粉煤灰复合粉体，(2) 表示Ⅱ级粉煤灰，(3) 表示矿粉与硅粉复合粉体。

混凝土试验配合比 **表 6-4**

水泥	W/B	混凝土用料(kg/m^3)						减水剂
		水泥	粉体	砂	豆石	碎石	水	
小野田	0.40	300	140(1)	760	—	1000	180	AS0.7%
大宇	0.43	340	75(2)	800	150	850	180	AN12.0%
珠江	0.30	385	165(3)	750	150	850	165	AS3.0%

混凝土的坍落度，扩展度的经时变化如表 6-5 所示，强度与电通量及氯离子扩散系数如表 6-6 所示。由表 6-5 可知，坍落度、扩展度在 60min 内，基本上无变化；120min 后，坍落度、扩展度的损失也很小。由表 6-6 可知，小野田水泥 300kg+复合矿粉 140kg，$W/B=0.4$，28d 强度达 60MPa；且流动性优良，2h 基本无坍落度损失，三组混凝土 56d 的电通量均低于 750C/6h，56d 的氯离子扩散系数低于 $6.2676\times10^{-9}\text{cm}^2/\text{s}$，属高耐久性混凝土。

坍落度、扩展度的经时变化（cm/mm） **表 6-5**

水 泥	初始	60min	120min
小野田	24.5/680	24.5/630	23.0/480
大宇	24.0/630	21.0/620	20.0/560
珠江	23.0/580	22.0/560	22.0/540

强度与电通量及氯离子扩散系数 **表 6-6**

水泥	抗压强度(MPa)			电通量(C)		Cl^-扩散系数($\times10^{-9}\text{cm}^2/\text{s}$)	
	3d	7d	28d	28d	56d	28d	56d
小野田	35.6	46.6	60.7	2605	700	15.3943	6.0216
大宇	32.5	42.7	58.5	2760	750	16.1568	6.2676
珠江	56.4	64.8	81.2	1605	495	10.4743	5.0131

不同减水剂混凝土的坍落度经时变化如图 6-20 所示，三种减水剂（氨基系、萘系、三聚氰胺系）配制的混凝土，经过 60min 后，萘系、三聚氰胺系减水剂的混凝土坍落度由原来的 20cm 降低到了 5cm 左右，而氨基系减水剂的混凝土坍落度能保持 1.5h 基本不变。

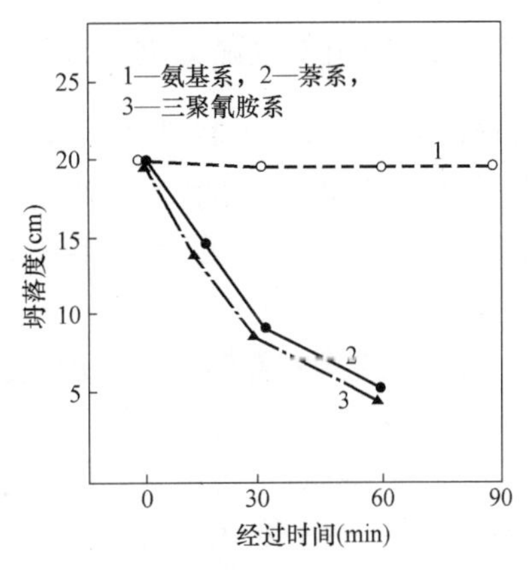

图 6-20　不同减水剂混凝土的坍落度经时变化

由图 6-20 可知，氨基磺酸盐高效减水剂控制坍落度损失效果良好，这与水泥粒子对这种减水剂分子的吸附形态有关，如图 6-21 所示。

	萘系、三聚氰胺系	氨基系
掺入高效减水剂前	水泥 H_2O	H_2O
掺入高效减水剂后	H_2O	H_2O
经60～90min后	H_2O	H_2O
	物理凝聚（坍落度降低）	稳定分散（维持坍落度）

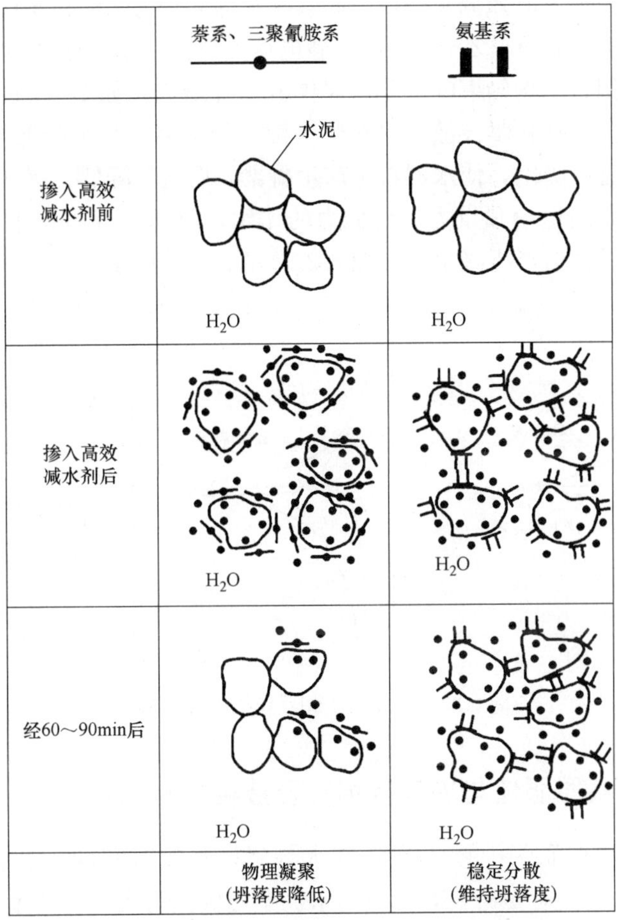

图 6-21　水泥粒子对减水剂分子的吸附形态

6.5.3 氨基磺酸盐高效减水剂控制坍落度损失机理

如图 6-21 所示，氨基磺酸高效减水剂为水泥粒子吸附是刚性垂直键吸附，有立体分散的效果，使水泥粒子稳定分散，坍落度经时损失小。而萘系、三聚氰胺系减水剂是平面排斥力，水泥粒子容易产生凝聚，坍落度损失快。

6.6 混凝土坍落度损失及其抑制机理

从水泥粒子的分散与凝聚，液相中减水剂浓度与坍落度变化及水泥浆体屈服值变化的关系，进一步阐明坍落度损失及其抑制机理。

6.6.1 水泥粒子的凝聚与分散

在水泥浆中掺入高效减水剂后，高效减水剂分子为水泥粒子所吸附，水泥粒子表面形成双电层电位（Zeta 电位），静电斥力提高，水泥浆体的网状结构被破坏，释放出被网状结构约束的水分，浆体流动性增大，如图 6-22（a）所示。但是，由于物理分散和化学分散，水泥浆中微粒子增多，为了降低粒子的表面能，粒子间相互靠近、吸附，使水泥粒子产生凝聚，坍落度降低。服部健一认为，如果水泥粒子的布朗运动和重力、机械力的作用，超越了双电层电位造成的势垒 V_{max}，水泥粒子就会产生凝聚，如图 6-22（b）、（c）所示。

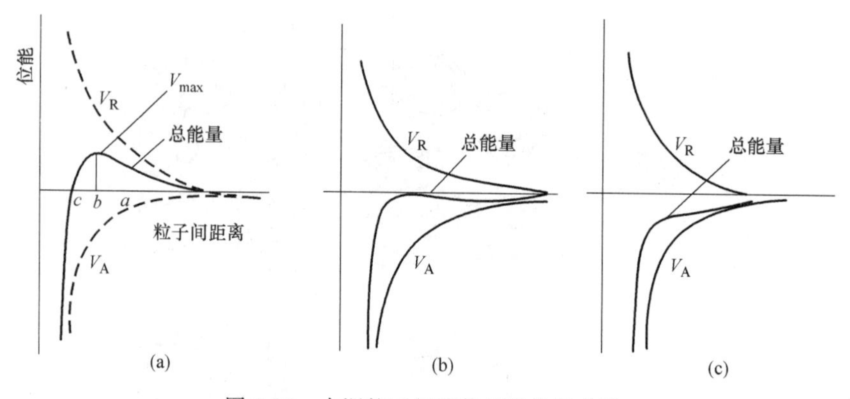

图 6-22 水泥粒子相互作用的位能曲线

6.6.2 水泥浆屈服值与坍落度损失及液相中减水剂残存量的关系

试验证明，水泥浆中掺入高效减水剂后，随着时间的延长，高效减水剂（SP）在液相中的残存量减少，对应的水泥浆屈服值增大，坍落度损失增大，如图 6-23、图 6-24 所示。

可见，如能及时补充高效减水剂到混凝土中，使残存的减水剂量增大，水泥浆屈服值或混凝土的坍落度损失是可以抑制的，如图 6-25 所示。

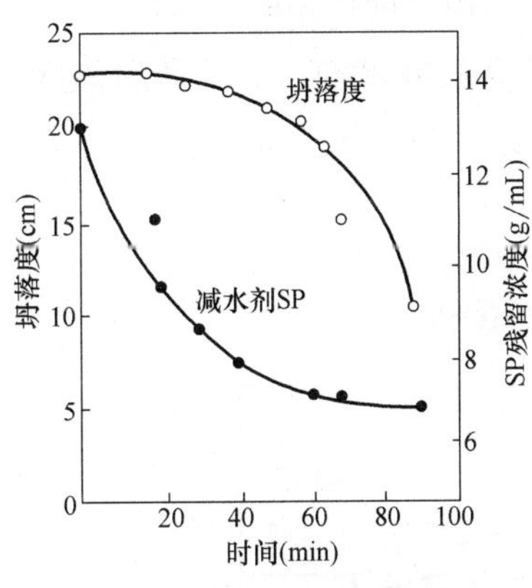

图 6-23　坍落度经时变化与高效减水剂残存量

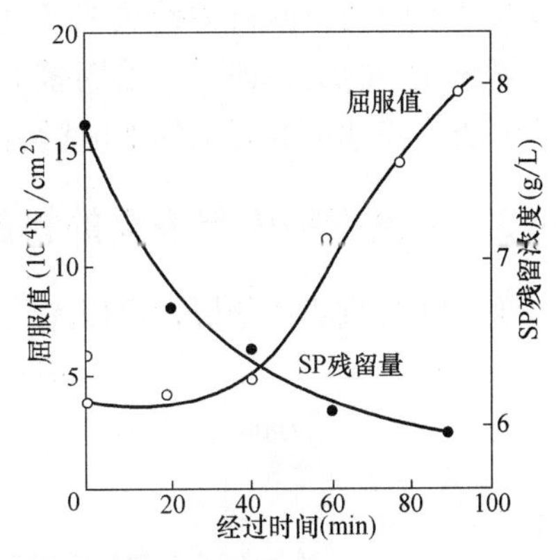

图 6-24　水泥浆屈服值经时变化与高效减水剂残存量

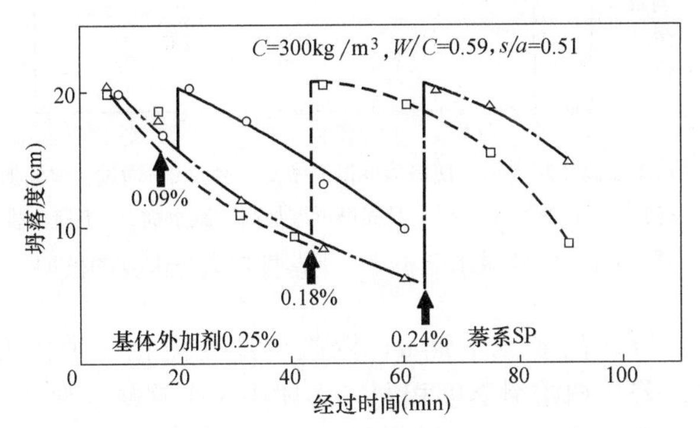

图 6-25　坍落度的恢复与高效减水剂补充量的关系

可知，混凝土的初始坍落度 20cm。经过 20min 后，坍落度损失到 15cm 左右，再掺入 0.09%的减水剂，坍落度恢复到原来状态，或者从初始状态，再经过 40min，坍落度损失到 10cm 以下，再掺入 0.18%的减水剂，坍落度又恢复到原来状态。如此类推，离初始状态 60min 后，要再掺入 0.24% 的减水剂，才能使坍落度恢复到原来状态。

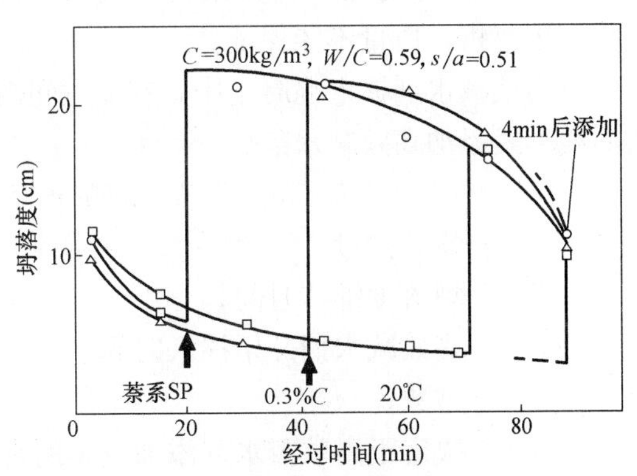

图 6-26　高效减水剂添加的时间对坍落度恢复的效果

图 6-26 是同样数量的高效减水剂（0.3%），在不同时间添加到混凝土中对坍落度恢复的效果。混凝土拌合后 4～87min 内，添加高效减水剂，坍落度恢复的幅度是不同的。但自初始状态经过 90min 后，坍落度均相同。

服部健一的试验证明，采用多次添加萘系高效减水剂，能维持坍落度在 2h 以上不变，并且对混凝土的性能没有不良影响。

6.6.3 坍落度损失与恢复的模型

通过以上的试验分析，可以考虑图 6-27 的模型。

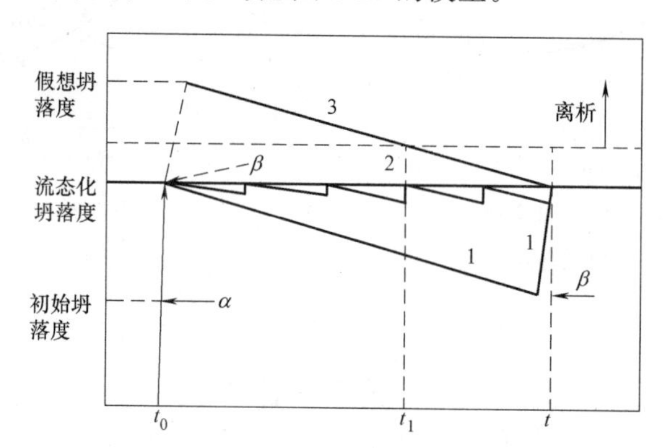

曲线 1—通过最后添加高效减水剂，使坍落度损失恢复；曲线 2—通过多次添加高效减水剂，使坍落度损失恢复；曲线 3—在 t_0 时间里再添加高效减水剂 β，混凝土发生离析

图 6-27 高效减水剂添加，坍落度损失与恢复的模型

在混凝土中，掺入高效减水剂 α，混凝土达到流化后坍落度；经过 t 时间后，坍落度损失。若与初始坍落度相同，必须掺入高效减水剂 β，即图 6-27 中曲线 1。而将高效减水剂 β 分成几次掺入，以恢复坍落度的方法，如图 6-27 中曲线 2 所示，称为反复添加。但如果将高效减水剂 $\alpha+\beta$ 一次性掺入混凝土中，混凝土将产生离析，质量不能保证。

将高效减水剂掺入混凝土中，在 t 时间内保持坍落度不变，可采用式（6-1）的曲线形式添加高效减水剂。

$$A=a(T-T_0)b \tag{6-1}$$

式中 A——累计掺量；

T——坍落度维持时间；

T_0——高效减水剂开始掺入时间；

a——常数；

b——决定于高效减水剂添加方案的常数。

高效减水剂添加方案与坍落度变化如图 6-28 所示。

如果 A = 胶凝材料用量 ×0.3%（减水剂的固体含量），T = 90min；b 在

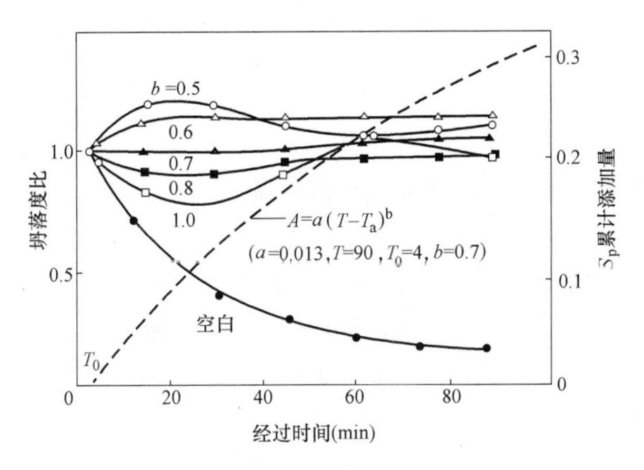

图 6-28　高效减水剂添加方案与坍落度变化

0.5、0.6、0.7、0.8 和 1.0 的范围内变化，以调整坍落度。实际上 b 不同，表示了在 4～30min 内添加高效减水剂的量不同，其结果如图 6-28 所示。当 $b=0.7$ 时，经过 90min，坍落度变化平稳，损失很少；当 $b=0.5$、0.6 时，20～30min 期间，坍落度变化太大；而 $b=0.8$、1.0 时，坍落度太低。因此，根据公式 $A=a(T-T_0)b$ 添加高效减水剂，以维持坍落度时，采用 $b=0.7$ 是最适宜的。此时，高效减水剂的经时添加量曲线如图 6-28 中的虚线所示；而不继续外掺高效减水剂的混凝土，坍落度经时变化，如图 6-28 中的空白曲线所示，坍落度损失没能控制。

6.7　载体流化剂控制混凝土的坍落度损失

天然沸石粉吸附高效减水剂后，天然沸石粉变成了减水剂的载体，掺入砂浆或混凝土中，能使砂浆或混凝土保持塑性 3～4h，便于施工浇筑和成型，把这种吸附了高效减水剂的天然沸石粉，也叫作载体流化剂，已经在多项工程的混凝土施工中应用。天然沸石粉对高效减水剂的吸附与解吸的试验介绍如下。

1. 试验原材料

天然沸石粉：山东潍坊产的斜发沸石，阳离子交换容量 120meq/100g，细度 $600m^2/kg$。

高效减水剂：(1) 萘系，代号 A，粉剂，减水率约 20%；(2) 氨基磺酸盐系，代号 B，水剂，含固量约 45%，减水率≥25%；(3) 聚羧酸系，代号 C，水剂，含固量约 40%，减水率≥30%。

水泥：三菱牌 P·O42.5；潍坊水泥（立窑）P·O32.5；越秀牌 P·O52.5。

骨料：河砂，中砂，级配合格，表观密度 2.60g/cm^3，松堆密度 1.450g/cm^3；石灰石碎石，粒径 5～20mm，级配合格，表观密度 2.60g/cm^3，松堆密度 1.450g/cm^3。

水：饮用水。

2. 沸石粉对高效减水剂的吸附与解吸试验

天然沸石粉 100g 共 4 份，分别放入含固量 45%的水剂高效减水剂中，每隔 30min 将含沸石粉的水剂抽滤、冲洗、烘干、称重，得到沸石粉浸泡 30min、60min、90min 及 120min 后的质量。计算出沸石粉对减水剂的吸附量，如表 6-7 所示。

沸石粉对减水剂的等温吸附量（g/10g） **表 6-7**

减水剂类型＼时间	30min	60min	90min	120min
减水剂 A	2.5	3.5	5.6	5.7
减水剂 B	2.6	3.6	5.5	5.8

将沸石粉对高效减水剂吸附饱和后，得到的沸石减水剂 A 及 B，取样 100g，放入水溶液中，测定 30min、60min、90min 及 120min 的减水剂排放量，如表 6-8 所示。

沸石减水剂在水溶液中的等温排放量（g/10g） **表 6-8**

减水剂类型＼时间	30min	60min	90min	120min
减水剂 A	2.3	3.3	4.1	4.5
减水剂 B	2.4	3.4	4.0	4.6

按表 6-7、表 6-8 作图，得到天然沸石粉对减水剂 A 和 B 的吸附与排放曲线如图 6-29、图 6-30 所示。可知，天然沸石粉对减水剂 A、B 的吸附量，90min 前几乎是线性增加；90min 后，基本达到饱和状态，对减水剂饱和吸附值约（5.6～5.8）g/10g。继续延长时间，吸附量增加甚微。沸石减水剂在水中的排放量随着时间的增长不断增加，但其排放量的极限值在饱和吸附值以下。

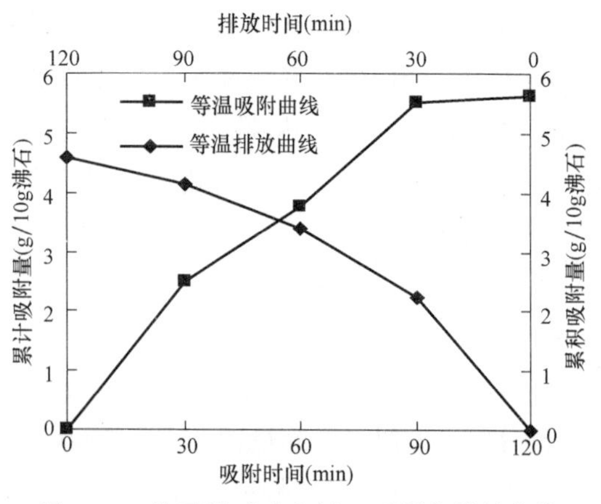

图 6-29 沸石粉对减水剂 A 吸附与排放曲线

3. 沸石减水剂对水泥净浆流动度影响

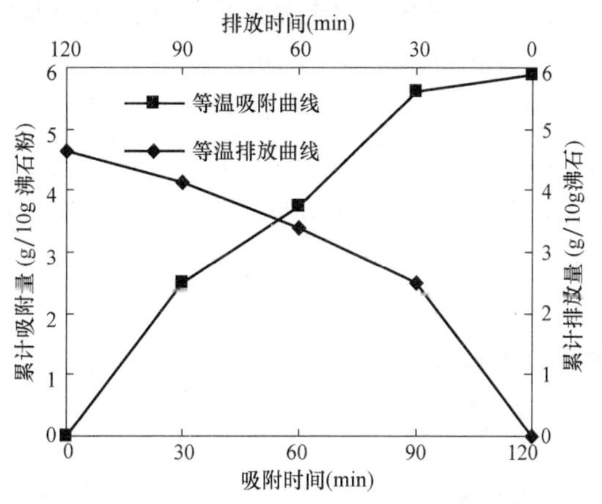

图 6-30　沸石粉对减水剂 B 吸附与排放曲线

以水泥 500g、水 150mL、沸石减水剂 10g，按《混凝土外加剂匀质性试验方法》GB/T 8077—2012 进行净浆流动度试验，并测定其经时变化，结果如表 6-9 所示。可见，沸石减水剂能有效地控制水泥净浆流动度损失。在 120min 内，对三菱水泥净浆流动度不仅不降低，反而增加了 9.2%；而对潍坊立窑水泥约降低 20%，可能是由于水泥中的 f-CaO 或 C_3A 含量过高造成的。

水泥净浆流动度经时变化　　表 6-9

水泥品种	流动度(mm)经时变化				
	初始	30min	60min	90min	120min
三菱 P·O42.5	238	240	240	270	260
潍坊 P·O32.5	220	200	200	180	175

4. 混凝土坍落度经时变化及混凝土强度

混凝土试验的配合比如表 6-10 所示。测定的混凝土 2h 内坍落度经时变化及各龄期的强度如表 6-11 所示。由试验结果可见，经过 2h，混凝土坍落度由 20cm 降至 16.5cm，降低了 17.5%，但坍落度仍在 16cm 以上，仍能满足泵送施工要求。

混凝土配合比　　表 6-10

W/C	单方混凝土材料用量(kg/m^3)						水泥
	水泥	粉煤灰	砂	碎石	水	沸石减水剂	三菱
0.40	350	100	750	1100	180	11.25(2.5%)	

混凝土的坍落度经时变化及强度　　表 6-11

坍落度(cm)经时变化			抗压强度(MPa)		
初始时间 (11：20)	70min (12：30)	120min (1：20)	3d	7d	28d
20	19	16.5	16.4	25.6	42

5. 沸石减水剂对混凝土坍落度损失控制机理

试验证明，混凝土的坍落度损失和水泥浆的表观屈服值增大都与液相中高效减水剂的残存量（实为水泥粒子对减水剂的吸附量）减少有关，如图 6-31、图 6-32 所示。以 $W/C=0.4$ 的水泥浆，对比是否掺沸石减水剂时的 Zeta 电位的变化，结果如图 6-34 所示。不含沸石减水剂的水泥浆的 Zeta 电位绝对值迅速降低，30min 由 5.5mV 降至 4.7mV，1h 时降至 4.2mV。但含沸石减水剂的水泥浆，初始 5.95mV，140min 内基本上维持在 6mV 的水平，水泥浆保持良好的分散状态和流动性。

沸石减水剂对水泥浆体的剪切强度和结构黏度也有很大的影响。$W/C=0.3$ 水泥浆中掺入 0.6%的萘系高效减水剂，以及掺入 2.0%的沸石减水剂，采用 WARING 搅拌机搅拌水泥浆，用 FANN 黏度计测定水泥浆在 40min 内的剪切强度和结构黏度的变化，如图 6-33 所示。

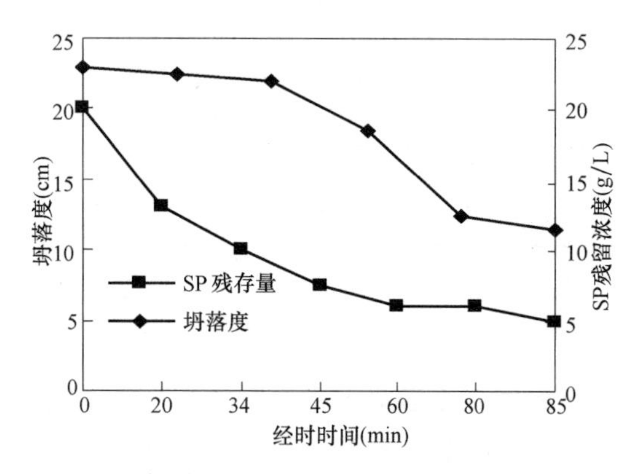

图 6-31 坍落度经时变化与高效减水剂残存浓度

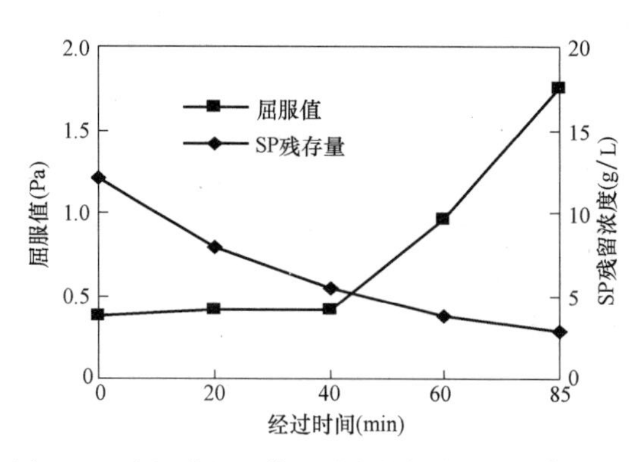

图 6-32 水泥浆屈服值经时变化与减水剂残存浓度

由上述可见，沸石减水剂能缓慢排放吸附的高效减水剂到水泥浆中，维持水泥颗粒表面对减水剂的吸附量，从而维持水泥颗粒表面的 Zeta 电位，使水泥粒

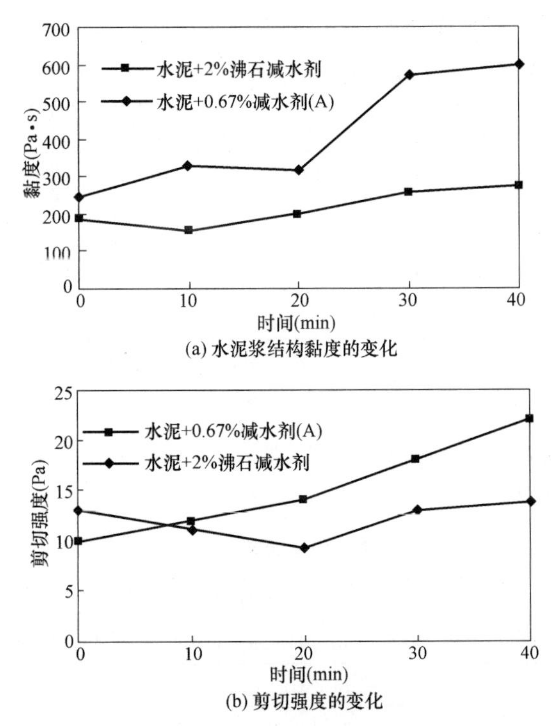

(a) 水泥浆结构黏度的变化

(b) 剪切强度的变化

图 6-33　是否含沸石减水剂时的结构黏度和剪切强度经时变化

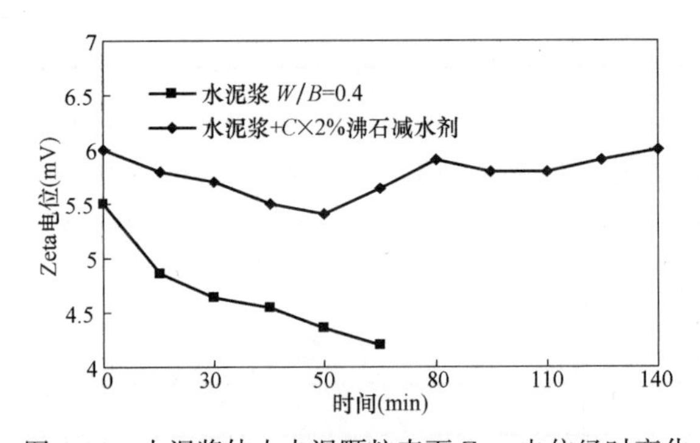

图 6-34　水泥浆体中水泥颗粒表面 Zeta 电位经时变化

子处于分散状态。水泥浆的结构黏度和剪切强度也处于稳定状态，混凝土坍落度损失得以控制。

6.8　载体流化剂的施工应用

实例 1：高强高流动性混凝土的坍落度损失控制

试验用原材料：水泥，邯郸 52.5 硅酸盐水泥；粗骨料，河卵石 5～40mm；

细骨料，中砂、河砂；萘系减水 UNF。混凝土的配合比如表 6-12 所示。

高强高流动性混凝土的配合比（kg/m³）　　表 6-12

序号	W/C(%)	C	水	砂	石	M-Ca	UNF	CFA
1	35	500	175	675	1100	—	0.6%C	—
2	35	500	175	675	1100	0.25%C	0.6%C	1.0%C
3	38.8	450	175	680	1100	—	1.0%C	—
4	38.8	450	175	680	1100	—	1.0%C	1.5%C

注：C—水泥用量（kg/m^3）；CFA—控制坍落度损失外加剂（沸石减水保塑剂），UNF—高效减水剂；M-Ca—木钙。2 号掺入 CFA 为水泥用量的 1.0%；4 号掺入 CFA 为水泥用量的 1.5%。

混凝土坍落度的经时变化如表 6-13 所示。由此可见，含 CFA 为 1.0%C 或 1.5%C 的混凝土能控制坍落度在 2h 内无变化。

坍落度的经时变化（cm）　　表 6-13

序号	经过时间(min)									
	0	20	30	40	50	60	70	80	90	120
1	18			14						
2	20	20		21		21				19
3	19		12							
4	21		21			20			20	19

实例 2：C35 普通混凝土在武汉盛世华庭工程施工中的应用

混凝土生产配合比、混凝土的坍落度及扩展度的经时变化，以及混凝土的抗压强度，分别如表 6-14～表 6-16 所示。盛世华庭的施工现场及 CFA 的投料方式分别如图 6-35、图 6-36 所示。

混凝土生产配合比　　表 6-14

混凝土类型	水泥	FA	矿粉	砂	碎石	水	减水剂	CFA
基准混凝土	230	90	100	710	1080	180	9.0	—
CFA 混凝土	230	90	100	710	1080	180	—	11.76

混凝土坍落度、扩展度的经时变化　　表 6-15

经时变化(h)／混凝土类型	0	1	2
基准混凝土	205mm/360mm	160mm/—	—
CFA 混凝土	190mm/510mm	195mm/500mm	190mm/480mm

注：表中数据分子为坍落度，分母为扩展度。

混凝土凝结硬化及抗压强度　**表 6-16**

混凝土类型＼性能	凝结时间(h)		抗压强度(MPa)		
	初凝	终凝	3d	7d	28d
基准混凝土	13.5	18	21.3	29.8	45.1
CFA 混凝土	10	14.5	24.8	32.8	51.5

由表 6-14～表 6-16 可见，掺 CFA 的混凝土坍落度和扩展度，能维持 2h 以上基本不变，保证了混凝土施工要求。初凝和终凝时间也比基准混凝土缩短。3d、7d 及 28d 强度均高于基准混凝土强度的 10%以上，其原因是载体沸石粉参加了水泥的水化反应。

图 6-35　盛世华庭施工现场

图 6-36　CFA 在施工现场的应用

实例 3：CFA 在超高性能混凝土中的应用

2008 年 10 月，在广州珠江新城西塔项目工程中，进行了强度等级 C100 的超高性能混凝土的研发及超高泵送试验。为降低混凝土的黏性，控制混凝土的坍落度损失，掺入了 2%的 CFA（聚羧酸减水剂含固量 23%），混凝土的坍落度 3h 基本不变，如表 6-17、图 6-37 所示。

CFA 掺入超高性能混凝土中的保塑效果 表 6-17

项目	坍落度(cm)	扩展度(cm)	倒筒时间(s)
初始	24	64/62	6.0
1h	25.5	61/67	4.4
2h	24	56/57	5.3
3h	24	52/54	9.0

初始 24cm/63cm

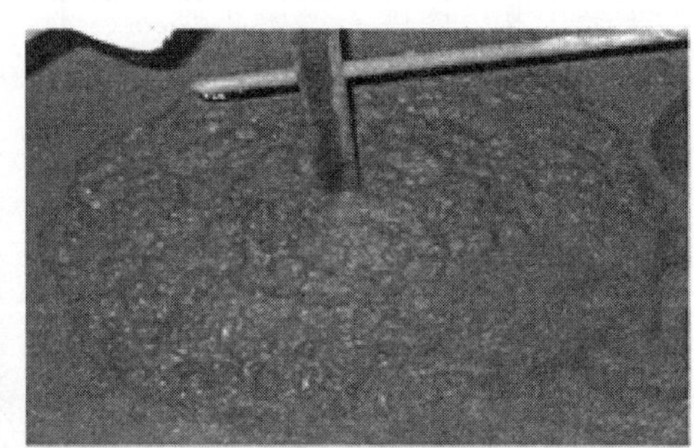
1h 25.5cm/64cm

2h 24cm/57cm

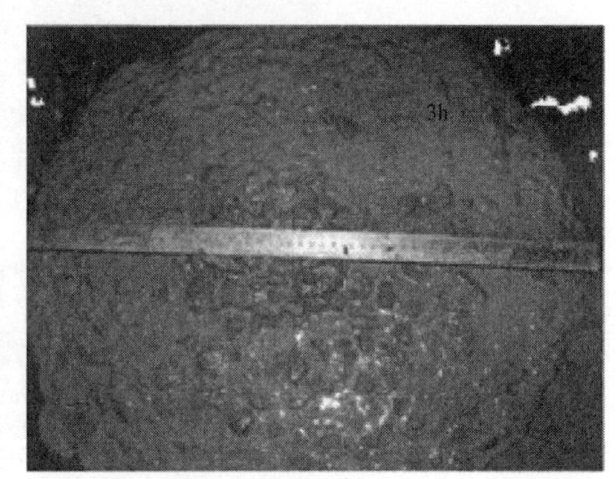

3h 24cm/53cm

图 6-37 扩展度与坍落度经时变化

采用沸石减水保塑剂 CFA 掺入超高性能混凝土中，同样能保塑 3h 以上，保证超高泵送混凝土的施工。在京基大厦 C120 超高性能混凝土的研发及其超高泵送试验中，在高效减水剂中，也应用了沸石粉体保塑剂，使 C120 超高性能混凝土保塑了 3h，并由地面泵送至 510m 的高度。

6.9 在混凝土中掺入减水剂的方法及其效果

在混凝土搅拌时，掺入减水剂的方法有同掺与后掺两种方法。同掺法是搅拌混凝土时，将减水剂先溶于拌合水中，和水一起倒入搅拌机内，共同搅拌。后掺法是将砂、碎石、胶凝材料及水等，在搅拌机内拌合成混凝土之后，再单独掺入减水剂进行搅拌。由于减水剂的掺入方法不同，其效果也不同。在减水剂掺量相同的情况下，后掺法比同掺法混凝土的坍落度大，流动性好，或者比同掺法节省减水剂，其原因与水泥的初期水化反应有关。

6.9.1　水泥矿物水化时对高效减水剂的吸附量

不同品种水泥矿物组成不同，水化产物对高效减水剂的吸附量不同。水泥矿物对三聚氰胺系减水剂（代号 SMF）的吸附如图 6-38 所示。

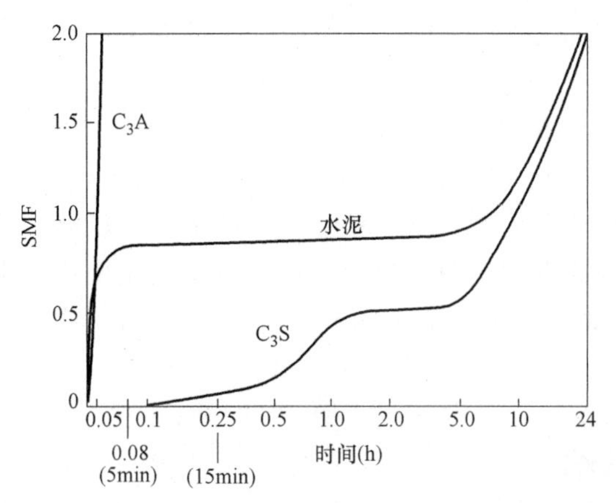

图 6-38　水泥水化时不同水泥矿物对 SMF 的吸附曲线

V. S. Ramachandran 对水/固=2 的水泥试样，在不同时间里对溶液中 SMF 的吸附量进行测定，发现在水的介质中，C_3A 对 SMF 的吸附很强烈，在几秒钟内就吸附了相当数量的 SMF；而 C_3S 在水化初期，对 SMF 的吸附量则很低。

服部健一的试验证明，在没有石膏掺入的条件下，当溶液中表观吸附平衡浓度为 0.2%，温度为 20℃，吸附时间为 10min 时，C_4AF 及 C_3A 的水化物对萘系减水剂的吸附量高达 100mg/g 以上。掺入石膏时，C_4AF 及 C_3A 与石膏反应，在其表面生成不容易吸附高效减水剂的水化物，吸附量只有 10mg/g，甚至更低些，如图 6-39 所示。

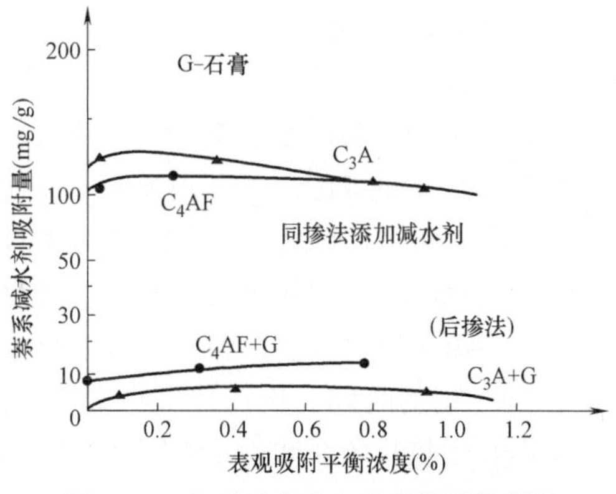

图 6-39　有否石膏存在的吸附量及曲线

由于 C_4AF 及 C_3A 的水化速度快，水化物对高效减水剂的吸附量大，因而在液相中残存的高效减水剂的量少，也即 C_3S 水化时可利用的高效减水剂的量少，对提高水泥粒子表面的 ξ 电位是不利的；但由于掺入石膏，改变了 C_4AF 及 C_3A 的初期水化物，降低了对高效减水剂的吸附量，液相中残存较多高效减水剂的量，为水泥的主要矿物成分 C_3S 及 C_2S 的水化物所吸附，水泥粒子表面的 ξ 电位增大，即势垒值 V_{max} 增大，使水泥粒子更有效地分散，也就是后掺法比同掺法混凝土的坍落度大，流动性好。

6.9.2 选用适当品种的水泥可以改善坍落度损失

上述试验也说明了，采用 C_2S 含量高的中低热水泥，对于混凝土坍落度损失的控制是有效的。

Meyer 和 Perenchio 认为，水泥矿物中 C_3A 含量，溶液中 SO_3 的含量，化学外加剂的种类及掺量，关系到钙矾石的形成及坍落度损失。Khalil 和 Ward 认为，含有高效减水剂的混凝土中，SO_3 的含量增大，也即石膏的含量增加，延迟 C_3A 的水化，可以改善坍落度损失。坍落度损失是由于初期水化反应，高效减水剂的消耗造成的，因而水泥中的 C_3A 含量多，吸附高效减水剂的量大，坍落度损失也大。

6.10 本章小结

高效减水剂是高性能混凝土和超高性能混凝土不可缺少的组分．高效减水剂由萘系、三聚氰胺系、氨基磺酸盐系到聚羧酸系，对水泥混凝土的减水率不断提高，混凝土的 W/B 也可以不断降低，使混凝土的强度达到 200MPa 以上，而且混凝土还可以泵送施工，自密实成型。混凝土技术由普通混凝土向高性能超高性能发展，高效减水剂的减水率不断提高、控制坍落度损失的功能不断完善，是混凝土技术提高的物质基础。

萘系减水剂配制高性能混凝土，$W/B \leqslant 30\%$时，混凝土拌合物已经很黏稠了，配制出 C60 的 HPC 已经到极限了；但聚羧酸系减水剂，可以配制出强度 200MPa 的 UHPC，而且具有免振自密实的多种功能。这是由于减水剂的分子结构不同及与水泥粒子吸附形态不同而造成的。混凝土中，水泥粒子能否分散开来，新拌混凝土能否保塑；关键是水泥粒子吸附减水剂分子后，表面形成的 Zeta 电位和维持的时间。接枝共聚物聚羧酸高效减水剂，既具有高的 Zeta 电位，而且又能在比较长的时间里维持 Zeta 电位值；故具有高的减水率，又有长时间的保塑功能。

维持水泥粒子间的 Zeta 电位值，就可以使混凝土的流动性维持；也可以采用 CFA 的方法，使水泥粒子表面吸附的减水剂不断得到补充，也就能使混凝土长时间保塑。

将高效减水剂添加入混凝土中，有两种方法：

（1）同掺法：即将减水剂加入水中，再与混凝土的水泥、砂、碎石一起搅拌；

（2）后掺法：即先加水与水泥、砂、碎石一起搅拌；1～1.5min 后，再掺入减水剂一起搅拌，这叫减水剂的后掺法，在达到相同坍落度下，后者比前者少用 30％的减水剂。

第7章　混凝土收缩开裂与减缩剂的应用

7.1　混凝土收缩开裂原因分析

混凝土是由水泥浆将砂、石骨料粘结起来而成的多相复合材料，混凝土收缩开裂主要是由水泥浆的收缩开裂造成的。

7.1.1　水泥浆体的收缩开裂

以315g水泥与200cm^{3}水拌合成水泥净浆（W/C＝0.64），水泥的相对密度为3.15（相对于水），水泥初始体积为315/3.15＝100cm^3。

水泥浆的初始体积为100＋200＝300cm^3。

假定1cm^{3}水泥完全水化后产生2cm^{3}的水化物体积。水泥在不同水化程度时，毛细管孔体积不同，即使水泥100％水化，还有33％的毛细孔，如图7-1所示，造成水泥石的收缩开裂。

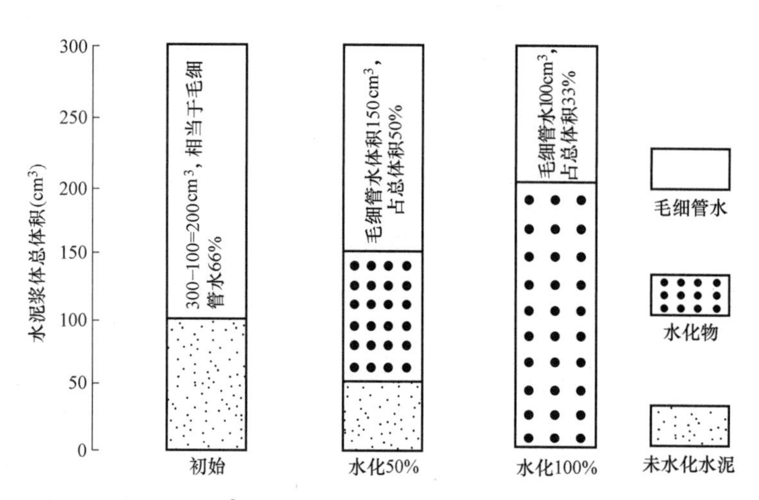

图7-1　水泥100cm^3，W/C＝0.64，不同水化程度毛细孔水体积变化

对不同水灰比的水泥净浆，达到相同水化程度时，水泥的固体水化产物相同，但毛细孔体积不同。例如W/C＝0.7、0.6、0.5和0.4的四种水泥浆，假定其水化程度均为100％，完全水化水泥的固体体积，计算均为200cm^3，但不同W/C的硬化水泥石中，毛细孔的体积含量不同，分别为120cm^3（总体积的

37%）、88cm^3（总体积的 30%）、57cm^3（总体积的 22%）和 26cm^3（总体积的 11%），如图 7-2 所示。

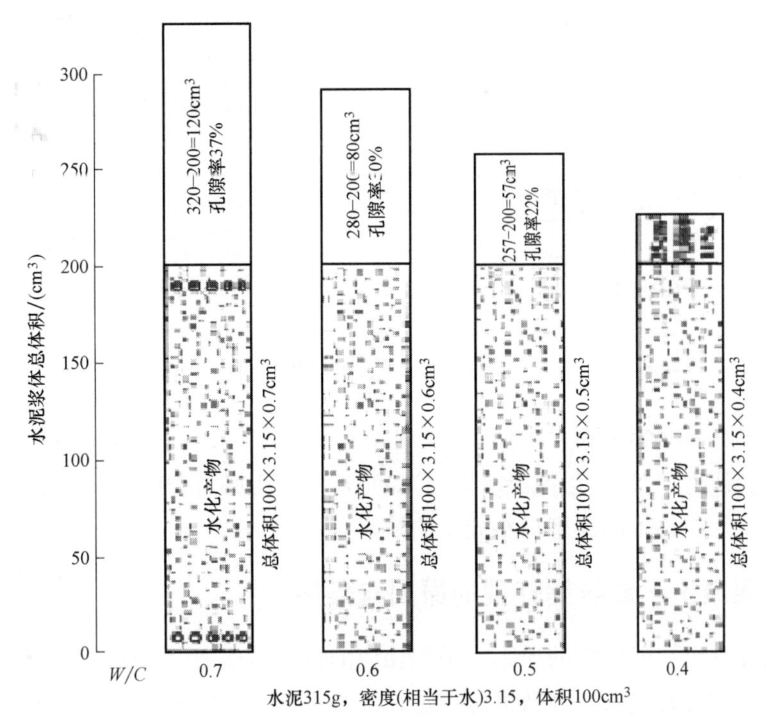

图 7-2　水泥 100%水化时，改变 W/C 水泥石中毛细孔体积变化

水泥浆体，放置于相对湿度<100%的环境中时，将开始失水收缩。如果在收缩过程中发生约束，将会产生收缩应力。如果此应力大于硬化水泥浆体的抗拉强度，则发生开裂，如图 7-3 所示。

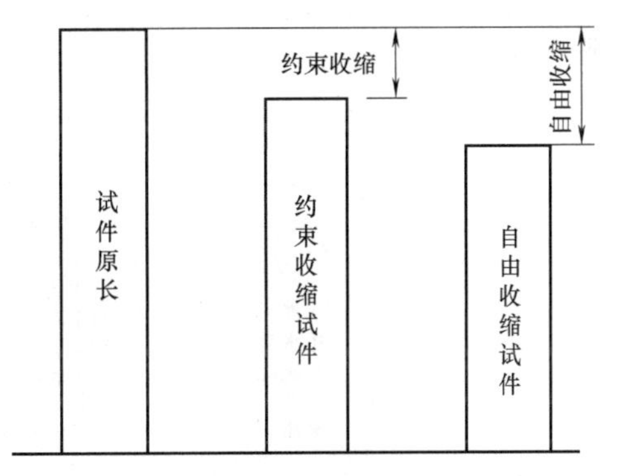

图 7-3　试件在有约束条件下，约束收缩与自由收缩比较

在混凝土中，水泥水化物将砂、石粘结在一起，当硬化水泥浆失去毛细孔里静水张力保持的水分时，以及失去水化产物硅酸钙凝胶内的物理吸附水时，就会导致混凝土收缩变形。在混凝土收缩过程中，有约束条件下，就会造成混凝土的开裂，如图 7-4 所示。

据估算，完全干燥的硬化水泥浆体的干缩率可达 10.0×10^{-6}，实际已测得的收缩值为 4.0×10^{-6}。混凝土中骨料可以认为不收缩，故混凝土实测的干缩率

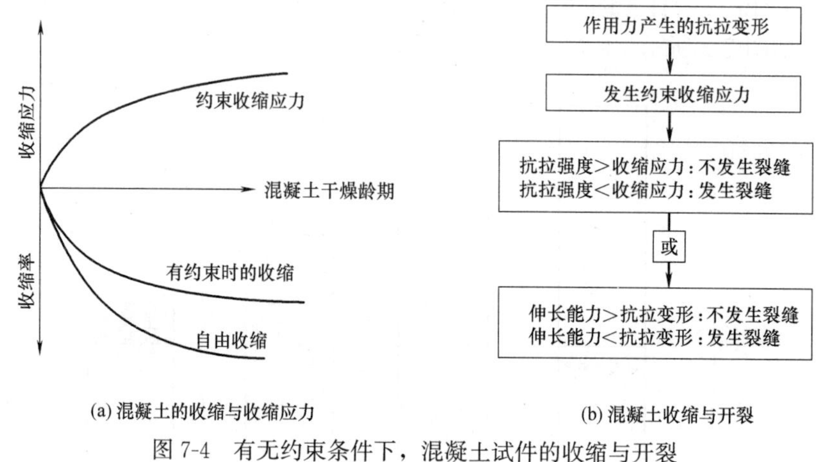

(a) 混凝土的收缩与收缩应力　　(b) 混凝土收缩与开裂

图 7-4　有无约束条件下，混凝土试件的收缩与开裂

大约在（200～1000）$\times 10^{-6}$ 的范围内。

有学者认为："裂缝与混凝土同在"，也即混凝土必有裂缝。裂缝是混凝土材料不可避免的，这是水泥基材料先天的缺陷。

7.1.2　混凝土干燥收缩开裂的原因与条件

研究混凝土裂缝形成的原因，采用相应的技术措施加以预防，降低有害裂缝的出现，对有害裂缝采取补救措施，这是混凝土技术工作者面对的责任。

混凝土发生干燥收缩开裂的主要原因和条件归纳如图 7-5 所示，从图中可以找出控制裂缝发生的对策。可见，混凝土发生干燥收缩开裂，由开裂发生的条件

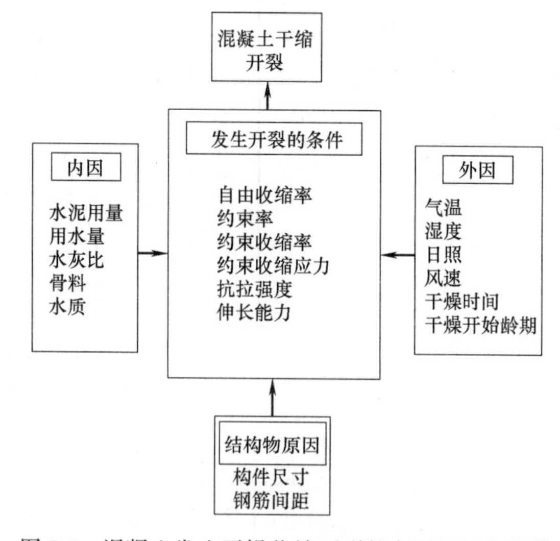

图 7-5　混凝土发生干燥收缩开裂的主要原因与条件

所控制；也就是由自由收缩率、约束率、约束收缩率、约束收缩应力、抗拉强度和伸长能力所决定。而混凝土发生开裂的条件有内因和外因，以及结构物的主要原因（构件尺寸及钢筋间距）等方面。也就是说，要从混凝土的组成材料的数量和质量、结构设计、施工环境与条件等方面，去控制混凝土的收缩开裂。

7.2　混凝土组成材料与干燥收缩

7.2.1　水泥种类与干燥收缩

不同水泥的干燥收缩如图 7-6 所示。

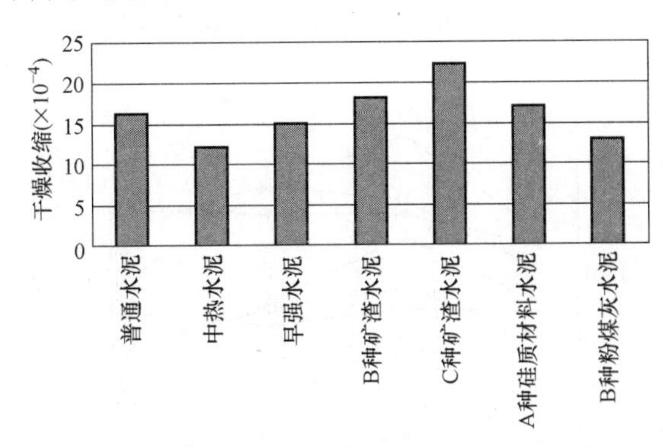

图 7-6　不同类型水泥的干燥收缩

注：B 种矿渣水泥，矿渣掺量 30%～60%；C 种矿渣水泥，矿渣掺量 60%～70%；B 种粉煤灰水泥，粉煤灰掺量 10%～20%；A 种硅质材料水泥，硅质材料掺量 10%～20%。

由图 7-6 可见，掺入矿渣的水泥干燥收缩最大，粉煤灰掺量 10%～20%的水泥及中热水泥的干燥收缩最小。

7.2.2　粉煤灰的掺量与混凝土的收缩

在混凝土中，掺入粉煤灰，随着掺量增加，混凝土的干燥收缩降低，如图 7-7 所示。

7.2.3　矿渣的掺量与混凝土的收缩

由图 7-8 可见，掺入矿粉 R55-B4 及 R55-B8 的混凝土试件，通过不同龄期标准养护的试件，再放置于干燥环境下，测定其 3d、7d、28d、200d 的干燥收缩。标准养护 3d 及 7d 龄期时的试件，含矿粉 R55-B4 及 R55-B8 的收缩均大于基准混凝土的收缩。经标准条件养护 28d 的试件，3d 干燥收缩值大于基准混凝土，7d 干燥收缩值与基准混凝土相同，28d 及 200d 干燥收缩均低于基准混凝土。

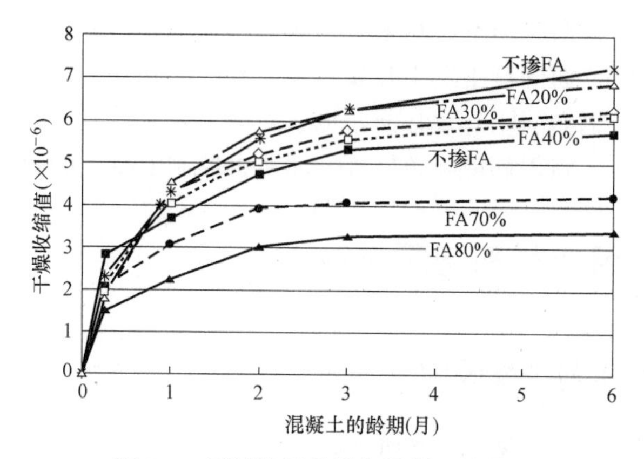

图 7-7 不同掺量粉煤灰混凝土的收缩

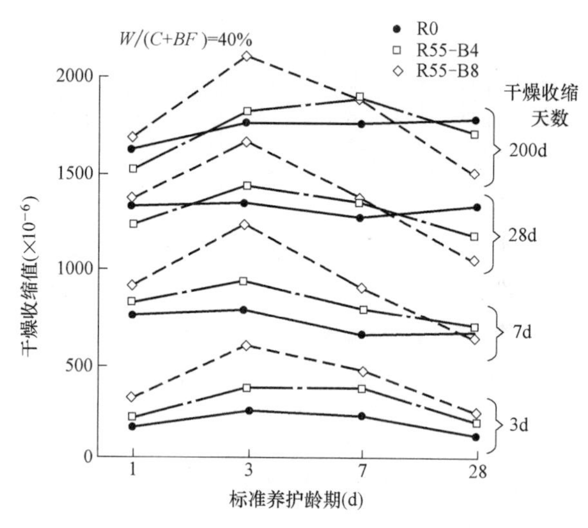

图 7-8 矿渣不同掺量的混凝土，标准养护后，不同干燥天数收缩值

7.2.4 不同岩石的干燥收缩值

混凝土的骨料，是用不同岩石加工而成的。了解原岩的收缩，就知道了骨料的收缩。不同岩石的干燥收缩值如图 7-9 所示。

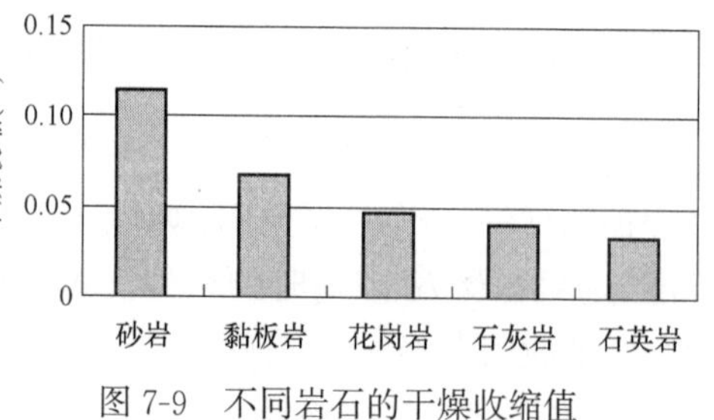

图 7-9 不同岩石的干燥收缩值

不同种类岩石的骨料其干燥收缩值会有所不同。通常，砂岩、黏板岩系收缩系数较大，然后是火成岩系，最后才是石灰岩、石英岩系。

骨料吸水率较大的情况下，干燥

后质量减少率也较大，因此混凝土的干燥收缩值也变大。骨料的吸水率在规范规定值范围内，对混凝土干燥收缩的影响较小。骨料的静弹性系数越大，对混凝土的干燥收缩影响变小；骨料量增加后，干燥收缩也变小。

7.3　干燥收缩安全值的查对及干燥收缩开裂的形态

7.3.1　混凝土干燥收缩安全值的查对

混凝土构件由于干燥收缩产生开裂，对结构是否有害，可按下式进行查对：

$$V_p = S_p / S_k \leqslant 1.0$$

式中　S_k——混凝土干燥收缩变形极限值（500～700μm）；

S_p——混凝土干燥收缩变形测定值；

V_p——S_p 精度的安全系数；一般为 1.0～1.3。

如果干燥收缩变形测定值能满足式（7-1）的要求，那么结构构件可认为处于安全状态。

7.3.2　混凝土收缩而产生的裂缝形态

1. 窗户及墙壁的收缩开裂（图 7-10）

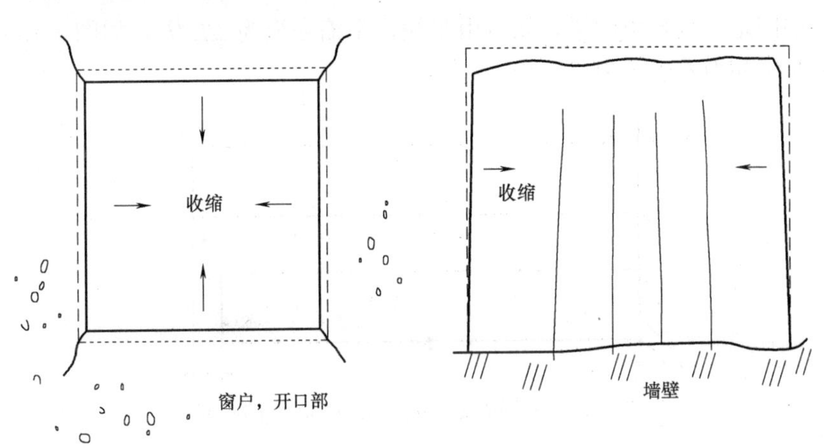

图 7-10　窗户及墙壁的收缩开裂

2. 钢筋约束产生的收缩开裂（图 7-11）

3. 内部约束收缩时发生裂缝

由于表层干燥产生收缩，收缩应力大于混凝土的抗拉强度，混凝土即发生开裂，如图 7-12 所示。

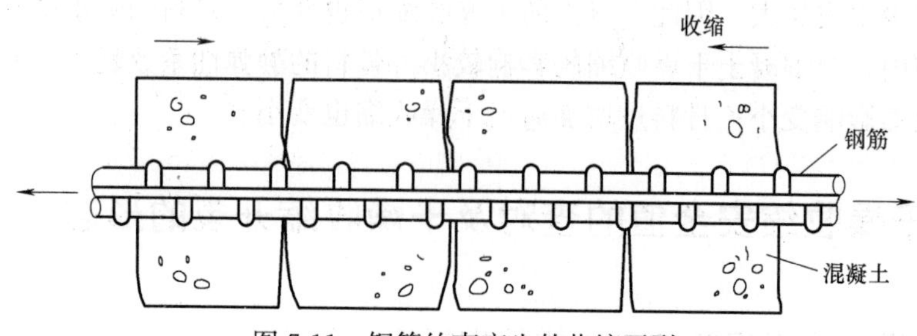

图 7-11　钢筋约束产生的收缩开裂

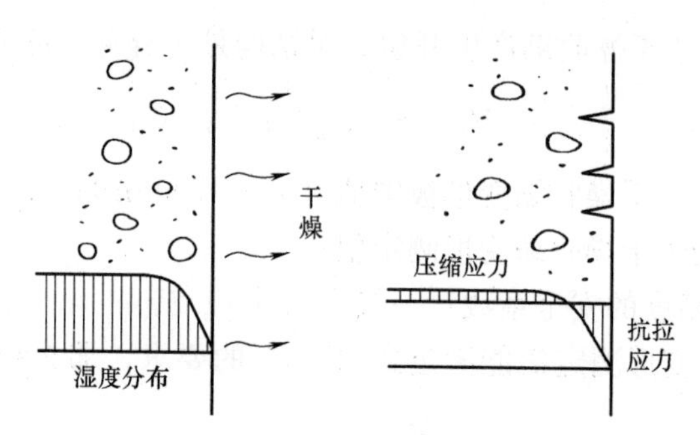

图 7-12　由于混凝土表层水分蒸发而产生的开裂

4. 外部约束干缩开裂

一端固定一端自由的梁，属自由收缩，干缩变形为 $\Delta L/L$，如图 7-13 所示，不会由于干缩而发生开裂。

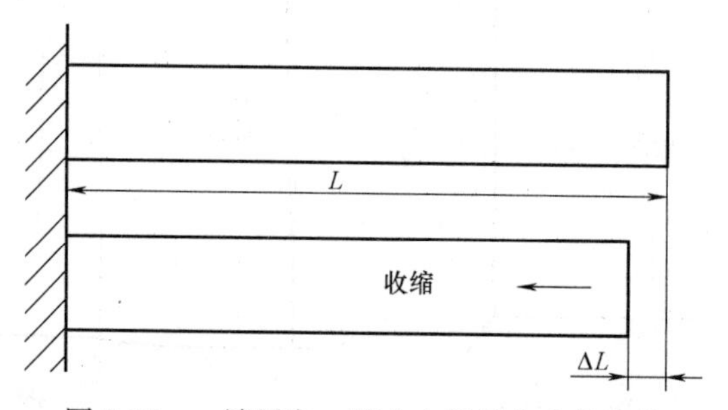

图 7-13　一端固定一端自由的梁产生的收缩

5. 外部约束干燥收缩发生开裂

如图 7-14 所示，两端固定的梁，干缩变形 $\varepsilon_s=\Delta L/L$

$\sigma_s=E\varepsilon_s<\sigma_t$　　　　不发生裂缝

$\sigma_s=E\varepsilon_s>\sigma_t$　　　　发生裂缝

式中　σ_s——干缩应力；

σ_t——混凝土抗拉应力；

E——混凝土弹性模量。

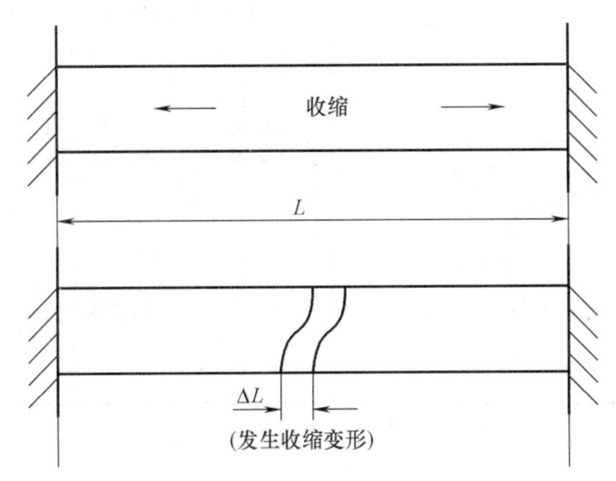

图 7-14 两端固定的梁产生的收缩应力超过混凝土抗拉强度即开裂

7.4 混凝土自收缩开裂

广州某超高层建筑位于珠江新城 CBD 中心地段，主体建筑结构高度 530m，总建筑面积 50.6988 万 m^2，由中建集团承建。主塔楼结构，用八根巨柱及连接该八根巨柱的空间环形桁架，与内部核心筒构成巨型框架结构体系。八根巨柱为巨型钢管内灌注高强混凝土形式。环形桁架为空间环形桁架钢结构，并通过八根巨柱形成封闭形式。塔楼下部核心筒外墙除采用 C80 高强混凝土外，在混凝土内部设置双层钢板剪力墙（图 7-15）。剪力墙脱模时，每个墙面上都有大量裂缝，多者，一个墙面上就有 100 多条裂缝，如图 7-16 所示。

图 7-16（a）中，该墙体约有裂缝 27 条。裂缝宽度都在 0.2mm 以下，裂缝

图 7-15 核心筒外墙 C80 混凝土，内部设置双层钢板剪力墙

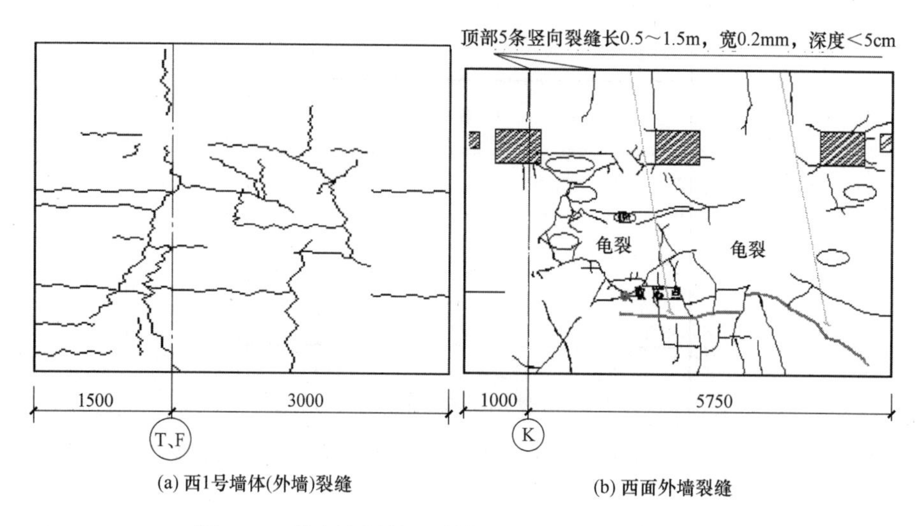

图 7-16 剪力墙混凝土脱模时发现墙面上布满了裂缝

深度均小于 4cm。该墙体出现竖向、横向和斜向的裂缝，部分区域有龟裂纹。斜向裂缝最长，为 3.1m，竖向裂缝最长为 2.3m。

图 7-16（b）中，该墙约有裂缝 120 条，裂缝宽度都在 0.1～0.2mm。部分细微裂缝拆模初期需要在墙面洒水后观察到，现在已经愈合。以龟裂裂缝为主，主要集中在墙体中部位置。顶部有 5 条竖向裂缝，长度在 0.5～1.5m。其中，两条较深、较长的裂缝，宽度约 0.2mm，深度小于 5cm。

这种裂缝是混凝土与外界没有介质交换条件下，混凝土凝结硬化后，混凝土中的水泥继续水化，吸取混凝土中毛细管水，使毛细管处于自真空状态，产生的毛细管张力超过了混凝土的抗拉强度，混凝土就发生开裂。高强或超高强混凝土水泥用量偏多，水胶比较低，比较容易发生自收缩开裂。

7.4.1 混凝土自收缩开裂的理论说明——毛细管张力机理

如图 7-17 所示，由于毛细管张力而产生的变形从相对湿度 40%左右就开始了。

由图 7-17（a）干燥收缩变形与相对湿度关系，相对湿度<100%时，都会产生变形。从图 7-17（b）可见，毛细管水，由于干燥水分蒸发，或由于水泥水化吸取毛细管中的水分，使毛细水失水，形成自真空作用，产生干燥收缩；同时，也产生毛细管张力。两者之和如果超过了混凝土的抗拉强度，混凝土就发生开裂。没有外界介质交换条件下（如未拆模时混凝土的开裂）这种收缩开裂，称为自收缩开裂。

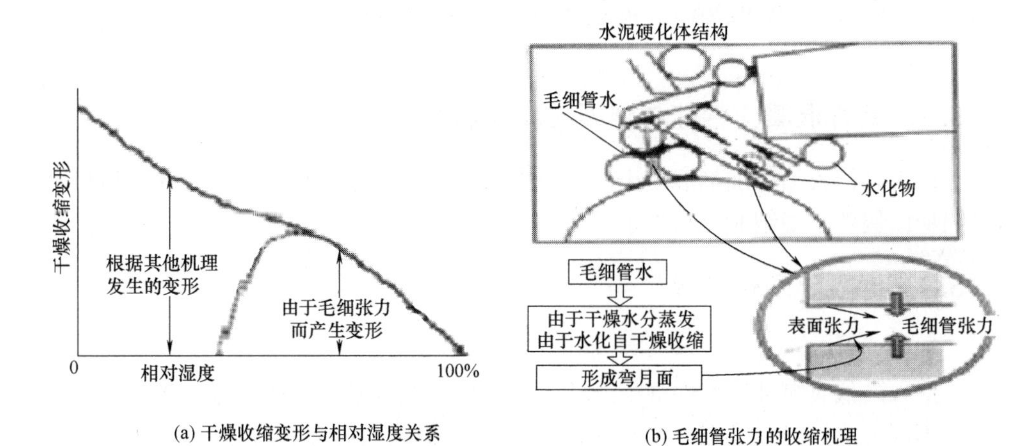

(a) 干燥收缩变形与相对湿度关系

(b) 毛细管张力的收缩机理

图 7-17　混凝土自干燥收缩的形成范围及机理

7.4.2　混凝土掺入减缩剂后降低收缩的效果

图 7-18 是掺入减缩剂后，干燥收缩变形与表面张力的关系。两者的相关性很高，干燥收缩比值随着表面张力降低而直线下降。图 7-19 是水泥浆的自收缩与掺入降低收缩剂后的效果。可以清楚地看到，分别掺入两种不同减缩剂的混凝土，自收缩均明显低于对比的基准混凝土。自收缩是由于水泥水化反应，消耗水化物中层间水，使混凝土内部发生干燥状态（自干燥状态），混凝土发生收缩现象。

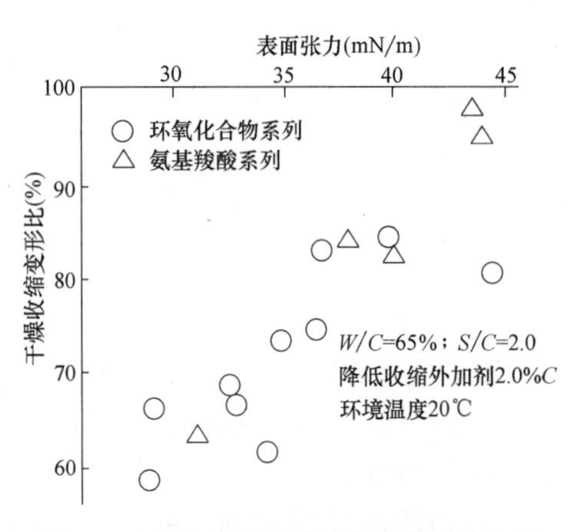

图 7-18　掺入减缩剂的水泥浆体收缩变形比与表面张力的关系

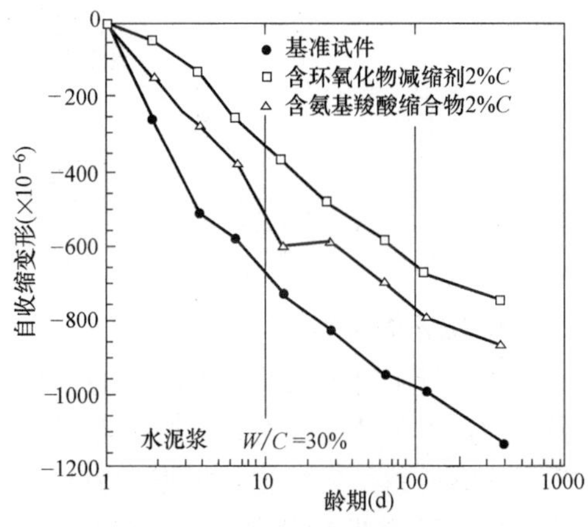

图 7-19　混凝土的自收缩变形与掺入减缩剂后效果

7.5 掺入降低收缩外加剂的混凝土性能

7.5.1 新拌混凝土性能与混凝土凝结状况

掺入降低收缩外加剂混凝土的坍落度和含气量有些变化，可掺入减水剂和引气剂加以调整，凝结时间稍长了一些。

7.5.2 混凝土硬化状况

1. 强度

掺入降低收缩外加剂的混凝土的抗压强度，强度发展稍微迟缓一些，但不会带来不利影响；与基准混凝土相比，强度稍低一些。其他强度特点仍依据抗压强度而确定。

2. 长度变化

掺入降低收缩外加剂的混凝土的收缩如图 7-20 所示。添加量相同的各种牌号的减缩剂，对降低收缩的效果稍有差别。根据推算，最终的干燥收缩变形，约为基准混凝土的 60%～80%。此外，从图 7-21 可见，减缩剂添加量越多，降低收缩的效果越大。甚至对高强混凝土土的自收缩，也有很明显的效果。

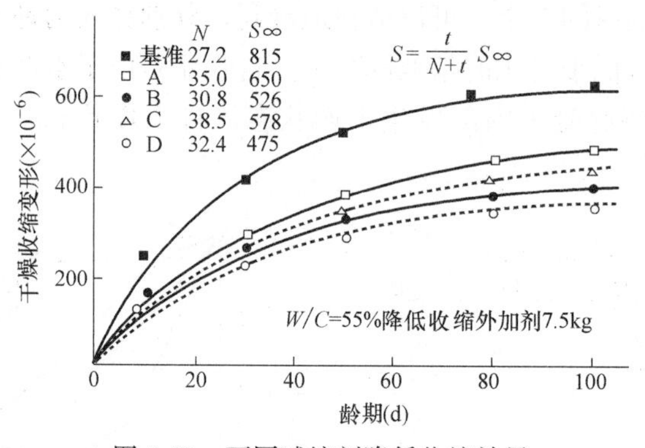

图 7-20 不同减缩剂降低收缩效果

3. 抗开裂性能

按照日本有关受约束混凝土的干燥收缩开裂的试验方法，进行规定的约束开裂试验，关于减缩剂对开裂抵抗性的效果如图 7-22 所示。随着减缩剂掺量越多，开裂的龄期越往后推迟；根据约束情况，有可能抑制发生开裂。（3）号与（6）号混凝土没有发生开裂，该两种混凝土中，分别掺入了减缩剂 4.6kg/m^3 及 5.6kg/m^3，能抑制收缩开裂的发生。

以实际结构物进行研究的实例，结果如图 7-23 所示。

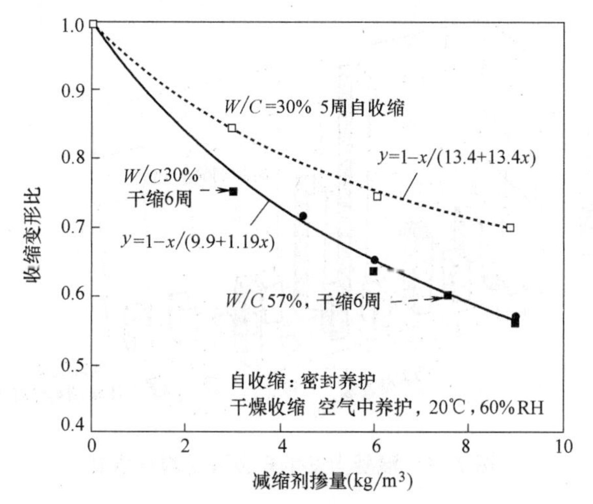

图 7-21　收缩变形和减缩剂掺量关系

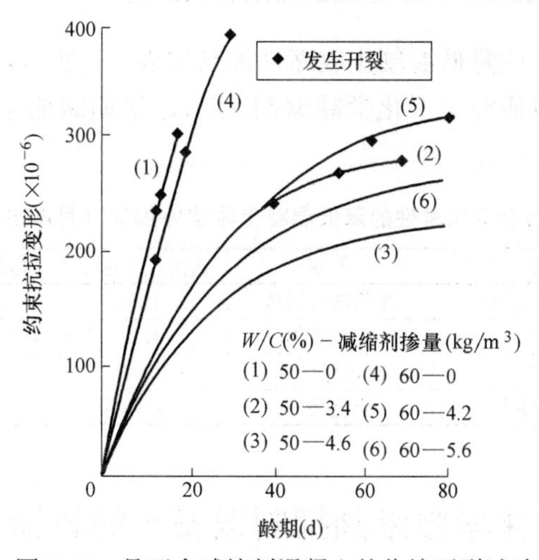

图 7-22　是否含减缩剂混凝土的收缩开裂试验

混凝土板厚 25cm，掺入了减缩剂，建在松土坪上，测定减缩剂对混凝土开裂的抑制效果。从图 7-23 可见，基准混凝土板的裂缝长度为 11cm/m^2；含减缩剂混凝土板的裂缝长度为 4cm/m^2 左右，而且平均裂缝宽度小得多，宽裂缝幅度减少。证明减缩剂能降低混凝土收缩，有很大效果。

7.5.3　对混凝土耐久性的影响

含减缩剂混凝土与基准混凝土的耐久性没有差别，但含减缩剂混凝土结构的耐久性比基准混凝土结构的耐久性好，因为降低了裂缝的数量和宽度，耐久性提高。

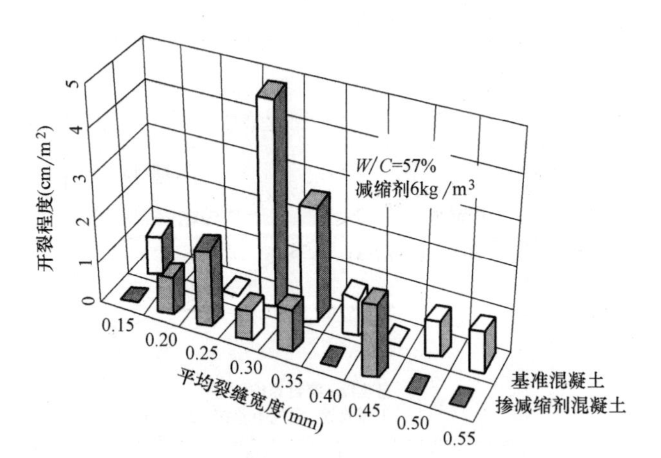

图 7-23 混凝土发生开裂情况调查结果

7.5.4 市场上销售的降低混凝土收缩外加剂

市场上有代表性的降低混凝土收缩外加剂如表 7-1 所示，我国天津市建筑科学研究院有限公司也研究出了化学减缩剂 SRA，早期减缩率达 30%～70%，后期减缩率达 20%～40%。

市场上有代表性的降低混凝土收缩外加剂（月本市场） 表 7-1

类型	主要成分	外观	密度(g/cm³)	标准使用量	用途
A	低级酒精环氧化物	无色透明液体	1.0	6kg/m³	混凝土
B	聚醚	无色液体	1.0	(2%～6%)C	混凝土
C	乙二醇醚	淡黄色液体	0.97	(1%～4%)C	混凝土
D	丙烯-乙醇-醚类	淡色液体	0.93	2%C	混凝土

7.6 SRA 系列化学减缩剂抑制混凝土的收缩开裂

7.6.1 试验用混凝土配比及性能

试验用天津 42.5MPa 普通硅酸盐水泥，中砂，碎石（粒径 5～10mm）SRA-E 减缩剂掺量 2%。混凝土配合比如表 7-2 所示，性能及强度如表 7-3 所示。

混凝土配合比（kg/m³） 表 7-2

序号	W/B	组成材料					
		水泥	砂	碎石	SP-5	SRA-E	水
1	0.46	380	796	1099	0.6%	0	175
2	0.32	550	724	1001	1.1%	0	175
3	0.32	550	724	1001	0.7%	2.0%	175

新拌混凝土性能及强度　表 7-3

序号	坍落度经时变化(mm)			抗压强度(MPa)			
	初始	1h	2h	3d	7d	28d	90d
1	210	165	120	26.4	39.6	46.9	47.3
2	240	215	195	42.6	58.3	66.8	69.5
3	255	240	240	37.9	57.7	68.6	72.5

7.6.2　混凝土平板试验收缩开裂情况汇总

平板试验（参阅第 15 章）使用裂缝面积和最大裂缝宽度作为开裂的评价指标，试验结果如表 7-4 所示。

平板试验检测结果　表 7-4

序号	裂缝情况						
	发生时间	平均宽度(mm)	最大宽度(mm)	长度(cm)	根数	裂缝面积(mm^2)	控制(%)
1	2∶31	0.51	1.50	49.7	1	393.50	—
2	1∶50	0.74	1.45	24.0	1	244.40	基准
3	2∶35	0.12	0.20	43.5	1	63.75	73.9

可见，含减缩剂混凝土（3 号）的裂缝面积，仅为基准混凝土（2 号）的 1/4 左右，对裂缝控制率达 73.9%。掺入 SRA-E 减缩剂，未对混凝土的其他性能产生不良影响。

7.7　天然沸石超细粉自养护剂抑制超高性能混凝土自收缩开裂

选择沸石含量≥60%的天然沸石岩，粉碎、磨细达比表面积≥6000cm^2/g，可以用作 UHPC 的自养护剂，抑制混凝土的自收缩开裂。

7.7.1　UHPC 的结构形成

UHPC 浇筑振动成型后，由于组成材料的密度不同，在混凝土内部发生沉降和上浮，例如砂、碎石发生沉降，而水分发生上浮。水分向上浮动时，形成毛细管通路，上表层易产生浮浆，这是混凝土结构不均匀的根本原因。

7.7.2　UHPC 的自收缩开裂

UHPC 初凝后开始硬化，但混凝土中的水泥要继续水化，水泥粒子需要吸收周围的水分，毛细管水就是水泥继续水化的用水源。使毛细管逐渐脱水，变成真空状态，产生毛细管张力。此张力超过了混凝土的抗拉强度，使混凝土开裂。由于 UHPC 中的水泥用量多，这种自收缩开裂也就更严重。

7.7.3 天然沸石超细粉如何抑制自收缩开裂

在 UHPC 的组成材料中，引入天然沸石超细粉作为组分之一，一般是 20～30kg/m^3。混凝土搅拌时，天然沸石超细粉吸水，并均匀分布于混凝土中。混凝土凝结硬化后，水泥微粒继续水化，吸收周边水分时，均匀分散于混凝土中的吸水沸石粉，释放出水分，提供水泥水化用水，避免了毛细管因失水而产生过大的表面张力，抑制了 UHPC 的自收缩开裂。此外，在 UHPC 中的天然沸石超细粉还有另外一个功能，参加胶凝材料的水化与硬化作用，提高 UHPC 的强度与耐久性。

第8章　混凝土中钢筋防（阻）锈剂

为了抑制混凝土中氯化物对钢筋腐蚀使用的外加剂，称为阻锈剂。混凝土是一种强碱性物质，pH值为12.5～13，处于混凝土构件中的钢筋，表面覆盖着一层厚度为2～6nm的钝态膜（r-Fe_2O_3），保护钢筋不受腐蚀。但是，如果钢筋表面的Cl^-含量≥0.3～0.6kg/m^3时，钢筋表面的钝化膜就要开始损坏，形成电化学腐蚀。因此，就需要在混凝土中掺入阻锈剂。

8.1　阻锈剂分类

阻锈剂是一种抑制腐蚀的外加剂。通过物理或化学作用被吸附于钢筋表面，抑制钢筋上发生阳极或阴极反应，从而抑制钢筋的腐蚀。作为抑制阳极腐蚀型的阻锈剂有：铬酸盐、亚硝酸盐、正磷酸盐、硅酸盐、安息香酸盐等；抑制阴极型阻锈剂有：各类碱，如NaOH、Na_2CO_3、NH_4OH等。这些材料提高了介质的pH值，从而降低了铁离子的溶解性。利用苯胺和其氯基、烷基及硝基的取替体，以及对氢硫苯基苯等作阻锈剂，试验效果也很好。此外，还有混合型阻锈剂，其分子中的电子密度分布，使阻锈剂被吸附于阴极和阳极两个部位，即可同时抑制阴极和阳极的腐蚀。

8.2　阻锈剂作用和效果

8.2.1　钢筋的腐蚀

一般情况下，健全的混凝土是高碱性的，pH＝12～13。在这样的条件下，钢筋表层的钝态膜（r-Fe_2O_3）是稳定的。但是，如果在钢筋表层发生了腐蚀反应，在该皮膜上也产生了较多的缺陷，在有水的条件下，钢筋的腐蚀反应是一种电化学反应。在钢材表面发生了微电池腐蚀，也就进一步促进了钢筋的腐蚀。在钢筋缺损部分变成了阳极，完好的部分成为阴极。因此，在中性或碱性条件下分别发生了以下反应，腐蚀就开始进行了，如图8-1所示。

（1）在阳极部分（产生缺损部分）微电池腐蚀的反应

微阳极（铁素体）上的反应：

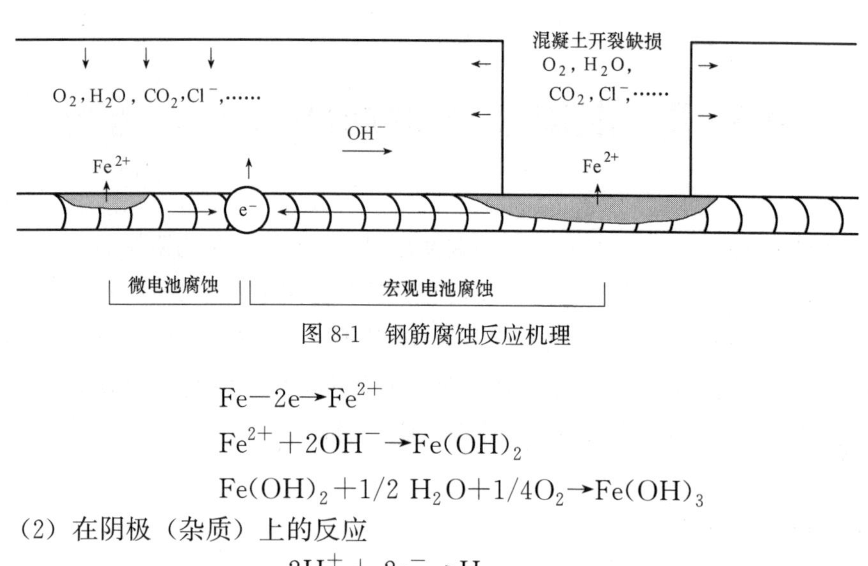

图 8-1 钢筋腐蚀反应机理

$$Fe-2e \rightarrow Fe^{2+}$$

$$Fe^{2+}+2OH^{-} \rightarrow Fe(OH)_2$$

$$Fe(OH)_2+1/2\ H_2O+1/4O_2 \rightarrow Fe(OH)_3$$

（2）在阴极（杂质）上的反应

$$2H^{+}+2e^{-} \rightarrow H_2$$

$$1/2O_2+2e^{-}+H_2O \rightarrow 2OH^{-}$$

微电池腐蚀的特点是：腐蚀的两个过程，阴极和阳极过程，同时发生在同一金属的不同区域，腐蚀电流直接在金属本体内流动。在微电池中，阳极过程就是金属的腐蚀过程。金属表面的电化学不均匀性，都容易产生微电池腐蚀。

在 Cl^- 存在下，钢筋缺损处的阴离子和阳离子为了保持平衡，混凝土由于材料带进的 Cl^- 和水溶液中的 Cl^- 扩散渗透进入缺损处，Cl^- 在钢筋缺损处含量逐渐增大。与此同时，由于 Fe^{2+} 的加水分解，pH 值降低，缺损处的腐蚀进一步发展起来，也就由原来的微电池腐蚀，逐步发展成为宏观电池的腐蚀。

8.2.2 氯离子存在下钢筋的腐蚀

钢筋在健全的混凝土中，由于钝化膜保护是稳定的。但是，即使是在这样的碱性环境下，如果有氯化物存在，钝化膜也容易受到损坏，钢筋也很容易受到腐蚀。甚至由于中性化，pH 值降低，会加速腐蚀的进行。混凝土中钢筋受腐蚀后，生成铁锈，体积膨胀 2.5 倍，产生膨胀压力，使混凝土开裂。混凝土构件产生裂缝后，水分和氧气向混凝土中渗透，加速了钢筋的腐蚀，使混凝土结构物的功能显著下降。

图 8-2 是混凝土中砂带进的 Cl^- 和混凝土中钢筋腐蚀程度的关系。砂中的 Cl^- 含量越多，会进一步促进钢筋的腐蚀。但是，如果还有外部 Cl^- 渗透进入混凝土内部，pH 值降低，腐蚀加速。

8.2.3 混凝土中钢筋阻锈剂作用机理

腐蚀反应是一种电化学反应，也就是阳极反应和阴极反应同时进行。如能抑

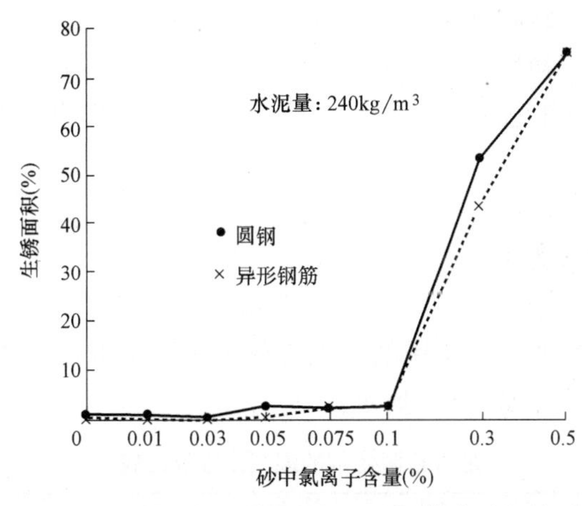

图 8-2　混凝土中砂带进的 Cl^- 和钢筋腐蚀的关系

制一方反应或双方反应就可以防止钢筋锈蚀，阻锈剂的作用就是抑制电化学反应的进行。

市场上销售的阻锈剂，大多数是亚硝酸盐类。使用这种阻锈剂，能抑制电化学的阳极反应。

混凝土中钢筋表面，亚硝酸根离子 NO_2^- 和 Fe^{2+} 氧化反应，生成 Fe_2O_3，使从阳极向外移动的铁离子 Fe^{2+} 受到阻拦。而在钢筋表层的 Fe_2O_3 沉淀下来，形成钝化膜。反应如下：

$$Fe^{2+}+2OH^-+2NO_2^-\rightarrow 2NO+Fe_2O_3+H_2O$$

NO_2^- 很多时，就能快速抑制反应进行，钝化膜封闭阳极部分，NO_2^- 消耗完即停止。

8.2.4　阻锈剂的效果

图 8-3 表示经过 10 年龄期试验，混凝土中是否有阻锈剂的钢筋锈蚀情况。

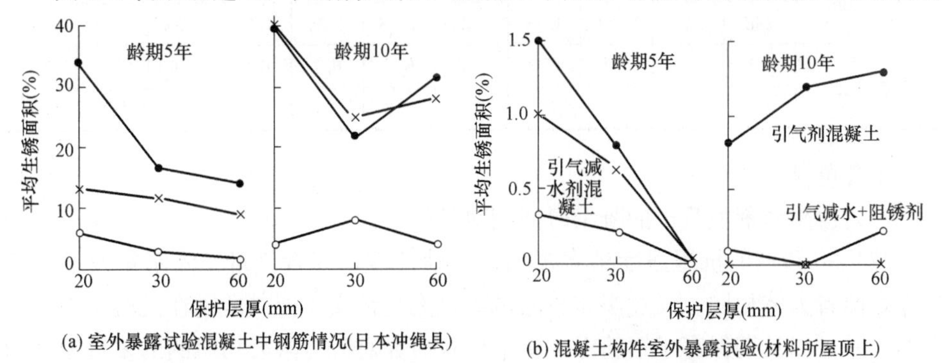

图 8-3　不同外加剂的混凝土构件室外暴露试验

10 年后，Cl^- 含量为砂质量的 0.24%～0.27%。

图 8-3（a）中，初始 Cl^- 含量是砂质量的 0.035%～0.085%，10 年后，表面增加至 3.3%，内部增加至 2.7%；图 8-3（b）中，10 年后，Cl^- 含量增加至 0.24%～0.27%。

8.3 阻锈剂混凝土

主要成分是亚硝酸盐的防锈剂掺入混凝土中，是否含防锈剂的混凝土相比较，有关性能上的差异如表 8-1 所示。

是否含阻锈剂的混凝土性能比较 **表 8-1**

目标坍落度		7.5(cm)			18(cm)						
Cl^-含量(S%)		0.1	0.1	0.1	无	无	0.1	0.1	0.1	0.3	0.3
阻锈剂(kg/m³)		无	3	6	无	3	无	3	6	无	6
W/C(%)		58.6	58.6	57.9	61.3	61.3	61.3	61.3	60.7	61.3	61.3
C		280	280	280	300	300	300	300	300	300	300
W		164	164	162	184	184	184	184	182	184	184
坍落度(cm)		7.0	7.7	7.5	18.6	18.8	18.3	18.0	18.2	18.5	18.5
含气量(%)		1.5	1.5	1.5	1.6	1.6	1.7	1.5	1.5	1.7	1.6
泌水量(cm^3/m^2)		0.15	0.14	0.14	0.28	0.26	0.27	0.25	0.25	0.2	0.2
凝结时间(h:mm)	初凝	4:50	4:35	4:25	6:45	6:45	6:05	6:10	6:00	5:35	5:45
	终凝	7:15	7:00	6:50	9:00	8:55	7:50	7:50	7:45	7:20	7:20
抗压强度(N/mm^2)	3d	15.5	17.6	18.2	10.1	11.8	12.7	14.0	14.1	14.7	16.1
	7d	22.8	24.2	24.9	17.6	19.4	20.1	21.7	22.4	22.0	22.8
	28d	33.5	35.0	35.6	31.5	32.8	31.3	32.2	33.1	30.4	31.6
抗弯(N/mm^2)	7d	4.18	4.71	4.55	3.54	3.89	3.71	3.97	3.93	4.09	4.15
	28d	4.55	4.71	4.78	4.34	4.58	4.35	4.58	4.53	4.41	4.48
长度变化	3d	6.0	6.1	6.2	6.6	6.6	6.7	6.9	6.9	7.0	7.3
	6d	7.0	7.1	7.1	7.4	7.3	7.7	7.8	7.8	7.9	8.0

由此可见：

（1）含阻锈剂混凝土的凝结时间相对较快；

（2）3d 龄期的抗压强度稍有提高；其他性能，如含气量、泌水量及长度变化等，两者大体相同。经过多年暴露试验，完全证实了亚硝酸钙在混凝土中是稳定的，并可以长期保存于钢筋上。中冶建筑研究总院有限公司研制的复合型多功能 RI-1 系列阻锈剂，在山东三山岛金矿工程中应用 7 年后，以加速试验检验了长期阻锈的效果，表明混凝土胀裂时间可延长 2～5 倍。南京水利科学研究院研制非亚硝酸盐阳极型复合阻锈剂 NS-1，在氯化物污染与混凝土碳化侵蚀环境中，都优于亚硝酸盐阻锈剂的阻锈效果。

1993 年以来，阻锈剂在美国、加拿大、意大利、日本和中东等混凝土工程中应用已超过 2000 万 m^3，亚硝酸钙阻锈剂已大量用于车库结构桥面板及预制预应力构件。

8.4　应用阻锈剂混凝土的注意事项

（1）一般情况下，掺入阻锈剂时，应当注意到混凝土结构中的 Cl^- 含量≤0.6kg/m^3，在阻锈剂一般掺量下，才是有效的。

（2）阻锈剂与其他外加剂同时添加时，混凝土的 pH 值应不受影响，这需要事先通过试验检测。

第 9 章　混凝土中氯离子固化剂的研发与应用

混凝土中的Cl^-，一方面是由于混凝土组成材料带进的，混凝土中允许组成材料带进的Cl^-，如表 9-1 所示；另一方面，外部Cl^-通过扩散渗透进入混凝土结构中。而Cl^-在毛细管的扩散渗透，又分为结合的Cl^-、被吸附的Cl^-及自由的Cl^-（图 9-1）。前两者统称为固化的Cl^-，只有自由的Cl^-才能进入混凝土内部，危害结构的安全。

混凝土组成材料允许带进的Cl^-　　**表 9-1**

混凝土质量等级	混凝土中Cl^-含量	①	②	③
		细骨料	水	①+②
高级混凝土	规定值	0.04%	0.033%	
	导入量(g/m^3)	800kg×0.04%=320g	200kg×0.033%=66g	386g
普通混凝土	规定值	0.1%	1g/L(可溶性蒸发残余物)	
	导入量(g/m^3)	800kg×0.1%=800g	200kg×1%=200g	1000g

注：以表中规定，假定单方混凝土中细骨料用量为 800kg，水 200kg，那么，高级混凝土中氯离子允许导入值 $386g/m^3$，普通混凝土中氯离子允许导入值 $1000g/m^3$。

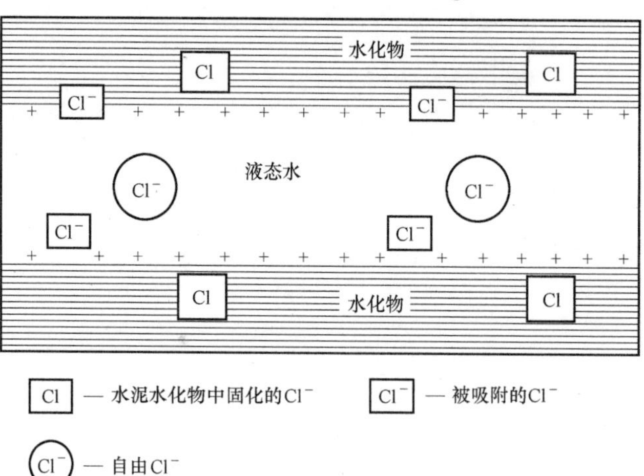

图 9-1　混凝土毛细管孔隙中Cl^-存在的状态

Cl^-通过毛细管的扩散渗透，进入混凝土结构的内部。当钢筋表面的Cl^-含量大于或等于 $0.3kg/m^3$ 以后，钢筋开始产生微电池锈蚀，逐步发展为大电池腐蚀，使钢筋逐渐损坏。

9.1 氯离子固化剂

本试验研究的氯离子固化剂主要成分为：亚硝酸盐型的水铝酸钙石（$3CaO \cdot Al_2O_3 \cdot Ca(NO_2)_2 \cdot nH_2O$），能与混凝土内部 Cl^- 及扩散渗透进入混凝土的 Cl^- 结合生成新的水化物弗里德尔（Friedel）盐，使自由的 Cl^- 变成了固化的 Cl^-，消除了 Cl^- 对钢筋腐蚀的危害。

9.1.1 氯离子固化剂作用机理

氯离子固化剂（$3CaO \cdot Al_2O_3 \cdot Ca(NO_2)_2 \cdot nH_2O$）与 Cl^- 的反应如下：

$$3CaO \cdot Al_2O_3 \cdot Ca(NO_2)_2 \cdot nH_2O + 2Cl^-$$
$$\rightarrow 3CaO \cdot Al_2O_3 \cdot CaCl_2 \cdot nH_2O + 2NO_2^-$$
$$2NO_2^- + Ca^{2+} \rightarrow Ca(NO_2)_2$$
$$Ca(NO_2)_2 + 3CaO \cdot Al_2O_3 \cdot nH_2O$$
$$\rightarrow 3CaO \cdot Al_2O_3 \cdot Ca(NO_2)_2 \cdot nH_2O$$
$$3CaO \cdot Al_2O_3 \cdot Ca(NO_2)_2 \cdot nH_2O + 2Cl^-$$
$$\rightarrow 3CaO \cdot Al_2O_3 \cdot CaCl_2 \cdot nH_2O + 2NO_2^-$$

NO_2^- 还能再生循环。

固化剂与 Cl^- 反应，生成弗里德尔盐（$3CaO \cdot Al_2O_3 \cdot CaCl_2 \cdot nH_2O$），使游离的 Cl^- 变成了化合物，也即固化了 Cl^-。

9.1.2 NO_2^- 的再生循环

NO_2^- 和水泥混凝土中的 Ca^{2+} 反应，生成 $Ca(NO_2)_2$，$Ca(NO_2)_2$ 又和水泥中的 $3CaO \cdot Al_2O_3 \cdot nH_2O$ 反应，生成 $3CaO \cdot Al_2O_3 \cdot Ca(NO_2)_2 \cdot nH_2O$（水铝酸钙石）。水铝酸钙石又和混凝土中的 Cl^- 反应，生成弗里德尔盐和放出 NO_2^-。

$$3CaO \cdot Al_2O_3 \cdot Ca(NO_2)_2 \cdot nH_2O + 2Cl^-$$
$$\rightarrow 3CaO \cdot Al_2O_3 \cdot CaCl_2 \cdot nH_2O + 2NO_2^-$$

故能抑制内部和外部进来的 Cl^- 对钢筋的锈蚀，还能再生循环。

9.2 在山东结合黄河大桥工程的试验

经调查，山东潍坊的钢筋混凝土桥梁，受盐害很严重。结合东营黄河大桥工程，开展了氯离子固化剂的试验研究。试验方案如表 9-2 所示。

氯离子固化剂的试验 表 9-2

编号	试件尺寸(mm)	W/B	组成材料	内放钢筋	氯离子固化剂	盐掺量
1	25×25×285	0.5	C=400,S=900	ϕ4×250mm	基准试件	—
2	25×25×285	0.5	C=392,S=900	同上	8g(2%C)	—
3	25×25×285	0.5	C=384,S=900	同上	16g(4%C)	—
4	25×25×285	0.5	C=376,S=900	同上	16g(4%C)	8g(2%)

注：表中 1 为基准试件；2 为掺氯离子固化剂占水泥量 2%的试件；3 为掺氯离子固化剂占水泥量 4%的试件；4 为掺氯离子固化剂占水泥量 4%，再掺 2%的海盐的试件。

钢筋：ϕ=4mm，l=250mm，表面除锈，然后埋入试件中，保护层厚度≥10mm；标准养护 7d 后，浸渍于 3%的 NaCl 溶液中，浸渍液每月更换一次。

1 年 2 个月打开试件，如图 9-2 所示。

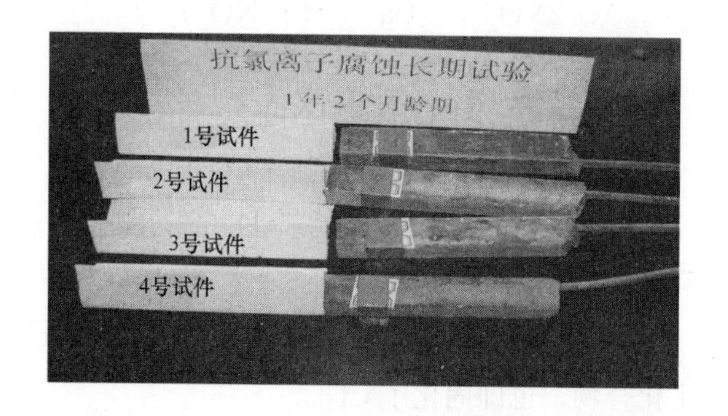

图 9-2 从盐溶液中取出试件钢筋表面

图 9-3 经空气中存放 1d 后 1 号和 4 号试件锈蚀

刚打开从盐溶液中取出试件时，未发现钢筋表面锈蚀。将试件存放于空气中，经过 1d 时间的存放，就发现 1 号和 4 号试件锈蚀，如图 9-3 所示。

再经过一年，打开浸渍了 2 年 2 个月的试件，如图 9-4 所示。从盐溶液中取出试件，刚打开时，未发现钢筋表面锈蚀，但放置于空气中 1d 后，1 号、4 号试件表面发生锈蚀，2 号试件（固化剂掺量 2%）表面也发生轻微锈蚀，而掺入占水泥量 4%的氯离子固化剂的试件仍然完好。

在水下桥墩混凝土中，对氯离子固化剂按 4%的掺量进行了试用。

图 9-4　龄期 2 年 2 个月试件打开后钢筋表面

9.3　地中海海砂的砂浆试验

地中海海砂是由马来西亚 IKRAM 公司提供的。同时，用北京永定河的河砂，做对比试验 P·O42.5 的水泥，试验砂浆配合比如表 9-3 所示。

地中海海砂配制砂浆的试验　　**表 9-3**

编号	砂浆配合比	试验条件
1	河砂砂浆 水泥：砂＝1：3　$W/C=0.5$ 试件尺寸：40mm×40mm×160mm ϕ6mm 钢筋，除锈后埋于试件中心	试件脱模后，标准养护 7d，然后浸入饱和 $Ca(OH)_2$ 溶液中 3 周，测定试件中钢筋的电位。再将试件浸泡于 3% NaCl 溶液中，测定 Cl^- 对钢筋锈蚀
2	海砂砂浆 配合比及试件尺寸同 1 但以海砂代替河砂配砂浆	同上
3	砂浆配比同 2，但外掺 10%氯离子固化剂	同上

9.3.1　试件制作、钢筋埋设及电位测定

制作砂浆试验如图 9-5 所示。

试件浸泡于 3%的 NaCl 溶液中，干湿循环 10 次，大约经 6 个月龄期后，测定电位与时间的关系，如图 9-6 所示。

1 号、2 号曲线说明了试件内的钢筋受到了腐蚀，电位曲线初始上升，到达峰值后逐步下降，而 3 号曲线比较平稳，说明了试件内的钢筋没受到腐蚀，这是由于掺入了氯离子固化剂。

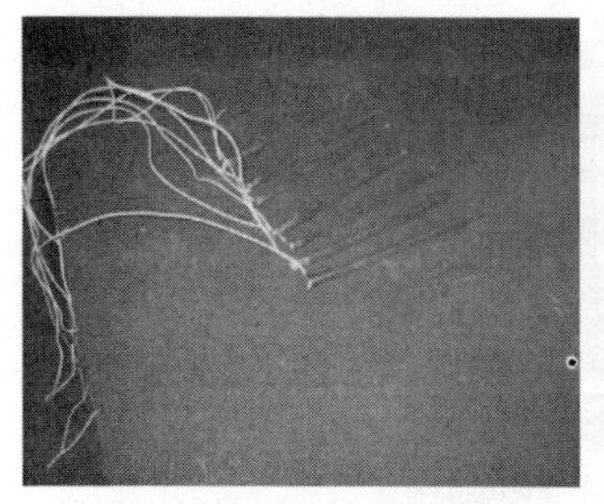

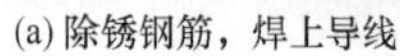

(a) 除锈钢筋，焊上导线

(b) 试件成型

(c) 测定电位

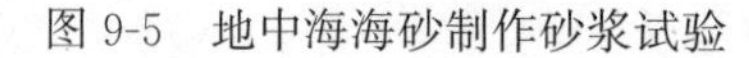

图 9-5　地中海海砂制作砂浆试验

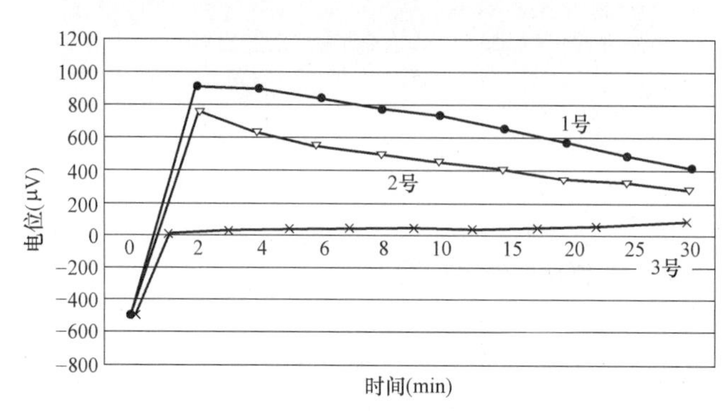

图 9-6　不同编号试件的电位-时间曲线

9.3.2　地中海海砂配制的砂浆试件内埋设的钢筋锈蚀情况

图 9-7（a）试件为海砂，外掺 10％固化剂，6 个月在盐水中干湿循环未见锈蚀；图 9-7（b）试件为海砂＋3％NaCl＋10％固化剂，6 个月在盐水中干湿循环

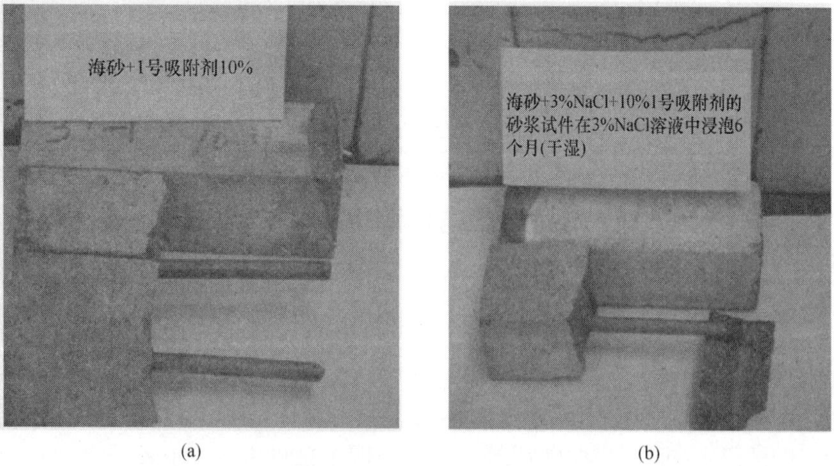

(a)

(b)

图 9-7　固化剂对地中海海砂中 Cl^- 固化效果（一）

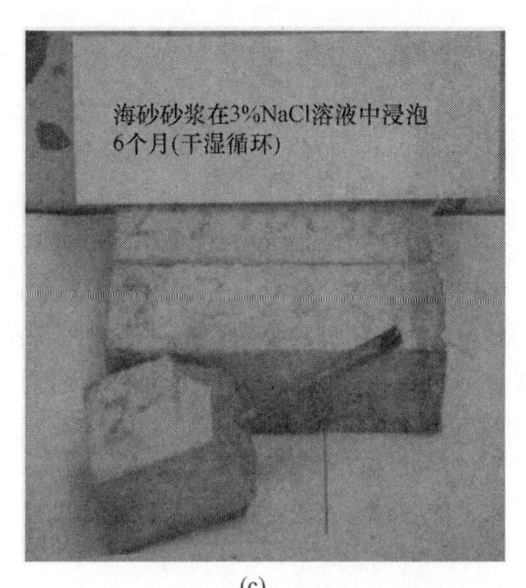

(c)

(d)

图 9-7　固化剂对地中海海砂中 Cl^- 固化效果（二）

也未见锈蚀；图 9-7（c）为无固化剂的海砂试件，发生锈蚀；图 9-7（d）为无固化剂的海砂＋3％NaCl 试件，发生锈蚀。

9.4　海砂钢筋混凝土试件露天试验

2009 年，以深圳的海砂与河砂搭配，试制了钢筋混凝土柱，摆放于深圳宝安海边，观察内外 Cl^- 对混凝土中钢筋腐蚀的情况。

1）海砂混凝土结构试验原材料

水泥：P·O42.5；

海砂：深圳沿海产；

河砂：珠江流域产；

氯离子固化剂：自行开发的产品；

NaCl。

2）混凝土配制方案

计划按 C40 混凝土配制，如表 9-4 所示。

氯离子固化剂混凝土结构试验（kg/m^3）　**表 9-4**

编号	水泥	水	矿粉	粉煤灰	细骨料	粗骨料	固化剂	NaCl
1	300	168	50	70	700(海砂)	1050	3%	1%
2	300	168	50	70	700(海砂)	1050	3%	
3	300	168	50	70	700(海砂)	1050		
4	300	168	50	70	700(河砂)	1050		
5	300	168	50	70	700(河、海砂各半)	1050		

注：1 号、2 号、3 号均为海砂；4 号为河砂；5 号河砂、海砂各半。

3）混凝土构件

每个配合比各制备 2 个试件，试件尺寸为 100cm×40cm×20cm，内放钢筋笼，保护层厚 3cm。每个配合比筛出部分砂浆，制备 4cm×4cm×16cm 试件 3 件，内放 ϕ10 圆形除锈钢筋。一组试件露天存放；另一组试件存放于海边。

在深圳宝安海边的露天试验试件如图 9-8 所示。其中，1 号和 2 号均掺入固化剂 3%，而 1 号试件还掺入了 1.0%的 NaCl；3 号也为海砂试件，但没有掺盐也没掺固化剂；4 号为河砂试件；5 号为海砂、河砂各半。这些混凝土经过了 5 年的露天暴露试验，尚未发现 Cl^- 侵蚀劣化。至 2020 年 10 年龄期检查时仍未发现裂纹，证明内部钢筋仍未遭腐蚀。作者研发的氯离子固化剂还在新加坡马来西亚研发试用。

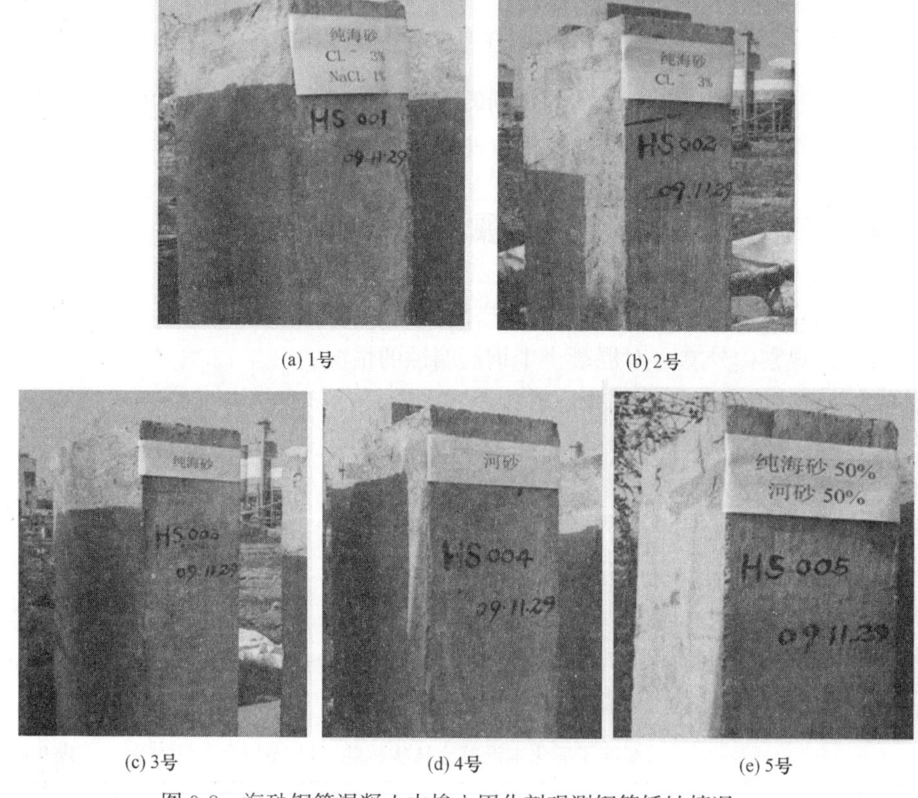

(a) 1号 (b) 2号

(c) 3号 (d) 4号 (e) 5号

图 9-8 海砂钢筋混凝土中掺入固化剂观测钢筋锈蚀情况

9.5 试验研究的结论

按照对氯离子固化剂进行砂浆及混凝土试验的结果，初步结论如下：

(1) 氯离子固化剂掺入砂浆或混凝土中，能固化内部 Cl^- 或通过扩散渗透进入的外部 Cl^-，使其中的钢筋免遭 Cl^- 的腐蚀。

(2) 氯离子固化剂的主要成分是亚硝酸盐型的水铝酸钙石（$3CaO \cdot Al_2O_3 \cdot Ca(NO_2)_2 \cdot nH_2O$），能和 Cl^- 反应，生成弗里德尔盐（$C_3A \cdot CaCl \cdot nH_2O$）；同时，还释放出亚硝酸根离子（$NO_2^-$），和水泥中的钙离子（$Ca^{2+}$）反应，生成 $Ca(NO_2)_2$：

$$Ca(NO_2)_2 + 3CaO \cdot Al_2O_3 \cdot nH_2O \rightarrow 3CaO \cdot Al_2O_3 \cdot Ca(NO_2)_2 \cdot nH_2O$$

达到再生循环。

第10章　微珠超细粉及其功能

微珠在国内已得到了大量应用，例如，金众商品混凝土公司，大量应用微珠配制和生产了C70的高性能混凝土，用于深圳文化广场建筑工程中；正强管桩厂用微珠配制和生产了C80的高性能混凝土，生产和应用了PHC桩；京基大厦用微珠配制和生产了C120的超高性能混凝土等。它是一种新型的具有特种性能的粉体材料。国外也称为改性粉煤灰。其粒径分布曲线介于粉煤灰和硅粉之间，如图10-1所示，是从原状灰中筛除了粗颗粒，剩余的超细部分。

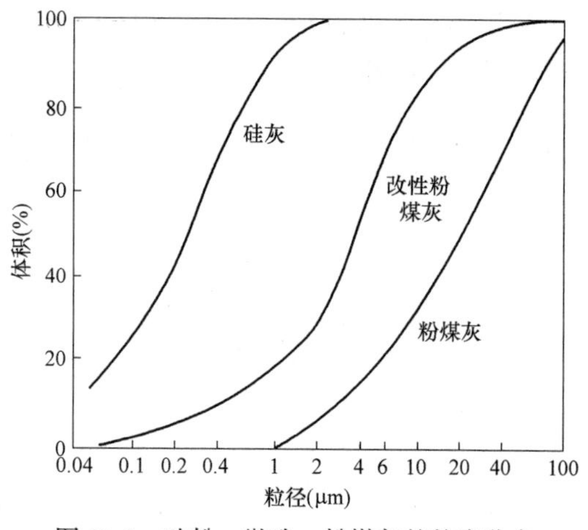

图10-1　硅粉、微珠、粉煤灰的粒度分布

10.1　微珠超细粉的物性

10.1.1　硅粉、微珠及粉煤灰粒径分布

由图10-1可知，微珠的粒度分布曲线处于硅粉及原状粉煤灰的粒度分布曲线之间，而一般粉煤灰的比表面积与常用水泥的比表面积相当，以水泥-微珠-硅粉三组分复合，可有效地降低胶凝材料的孔隙。

10.1.2　平均粒径分布

微珠是一种超细粉，平均粒径小于或等于1.2μm。微珠平均粒径分布统计如图10-2所示。可知，平均粒径≤0.2μm的占27.23%；0.2～1μm的占42.43%；也就是说，平均粒径≤1.0μm的共占69.66%。

比表面积为$4\times10^3cm^2/g$的水泥，平均粒径约为10～20μm；硅粉的比表面积约为$2\times10^6cm^2/g$，平均粒径约为0.1μm。因此，在水泥、微珠和硅粉的三组分复配的复合粉体中，微珠填充水泥粒子间的孔隙，硅粉又填充微珠粒子间的孔隙，得到密实填充的粉体。

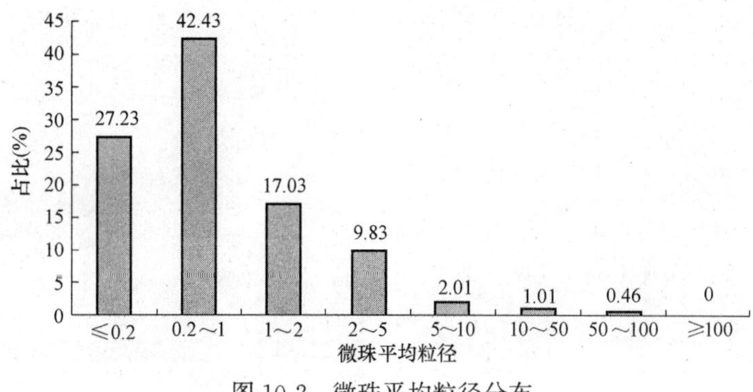

图 10-2　微珠平均粒径分布

10.1.3　粒径分析

微珠粒径分析曲线如图 10-3 所示。

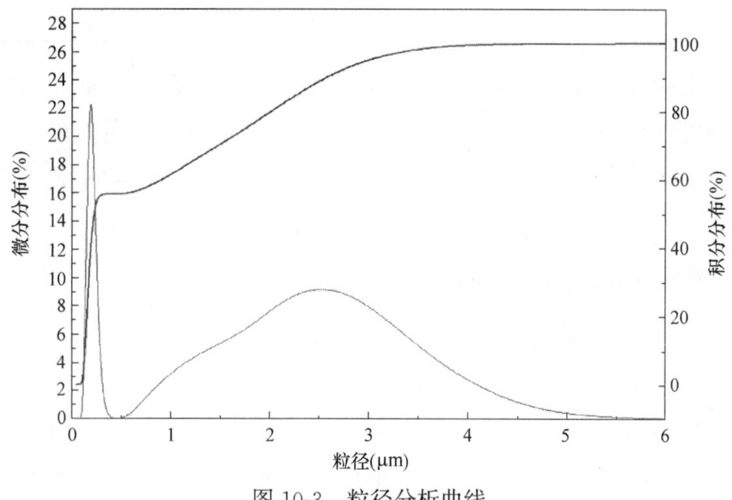

图 10-3　粒径分析曲线

整体来看：D_{10} 为 0.14μm；D_{25} 为 0.17μm；D_{50} 为 0.21μm，D_{75} 为 1.76μm，D_{90} 为 2.51μm。从波形看：0～0.5μm，D_{50} 为 0.18μm；0.5～5μm，D_{50} 为 1.91μm。

10.1.4　扫描电镜图谱

扫描电镜图谱如图 10-4 所示。微珠粒子为球状，似滚珠，易流动体。

10.1.5　微珠的化学成分

微珠的化学成分如表 10-1 所示。

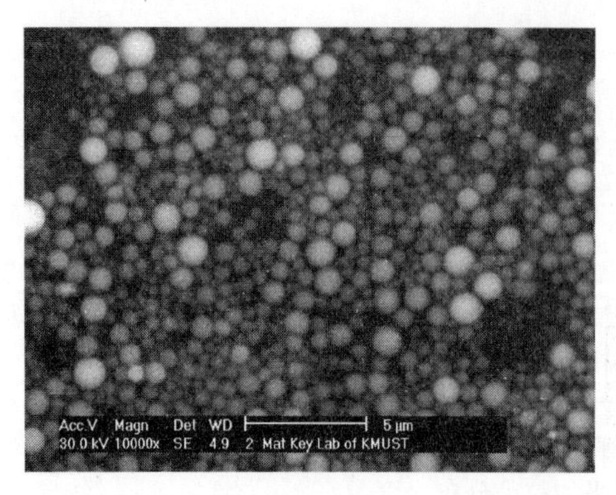

(a) (×10000)

(b) (×20000)

图 10-4 扫描电镜图谱

微珠的化学成分（%） **表 10-1**

化学成分	SiO_2	CaO	MgO	Al_2O_3	Fe_2O_3	Na_2O	K_2O	SO_3	含碳量
微珠	56.5	4.8	1.3	26.5	5.3	1.4	3.28	0.65	<1

可知，微珠的主要化学成分为 SiO_2、Al_2O_3，两者总含量为 83%；而且，含有较高的可溶性 SiO_2、Al_2O_3。其中，可溶性硅约为总硅量的 8.67%，可溶性铝约为总铝量的 15.42%。此外，还有可溶性铁 3.49%；故微珠的化学反应活性较高。

10.1.6 微珠与其他矿物质粉体特性比较

根据深圳同成新材料科技有限公司的资料，不同矿物超细粉的活性及物化特性对比，如表 10-2 所示。

微珠为球状超细粉，粒径 0.1～5μm，活性活数高，减水性、流动性好。昆明理工大学用 42.5 级水泥制作水泥砂浆进行性能对比试验，在相同水胶比情况下，用"微珠"等量置换水泥，分别为 6%、12%、18%、24%和 30%，硅粉掺量为 10%。其扩展度和 28d、56d 强度比见图 10-5。

几种矿物超细粉特性的比较 **表 10-2**

特性	粉煤灰	磨细矿粉	微珠(Micro-bead)	硅灰
主要粒径分布(μm)	5～30	10～40	0.1～5	0.1～0.5
粒　形	大部分球状	多棱角	全球形	全球形
填充性	一般	差	好	好
减水性	好	差	极好	差
流动性	好	好	极好	差
活性系数	差	好	好	好
抗开裂性	好	一般	极好	差

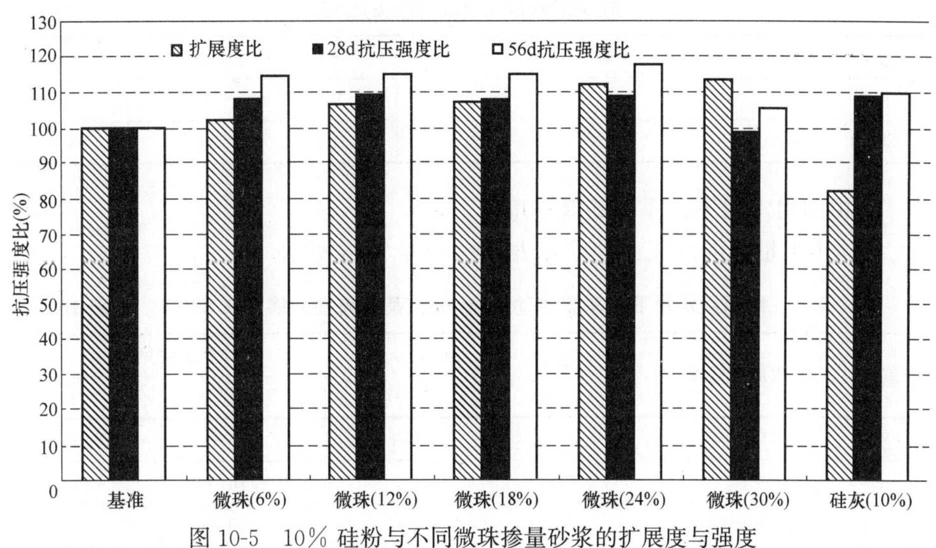

图 10-5 10% 硅粉与不同微珠掺量砂浆的扩展度与强度

10.1.7 物理指标

(1) 粉末形状：完全球形；(2) 细度：平均直径 1.2μm；(3) 球体密度：2.52g/cm³；(4) 堆积密度：0.67g/cm³；(5) 含水量：≤0.1%；(6) 标准稠度需水比：≤95%；(7) 胶砂需水量比：约 77%～85%（具有很高的减水性）；(8) 晶体结构：全部为非晶态（即玻璃体）；(9) 放射性外照射指数：0.16（标准值≤1.3）。

由此可知，微珠是一种新型超微粉体材料，超细（亚微米级），全部为球状的粉体。微珠具有活性高、质轻、绝热、电绝缘性好、耐高低温、耐腐蚀、防辐射、隔声、耐磨、抗压强度高、流动性好、热稳定性好、罕见的电阻热效应、防水防火、无毒等优异功能，可以作为高性能混凝土的新型优质活性矿物掺合料。

10.2 微珠水泥浆体的流动性与强度

10.2.1 微珠水泥浆体的流动性

不同品牌减水剂、不同掺量下，微珠对水泥浆体流动性的影响如表 10-3 所示。

外加剂分别为：萘系粉剂，掺量 0.8%；氨基系水剂（含固量为 38.5%），掺量 0.8%；聚羧酸系水剂（含固量为 20%），掺量 0.6%。

微珠对水泥浆体流动性的影响　表 10-3

水泥	500	475	450	400	300	250
微珠	0	25	50	100	200	250
W/B	0.3	0.3	0.3	0.3	0.3	0.3

1. 相同用水量下，净浆的流动度

相同用水量下的净浆流动度如表 10-4～表 10-6 所示。

相同用水量下的净浆流动度（mm，萘系粉剂，掺量 0.8%）　表 10-4

编号	水泥＋微珠	外加剂 0.8%(g)	W/B=0.3 水(mL)	净浆流动度(mm)	
				初始	1h
1	500＋0	4	150	196	155
2	475＋25	4	150	216	175
3	450＋50	4	150	230	200
4	400＋100	4	150	233	200
5	300＋200	4	150	233	202
6	250＋250	4	150	230	214

相同用水量下的净浆流动度（mm，氨基系水剂）　表 10-5

编号	水泥＋微珠	外加剂 0.8%(g)	W/B=0.3 水(mL)	流动度	
				初始	2h
1	500＋0	3.9	147.6	220	180
2	475＋25	3.9	147.6	250	220
3	450＋50	3.9	147.6	270	240
4	400＋100	3.9	147.6	240	210
5	300＋200	3.9	147.6	170	110
6	250＋250	3.9	147.6	140	100

相同用水量下的净浆流动度（mm，聚羧酸系减水剂）　表 10-6

编号	水泥＋微珠	外加剂 0.6%(g)	W/B=0.3 水(mL)	流动度	
				初始	2h
1	500＋0	3	148	195	210
2	475＋25	3	148	205	220
3	450＋50	3	148	205	210
4	400＋100	3	148	185	165
5	300＋200	3	148	115	100
6	250＋250	3	148	100	0

可知：

（1）对于萘系减水剂，微珠掺量由 5%～50%时，净浆流动度均大于基准浆体流动度；微珠掺量由 20%～40%时净浆流动度最大。微珠掺量增大至 50%时净浆流动度有所降低；

（2）对于氨基系减水剂，微珠掺量由 5%～20%时，净浆流动度均大于基准浆体流动度；微珠掺量超过 40%时，净浆流动度明显降低；

（3）对于聚羧酸减水剂，微珠掺量由 5%～10%时，净浆流动度均大于基准浆体流动度；微珠掺量超过 20%时，净浆流动度明显降低。对于三种类型高效减水剂，净浆流动度最大的是氨基系减水剂，达到了 270mm。

2. 相同流动度的情况下，用水量的变化

水泥净浆达到相同流动度时，用水量不同，如表 10-7～表 10-9 所示。

净浆流动度相同时，用水量的变化（萘系粉剂）　表 10-7

编号	水泥+微珠	外加剂(g)	水(mL)	流动度	
				初始	1h
1	500+0	5	150	215	180
2	475+25	5	144.5	215	190
3	450+50	5	140	205	165
4	400+100	5	135	210	175
5	300+200	5	132	213	185
6	250+250	5	130	215	205

净浆流动度相同时，用水量的变化（氨基系减水剂）　表 10-8

编号	水泥+微珠	外加剂(g)	水(mL)	流动度(mm)	
				初始	1h
1	500+0	4	147.5	260	250
2	475+25	4	140	260	260
3	450+50	4	134	257	245
4	400+100	4	128	252	240
5	300+200	4	170	200	0

净浆流动度相同时，用水量的变化（聚羧酸系减水剂）　表 10-9

编号	水泥+微珠	外加剂(g)	水(mm)	流动度(mm)	
				初始	1h
1	500+0	3.5	147	200	220
2	475+25	3.5	140	200	225

续表

编号	水泥+微珠	外加剂(g)	水(mm)	流动度(mm)	
				初始	1h
3	450+50	3.5	135	195	210
4	400+100	3.5	138	195	170
5	300+200	3.5	160	145	110
6	250+250	3.5	180	145	100

可知：(1) 萘系减水剂，初始流动度保持215mm左右，用水量随着微珠掺量增大而降低，由150mL降至130mL；(2) 氨基系减水剂，初始流动度保持260mm左右；微珠掺量为10%时，流动度仍保持260mm左右；微珠掺量为20%时，流动度252mm左右，稍有降低；微珠掺量进一步增大至30%～40%时，用水量虽然明显增加，由147.5mL增至170mL，但流动度仍然降低，由260mm降至200mm；微珠掺量增加至50%时，用水量虽然进一步增大至180mL，但流动度也只有210mm；(3) 对于聚羧酸系减水剂，初始流动度保持200mm左右，但当微珠掺量进一步增大至40%～50%时，流动度降低，用水量增大，其规律与氨基系减水剂略同。这可能是氨基系减水剂及聚羧酸系减水剂的吸附机理与萘系减水剂不同造成的。

10.2.2 净浆的强度

1. 相同流动度、不同用水量下的净浆强度

相同流动度、不同用水量下的净浆强度如表10-10～表10-12所示。

相同流动度、不同用水量下的净浆强度（萘系减水剂） 表10-10

编号	水泥+微珠	外加剂(g)	水(mL)	强度(MPa)			
				7d		28d	
				抗折	抗压	抗折	抗压
1	2000+0	6	600	11.3	61.6	12.5	81.5
2	1900+100	6	578	11.9	67.3	12.5	84.9
3	1800+200	6	560	11.9	59.9	12.5	58.8
4	1600+400	6	540	12.0	58.0	12.5	60.5
5	1200+800	6	528	10.5	55.3	10.6	59.6
6	1000+1000	6	520	8.3	46.0	9.0	58.5

相同流动度、不同用水量下的净浆强度（氨基系减水剂）　表 10-11

编号	水泥＋微珠	外加剂(g)	水(mL)	强度(MPa)			
				7d		28d	
				抗折	抗压	抗折	抗压
1	2000＋0	6	588	12.5	64.1	12.5	85.7
2	1900＋100	6	560	12.5	66.4	12.5	86.2
3	1800＋200	6	536	12.5	66.2	12.5	86.5
4	1600＋400	6	512	12.5	64.0	12.5	81.9
5	1200＋800	6	680	6.4	45.7	8.2	59.4
6	1000＋1000	6	720	6.1	34.8	6.1	44.8

相同流动度、不同用水量下的净浆强度（羧酸系减水剂）　表 10 -12

编号	水泥＋微珠	外加剂(g)	水(mL)	强度(MPa)			
				7d		28d	
				抗折	抗压	抗折	抗压
1	2000＋0	6	588	12.5	75.5	11.7	98.2
2	1900＋100	6	560	12.5	71.1	12.5	99.5
3	1800＋200	6	540	12.5	66.9	12.5	94.7
4	1600＋400	6	552	12.5	65.3	12.5	91.8
5	1200＋800	6	640	8.7	53.1	9.3	54.7
6	1000＋1000	6	720	6.7	36.8	6.2	54.3

由表 10-10（萘系减水剂）可知：微珠置换 5％水泥时，净浆 7d 及 28d 龄期的抗折、抗压强度分别为 11.9MPa、12.5MPa、67.3MPa、84.9MPa；均高于基准的 11.3MPa、12.5MPa、61.6MPa、81.5MPa。

由表 10-11（氨基系减水剂）可知：微珠置换 5％～10％水泥时，净浆 7d 及 28d 龄期的抗折、抗压强度分别为 12.5MPa、12.5MPa、66.4MPa、86.5MPa，均高于基准的 12.5MPa、12.5MPa、64.1MPa、85.7MPa。本系列试验还有一个特点，7d 抗折强度较高，达到了 12.5MPa。

由表 10-12（羧酸系减水剂）可知：微珠置换 5％水泥时，净浆 28d 龄期的抗折，抗压强度与基准的相当。

可知，由于减水剂不同，对净浆的增强效果不同。本试验中以氨基系减水剂为优。

2. 相同用水量下的净浆强度

相同用水量下的净浆强度，如表 10-13～表 10-15 所示。

相同用水量下的净浆强度（萘系减水剂）　　表 10-13

编号		水泥+微珠	外加剂(g)	水(mL)	强度(MPa)			
					7d		28d	
					抗折	抗压	抗折	抗压
1	基准	2000+0	8	600	12.3	67.1	12.4	71.2
2	5%	1900+100	8	600	12.2	66.9	12.5	64.3
3	10%	1800+200	8	600	11.9	63.8	12.5	62.5
4	20%	1600+400	8	600	10.7	59.6	12.5	77.1
5	40%	1200+800	8	600	7.9	50.4	9.3	60.3
6	50%	1000+1000	8	600	7.0	43.0	7.9	58.9

由表 10-13（萘系减水剂）可知，微珠取代水泥量 20%时，净浆 28d 抗折及抗压强度高于基准净浆强度。

相同用水量下的净浆强度（氨基系减水剂）　　表 10-14

编号		水泥+微珠	外加剂(g)	水(mL)	强度(MPa)			
					7d		28d	
					抗折	抗压	抗折	抗压
1	基准	2000+0	8	595	11.8	59.8	12.5	77.9
2	5%	1900+100	8	595	12.0	56.0	12.5	77.5
3	10%	1800+200	8	595	11.2	54.6	12.5	70.9
4	20%	1600+400	8	595	11.8	50.9	12.5	65
5	40%	1200+800	8	595	8.9	48.6	9.8	65.7
6	50%	1000+1000	8	595	7.3	36.2	8.7	60.1

由表 10-14 可知，微珠取代 5%水泥时，28d 龄期抗折、抗压强度与基准净浆强度相当。

相同用水量下的净浆强度（羧酸系减水剂）　　表 10-15

编号		水泥+微珠	外加剂(g)	水(mL)	强度(MPa)			
					7d		28d	
					抗折	抗压	抗折	抗压
1	基准	2000+0	6	595	12.5	69.4	12.5	82.5
2	5%	1900+100	6	595	11.8	59.5	12.5	82.6
3	10%	1800+200	6	595	12.3	56.8	12.5	88.3
4	20%	1600+400	6	595	12.5	55.3	12.5	74.8
5	40%	1200+800	6	595	8.6	47.5	8.9	64.7
6	50%	1000+1000	6	595	6.8	43.4	7.2	57.9

由表 10-15 的羧酸系减水剂可知，微珠取代 5%～10%水泥时，28d 龄期的抗折、抗压强度高于基准净浆的强度。

10.2.3　砂浆强度

以 17%、25%微珠等量取代水泥，配制砂浆，砂浆流动性大体相同时，含微珠砂浆可适当降低用水量。砂浆配合比如表 10-16 所示，强度如表 10-17 所示。

基准砂浆与微珠砂浆配合比　　**表 10-16**

编号	用水量(g)	水泥(g)	微珠(g)	标准砂(g)
1	225	450	—	1350
2	199.5	373.5	76.5(17%)	1350
3	180	337.5	112.5(25%)	1350

基准砂浆与微珠砂浆强度（MPa）　　**表 10-17**

编号	抗压强度			抗折强度		
	3d	7d	28d	3d	7d	28d
1	28.8		49.0	5.8		8.2
2	33.7	42.7	57.6	7.6	8.46	10.0
3	33	42.3	63.6	7.2	8.23	10.4

由此可知，含微珠 17%、25%的砂浆强度均高于基准砂浆强度。特别是含 25%微珠的砂浆强度更高。

10.2.4　混凝土的强度

本节研究了微珠与不同粉体对高性能混凝土流动性及强度的影响。

1. 原材料

复合高效减水剂（萘系与氨基系复配）；Ⅰ级粉煤灰（FA）（利建商混站提供）；超细矿粉（BFS）p8000，山东济南；硅粉（SF），贵州埃肯；水泥，金鹰 P·Ⅱ52.5。

2. 复合粉体

（1）SF＋WZ＝70＋180＝250kg/m^3；

（2）SF＋FA＝70＋180＝250kg/m^3；

（3）SF＋BFS＝70＋180＝250kg/m^3

式中，SF 表示硅粉；WZ 表示微珠；FA 表示Ⅰ级粉煤灰；BFS 表示超细矿粉。

3. 混凝土配合比与性能

混凝土配合比如表 10-18 所示，新拌混凝土性能如表 10-19 所示，混凝土抗压强度如表 10-20 所示。

混凝土配合比 表 10-18

编号	水泥(g)	复合料(250)	水(g)	砂(g)	碎石(g)		复合高效减水剂 4.0%
					5～10	10～20	
1	450	(1)WZ	135	700	285	665	28
2	450	(2)FA	135	700	285	665	28
3	450	(3)BFS	135	700	285	665	28

新拌混凝土性能 表 10-19

编号	坍落度(mm)	扩展度(mm)	倒筒(s)	备注
1	260	600	7	效果较好
2	260	610	6	缓凝、不能按时拆模
3	270	610	13	黏稠、粘底

混凝土强度测试 表 10-20

编号	强度(MPa)		
	3d	7d	28d
1	60	76.7	95.6
2	58.6	71.3	87.9
3	73.8	83.2	97.9

由表 10-19 可知，新拌混凝土性能，矿渣与硅粉的复合超细粉太黏，粘底，难施工；而粉煤灰与硅粉复合超细粉产生缓凝，唯微珠与硅粉复合超细粉流动好，又便于施工应用。由表 10-20 可知，混凝土 28d 强度又相对较高。

10.3 微珠高性能混凝土

10.3.1 微珠高性能混凝土配比

微珠高性能混凝土所用原材料与上节相同，混凝土配比如表 10-21 所示。

C70 HPC 的配制（kg/m^3） 表 10-21

C	WZ	FA	BFS	W	S	G1	G2	AG
380	40	120	80	140	750	760	190	2.6%

10.3.2　新拌混凝土性能

新拌混凝土如表10-22所示。

新拌混凝土性能　　表10-22

时间	坍落度(mm)	扩展度(mm)	倒筒时间(s)
初始	270	700×730	8
1h	265	700×690	9
2h	260	690×680	10

混凝土的保塑主要是通过减水剂，作者研发的减水剂能够高效减水，2～3h保塑，无缓凝且有增强作用。微珠的应用可以降低混凝土的用水量，有利于混凝土的保塑。

10.3.3　混凝土的强度

混凝土不同龄期强度如表10-23所示，用P·O42.5水泥，WZ+FA+BFS掺合料，不用硅粉，可配出C70～C80的HPC。

混凝土不同龄期强度（MPa）　　表10-23

3d	7d	28d
55	70	84

10.4　微珠超高性能混凝土

在我国，强度大于100MPa的HPC，称为UHPC，在一些超高层建筑结构中得到了试验与应用。水泥、微珠与硅粉三组分配合，作为胶结料，比用其他超细粉配制UHPC的技术、经济效果更好。

10.4.1　原材料

水泥：P·Ⅱ52.5R；磨细矿粉比表面积8500cm^2/g；微珠：超细粉煤灰，比表面积12540cm^2/g，烧失量1.7%，需水量比92%；硅灰：比表面积$2\times10^5cm^2/g$，SiO_2含量90%；聚羧酸高效减水剂；碎石，5～9mm、9～16mm两级配，比例为3∶7，压碎值小于6%；水洗海砂，细度模数2.8，含泥量小于0.6%；天然无水硬石膏粉：比表面积5200cm^2/g，成分$CaSO_4\cdot0.022H_2O$；HCSA—硫铝酸盐膨胀剂。

10.4.2 混凝土的组成

微珠超高性能混凝土的组成材料如表 10-24 所示。

C120UHPC 的配合比 表 10-24

编号	水胶比	水泥(g)	微珠(g)	硅粉(g)	海砂(g)	碎石(g)	水(g)	减水剂(%)
601	0.20	500	200	50	750	1000	130	3.0
602	0.187	500	170	80	700	1000	140	3.2
603	0.187	500	170	80	700	1000	140	4.0
604	0.187	500	200	50	700	1000	140	3.5
605	0.187	500	200	50	700	1000	140	2.0
606	0.187	500	200	50	700	1000	140	约 4.0

注：编号 601 的混凝土，巴斯夫萘系减水剂，含固量 40%；编号 602、603、604、606 的混凝土，用萘-氨系复配减水剂；编号 605 的混凝土，西卡聚羧酸含固量 40%。

10.4.3 新拌混凝土性能

新拌混凝土性能如表 10-25 所示。

新拌混凝土性能 表 10-25

编号	坍落度(mm)				扩展度(mm)				倒筒时间(s)			
	初始	1h	2h	3h	初始	1h	2h	3h	初始	1h	2h	3h
601	130											
602	270	260	230	225	680×700	640×700	590×590	540×560	5	7	9	12
603	260	250	245	255	660×690	660×650	650×650	670×620	4	5	7	5
604	265			265	710×740			670×710	4			5

注：编号 604，4h 坍落度为 260mm，扩展度 670×730，倒筒时间为 7s；编号 602 的混凝土外加剂掺量偏低（3.2%），3h 后倒筒时间偏长，为 12s；编号 603 和 604 的混凝土坍落度、扩展度及倒筒时间均符合本研究的要求。

采用自行研发的氨基磺酸系减水剂与巴斯夫的萘系减水剂（含固量 40%）复配，并掺入少量吸附减水剂的沸石粉，可以配制出保塑性优良的 C120 混凝土，并满足长距离运输及超高泵送要求。

10.4.4 混凝土的自收缩

在 C120 混凝土配比中，外掺天然无水硬石膏，比表面积 5200cm^2/g，成分 $CaSO_4 \cdot 0.022H_2O$，及硫铝酸盐膨胀剂 HCSA。对比早期收缩情况，混凝土试验时配比如表 10-26 所示。每组配比混凝土的工作性能指标控制在：坍落度

250mm 以上，坍落扩展度 680mm 以上，倒塌时间 15s 以内。自收缩测定结果如表 10-27 及图 10-6 所示。

C120 自收缩对比试验配合比　　表 10-26

混凝土类别	W/B	水泥	磨细矿粉	微珠	硅粉	$CaSO_4$	HCSA	减水剂(%)	砂	石
对比混凝土	0.185	550	42	84	24	0	0	3.8	750	950
掺 10%无水硬石膏	0.185	550	42	84	24	70	0	4.2	750	950
掺 6%HCSA	0.185	550	42	84	24	0	42	4.2	750	950
掺 10%HCSA	0.185	550	42	84	24	0	70	4.4	750	950

C120 混凝土自收缩值（$\times10^{-6}$）　　表 10-27

时间	对比混凝土	掺 10%$CaSO_4$	掺 6%HCSA	掺 10%HCSA
0	0	0	0	0
1h	13	17	5	30
2h	14	30	56	124
3h	17	30	92	162
4h	21	69	82	142
5h	31	136	71	95
6h	40	181	69	54
7h	48	196	68	23
8h	57	204	66	2
9h	66	210	69	−14
10h	74	216	71	−26
11h	81	222	73	−40
12h	90	226	72	−47
13h	96	230	74	−55
14h	103	234	74	−63
15h	111	237	75	−70
16h	117	241	77	−76
17h	124	245	79	−82
18h	129	244	80	−86
19h	132	248	81	−89
20h	139	250	83	−93
21h	141	253	85	−95
22h	149	256	86	−98
23h	150	259	88	−101
24h	157	261	90	−103
2d	231	312	115	−116
3d	269	339	138	−122
4d		348	157	−103

续表

时间	对比混凝土	掺 10%$CaSO_4$	掺 6%HCSA	掺 10%HCSA
5d		355	166	−76
7d		369	172	−34
9d		380	176	−22
11d		400	179	−55
14d		425	196	−90
17d		442	202	
19d		待测	207	

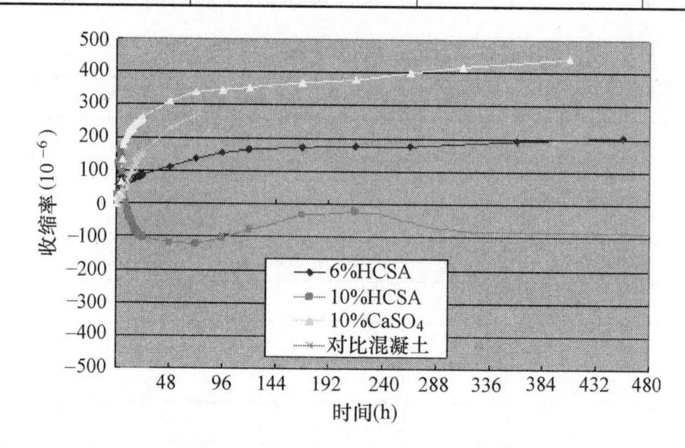

图 10-6 混凝土的自收缩曲线

由表 10-27 及图 10-5 可知：

（1）HCSA 抑制混凝土自收缩具有很好的效果。掺入 5%的 HCSA 之后，3d 自收缩由 269×10^{-6} 降低至 138×10^{-6}，约降低了 50%，而掺量提升至 10%之后，14d 仍处于微膨胀状态，约 90×10^{-6}。抑制 UHPC 自收缩，HCSA 的掺量≤5%。

（2）掺入天然无水 $CaSO_4$ 自收缩，反而有所增加。掺入 10%的天然无水硬石膏后，3d 的自收缩由 269×10^{-6} 升高至 339×10^{-6}，增加了 26%。

10.4.5 硬化混凝土的抗压强度

混凝土抗压强度如表 10-28 所示。

混凝土抗压强度 **表 10-28**

编号	抗压强度(MPa)			
	3d	7d	28d	56d
601	85.8	97.5	130	140
602	87.1	102	135	145
603	84.3	102	140	150
604	75.1	96	120	130

10.5　微珠超高性能混凝土中掺入纤维的力学性能变化

在原来配制的 C120 混凝土中掺入纤维，改善力学性能，掺入聚丙烯纤维分别为 $1.0kg/m^3$、$2.0kg/m^3$ 及深圳产的有机纤维 $2.0kg/m^3$。

10.5.1　棱柱体抗压强度及静力弹性模量

静力受压弹性模量试验见图 10-7，试验结果见表 10-29。

图 10-7　静力受压弹性模量试验

混凝土棱柱体抗压强度、静力受压弹性模量试验结果　表 10-29

试件编号	龄期(d)	试件尺寸(mm)	棱柱体抗压强度(MPa)		静力受压弹性模量(MPa)	
			个别值	平均值	个别值	平均值
基准	28	100×100×300	115.2	138.0	5.20×10^4	5.20×10^4
			138.0		5.18×10^4	
			138.8		5.22×10^4	
纤维 1kg	28	100×100×300	127.2	128.7	5.10×10^4	5.23×10^4
			126.8		5.21×10^4	
			132.0		5.37×10^4	
纤维 2kg	28	100×100×300	137.2	136.6	5.22×10^4	5.30×10^4
			139.0		5.22×10^4	
			133.6		5.45×10^4	
纤维 2kg（深圳）	28	100×100×300	104.8	116.7	5.18×10^4	5.25×10^4
			116.4		5.23×10^4	
			128.8		5.33×10^4	

掺入纤维后棱柱体抗压强度偏低，但静力弹性模量偏高。

10.5.2 混凝土断裂韧性测试

C120 混凝土断裂参数测试验如图 10-8 所示。测定了基准、纤维 1kg、纤维 2kg 和纤维 2kg（深圳）4 组混凝土的荷载-裂纹口张开位移（P-CMOD）曲线和计算得到的混凝土软化关系（σ-w）曲线，如图 10-9～图 10-12 所示，并计算了相应的断裂参数值，包括开裂强度、抗拉强度、抗弯强度、断裂能和脆性参数指标。每种混凝土一共 3 个试件。

(a) 闭环液压伺服试验机

(b) 试件预切口处安置变形传感器

图 10-8 C120 超高性能混凝土断裂参数测试

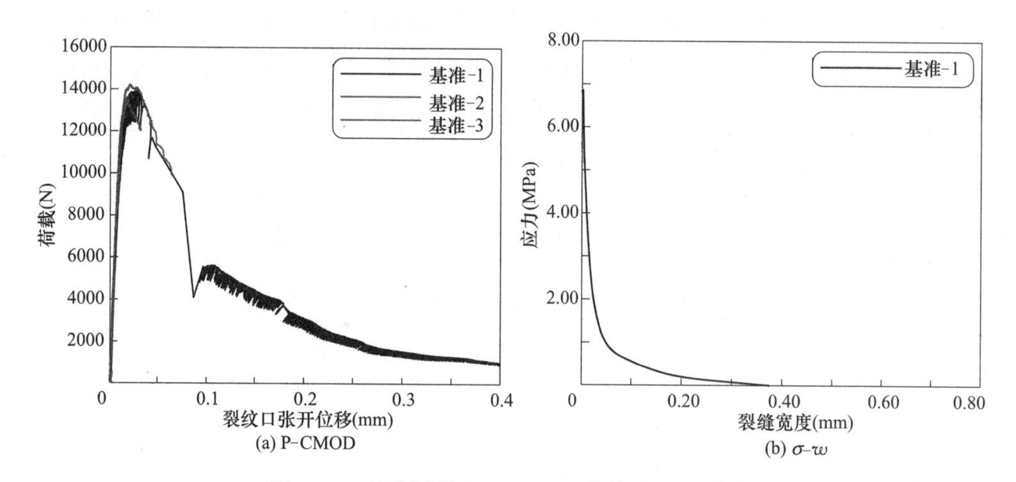

(a) P-CMOD (b) σ-w

图 10-9 基准混凝土 P-CMOD 曲线和 σ-w 曲线

根据试验测得完整 P-CMOD 曲线，可以计算其对应的断裂参数。

表 10-30 为不同种类混凝土断裂参数值。

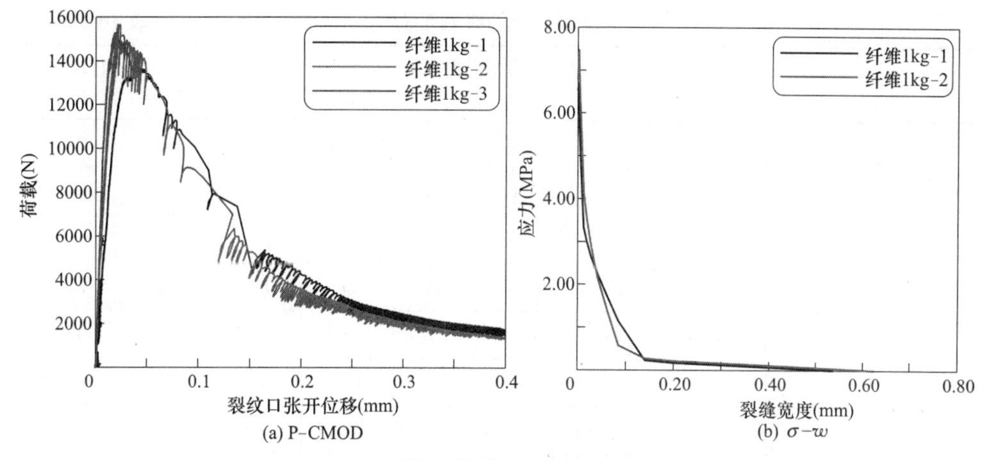

图 10-10　掺 1kg 纤维的混凝土 P-CMOD 曲线和 σ-w 曲线

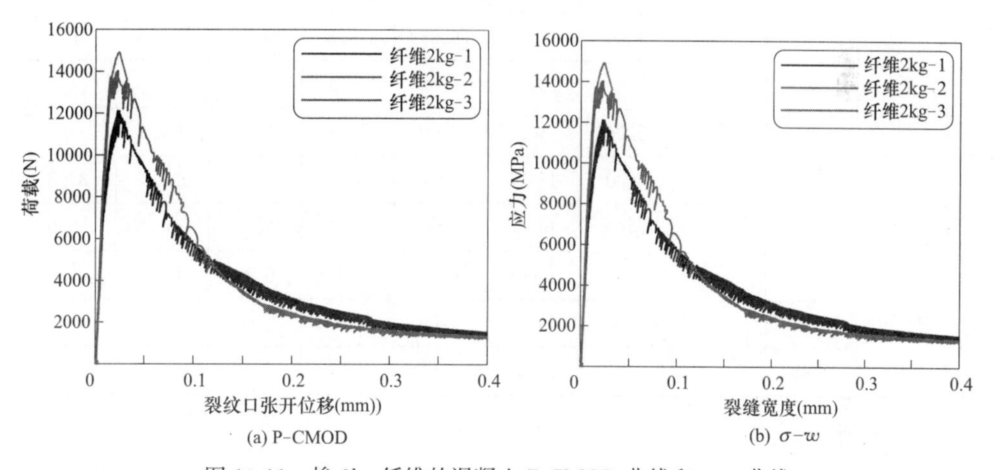

图 10-11　掺 2kg 纤维的混凝土 P-CMOD 曲线和 σ-w 曲线

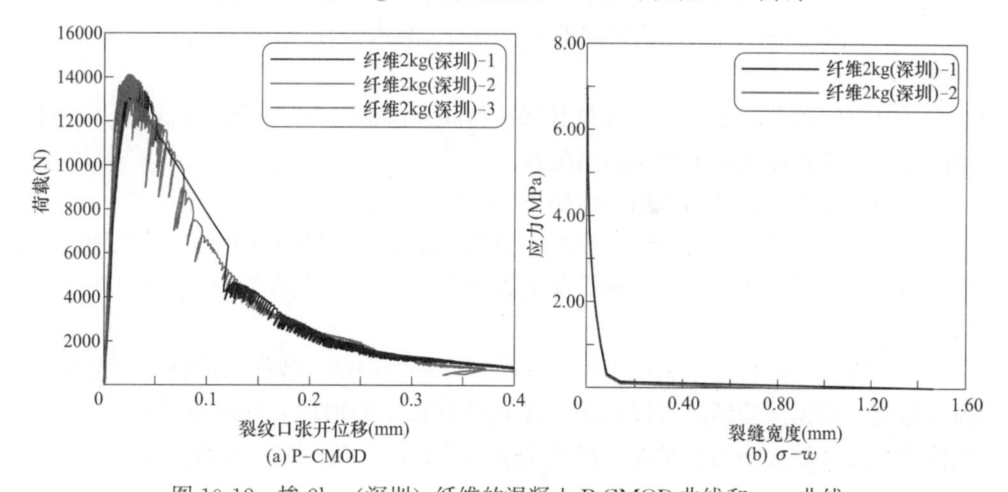

图 10-12　掺 2kg（深圳）纤维的混凝土 P-CMOD 曲线和 σ-w 曲线

混凝土断裂参数汇总　　表 10-30

试件编号		弹性模量（GPa）	开裂荷载（N）	抗弯荷载（N）	开裂强度（MPa）	抗弯强度（MPa）	抗拉强度（MPa）	断裂能（J/m^2）	特征长度（cm）
基准	1	51.9	5000	14000	6.82	9.07	6.86	213.8	23.5
	2		4600	14500	6.27	9.39	—	—	—
	3		4700	13800	6.41	9.59	—	—	—
	平均		4767	14100	6.5	9.35	6.86	213.8	23.5
纤维 1kg	1	52.2	4800	13800	6.55	8.94	6.67	291.8	33.8
	2		5000	15500	6.82	10.04	7.08	302.9	27.9
	3		5000	15300	6.82	9.91	—	—	—
	平均		4933	14867	6.73	9.63	6.88	297.35	30.9
纤维 2kg	1	52.2	4800	12000	6.55	7.78	6.56	322.8	39.2
	2		5000	15000	6.82	9.73	—	—	—
	3		5200	14000	7.09	9.08	7.22	322.1	33.4
	平均		5000	13667	6.82	8.86	6.89	322.5	36.3
纤维 2kg（深圳）	1	52.0	5100	14000	6.95	9.07	6.97	300.3	30.0
	2		5000	14000	6.82	9.07	6.84	321.8	30.7
	3		5200	14000	7.09	9.07	—	—	—
	平均		5100	14000	6.95	9.07	6.91	311.1	30.4

由此可知：

（1）由图 10-9～图 10-12 可以看出，相同种类混凝土的不同试件之间，P-CMOD 曲线和 σ-w 曲线形状类似，且相差不大，说明试验试件间离散度不大。

（2）不同种类混凝土的开裂荷载基本相同。这是因为其基体材料相同，而纤维的作用主要是在混凝土开裂之后发挥。

（3）随着纤维掺量的增加，混凝土的抗拉强度基本不变。

（4）随着纤维掺量的增加，混凝土的断裂能增大。相同掺量时，纤维种类不同，混凝土断裂能亦有差异。断裂能的大小为：基准＜纤维 1kg＜纤维 2kg（深圳）＜纤维 2kg。

（5）脆性特征长度是表征混凝土脆性程度的物理量。特征长度越短，混凝土脆性越大。根据试验结果可以看出，随着纤维掺量的增加，混凝土的韧性增加。脆性特征长度的大小为：基准＜纤维 1kg＜纤维 2kg（深圳）＜纤维 2kg，对应的混凝土韧性大小为：基准＜纤维 1kg＜纤维 2kg（深圳）＜纤维 2kg。

10.6　微珠超高性能混凝土的耐火性能

随着混凝土的强度提高，密实度提高，高温作用下，混凝土内部水分蒸发，蒸汽压较大，但水蒸气不易排放出混凝土外面。随着受热温度的提高，蒸汽压进一步增大，当蒸汽压力超过了混凝土的抗拉强度之后，混凝土就会产生崩裂，使结构丧失承载能力。

耐火性能的试验采用在线测定的方法，即加载、加热和测试观测同时进行。

10.6.1　耐火试验试件类型

试件类型分别为：基准试件，掺 1kg/m^3 聚丙烯纤维、掺 2kg/m^3 聚丙烯纤维的试件及配筋试件。尺寸分别为：棱柱体 100mm×100mm×300mm 和圆柱体 ϕ100mm×150mm、ϕ100mm×300mm 三种，如图 10-13 所示。对试件加热有两种加热套，一种为棱柱体，另一种为圆柱体，如图 10-14 所示。

(a) 100mm×100mm×300mm

(b) ϕ100mm×150mm

(c) ϕ100mm×300mm

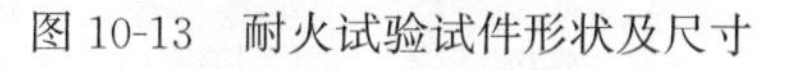

图 10-13　耐火试验试件形状及尺寸

(a) 圆柱体加热套

(b) 棱柱体加热套

(c) 电源控制箱

图 10-14　试件加热装置及控制设备

10.6.2　在线测定

所谓在线测定，是试件在受压过程中，通过电加热套加热。

（1）荷载：混凝土极限强度的30%为恒定荷载，作用在试件上；

（2）加热：通过电热套进行，观测试件在200℃、300℃、400℃三种温度下的变化；

（3）恒温：在指定温度下恒温30～40min；

（4）观测：在每一个温度挡恒温30～40min时，观测试件变化，基准试件、掺1kg/m^3、掺2kg/m^3试件分别如图10-15～图10-17所示。

(a) 200℃　(b) 300℃　(c) 300℃　(d) 400℃

图10-15　基准试件在恒载作用下不同温度作用的变化

(a) 200℃　(b) 300℃　(c) 400℃　(d) 400～500℃

图10-16　掺1kg/m^3聚丙烯纤维试件在恒载作用下不同温度的变化

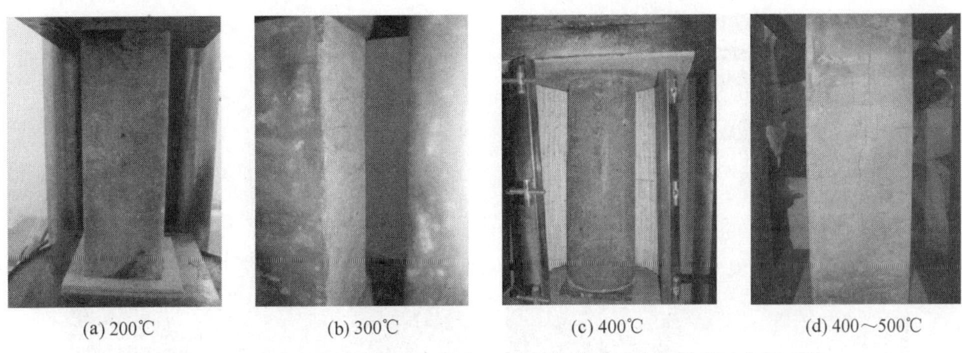
(a) 200℃　(b) 300℃　(c) 400℃　(d) 400～500℃

图 10-17　掺 $2kg/m^3$ 聚丙烯纤维试件在恒载作用下不同温度的变化

10.6.3　提高UHPC耐火性能的途径

高强高性能混凝土基准试件，受热温度越高，发生的爆裂次数越多、越严重；试件表面裂缝宽度增大、裂纹条数增多，最终发生爆裂，造成试件大面积剥落，以致无法继续承受荷载。

掺入一定量的聚丙烯纤维，可以明显改善混凝土的高温耐火性能。掺入聚丙烯纤维的试件，在整个加热及恒温过程中，聚丙烯纤维受热到一定温度后会逐渐融化，导致试件中的毛细管数量增多。为试件中的水分及蒸汽提供了逸散的通道，也为混凝土自身受热产生的膨胀应力及热量的传导提供了一定的空间，使得混凝土产生爆裂的可能性降低，最终保证混凝土试件在遭受高温耐火后整体上仍然比较完整。

在混凝土30%的极限荷载作用下，试件加热到200℃、300℃、400℃及500℃时，分别恒温30～40mim，基准试件已崩裂破坏，丧失承载力，建筑就要倒塌，造成人员伤亡，财产损失；但是，掺入聚丙烯纤维的试件仍然完好，未发现开裂，建筑物内的人员还有时间往外逃生。这是超高强超高性能混凝土掺入聚丙烯纤维的最重要功能，也是提高抗火性能的主要目的。

10.6.4　配筋试件的耐火性能检测

本试验在配筋试件中没有掺入纤维，300℃恒温及30%极限荷载作用下，试件已爆裂，如图10-18所示。

在同等条件下，钢筋高强高性能混凝土试件的受损情况较基准混凝土试件严重，这主要是由于钢筋本身的受热膨胀所造成的。因为基准混凝土试件在高温条件下，只受自身热膨胀产生的应力影响而出现爆裂现象；而钢筋混凝土试件除了受自身热胀的影响外，还要承受钢筋热膨胀产生的应力，因此出现的爆裂更加频繁、严重。

(钢筋混凝土ϕ100mm×150mm)

(钢筋混凝土ϕ100mm×300mm)

图 10-18 300℃恒温恒载作用下钢筋混凝土试件

10.7 微珠超高性能混凝土耐久性能

10.7.1 微珠混凝土的抗氯盐腐蚀

微珠分别取代 10%、20%的水泥做成的砂浆试件，与基准的砂浆试件一起，放在饱和盐水中浸泡（常温下），检测其 3d、7d 与 14d 的 Cl^- 扩散深度，如表 10-31 所示。

砂浆试件不同龄期 Cl^- 扩散深度 表 10-31

龄期(d)	3	7	14
基准砂浆(mm)	14	17	21
10%微珠(mm)	7	10	10
20%微珠(mm)	6	9	10

微珠取代水泥量 10%、20% 做成的砂浆试件，在饱和盐水中 Cl^- 扩散深度约为基准砂浆的 1/2。

按清华大学建立的 NEL 法，快速测定了两种混凝土（强度均为 100MPa 左右，含微珠的与不含微珠的各 1 种）的 Cl^- 扩散系数，含微珠的高强高性能混凝土为 $0.176598\times10^{-12}m^2/s$；不含微珠的高强高性能混凝土为 $0.235791\times10^{-12}m^2/s$，前者比后者降低 30%左右。

10.7.2 微珠混凝土的抗硫盐腐蚀

微珠是燃煤电厂从烟囱中排放的烟雾，为超细球状玻璃体，也属粉煤体系。粉煤灰抗硫酸盐腐蚀性能的评价，按 $R=(C-5)/F\leqslant1.0$ [式中 C 为粉煤灰中

CaO 含量（%）；F 为粉煤灰中 Fe_2O_3 含量（%）］能满足要求时，将该种粉煤灰掺入混凝土中，能有效地提高抗硫酸盐腐蚀性能。

根据表 10-1，微珠化学成分中 CaO 含量 4.8%，Fe_2O_3 含量 5.3%，代入 $R=(C-5)/F\leqslant 1.0$ 中，R 为负值，故微珠有很高的抗硫酸盐腐蚀的性能。试验也证明，将微珠 HPC 浸泡于两种溶液中：Na_2SO_4 5% 溶液；Na_2SO_4 5% + NaCl3%溶液中；夜晚浸泡 14h，然后取出晾干 2h，烘干 6h（温度 80℃±2℃），冷却 2h，再放入浸泡液中为 1 次循环。50 次循环后的结果见表 10-32。

混凝土试件抗硫酸盐及抗硫酸盐、氯盐的综合腐蚀　表 10-32

浸泡溶液	Na_2SO_4 5%溶液	Na_2SO_4 5%+NaCl3%溶液
循环次数	50 次	50 次
UHPC 试件	外观及质量无变化	外观及质量无变化

10.7.3　抗冻性试验

按标准对 C120 混凝土进行了 300 次冻融循环，结果见表 10-33。

C120 超高性能混凝土抗冻性试验结果　表 10-33

试验内容	试验结果	标准要求
300 次冻融循环后相对动弹性模量(%)	99.9	冻融至预定的循环次数，而相对动弹性模量不小于 60%，或质量损失率不大于 5%，可认为试验的混凝土抗冻性已满足设计要求
300 次冻融循环后质量损失率(%)	0	

10.8　微珠高性能与超高性能混凝土的微结构

10.8.1　水泥-微珠-硅粉的胶凝材料体系

水泥的平均粒径约为微珠的 20～30 倍，微珠的平均粒径约为硅粉的 10 倍；微珠填充水泥孔隙的掺量约 30%，粒子组合与空隙率的变化，硅酸盐水泥的平均粒径为 10.4μm，微珠平均粒径 1.0μm 左右，微珠的掺量约 30%才能填充水泥的孔隙。而硅粉在混凝土中最优掺量为 8%左右，故 C120 UHPC 的胶凝材料组合：水泥 450～500kg/m^3，微珠 180～200kg/m^3，硅粉 50～70kg/m^3，可获得最密实的填充。胶凝材料粉体最密实的填充，粉体组合后的孔隙率低，可以得到密实的水泥石结构，从而使强度得以提高。

10.8.2　复合胶凝材料浆体的微观结构

（1）复合浆体的 SEM 如图 10-19 所示。

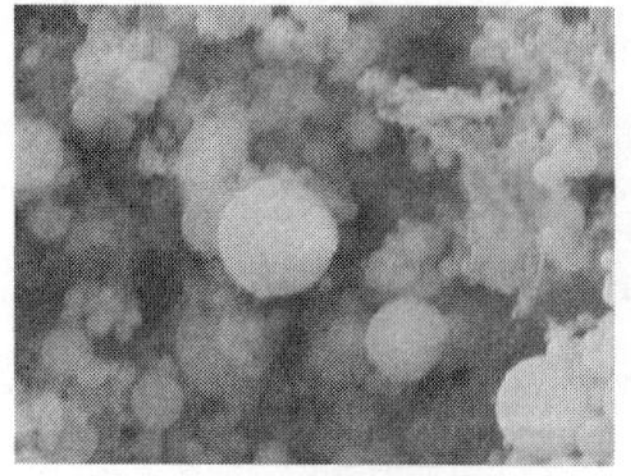
(a) 硅粉+微珠浆体(×10^4)

(b) 硅粉+矿粉浆体(×10^4)

(c) 硅粉+粉煤灰浆体(×10^4)

图 10-19　复合浆体的 SEM

（2）微珠对水泥不同置换量浆体的 SEM，如图 10-20 所示。

(a)基准浆体

(b)含微珠5%的浆体

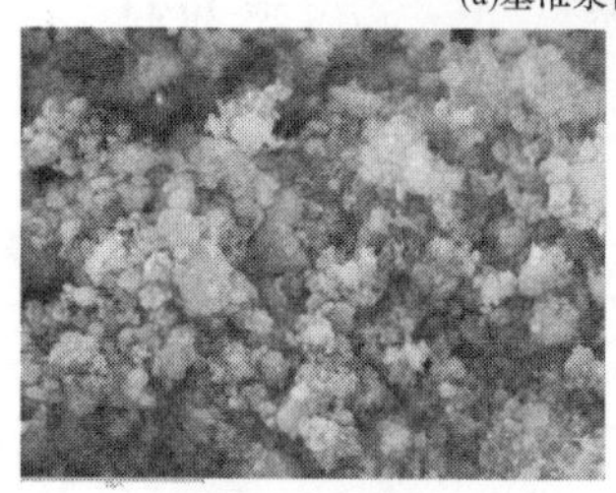
(c) 含微珠10%的浆体

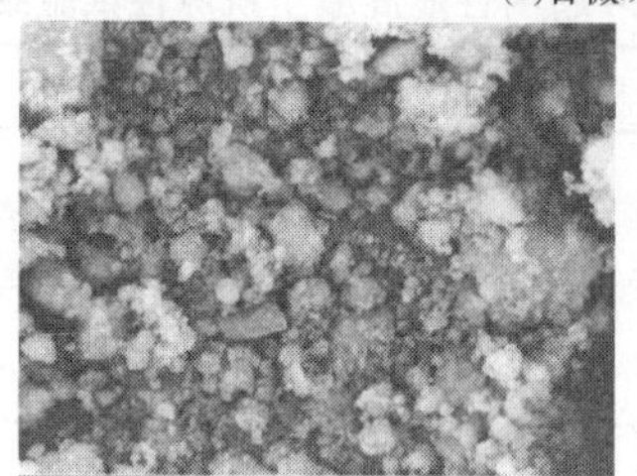
(d) 含微珠20%的浆体

(e) 含微珠40%的浆体

图 10-20　微珠对水泥不同置换量浆体的 SEM

（3）微珠对水泥不同置换量界面的 SEM，如图 10-21 所示。

(a) 基准的界面的SEM

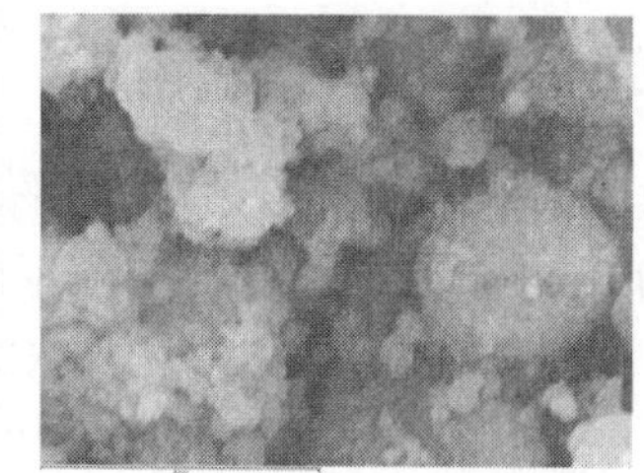
(b) 微珠40%的界面的SEM

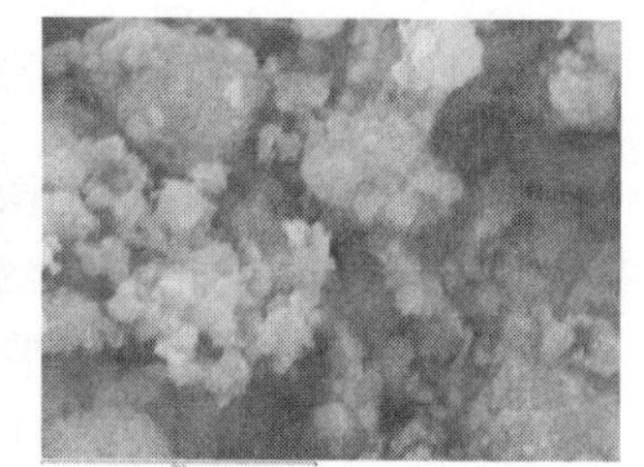
(c) 微珠50%的界面的SEM

图 10-21　微珠对水泥不同置换量的界面

10.8.3　水泥浆体的 XRD 图谱

如图 10-22 所示，随着微珠掺量的增加，并无新物相出现。微珠本身为玻璃体，其在 XRD 谱中显示不出来。

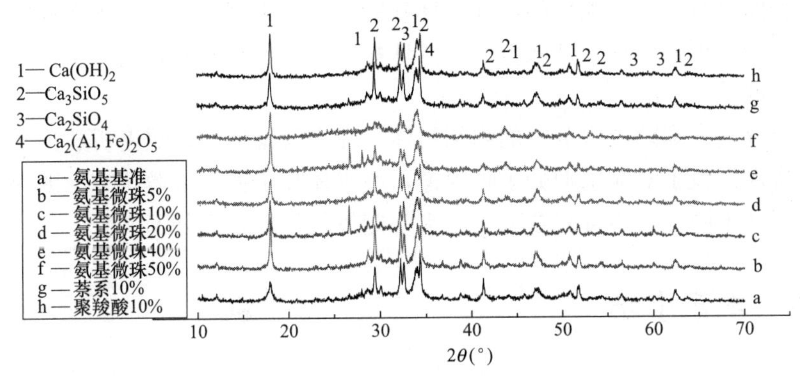

图 10-22　硬化水泥浆的 XRD 图谱

考虑到微珠含量增加可能会对水泥水化以及水化产物的生成量造成影响，因此对样品进行定量分析。水泥样品中未水化的 C_2S、C_3S 等特征峰重叠严重，无法单纯提出进行定量分析；而 $Ca(OH)_2$ 的特征峰强度较高且无干扰峰，可进行定量分析，并且 $Ca(OH)_2$ 含量可以间接地反映水泥水化产物的多少，因此对样品中 $Ca(OH)_2$ 含量进行定量分析，结果见表 10-34。峰值面积越大，表明含量越高。

样品中 $Ca(OH)_2$ 定量分析结果　　**表 10-34**

样品	$Ca(OH)_2$ 特征峰积分面积	样品	$Ca(OH)_2$ 特征峰积分面积
氨基基准	146727	氨基微珠　40%	183036
氨基微珠　5%	259706	氨基微珠　50%	131065
氨基微珠　10%	193434	萘系微珠　10%	202705
氨基微珠　20%	161451	聚羧酸微珠　10%	226507

可知掺入微珠的浆体，$Ca(OH)_2$ 特征峰积分面积比基准的高；特别是微珠掺量 5%的时候，$Ca(OH)_2$ 特征峰积分面积比基准的提高了 45%，说明微珠促进了水泥浆体的水化。

10.9　萘系-氨基磺酸系-微珠超细粉复合的高效减水剂

氨基磺酸系高效减水剂的减水率高（25%～28%），保塑功能较好，但易泌水，新拌混凝土抓底；萘系减水剂减水率较低，保塑功能差，坍落度损失快。两者合理匹配复合，功能可互补。其中，再加入被高效减水剂饱和的粉体，使三组分复合高效减水剂具有更特殊功能。在浆体中，水泥粒子吸附减水剂分子，在表面形成双电层电位；水泥粒子由于双电层电位作用而产生分散作用；表面吸附减水剂分子的微珠及硅粉，除了本身由于静电排斥而产生分散外，在水泥粒子空隙之间，表面具有双电层电位的微珠及硅粉粒子，起尖劈作用，使水泥粒子更容易分散，流动性更好。加上球状玻璃体微珠粒子，吸水率甚低，进一步提高了水泥浆的流动性。

三组分复合高效减水剂中的超细粉体，在水泥浆体中，缓慢析放出减水剂分子，维持水泥粒子对减水剂分子吸附量，使水泥粒子处于分散状态，即保塑。这与掺缓凝剂不同，三组分复合高效减水剂能较长保塑，但并不缓凝。

10.10 本章小结

通过对微珠性能的检测，微珠超高性能的配制与检测，耐久性检测及掺入纤维断裂力学性能的检测，研究工作的结论如下：

（1）微珠是一种球状玻璃体的超细粉，最大粒径 1.45μm，最小粒径 2.38nm。水泥-微珠-硅粉三种粉体适当比例组合，可使粉体的孔隙率达到最低，使水泥混凝土在相同用水量下，流动性最大，或者达到相同流动性下，需水量最低。

（2）水泥-微珠-硅粉，三种粉体为主要胶结料，与适当品种的减水剂配合，配制的 UHPC 强度可达 150MPa，保塑性可达 3h（坍落度初始 265～265mm，扩展度 710mm×740mm～670mm×710mm，倒筒时间 4～5s），且无泌水离析现象。

（3）在基准 C120UHPC 的基础上，掺入 5%硫铝酸盐膨胀剂后，自收缩由 269×10^{-6} 降低至 138×10^{-6}，约降低了 50%，掺入少量硫铝酸盐膨胀剂可有效抑制 UHPC 的自收缩开裂。

（4）C120UHPC 的氯离子扩散系数很低，抗冻融破坏很强，具有很高的耐久性。

（5）在 C120 的 UHPC 中，掺入聚丙烯纤维 1～2kg/m^3，混凝土的荷载-裂纹口张开位移曲线（P-CMOD）、软化关系曲线（σ-w）形状类似，且相差不大，开裂荷载基本相同。这是因为混凝土的基体材料相同，而纤维的作用主要是在混凝土开裂之后发挥。随着纤维掺量的增加，混凝土的断裂能增大，脆性特征长度增大，韧性增加。

（本章内容有李浩、齐世昆及郭自力等提供）

第 11 章　天然沸石超细粉的特性与混凝土中的应用

11.1　引言

沸石（Zeolite）是 1756 年由瑞典矿物学者 Cronetedt 发现的。他在冰岛的熔岩空洞中发现了像花瓶那样美丽的大结晶体，用吹管燃烧这个结晶体，能放出水蒸气且发泡膨胀；希腊语中，称为沸腾的石头，用 zeo（to boil）和 lite（stone）、zeolite 来命名。与我国沸石具有相同的意思。沸石是一族架状构造的含水铝硅酸盐矿物。以沸石为主要造岩矿物的岩石，称为沸石岩或天然沸石。化学组成常用下式来表示：

$$(Na,K)_2(Mg,Ca,Sr,Ba)_y[Al_{(x+2y)} \cdot Si_{(n-(x+2y) \cdot O2n)}] \cdot mH_2O$$

式中，Al 的个数等于阳离子的总价数；O 的个数为 Al 和 Si 总数的 2 倍。

目前，世界上已发现的沸石种类有 36 种，其中常见且有用的有斜发沸石、丝光沸石、菱沸石及毛沸石等数种，我国以前两者居多。我国天然沸石的应用已有近 50 年的历史。最初用于水泥工业，特别是立窑水泥，使用天然沸石为掺合料，解决了小水泥安定性不良的问题，使不合格的水泥变成了合格品；在混凝土及高性能混凝土方面，也得到了较多的应用；在自密实混凝土及自密实自养护混凝土、保塑混凝土方面，天然沸石的应用技术起着重要的作用。这方面的技术越来越多地受到了国内外的重视。

11.2　中国的天然沸石资源

我国自 1972 年在浙江缙云发现了具有工业意义的沸石矿床以来，随河南、山东、河北、黑龙江和内蒙古自治区等地也发现了沸石矿床。现在，在中国的 21 个省、自治区发现了 120 多处的沸石矿床，如图 11-1 所示。其中，有 3 个较大的沸石矿：河北省赤城县独石口沸石矿（图 11-1）、浙江省缙云县沸石矿和黑龙江省海林市沸石矿。独石口沸石矿贮量最大，达 4 亿 t 以上，为高品位的斜发沸石，矿物含量为 50%～70%。

图 11-1 独石口沸石矿

11.3 沸石的化学、物理性质

11.3.1 化学组成

沸石是含水的铝硅酸盐矿物，在中国常用的两种沸石是斜发沸石和丝光沸石，化学组成式如下：

斜发沸石 $Na_6(Al_6Si_{30}O_{72})\cdot 24H_2O$，通常含有 K、Ca、Mg，其含量 Na、K≥Ca、Mg，Si/Al=4.25～5.25。

丝光沸石 $Na_8(Al_8Si_{40}O_{96})\cdot 24H_2O$，有时含有 K、Ca、Na，其含量 Na、Ca≥K，Si/Al=4.17～5.0。

沸石的化学组成如表 11-1 所示；沸石的化学成分中 SiO_2 的含量超过了 70%，其次是 Al_2O_3，含量也超过了 10%，钾、钠的含量也高，为 3%～5%。其他组分的含量都很低。我国独石口天然沸石的化学成分与此相近。

沸石的化学组成 表 11-1

种类	SiO_2	Al_2O_3	Fe_2O_3	CaO	MgO	SO_3	Na,K	烧失量
斜发沸石	71.65	11.77	0.81	0.88	0.52	0.34	5.24	9.04
丝光沸石	71.11	11.79	2.57	2.07	0.15	0.27	2.99	9.50

11.3.2 X 射线衍射，热分析

沸石的 X 射线衍射图如 11-2 所示，TG-DTA 曲线如图 11-3 所示。与黏土矿物一样，在低衍射角处出现。

从图 11-2 的 DTA 曲线可见，从 50℃～500℃有一缓慢吸热峰，这是沸石的结晶水脱水。从 TG 曲线可见，沸石的质量减少约 10%，与表 11-1 的烧失量一致。

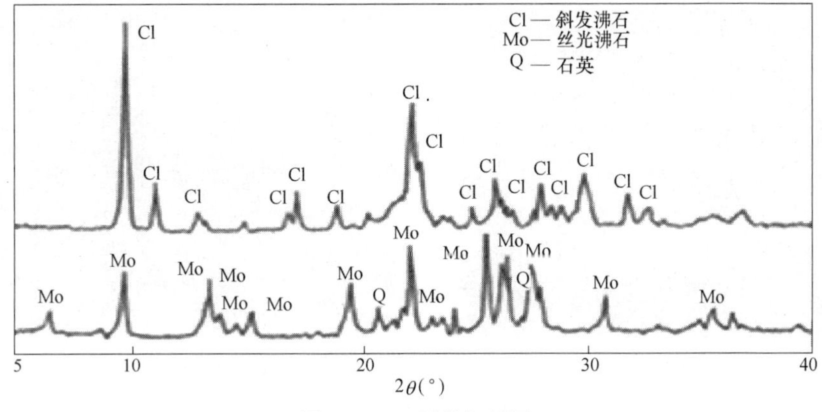

图 11-2 X射线衍射图

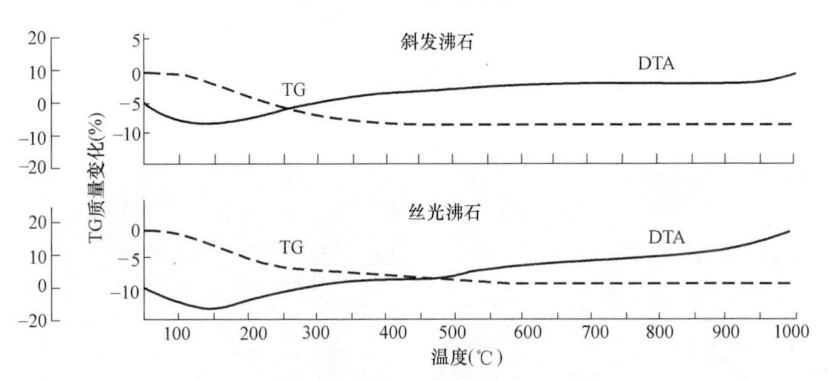

图 11-3 沸石的热分析结果实例（DTA 曲线）

11.3.3 电子显微镜与偏光显微镜的观察

日本飞内用显微镜观察的沸石如图 11-4 所示。我国独石口及缙云的天然沸石的电子显微镜如图 11-5 所示。

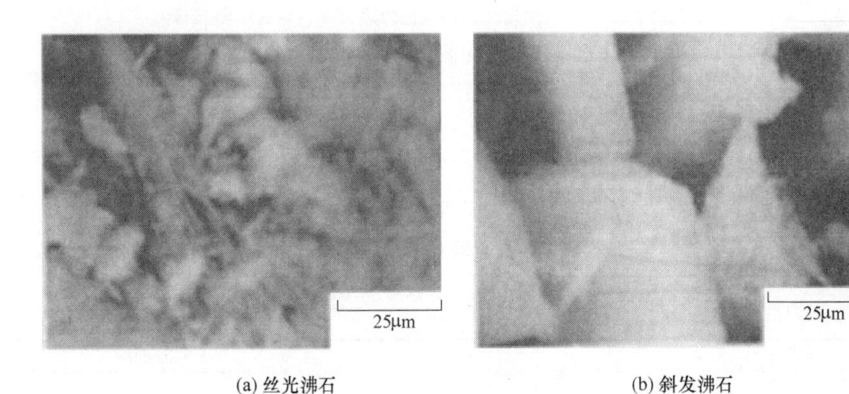

(a) 丝光沸石　　(b) 斜发沸石

图 11-4 沸石的电子显微镜（飞内）

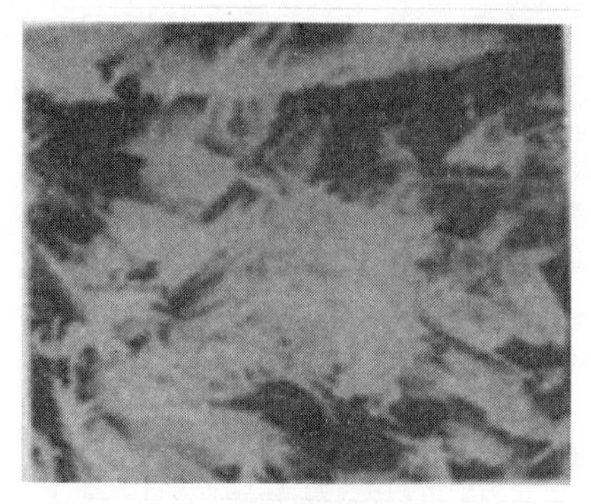
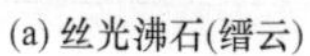
(a) 丝光沸石(缙云)

(b) 斜发沸石(独石口)

图 11-5　中国天然沸石的电子显微镜

可见，丝光沸石具有发丝状的结构，而斜发沸石具有板块状的结构。图 11-4 与图 11-5 是一致的。从图 11-6 偏光显微镜的观察中，可以看出沸石样品中的各种矿物含量。

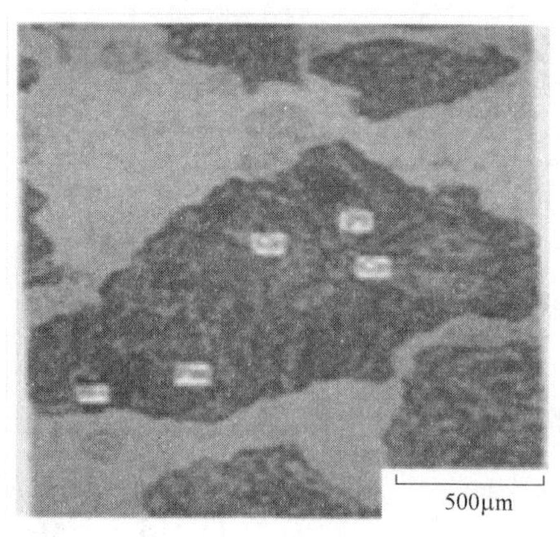

(a) 斜发沸石

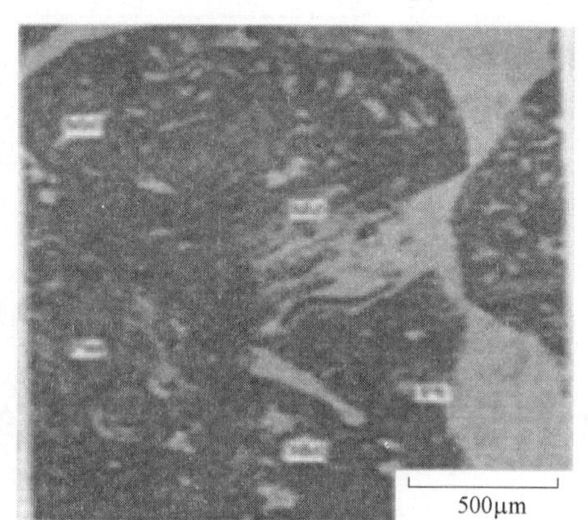

(b) 丝光沸石

图中深色为斜发沸石、丝光沸石，浅色为黑云母、轻石、斜长石

图 11-6　沸石的偏光显微镜观测

11.3.4 表观密度

表观密度如表 11-2 所示，约为 2.1～2.3。

沸石的表观密度　　**表 11-2**

沸石种类	表观密度	
	文献记载	飞内试验
斜发沸石	—	2.21
丝光沸石	2.30	2.24
	2.16	

11.3.5　沸石的矿物特性

1. 硅（铝）氧四面体

沸石是硅（铝）酸盐格架状构造的矿物，其基本单元是以 Si 为中心和周围 4 个氧离子排列而成的硅氧四面体，如图 11-7 所示。硅离子处在四面体中心，4 个氧离子处于四面体的角顶。硅-氧之间的距离约 0.16nm。硅氧四面体中的硅离子如为铝离子置换，就形成了铝氧四面体。在铝氧四面体中，铝氧离子间的距离约 0.175nm，氧与氧离子间的距离约为 0.286nm。

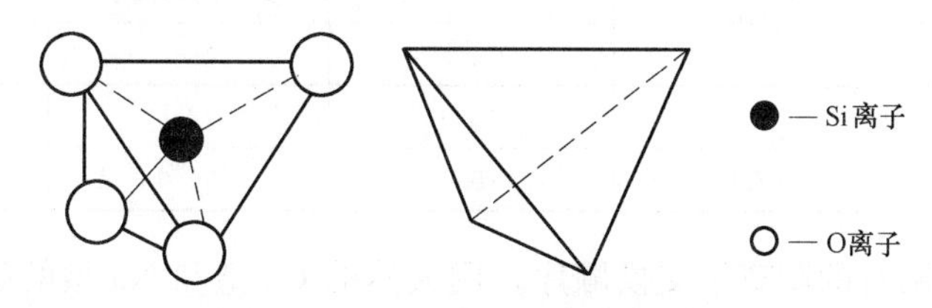

图 11-7　沸石中的硅氧四面体

硅氧四面体只能够通过角顶互相连接构成硅氧四面体群。位于公共角顶上的氧离子为相邻的四个硅氧四面体所共有。它的负二价电荷被相邻的两个四面体中心的硅离子中和；因此，角顶上的氧离子在电性上是不活泼的，为惰性氧。每个硅氧四面体中硅与氧之比为 1∶2，Si^{4+} 离子为四面体角顶上的四个氧离子（各以负一价）所中和，故电价为 0。如硅氧四面体中的硅被铝离子置换，则形成铝氧四面体。铝是正三价的，这样铝氧四面体的四个角顶中的四个氧离子，有一个得不到中和，因而出现了负电荷。为了中和其电性，相应就有金属阳离子进入。因此，沸石骨架中都含有碱金属、碱土金属离子。由于沸石中硅被铝离子置换的数量是变化的，故硅铝比不同，碱金属、碱土金属离子的含量也不同。

2. 沸石水

硅氧四面体和铝氧四面体通过角顶互相连接，便构成了各种形状的三维硅（铝）氧格架状的构造，即沸石结构。由于硅（铝）氧四面体多样性的连接方式，在沸石结构中便形成了许多孔隙和孔道，有的是一维的，有的是二维的，也有的是三维的。沸石结构内部的孔隙和孔道通常都充满了水，水分子以结晶形态存在，其在某一特定温度下加热而脱除，但不破坏沸石结构，这种水称为“沸石水”。

3. 沸石分子筛

在沸石结构中，沸石水脱除后，留下了许多孔隙和孔道，具有吸附的性质。这时，比沸石内部的孔隙和孔道小的分子，被吸附而进入孔隙和孔道中；但比沸石内部的孔隙和孔道大的分子，则不能被吸附。因此，沸石能起分子筛的作用，将不同分子大小的气体筛分出来，称为沸石分子筛。

4. 阳离子交换容量

为了平衡沸石结构中的电荷，碱金属、碱土金属离子进入沸石晶体结构中。但这种离子可以被其他金属离子置换。把这种和盐基置换的容量，称为阳离子交换容量。通常称为 CEC（Cation Exchange Capacity）。CEC 是根据 Shollenberger 氏的醋酸阿姆尼亚法测定的。通常 CEC 以每 100g 试样多少毫克当量来表示。沸石等黏土矿物对碱置换容量的实例如表 11-3 所示。

黏土矿物的 CEC 实例　　表 11-3

矿物名	CEC	交换的阳离子		
		Ca^{2+}	Na^{+}	K^{+}
沸石	153.0	15.9	72.1	74.9
膨润土	97.9	16.4	96.6	5.3

根据斜发沸石的阳离子交换顺序，用天然的 Ca 型和 Na 型的斜发沸石，可以通过离子交换除去水溶液中的放射性元素 Cs 和 NH_4 形态的氮。沸石中的碱金属、碱土金属离子和重金属离子也可以置换，其顺序是 $Pb^{2+}>Ca^{2+}>Cd^{2+}>Zn^{2+}$。置换不同的阳离子后，对结构的影响很小；但对沸石的阳离子交换性、催化性及吸附性能则影响很大。

11.3.6　沸石的化学反应活性

1. 沸石骨架中不同阳离子含量对化学反应活性影响

天然沸石（嫩江）原样，沸石含量≥60%，细度：4900 孔筛余 4%～5%。将天然沸石原样通过离子交换，分别变成 NH_4^+、Ca^{2+}、Na^+ 及 K^+ 型。各种沸石样品置换水泥 10%，做成标准试件，测 28d 抗折强度、抗压强度，如表 11-4 所示。

不同阳离子的天然沸石水泥强度（MPa）　　表 11-4

强度 类型	28d 龄期		备注
	抗折	抗压	
沸石原样	7.9	39.2	纯水泥试件强度 32.1
NH_4^+	7.7	44.2	
Ca^{2+}	8.0	44.3	
Na^+	7.5	42.0	
K^+	7.8	39.5	

可见，以各种沸石样品置换 10%的水泥，28d 龄期的抗压强度、抗折强度均高于基准试件的强度。其中，以 Ca^{2+}、NH_4^+ 的效果最好，比基准强度提高 38%。

2. 不同细度的影响

以独石口的斜发沸石磨细，分别通过 100 目、200 目、260 目及 360 目，分别置换水泥 20%和 40%，配制水泥胶砂试件。其 7d、28d 龄期强度见表 11-5。

不同细度、不同置换率的沸石水泥强度　　表 11-5

细度		100 目		200 目		260 目		360 目	
置换量(%)		20	40	20	40	20	40	20	40
强度	7d	8.3	5.6	7.9	6.7	8.5	7.0	8.7	8.6
	28d	26	21	27	23	30	25	34	28

可见，相同置换率下，随着细度提高，沸石水泥 28d 强度也提高。不管哪一个细度，置换率 20%的沸石水泥 28d 强度，均高于置换率 40%的强度。细度对沸石的化学反应活性影响大。

3. 沸石含量与石灰吸收值

用不同沸石含量的天然沸石与消石灰反应，活性越高，对消石灰吸收值越高。如表 11-6 所示。

沸石的石灰吸收值（mg·CaO/g）　　表 11-6

沸石种类	沸石含量（%）	30d 消石灰吸收值
缙云丝光沸石	≥50	≥150
宣化斜发沸石	≥50	176.12
海林斜发沸石(1)	≥50	196.58
海林斜发沸石(2)	≥70	262

中国国标规定的 30d 消石灰吸收值 50～60mg·CaO/g，故天然沸石比国家规定值高 4～5 倍，而且随沸石含量的提高而提高。

4. 沸石的可溶性硅和铝

沸石的石灰吸收值高、沸石含量高，其化学反应活性大。这可能与沸石中的可溶性硅铝有关，如表 11-7 所示。

沸石的可溶性硅和铝　　表 11-7

沸石种类	N_2 吸附 BET (m^2/g)	最可几孔径 (nm)	平均粒径 (μm)	铵交换量 (mmol/100g)	可溶 SiO_2 (%)	可溶 Al_2O_3 (%)
沸石 1	34.30	2.530	5.90	147.81	12.08	8.93
沸石 2	19.54	2.300	5.00	107.82	8.08	8.20

表 11-7 中，沸石 1 的沸石含量约 50%，沸石 2 的沸石含量约 70%。沸石中含有可溶性硅铝，故与消石灰拌合后，早期就发生化学反应。

综上所述，沸石的化学反应活性与其铵离子交换容量（CEC）、沸石的类型（Ca^{+}、NH_4^{+}）、沸石的可溶硅、铝含量及细度有关。

11.3.7 结晶态与玻璃态沸石的化学反应活性

上面所述沸石的化学反应活性是沸石处于结晶态的情况下进行试验的；如果将沸石煅烧后，变成玻璃态物质，这时沸石的活性又如何？

（1）天然沸石的热处理。将天然沸石（大谷石）破碎至 1.2mm 以下的粉末，在 500℃、800℃下分别加热 2h，然后测定 XRD 及 SEM 图谱，如图 11-8、图 11-9 所示。经 800℃、2h 热处理的天然沸石的 TG-DTA，如图 11-10 所示。

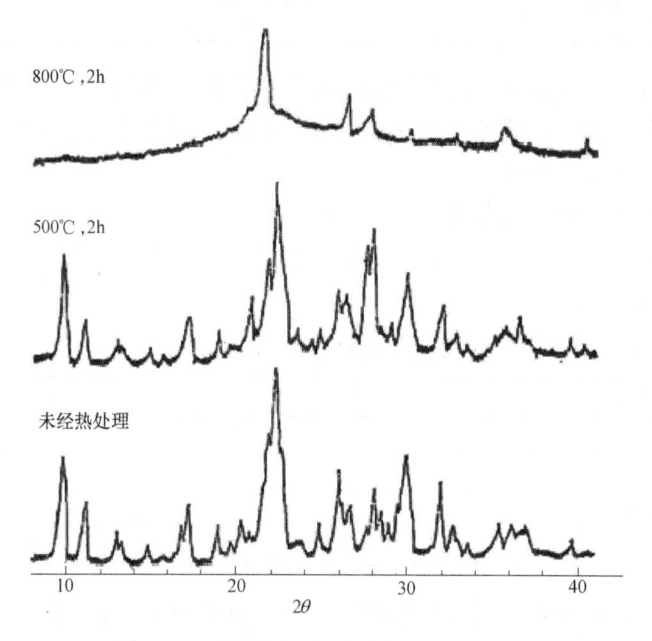

图 11-8 天然沸石（大谷石）的 XRD 图谱

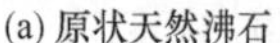

(a) 原状天然沸石

(b) 500℃、2h处理沸石

图 11-9 是否经热处理的天然沸石的 SEM 图谱（一）

(c) 800℃、2h处理沸石

图 11-9　是否经热处理的天然沸石的 SEM 图谱（二）

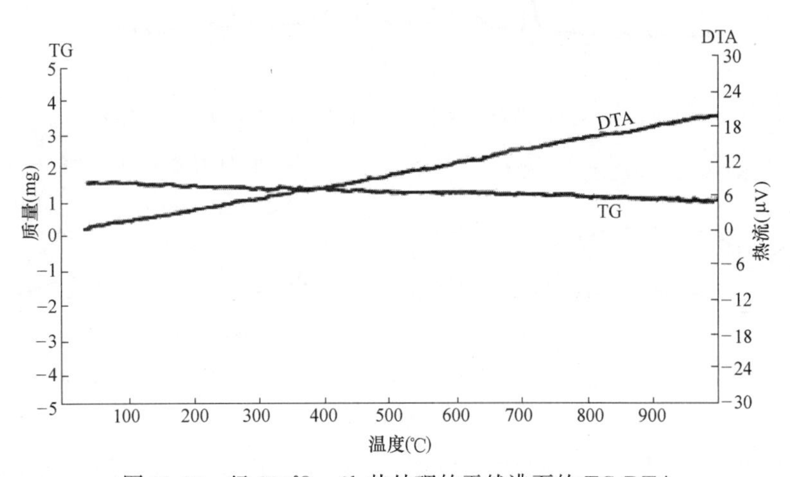

图 11-10　经 800℃、2h 热处理的天然沸石的 TG-DTA

经 500℃及未经温度处理的大谷石，其 XRD 图谱基本相同；但经 800℃ 处理的大谷石，变成了玻璃体，沸石的特征峰消失。经 800℃处理的大谷石 DTA 曲线上已没有吸热的变化；热失重（TG）曲线失重也甚少。从 SEM 图谱（图 11-9）也可看出，800℃处理的大谷石，沸石矿物已大部分玻璃化，成为粗大的团块结构。

（2）热处理的天然沸石（大谷石）的细度及其与 $Ca(OH)_2$ 的反应将大谷石破碎至<0.15mm；以未经热处理及经 500℃、800℃分别热处理 2h 后的粉末，与 $Ca(OH)_2$ 和水按 3：1：2.6 的配比制成试件。经标准养护及蒸压养护（180℃、3h）后，进行各试件的 XRD、TG-DSC 及 SEM 分析。结果如图 11-11～图 11-13 所示。结果归纳见表 11-8。

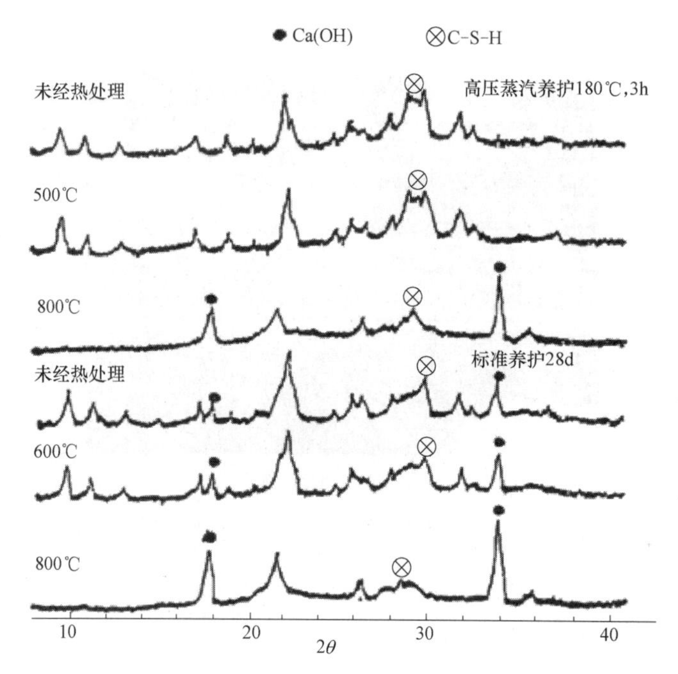

图 11-11 天然沸石（大谷石）与 Ca（OH）$_2$ 反应的 XRD

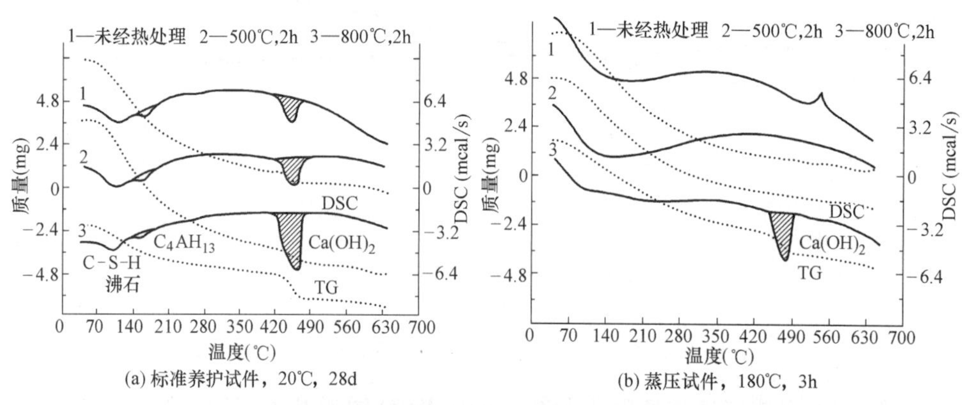

图 11-12 蒸压养护试件的 TG-DSC

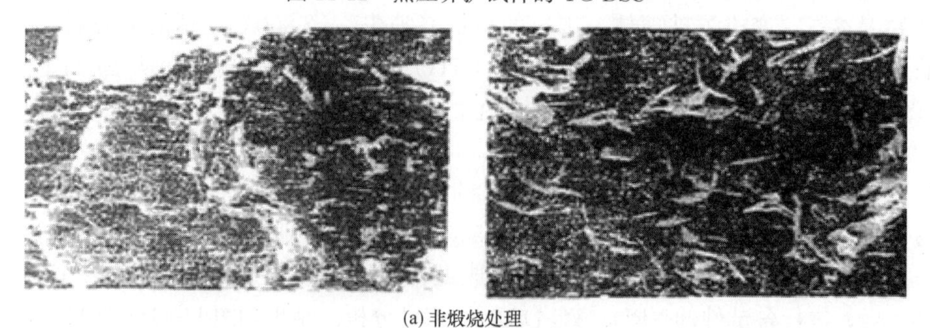

(a) 非煅烧处理

图 11-13 天然沸石+Ca(OH)$_2$+水的试件（左：标准养护试件；右：蒸压试件）（一）

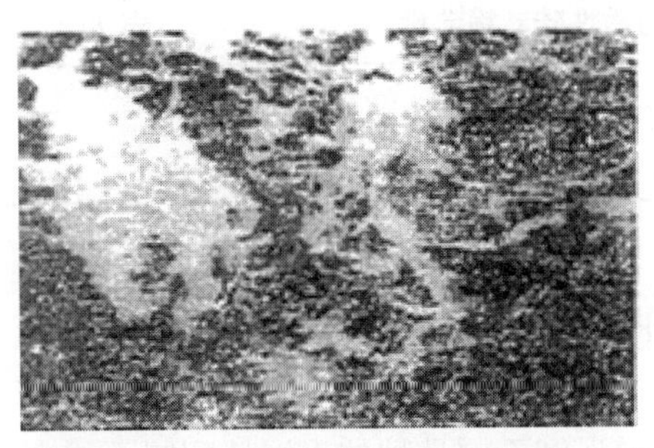
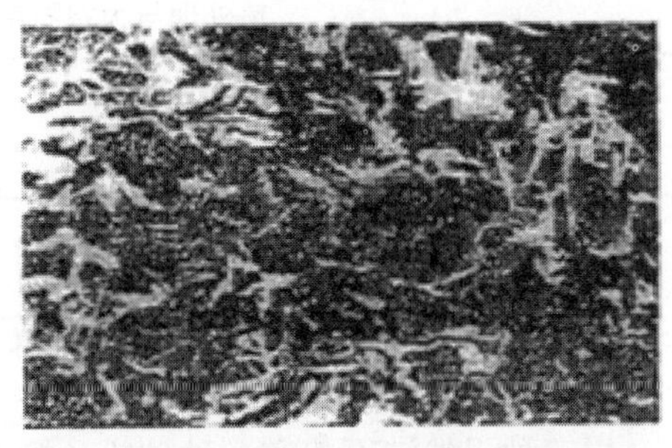

(b) 500℃

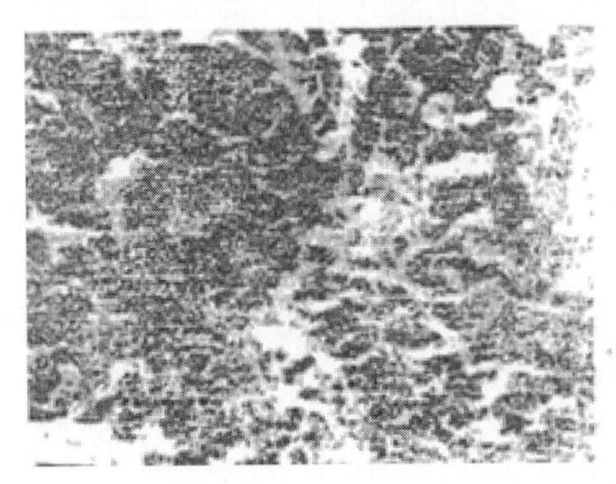
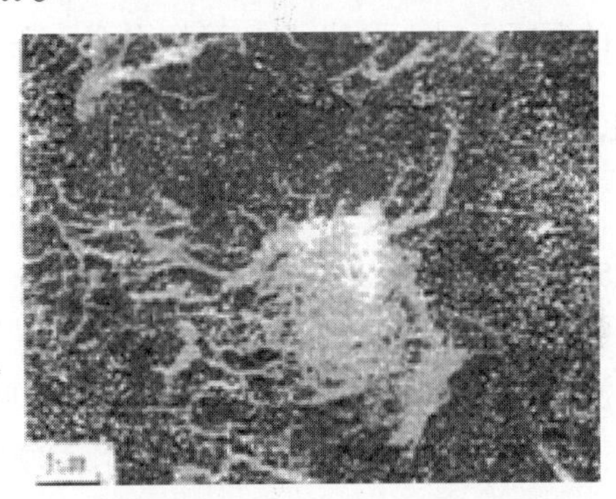

(c) 800℃

图 11-13　天然沸石+$Ca(OH)_2$+水的试件（左：标准养护试件；右：蒸压试件）（二）

不同温度处理的天然沸石与石灰反应　　表 11-8

养护方式	标准条件养护			180℃蒸压 3h		
处理温度	原状	500℃	800℃	原状	500℃	800℃
XRD	C-S-H CH	C-S-H CH	C-S-H CH	C-S-H	C-S-H	C-S-H 及 CH
TG-DSC	薄膜状 C-S-H；28d $Ca(OH)_2$ 反应约 90%	薄膜状 C-S-H；28d $Ca(OH)_2$ 反应约 90%	薄膜状 $Ca(OH)_2$ 反应约 75%	C-S-H CH 全部反应	C-S-H CH 全部反应	CH 反应 只有 80%
SEM	薄膜状的 C-S-H 相	薄膜状的 C-S-H 相	薄膜状 C-S-H	针叶状 C-S-H	针叶状 C-S-H	薄膜状 C-S-H 覆盖于大 谷石颗粒上

（3）热处理与天然沸石中的活性硅、铝含量通过对未经热处理与经 500℃、800℃热处理的天然沸石，进行活性硅、铝含量的分析。也进一步证明了，随着天然沸石处理的温度提高，活性硅、铝含量下降，也即与 $Ca(OH)_2$ 反应能力降低。如表 11-9 所示。

热处理与大谷石中的活性硅、铝含量 表 11-9

热处理温度	原状大谷石	500℃	800℃
可溶 SiO_2(%)	12.08	11.81	9.02
可溶 Al_2O_3(%)	8.39	8.37	7.37

11.4 天然沸石粉对不同水灰比混凝土的增强效果

以三种天然沸石粉和一种硅粉，对不同强度不同品种的水泥，配制不同水灰比的混凝土时，取代了10%的水泥，观察混凝土强度的变化。

11.4.1 试验原材料

水泥：冀东52.5级硅酸盐水泥，28d强度60MPa；首都水泥厂生产的矿渣425（K4）、矿渣325（K3）。

天然沸石粉：（1）房山（F）；（2）黑河（H）；（3）隆化（L）三地产；天然沸石；沸石含量≥60%，比表面积4000cm^2/g。

硅粉：SiO_2≥90%，比表面积≥200000cm^2/g。

11.4.2 混凝土配合比

基准混凝土配合比见表11-10；以10%天然沸石粉置换基准混凝土中水泥后的配合比见表11-11。

基准混凝土配合比（kg/m^3） 表 11-10

编号	W/C (%)	C	W	S	G	NF	龄期(3d、7d、28d)
G-1	30	500	150	650	1200		
G-2	45	400	180	670	1250		
G-3	60	350	210	680	1260		
K_4-1	35	500	175	650	1200		
K_4-2	45	400	180	670	1250		
K_4-3	60	350	210	680	1260		
K_3-1	40	500	200	650	1200		
K_3-2	50	400	200	670	1250		

含天然沸石粉及硅粉混凝土对比试验 表 11-11

编号	W/C (%)	C	W	S	G	NF	龄期(3d、7d、28d)
GF-1			150				
GH-1	30	450+50	150	650	1200		3d、7d、28d
GG-1	30	450+50	150	650	1200		3d、7d、28d

续表

编号	W/C (%)	C	W	S	G	NF	龄期(3d、7d、28d)
GF-2	45	360+40	180	670	1250		3d、7d、28d
GH-2	45	360+40	180	670	1250		3d、7d、28d
GG-2	45	360+40	180	670	1250		3d、7d、28d
GF-3	60	315+35	210	680	1260		3d、7d、28d
GH-3	60	315+35	210	680	1260		3d、7d、28d
GG-3	60	315+35	210	680	1260		3d、7d、28d
K_4H-1	35	450+50	175	650	1200		7d、28d
K_4F-1	35	450+50	175	650	1200		
K_4G-1	35	450+50	175	650	1200		
K_4H-2	45	360+40	180	670	1250		
K_4F-2	45	360+40	180	670	1250		
K_4G-2	45	360+40	180	670	1250		
K_4H-3	60	315+35	210	680	1260		
K_4F-3	60	315+35	210	680	1260		
K_4G-3	60	315+35	210	680	1260		
K_3H-1	40	450+50	200	650	1200		
K_3F-1	40	450+50	200	650	1200		
K_3G-1	40	450+50	200	650	1200		
H_3H-2	50	360+40	200	670	1250		
K_3F-2	50	360+40	200	670	1250		
K_3G-2	50	360+40	200	670	1250		7d、28d

11.4.3　试验结果

试验结果见表 11-12。

试验结果汇总　　表 11-12

编号	W/C (%)	置换 C	坍落度	抗压强度(MPa)			相对强度(%)		
				3d	7d	28d	3d	7d	28d
G-1	30	0	1~5	57	78	79	100	100	100
GF-1	30	10	3~5	61	78	86	107	99.7	108.9
GH-1	30	10	1~3	63	75	89	110	96	113
GG-1	30	10	1~3	65	83	94	115	107	119
G-2	45	0	7~5	35	47	57	100	100	100
GF-2	45	10	8~12	41	59	66	117	123	116
GH-2	45	10	8~12	40	50	71	113	107	125
GG-2	45	10	5~8	42	59	67	120	124	118

续表

编号	W/C (%)	置换C	坍落度	抗压强度(MPa)			相对强度(%)		
				3d	7d	28d	3d	7d	28d
G-3	60	0	18～22	14	29	47	100	100	100
GF-3	60	10	18～22	19	36	49	132	124	106
GH-3	60	10	18～22	15	32	46	109	110	99
GG-3	60	10	12～18	18	37	53	126	127	113
K_4-1	35	0	23		38	41		100	100
K_4H-1	35	10	8～12		42	64.3		111	157
K_4F-1	35	10	8～12		38	58		100	142
K_4G-1	35	10	5～8		46.5	64		122	155
K_4-2	45	0	18～22		23	41.3		100	100
K_4H-2	45	10	8～12		26.7	47.7		116	116
K_4F-2	45	10	8～12		24	46.3		104	112
K_4G-2	45	10	5～8		32.7	53.7		142	130
K_4-3	60	0	18～12		8.3	17		100	100
K_4H-3	60	10	18～22		12.3	27		149	159
K_4F-3	60	10	18～22		13	23		157	135
K_4G-3	60	10	8～12		18.5	31		223	182
K_3-1	40	0	8～12		24	32		100	100
K_3H-1	40	10	6～8		27.3	48		114	150
K_3F-1	40	10	6～8		26	42.7		108	133
K_3G-1	40	10	8～11		32	48		122	150
K_3-2	50	0	12～15		14.7	23.7		100	100
H_3H-2	50	10	8～12		16.5	33		112	139
K_3F-2	50	10	8～12		13.7	27		93	114
K_3G-2	50	10	6～8		19	34		129	144

11.4.4 结论

根据76组不同水泥、不同掺合料与不同水灰比的混凝土试验，测定其坍落度与不同龄期的强度，得到结论如下：

1. 对于42.5级（原575号）硅酸盐水泥

（1）掺合料置换10%水泥，混凝土W/C分别为30%、45%及60%，对GF（房山沸石）、GH（黑河沸石）及GG（硅粉）混凝土，3d强度均有很明显的增强效果：W/C=30%时，最低为7%，最高为14.6%；W/C=45%时，最低为13%，最高为20%；W/C=60%时，最低为9.3%，最高为32%。

对于28d强度，W/C=30%时，增强效果明显，最低为8.9%，最高为19%；W/C=60%时，最低为5.5%，最高为13.4%。

（2）对混凝土坍落度的影响：以不同地区产的天然沸石粉，等量置换混凝土中 10%的水泥后，坍落度大体上与基准混凝土相同或偏大；而以硅粉等量置换 10%水泥时，坍落度明显降低。

2. 对于 32.5 级矿渣水泥

掺合料置换 10%水泥，混凝土 W/C 分别为 30%、45%及 60%，对 GF（房山沸石）、GH（黑河沸石）及 GG（硅粉）混凝土，对混凝土 7d 及 28d 均有明显的增强效果。$W/C=35\%$时，28d 强度增长，依上述顺序，分别为 56.8%、41.5%及 55.4%；$W/C=45\%$时，28d 强度增长，分别为 15.5%、12%及 30%；而当 $W/C=60\%$时，28d 强度增长，分别为 58.8%、35.3%及 82.4%。

11.5　天然沸石粉高强度高性能混凝土

采用天然沸石粉，比表面积≥6000cm^2/g，等量置换 10%水泥，配制高强度高性能混凝土。

11.5.1　原材料

1. 水泥

42.5 级硅酸盐水泥，32.5 级矿渣水泥。

2. 骨料

粗骨料为北京立水桥产的碎卵石。细骨料为北京立水桥产的河砂。粗、细骨料的物理性能见表 11-13。

粗、细骨料的物理性能　表 11-13

品种＼性能	最大粒径(mm)	细度模量	表观密度(g/cm^3)	吸水率(%)	堆积密度(kg/L)	粒度分布
粗骨料	20	6.40	2.69	0.5	1.56	合格
细骨料	5	3.23	2.61	0.8	1.55	合格

3. 矿物质超细粉

天然沸石粉：（1）大谷石；（2）二井沸石；（3）独石口；（4）高井粉煤灰；（5）首钢矿渣粉。

4. 高效减水剂

萘系减水剂。

11.5.2　试验方案

试验方案有四个系列：

(1) 天然沸石粉、矿粉及粉煤灰，分别等量置换10%的水泥，对比四种矿物质粉体对混凝土性能的影响；

(2) 不同细度的天然沸石粉，也分别等量置换10%的水泥，观察不同细度天然沸石粉对混凝土性能的影响；

(3) 以10%、15%及20%天然沸石粉，分别等量置换水泥，观察不同对水泥置换量的天然沸石粉对混凝土性能的影响；

(4) 观察42.5级硅酸盐水泥、32.5级矿渣水泥与天然沸石粉配制混凝土的效果。各系列试验分别如表11-14～表11-17所示。

不同矿物质粉体分别等量置换10%水泥的混凝土（1系列）　表11-14

编号	水泥-掺合料		W/B (%)	砂率 (%)	W (kg)	减水剂 (kg)	每立方米混凝土材料用量(kg)			
	种类	平均粒径(μm)					水泥	掺料	砂	石
1	水泥	8.0	35	32	175	5.0	500	—	560	1207
2	大谷石	6.2	35	32	175	5.0	450	50	560	1207
3	二井石	6.4	35	32	175	5.0	450	50	560	1207
4	粉煤灰	5.6	35	32	175	5.0	450	50	560	1207
5	矿粉	6.7	35	32	175	5.0	450	50	560	1207

不同细度天然沸石粉对混凝土性能的影响（2系列）　表11-15

编号	水泥-掺合料		W/B (%)	砂率 (%)	W (kg)	减水剂 (kg)	每立方米混凝土材料用量(kg)			
	种类	平均粒径(μm)					水泥	掺料	砂	石
6	水泥	8.0	35	32	175	5.0	500	—	560	1207
7	大谷石	6.7	35	32	175	5.0	450	50	560	1207
8	大谷石	6.2	35	32	175	5.0	450	50	560	1207
9	大谷石	5.6	35	32	175	5.0	450	50	560	1207
10	二井石	6.8	35	32	175	5.0	450	50	560	1207
11	二井石	6.4	35	32	175	5.0	450	50	560	1207
12	二井石	5.6	35	32	175	5.0	450	0	560	1207

天然沸石粉对水泥不同置换量的混凝土性能的影响（3系列）　表11-16

编号	水泥-掺合料		W/B (%)	砂率 (%)	W (kg)	减水剂 (kg)	每立方米混凝土材料用量(kg)			
	种类	掺量(%)					水泥	掺料	砂	石
13	大谷石	10	35	32	175	5.0	450	50	560	1207
14	大谷石	15	35	32	175	5.0	425	75	560	1207
15	大谷石	20	35	32	175	5.0	400	100	560	1207
16	二井石	10	35	32	175	5.0	450	50	560	1207

续表

编号	水泥-掺合料		W/B (%)	砂率 (%)	W (kg)	减水剂 (kg)	每立方米混凝土材料用量(kg)			
	种类	掺量(%)					水泥	掺料	砂	石
17	二井石	15	35	32	175	5.0	425	75	560	1207
18	二井石	20	35	32	175	5.0	400	100	560	1207
19	独石口	10	35	32	175	5.0	450	50	560	1207
20	独石口	15	35	32	175	5.0	425	75	560	1207
21	独石口	20	35	32	175	5.0	400	100	560	1207

不同品种水泥，天然沸石粉掺与否的效果（4 系列）　表 11-17

品种	编号	是否掺沸石粉	W/B (%)	水 (kg)	减水剂 (kg)	每立方米混凝土材料用量(kg)			
						水泥	沸石粉	细骨料	粗骨料
硅酸盐水泥	22	—	37.8	170	4.0	450	0	560	1207
	23	掺				390	60	560	1207
	24	—	35.5	160	5.0	450	0	560	1207
	25	掺				390	60	560	1207
	26	—	33.0	150	5.5	450	0	560	1207
	27	掺				390	60	560	1207
	28	—	31.0	140	6.0	450	0	560	1207
	29	掺				390	60	560	1207
矿渣水泥	30	—	37.8	170	4.0	450	0	560	1207
	31	掺				390	60	560	1207
	32	—	35.5	160	5.0	450	0	560	1207
	33	掺				390	60	560	1207
	34	—	33.0	150	5.5	450	0	560	1207
	35	掺				390	60	560	1207
	36	—	31.0	140	6.0	450	0	560	1207
	37	掺				390	60	560	1207

11.5.3　试件制作与养护

试件尺寸 10cm×10cm×10cm，搅拌机搅拌，振动台上成型，24h 脱模，放入温度 20℃的潮湿空气中养护至规定龄期试压。

11.5.4　试验结果与分析

1. 新拌混凝土的性能

本试验混凝土的粗、细骨料及用水量为定值；只改变天然沸石粉的细度、种类与掺量；新拌混凝土的坍落度在 10～20cm 之间，有点离散。但综合进行分析时，掺入沸石粉的混凝土拌合物，坍落度比基准混凝土约降低 1.5～3.0cm；而且，随着沸石粉掺量增大，坍落度降低也越大。这是由于沸石粉多孔结构所造成的。

2. 对混凝土强度的影响

各系列试验结果汇总于表 11-18。

各系列试验结果汇总 **表 11-18**

系列	编号	坍落度(cm)	含气量(%)	抗压强度(MPa)		
				3d	7d	28d
第一系列	1	20	3.0	47.5	59.5	70.8
	2	17.4	3.0	52.4	67.0	80.0
	3	16.5	3.0	48.1	61.8	74.6
	4	20.0	3.0	43.1	50.7	66.9
	5	21.0	3.0	41.0	51.6	66.1
第二系列	6	20.0	3.0	47.5	59.5	70.8
	7	17.4	3.5	49.0	65.5	77.9
	8	17.0	3.5	51.3	66.6	77.9
	9	17.0	3.5	48.5	68.4	80.0
	10	17.2	3.0	48.5	62.5	75.7
	11	17.0	3.5	52.2	65.5	76.4
	12	17.0	3.0		64.2	74.3
第三系列	13	17.4	3.0		67.0	80.0
	14	17.0	3.4		59.5	77.8
	15	15.8	3.6		59.0	68.5
	16	17.2	3.5		62.5	75.7
	17	16.8	3.6		61.3	69.4
	18	15.8	3.6		58.3	72.1
	19	17.2	3.2		60.2	77.9
	20	16.5	3.4		54.8	74.3
	21	15.5	3.4		60.5	70.8
第四系列	22	17.0	3.0		52.0	59.3
	23	15.6	3.4		58.2	66.9
	24	14.6	3.6		53.8	66.8
	25	14.0	3.5		59.1	76.8

续表

系列	编号	坍落度(cm)	含气量(%)	抗压强度(MPa)		
				3d	7d	28d
第四系列	26	14.0	3.6		58.7	71.2
	27	13.0	3.6		65.7	84.0
	28	10.0	3.2		61.8	74.2
	29	18.0	3.4		69.8	85.3
	30	15.6	3.4		34.2	45.0
	31	16.0	3.0		36.6	50.4
	32	14.8	3.0		36.2	47.8
	33	15.0	3.0		39.1	54.0
	34	14.0	3.1		39.0	52.0
	35	12.0	3.2		42.1	58.8
	36	10.0	3.0		48.3	56.4
	37	10.0	3.0		53.1	64.3

1）第 1 系列试验

以大谷石、二井沸石以及矿粉和粉煤灰，代替混凝土中 10%水泥，混凝土 3d、7d、28d 强度与基准混凝土强度的比值，如图 11-14 所示。

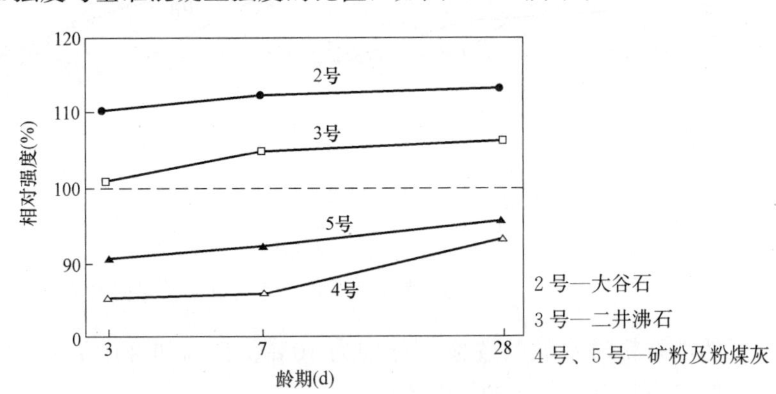

图 11-14　不同矿物掺合料对混凝土强度影响

可见，大谷石超细粉代替 10%水泥后，混凝土的强度，无论 3d、7d 或 28d，均比基准混凝土的强度提高 10%以上。二井沸石粉稍差些，但各龄期强度也均高过基准混凝土。而矿粉及粉煤灰等量置换 10%水泥后，各龄期混凝土强度均低于基准混凝土强度。尤其是 3d、7d 混凝土的强度更低。

2）第 2 系列试验

以不同细度的天然沸石粉，分别等量置换 10%的水泥，对混凝土强度的影响。

由图 11-15 可见，掺入平均粒径分别为 6.7μm、6.2μm 及 5.6μm 的大谷石粉的混凝土。与基准混凝土相比，7d 龄期强度分别提高 10%、12%、15%；28d 强度，分别提高 10%、10%和 13%。对于二井天然沸石粉，也有类似情况。一般情况下，天然沸石粉平均粒径 6μm 时，增强效果较合理。

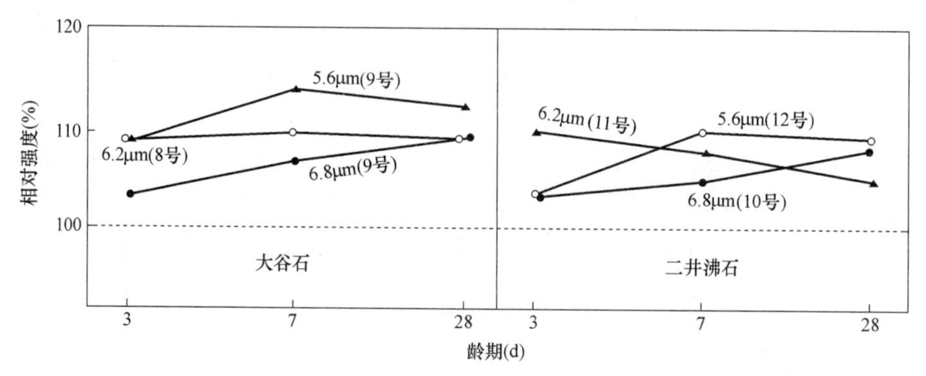

图 11-15 不同细度的天然沸石粉对混凝土增强效果

3）第 3 系列试验：天然沸石粉对水泥不同置换量与混凝土强度

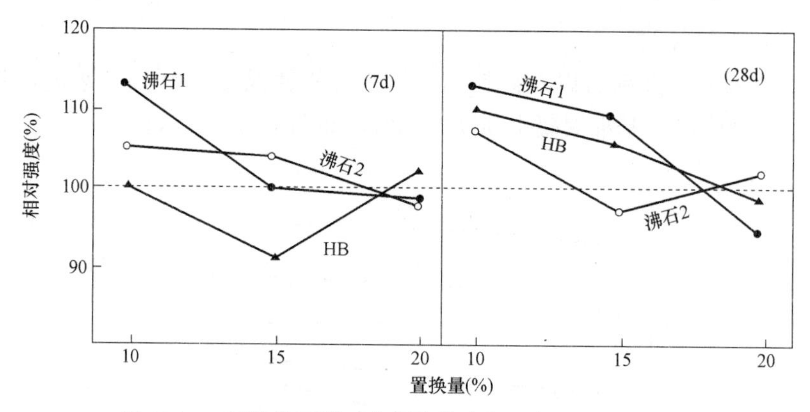

图 11-16 天然沸石粉对水泥取代率与混凝土强度的关系

天然沸石粉对水泥的置换量分别为 10%、15%和 20%；由图 11-16 可见，三种天然沸石粉对混凝土的影响不同。

（1）7d 强度：大谷石（沸石 1）掺量 5%时，强度约提高 15%，但置换水泥 15%和 20%时，强度与基准混凝土基本相同；二井沸石（沸石 2）置换量为 5%和 10%时，强度约提高 5%；但置换水泥 20%时，强度与基准混凝土基本相同；河北独石口的天然沸石置换水泥 10%和 20%时，强度与基准混凝土相同；但置换水泥 15%时，强度比基准混凝土降低约 10%。

（2）28d 强度：置换水泥量 10%时，三者的混凝土强度均高于基准混凝土；置换水泥 20%时，大体上与基准混凝土的强度相近。

4）第 4 系列试验：不同品种水泥的效果

本项试验以硅酸盐水泥及矿渣水泥为基准，分别以天然沸石粉等量置换 13.3％的水泥；检验不同水灰比下混凝土强度的变化。

由图 11-17 可见，不管是硅酸盐水泥或矿渣水泥，内掺 13.3％的大谷石粉的混凝土的强度；不管是 7d 还是 28d 混凝土强度，水灰比 0.30～0.38 的混凝土，比基准混凝土的强度均有不同程度的提高；硅酸盐水泥混凝土提高的幅度较大，达 15.3％。

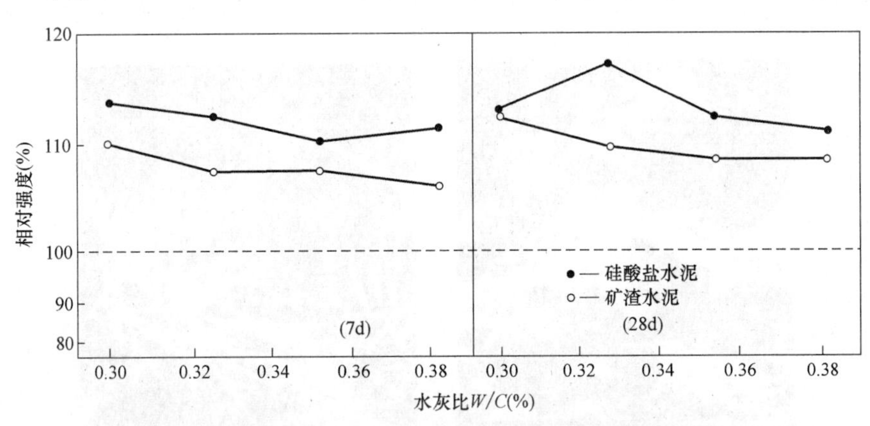

图 11-17　内掺 13.3％天然沸石粉，不同水灰比混凝土的强度

11.6　天然沸石超细粉混凝土的微结构

天然沸石粉等量置换混凝土中 5％～10％的水泥时，混凝土强度比基准混凝土提高 10％～15％。沸石是一种结晶矿物，与一般火山灰不同。天然沸石粉在水泥混凝土中，发生了什么作用？为什么能提高混凝土的强度？这与天然沸石超细粉改善混凝土的微观结构有关。

11.6.1　天然沸石粉的火山灰反应

F. M. Lea 认为，天然火山灰都是一些沸石状的化合物，即天然沸石属于火山灰质材料的范畴。对石灰-火山灰反应机理，曾提出两个主要论据：碱交换与直接化合。

1. 碱交换

即天然沸石粉通过离子交换与 $Ca(OH)_2$ 结合（图 11-18）。通过测定，当溶液为 CaO、0.5mg/L

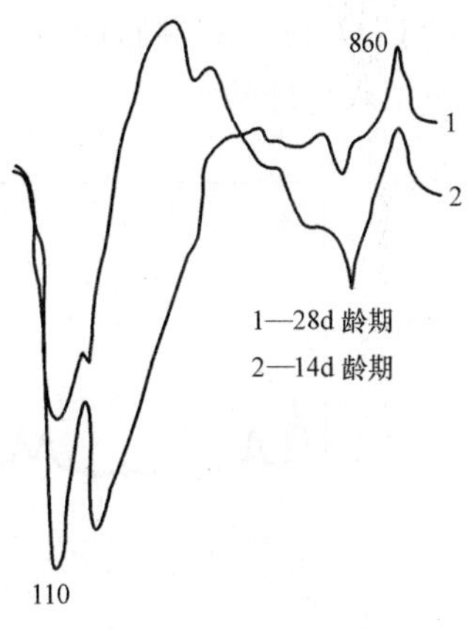

图 11-18　消石灰-沸石粉试件的 DTA

时，独石口天然沸石钙离子交换容量为 0.25Ca mmol/g 原料。F. M. Lea 认为，相当于火山灰的 1%～2%。在碱交换时，沸石矿物晶格没有任何变化，一个碱离子被另一个离子置换，进入晶格的同一个位置上；这个反应未必能起胶凝作用。

2. 关于直接化合

天然沸石粉在水泥水化硬化中的作用主要是沸石粉中的 SiO_2 与 $Ca(OH)_2$ 直接化合，生成水化硅酸钙，如图 11-19 所示。

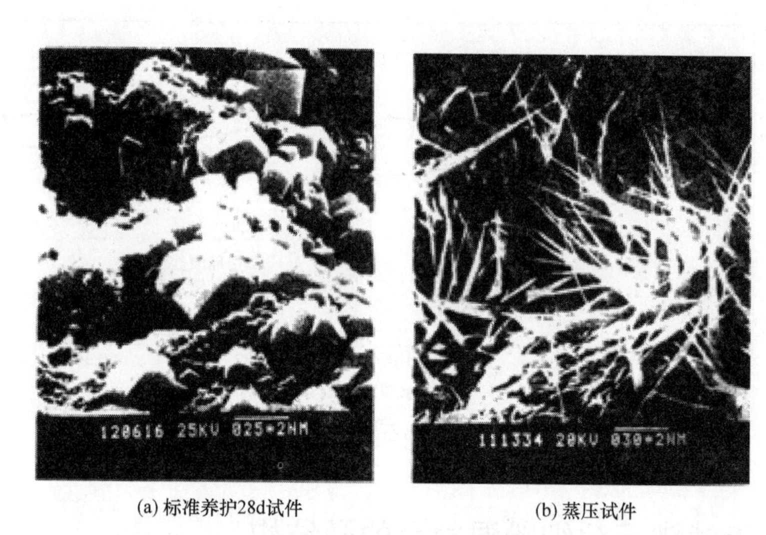

(a) 标准养护28d试件 (b) 蒸压试件

图 11-19 天然沸石粉+消石灰试件的 SEM

图 11-20 中，28d 的 XRD 图谱上出现了 C-S-H 相。在图 11-21 中，试样 14d 与 28d 的红外光谱（IR），均显示有水化硅酸钙的存在，峰数为 $970cm^{-1}$；而单独的 $Ca(OH)_2$ 和沸石的特征峰不明显。这也说明了天然沸石粉与消石灰反应，生成了水化硅酸钙。

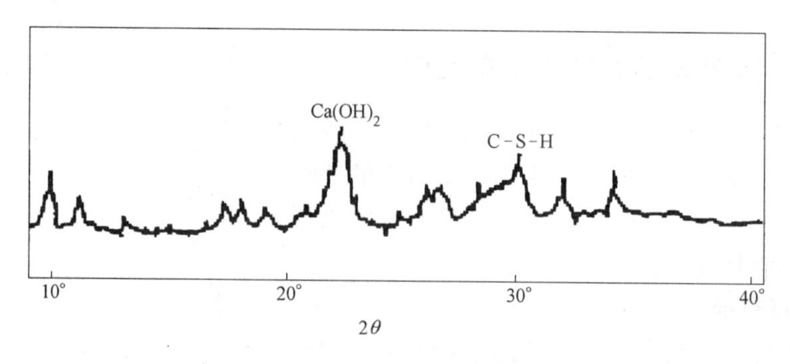

图 11-20 天然沸石粉+消石灰试件的 XRD 图谱

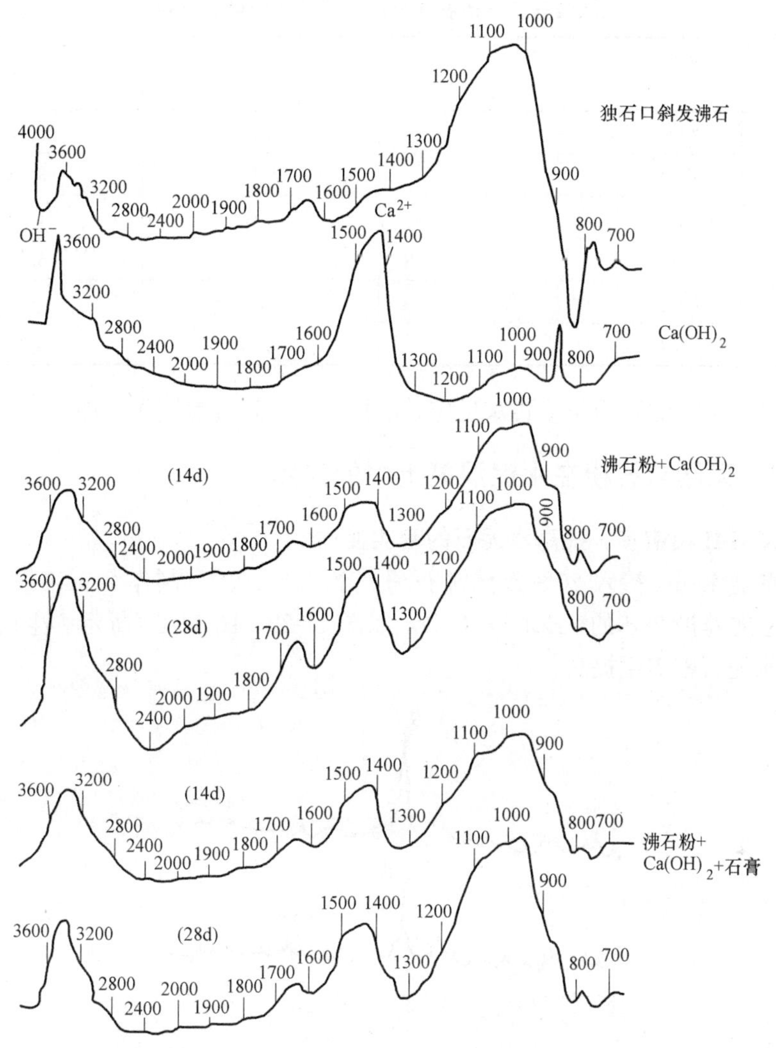

图 11-21　天然沸石粉＋石灰＋石膏的红外光谱（IR）

3. 天然沸石粉与消石灰反应，可溶性硅铝也随着龄期而增长

检验天然沸石粉与消石灰反应试件的组成如表 11-19 所示；结果如表 11-20 所示。

天然沸石超细粉与消石灰试件的组成　　**表 11-19**

组别	天然沸石粉含量(%)	消石灰(%)	二水石膏(%)	萤石(%)
A	50	50	—	—
B	50	46	4	—
C	50	46	—	4

天然沸石粉与消石灰反应不同龄期的可溶硅铝 表 11-20

组别	龄期	3d	7d	28d
A	SiO_2	4.88	6.13	9.63
	Al_2O_3	1.66	2.14	3.11
B	SiO_2	8.9	9.4	11.1
	Al_2O_3	2.14	2.29	3.26
C	SiO_2	8.7	7.1	
	Al_2O_3	2.14	2.24	3.11

可见，天然沸石粉与消石灰反应，活性硅、铝随着龄期而增加。

11.6.2 天然沸石粉在水泥混凝土中的作用

1. C-S-H 相增多，提高水泥石的密实度

硅酸盐水泥，掺入 20%天然沸石粉，$W/B=25\%$。制作 2cm×2cm×2cm 试件，标准养护 28d 的 SEM 与 XRD，如图 11-22、图 11-23 所示。生成 C-S-H 凝胶，水泥石密实度提高。

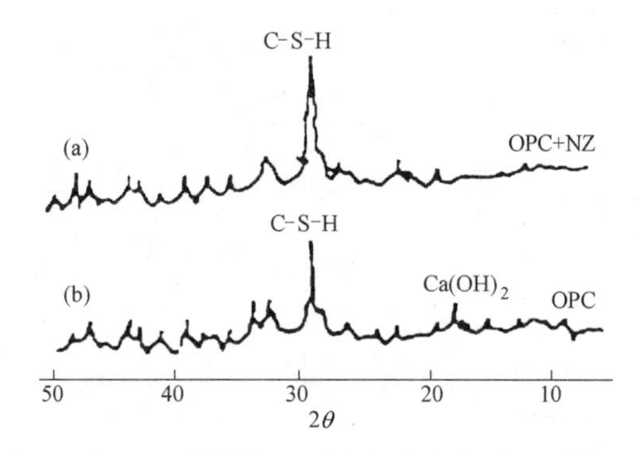

图 11-22 水泥石中含与不含沸石粉时的 XRD

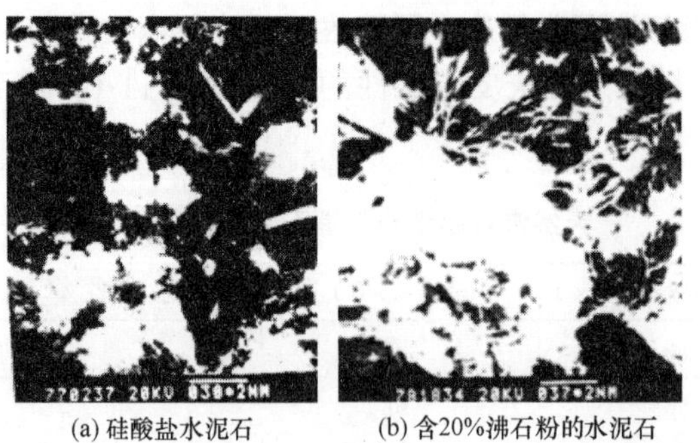

(a) 硅酸盐水泥石 (b) 含20%沸石粉的水泥石

图 11-23 含与不含沸石粉水泥石的 SEM

2. 天然沸石粉在水泥石中的自真空作用

天然沸石中的沸石矿物含量约 60%。沸石矿物内部有许多空腔与孔道，内表面积很大；A 型沸石分子筛的内表面积约为 1100cm^2/g。沸石粉与水泥一起搅拌时，沸石吸水，一部分自由水被沸石粉吸走；在水泥水化硬化过程中，沸石粉析出原来吸附的水分，供给水泥水化需水。使沸石粉粒子与水泥水化物之间的连接更加紧密，也即沸石粉通过化学与物理作用，粒子与水化物之间的联系更加紧密。

3. 水泥石孔结构的改善

在硅酸盐水泥中，同条件下制成含 10%沸石粉试件与基准试件，在同条件下养护 7d、28d 龄期时测定孔结构，如图 11-24 所示。

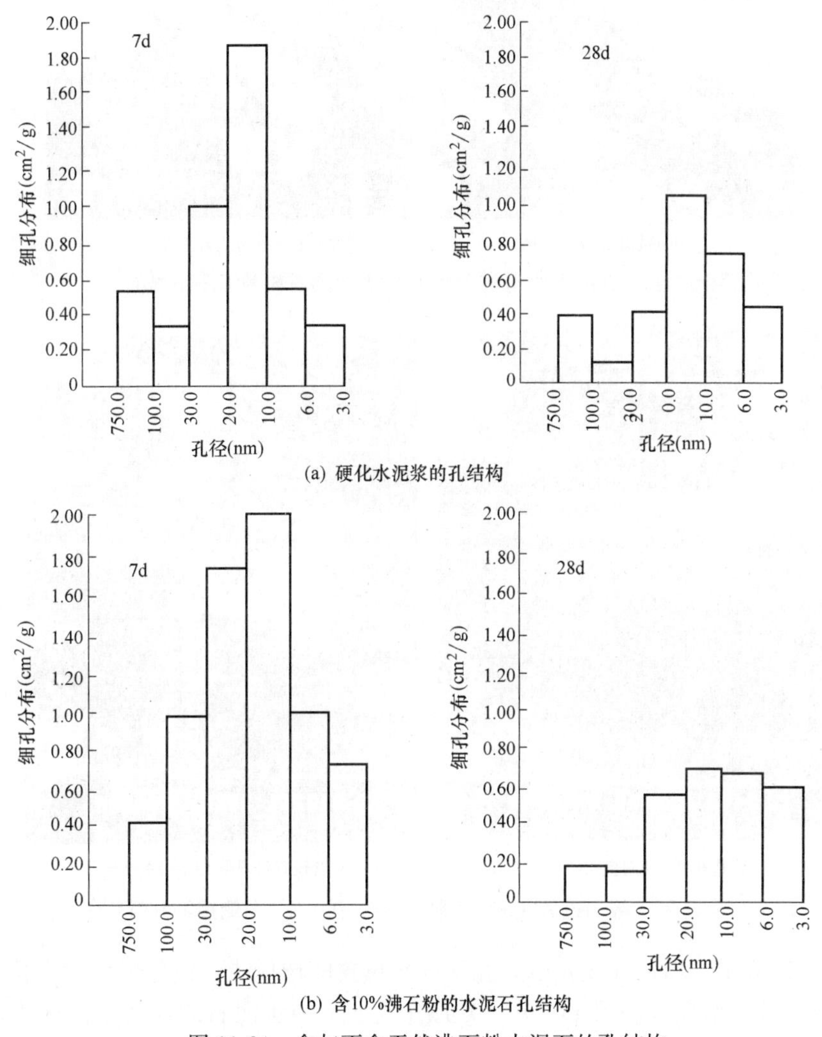

(a) 硬化水泥浆的孔结构

(b) 含10%沸石粉的水泥石孔结构

图 11-24　含与不含天然沸石粉水泥石的孔结构

4. 改善混凝土中粗骨料与水泥石之间的界面结构

（1）$W/B=0.30$，内掺10%天然沸石粉的混凝土。28d时，进行SEM分析及EDAX对水泥石-骨料界面过渡层的分析，分别如图11-25及图11-26所示。

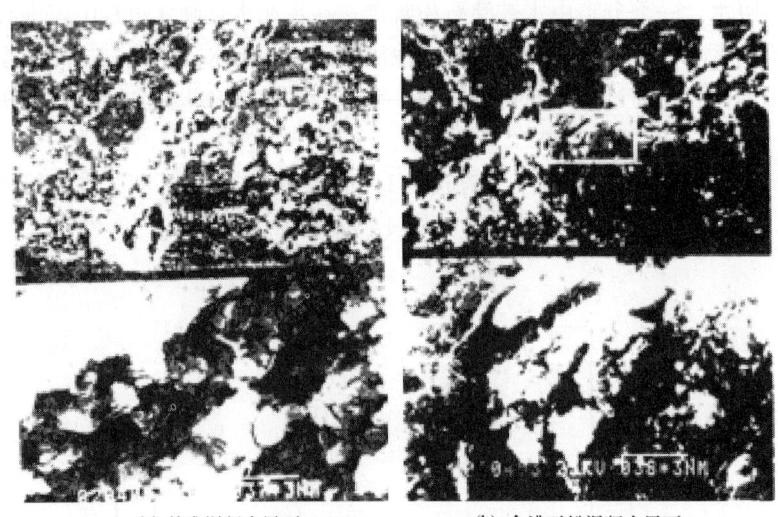

(a) 基准混凝土界面　　(b) 含沸石粉混凝土界面

图11-25　基准混凝土与内掺10%天然沸石粉的混凝土界面

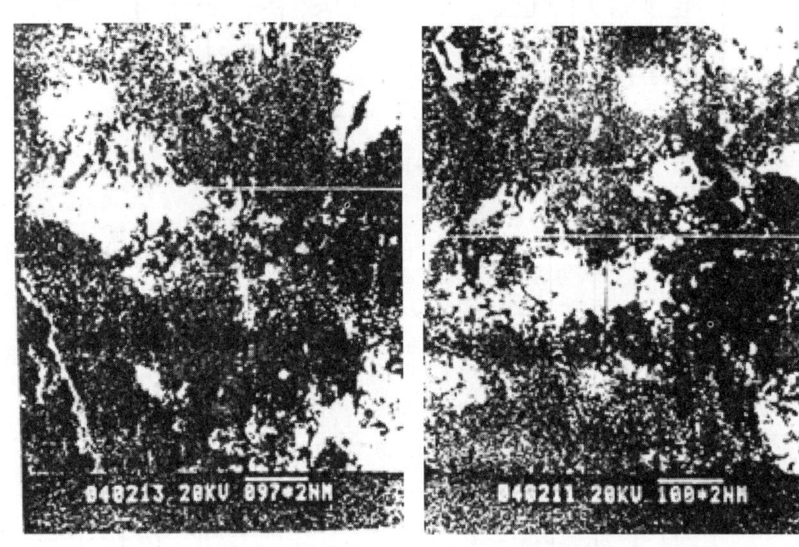

(a) 基准混凝土过渡层Ca元素分布　　(b) 含沸石粉混凝土Ca元素分布

图11-26　界面过渡层Ca元素分布的EDAX（左侧接触骨料）

图11-26中，白色横线是选定元素分布位置的选择线。白色斑点为沿位置线Ca元素的分布情况。从图11-26（a）图中可见，纯水泥石的界面过渡区中，Ca元素在骨料端富集，这是由于$Ca(OH)_2$在水膜层中定向富集结晶所致，对界面

力学性能有害。内掺 10%的天然沸石后，由于高硅含量及可溶性硅、铝作用，使 $Ca(OH)_2$ 富集结晶减弱。图 11-26（b）中，Ca 元素分布均匀，无明显的富集现象。

（2）CaO、SiO_2 含量的 EDAX 点分析及计算过渡 SiO_2/CaO 质量比，如图 11-27 所示。对基准混凝土及含 10%沸石粉混凝土进行了 XRD 层分析，如图 11-28 所示。

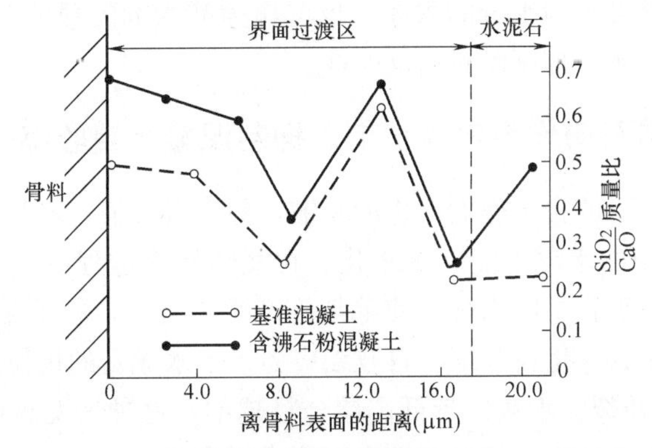

图 11-27　混凝土界面过渡层的 SiO_2/CaO 质量比

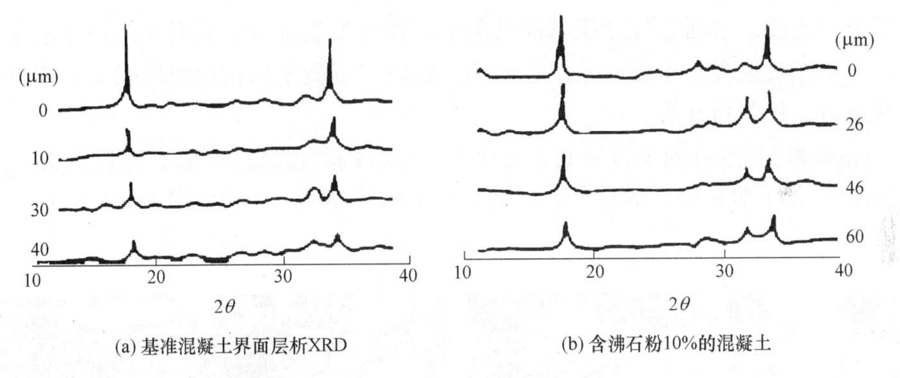

图 11-28　$Ca(OH)_2$ 特征峰 XRD

经计算，$Ca(OH)_2$ 取向指数如图 11-29 所示。掺入天然沸石粉的混凝土，界面过渡层中 $Ca(OH)_2$ 结晶取向，明显地比基准混凝土界面过渡层的取向减弱。由基准混凝土界面中的 50μm 降低到 40μm 左右。

$Ca(OH)_2$ 结晶取向减弱，取向范围减小，使过渡层的结构不均匀性得到改善，界面得到增强。

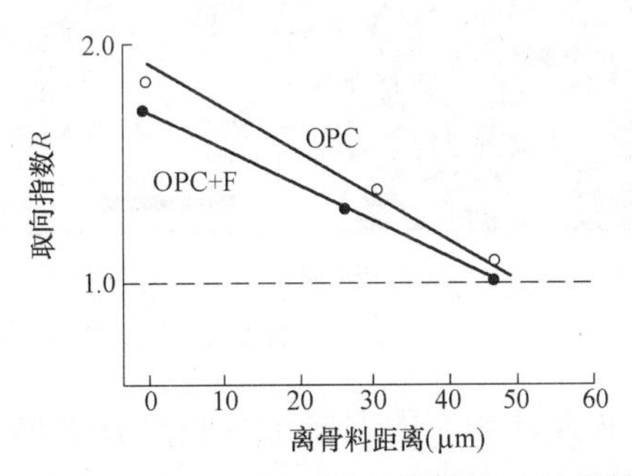

图 11-29　$Ca(OH)_2$ 取向指数与取向范围

11.7 天然沸石粉在水泥混凝土中应用的特种功能

天然沸石粉由于沸石的多孔结构，使沸石矿物有巨大的内表面积；如上所述，A型沸石分子筛的内表面积约$1100cm^2/g$。沸石粉可以吸附大量水分，逐渐缓慢析放出来；既可作为水分的载体，也可作为减水剂的载体；通过离子交换，可吸收和固化重金属，抑制碱骨料反应等。

11.7.1 天然沸石粉作为自养护剂，抑制混凝土自收缩开裂

混凝土中水泥石的自干燥而产生的收缩，称为自收缩。混凝土的水灰比低于0.38时，水泥石中的水泥不能完全水化。在凝结硬化过程中，未水化水泥水化时，吸取水泥石毛细管中的水分，使毛细管产生自真空，在毛细管内产生负压，从而使硬化的水泥石产生自收缩。自收缩应力大于水泥石的抗拉应力时，水泥石（或混凝土）产生开裂。水灰比越低，掺合料越细，这种情况越严重。而早期收缩，除了自收缩外，还有由于早期失水而造成的收缩。

早期收缩（包括自收缩）与长期干燥收缩不同，前者是由于早期外部失水及内部失水造成。水泥石强度很低的情况下，往往发生开裂；后者也是由于混凝土的水分蒸发及混凝土中凝胶脱水造成的。这时，混凝土的抗拉强度较大，能抵抗收缩应力，故不易开裂。

Guse和Hilsdorf对$W/C=0.3$及$W/C=0.25$的高强高性能混凝土进行了表面开裂的观测。24h脱模时，混凝土表面就出现了网状裂纹，分别如图11-30及图11-31所示。

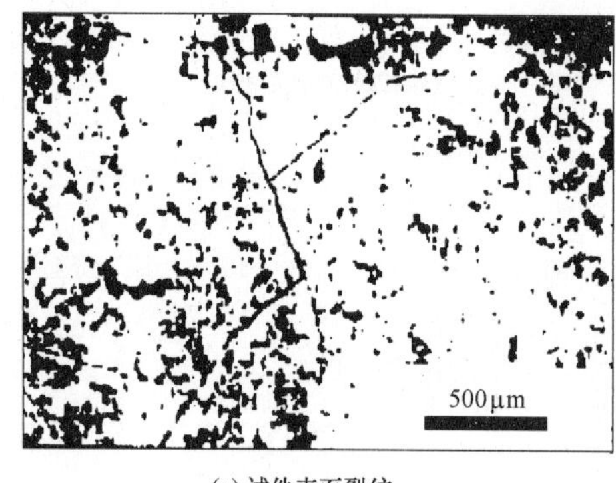

(a) 试件表面裂纹

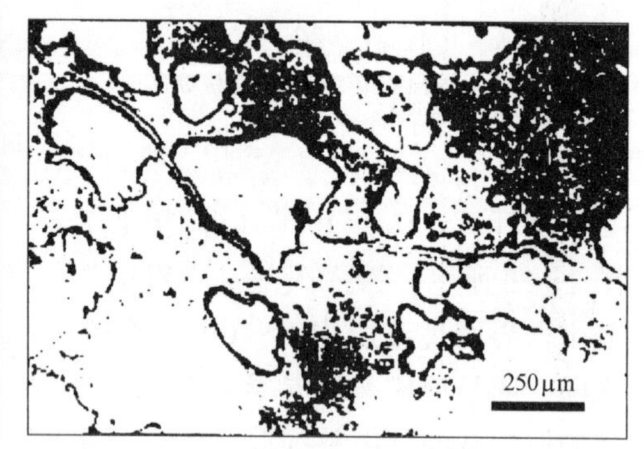

(b) 抛光后表面裂纹

图11-30 低W/C的混凝土自收缩开裂

$W/C=0.5$的混凝土自收缩开裂最低，1d龄期仅$3mm/cm^2$；$W/C=0.25$的混凝土自收缩开裂最大，1d龄期达$49mm/cm^2$；而$W/C=0.3$的混凝土自收

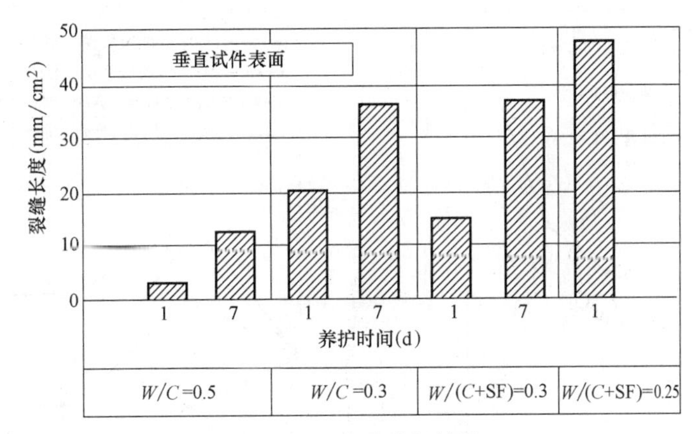

图 11-31　裂缝分析结果

缩开裂也较大，1d 龄期达 $20mm/cm^2$；7d 龄期达 $38mm/cm^2$，掺入硅粉的自收缩稍大，7d 龄期约为 $39mm/cm^2$。

用天然沸石粉作自养护剂，在混凝土搅拌过程中，沸石粉吸水。混凝土初凝后，水泥继续水化需水时，沸石粉析水，供水泥水化需要，抑制了由于毛细管脱水而产生的毛细管张力及混凝土的自收缩开裂。

11.7.2　天然沸石抑制混凝土碱骨料反应的效果

按《水工混凝土试验规程》DL/T 5150—2017 砂浆棒法检验，判断标准：(1) 14d 砂浆棒膨胀率<0.02%；(2) 标准砂浆与对比砂浆两者 14d 龄期的膨胀率之差，与标准砂浆膨胀率之比值≥75%；并且，56d 对比砂浆的膨胀率≤0.05%。如能满足上两项要求，就认为该水泥即使与碱活性骨料一起应用，也不会发生碱骨料反应的危害。

按砂浆棒法检验，从两方面进行：

(1) 大坝水泥、沸石水泥（内掺 30%沸石粉）与活性骨料制成砂浆棒，检验膨胀结果如图 11-32 所示。

(2) 沸石水泥（内掺 30%沸石粉）与活性骨料及非活性骨料的砂浆棒，检测膨胀结果如图 11-33 所示。

可知：

(1) 对比砂浆 14d 龄期的膨胀率不大于 0.02%；(2) 标准砂浆与对比砂浆 14d 膨胀率之差，与标准砂浆的比值：

对比砂浆 14d（用 28d 代替）龄期的膨胀率 $E_t(-1)=0.009\%$

$E_t(-2)=0.002\%$

标准砂浆 14d 龄期的膨胀率　$E_t=0.093\%$

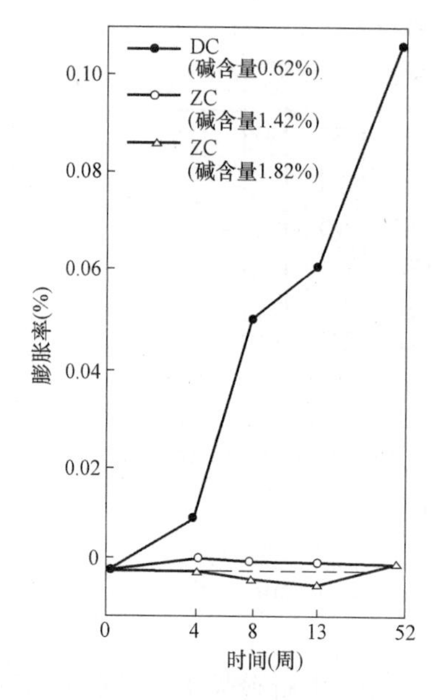

图 11-32 大坝水泥、沸石水泥与活性骨料反应

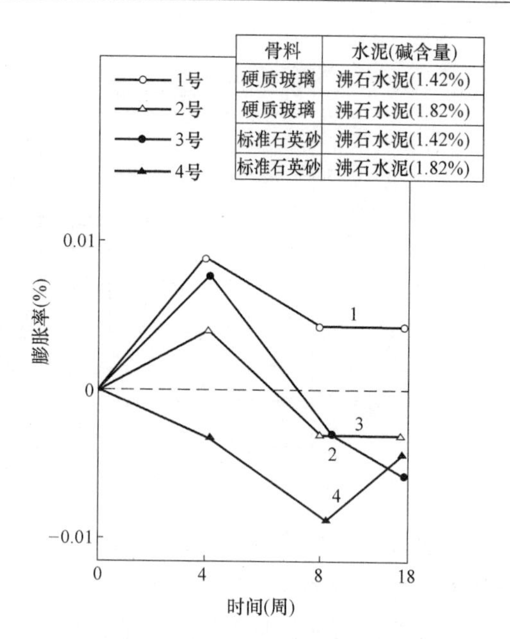

图 11-33 沸石水泥与活性骨料及非活性骨料的反应

$$R_1(-1)=(0.093-0.009)/0.093\times100\%=90\%$$

$$R_2(-2)=(0.093-0.002)/0.093\times100\%=98\%$$

均大于75%。56d龄期对比砂浆的膨胀率，不管是 $E_t(-1)$ 或 $E_t(-2)$，均小于0.05%。也就是说，在水泥中掺入30%沸石粉，即使活性骨料配制混凝土，也不会发生碱骨料反应。研究证明，天然沸石抑制碱-骨料反应，是沸石通过离子交换，使混凝土中的碱离子（K^+、Na^+）进入了沸石骨架，从而抑制了骨料的活性 SiO_2 与水泥浆中的碱离子反应。

11.7.3 天然沸石粉载气体多孔混凝土

用天然沸石粉作为气体载体，把空气或其他气体带进水泥浆中，使水泥浆膨胀，凝结硬化后成为多孔混凝土（图11-34）。而且，天然沸石还参与水泥的水化反应，使多孔混凝土的强度能随着龄期而提高。

1. 关于天然沸石载气体

沸石具有很大的内表面积，如上所述，A型沸石分子筛的内表面积约为1100cm²/g。但一般情况下，沸石的内表面均为沸石水所充满，沸石作为载气体，必须要脱水，使沸石吸收空气或其他气体。沸石粉加热脱水及载气量等参数如图11-35所示。

可见，煅烧温度超过500℃后，脱水量继续增大，但比表面积及气体排放量

图 11-34 天然沸石粉载气体多孔混凝土

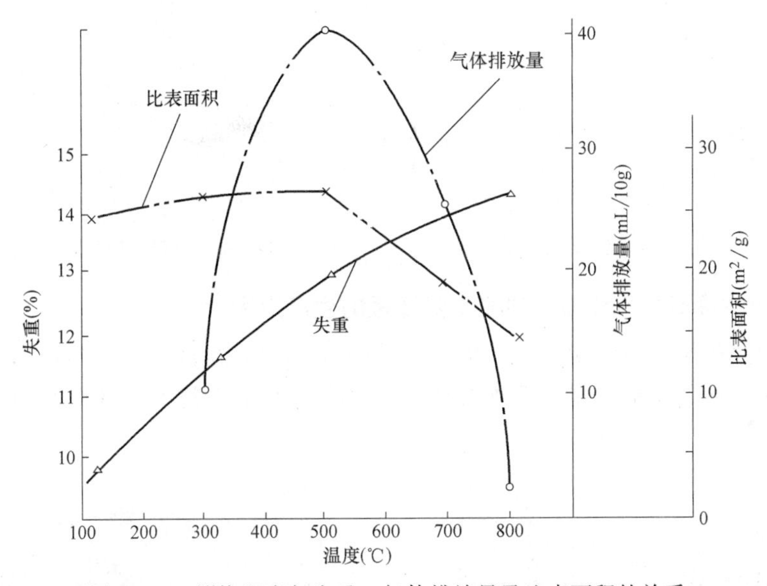

图 11-35 煅烧温度与失重、气体排放量及比表面积的关系

降低。由于煅烧温度过高，大谷石的结构受到破坏，比表面积降低，气体排放量也相应降低了。故大谷石这一类天然沸石，作为载气体最优的脱水温度是500℃。处理的温度过高，天然沸石的化学反应活性也降低。如表 11-21 所示。

热处理与天然沸石（大谷石）中的活性硅、铝含量 **表 11-21**

热处理温度	原状大谷石	500℃	800℃
可溶 SiO_2(%)	12.08	11.81	9.02
可溶 Al_2O_3(%)	8.39	8.37	7.37

可见，在保证天然沸石（大谷石）获得最大发气量的前提下，热处理温度应尽可能低。天然沸石可以具有更高的化学反应活性。

天然沸石粉的粒度对载气量也有影响。由图 11-36 可见：粒径 1.2～0.6mm 的发气量稍高，而粒径 0.15mm 以下大谷石发气量偏低。一方面，这可能是由于同样体积的大谷石，破碎成较细的粒度时，表面积增大，内部孔隙的面积相对减少，吸收的气体也相对减少；另一方面，细度大，吸湿性也大。一般情况下，粒度细，化学反应性能好；但是，粒度过细，气体发生量降低。考虑到这两方面的效果，天然沸石（大谷石）作为载气体时，粉末级配应如图 11-37 中的虚线所示。

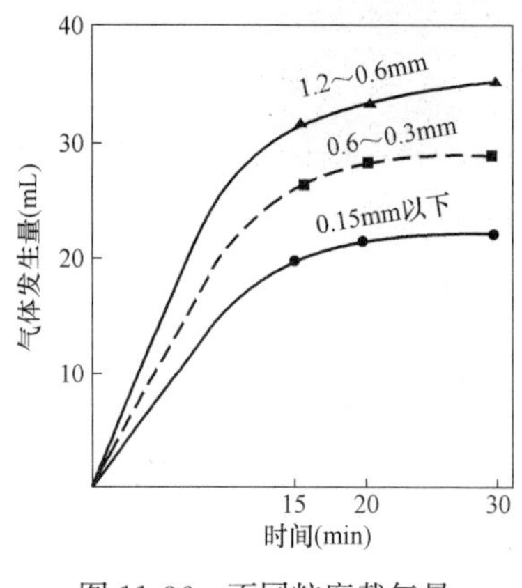

图 11-36　不同粒度载气量

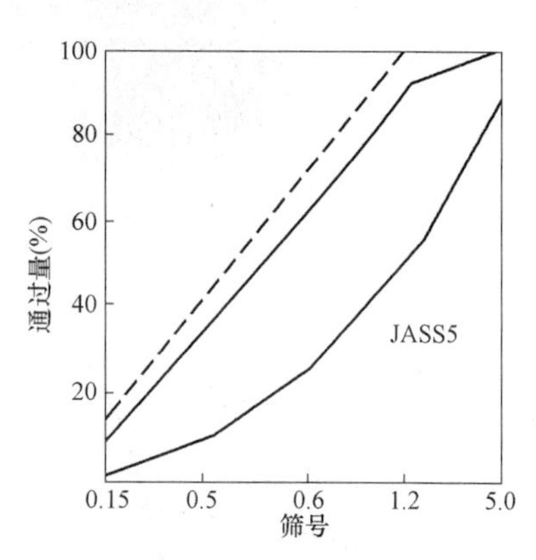

图 11-37　载气体的粒度范围

2. 天然沸石载气体多孔混凝土隔墙板的生产应用

在河北张家口市曾建造了一栋 3 层 $500m^2$ 的沸石新材料试验楼，如图 11-38 所示。全部内隔墙板都采用了沸石载气体多孔混凝土，其生产过程如图 11-39～图 11-41 所示。

图 11-38　沸石新材料试验楼

图 11-39　浇筑沸石载气体料浆

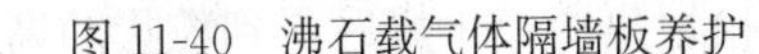

图 11-40　沸石载气体隔墙板养护

图 11-41　载气体隔墙板准备脱模

沸石载气体混凝土隔墙板有：分户隔板 235cm×59.5cm×12cm，137kg/块；户内隔墙板 263cm×59.5cm×9cm，110kg/块。

隔声：厚 90mm 的空心板，40.14dB。

强度：7d，2.6MPa；28d，6.9MPa。

该试验住宅，经 30 多年的使用，功能良好，耐久性也优良。

11.7.4　天然沸石对重金属的固化

1. 沸石的离子交换特性

为了平衡负电荷而进入沸石晶体中的金属离子（一般为 K^+ 和 Na^+），可被其他离子置换，如 Ca^{2+}、Sr^{2+}、Ba^{2+}、Cu^{2+}、Zn^{2+}、Ni^{2+}、Ag^+ 等碱土金属、重金属等。这称为阳离子交换容量，通称为 CEC（Cation Exchange Capacity）。通常，CEC 以每 100g 试样多少毫克当量表示。沸石中的碱金属、碱土金属离子和重金属离子可以置换，其顺序是 $Pb^{2+}>Ca^{2+}>Cd^{2+}>Zn^{2+}$。

2. 天然沸石对重金属的等温吸附

沸石含量 70%的天然斜发沸石，将其破碎，过 0.178mm 筛孔，测定其对 Ca^{2+}、Zn^{2+}、Pb^{2+}、Cu^{2+}，在 25℃下的等温吸附量。天然沸石对 Ca^{2+}、Zn^{2+}、Cu^{2+}、Pb^{2+} 的最大吸附量分别为 909.1mg/kg、3333.3mg/kg、3639.0mg/kg 和 20000mg/kg。通过离子交换，天然沸石能有效地固定重金属离子。

第 12 章　矿渣超细粉的特性与应用

12.1　引言

高炉冶炼铁的同时生成熔融的高炉矿渣，喷水急冷，干燥后得到粒状的高炉水淬矿渣，如图 12-1 所示。

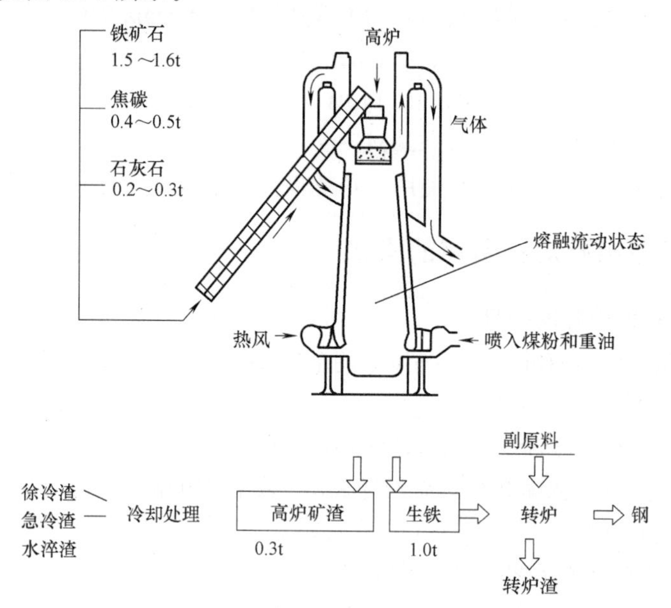

图 12-1　生铁和高炉矿渣的生产过程概要

生产 1t 铸铁时，需要 1.5～1.6t 铁矿石、0.4～0.5t 焦炭、0.2～0.3t 石灰石。这三种主要原料装入高炉内，通入热风，焦炭燃烧，放出热量及还原性气体，把铁矿石熔融、还原，变成生铁水。铁矿石中的杂质和焦炭中的灰分等，与高炉内的石灰石在高炉内生成矿渣。高炉矿渣的相对密度小，浮于铁水表面。生产 1t 铁，约产生 0.3t 矿渣。

1862 年，德国的 E. Langen 发现通过碱激发，能发挥矿渣的水硬性，矿渣便作为一种水硬性胶凝材料而开发应用起来了。我国的矿渣水泥是以水泥熟料与水淬矿渣 20%～80%及天然二水石膏共同粉磨而成。

在日本，1925 年 8 月，通产省公告，矿渣在水泥中的掺量达 70%，其后又经多次修改，正式颁布 A 种矿渣水泥的矿渣掺量在 30%以下；矿渣掺量 30%～

60%以内，称为 C 种矿渣水泥。1979 年 10 月，规定在硅酸盐水泥中，矿渣掺量可达 5%，以便节省资源和能源。

近年来，由于粉磨技术的进步，可生产比表面积 $6000cm^2/g$ 和 $8000cm^2/g$ 的超细矿粉；通过不同表面积超细矿粉与水泥及硅粉的组合，可得到很有特色的水泥及混凝土。

矿渣粉（S95 矿粉）或矿渣超细粉（P800）本身具有潜在的水硬性；本身的硬化性能很微弱，但加碱后可以激发其硬化。与硅酸盐水泥混合在一起时，由于 $Ca(OH)_2$ 和硫酸盐的作用，可促进其硬化。

硅酸盐水泥掺入矿渣粉或矿渣超细粉（P800），配制混凝土，可得到以下优良性能：

（1）水化放热减慢，具有抑制混凝土温升的效果；

（2）长期强度高；

（3）抗渗性提高；

（4）抑制 Cl^- 渗透扩散，抑制钢筋锈蚀；

（5）抗硫酸盐腐蚀性能提高；

（6）抑制碱硅反应；用矿渣超细粉（P800）对碱硅反应的抑制效果更好；

（7）泌水量少，流动性优良；

（8）高强度、超高强度混凝土。

我国的 S95 矿粉年产量约 1000 万 t，在普通混凝土中得到了广泛应用；矿渣超细粉（P800）产量较低，多用于高性能、超高性能混凝土中。

12.2　矿渣超细粉的特性和用途

12.2.1　特性

矿渣超细粉用于 HPC 与 UHPC 中，矿渣粉的细度和对水泥的置换率对混凝土性能的影响，如表 12-1 所示。

矿粉的掺量，细度与混凝土的性能　　表 12-1

细度(cm^2/g)	矿渣粉	2750～5500			5500～7500			7500 以上		
置换率(%)	混凝土的性能	30	50	70	30	50	70	30	50	70
流动性		○	○	○	◎	◎	◎	◎	◎	◎
泌水		○	○	△	◎	◎	◎	◎	◎	◎
缓凝效果		◎	◎	◎	◎	◎	◎	◎	◎	◎
绝热温升提高		—	—	◎	—	—	◎	—	—	◎
降低放热速度		○	◎	◎	○	○	◎	○	○	◎

续表

细度(cm^2/g)	矿渣粉	2750～5500			5500～7500			7500 以上		
早强强度	混凝土的性能	○	△	△	○	△	△	○	○	△
长期强度		○	◎	◎	○	◎	◎	◎	◎	○
高强度		○	△	△	◎	○	○	◎	◎	○
干燥收缩		○	○	○	○	○	○	○	○	○
抗冻性		○	○	○	○	○	○	○	○	○
碳化		—	—	△	—	—	△	—	—	△
透水性		○	◎	◎	◎	◎	◎	◎	◎	◎
氯离子渗透性		○	◎	◎	◎	◎	◎	◎	◎	◎
抗硫酸盐腐蚀		○	○	◎	○	○	◎	○	○	◎
耐热性		○	○	○	○	○	○	○	○	○
促进养护效果		○	○	○	○	○	○	○	○	○
抑制 ASR 效果		○	◎	◎	○	◎	◎	○	◎	◎

符号说明：◎—与普通硅酸盐水泥为基准的相比，能获得良好的性能；
○—与普通硅酸盐水泥为基准的相比，性能有所提高；
△—与普通硅酸盐水泥为基准的相比，使用时要稍加注意；
缓凝效果，即推迟混凝土的凝结时间。

矿粉用作混凝土的掺合料使用，其目的是通过对水泥不同的置换率与矿粉不同的细度，达到所要求的混凝土的性能。关于矿粉对水泥的置换率，有以下几点值得注意：

（1）对水泥的置换率增大，可以降低放热速度，抑制混凝土的绝热温升；

（2）掺入矿粉的混凝土，长期强度比基准混凝土强度高；对水泥的置换率越大，其效果也越大；

（3）抗硫酸盐侵蚀的效果好，对水泥的置换率越大，其效果越明显；

（4）对水泥置换率适当，可降低水泥中的碱含量，抑制碱骨料反应；

（5）细度越大，混凝土的泌水量少，能得到流动性优良的混凝土；

（6）超细矿粉（≥7500cm^2/g）掺入混凝土中，早期强度高，也适用于高强混凝土；

（7）获得致密的混凝土，提高抗渗透性与抗氯离子扩散性。

12.2.2 用途

从上述矿粉的特性来看，很适用于一般建筑物、结构物应用的混凝土，掺合矿粉可以提高混凝土的性能；如何灵活应用矿粉，可参考表 12-2。可见，矿粉细度 5500cm^2/g 以上，对水泥的置换率≥30%，均能提高混凝土的流动性；同时，还能降低泌水，并具有缓凝效果。混凝土的抗渗性、抗氯离子渗透性提高；

掺量≥50％，还能抑制碱骨料反应（ASR）。掺入矿粉可以降低混凝土的放热速度；掺入 70％矿粉，可以有效降低混凝土的绝热温升，对干燥收缩有所改善。

矿粉的特长及灵活应用　**表 12-2**

特点	主要用途
高流动性	高流动性混凝土（省力化，提高质量）
缓凝效果大	热天混凝土，大量连续浇筑混凝土
低发热	大体积混凝土（大型建筑物基础）
28d 龄期高强度	降低单方混凝土的水泥用量
长期强度高	提高结构耐久性，降低单方水泥用量
高强度	高层钢筋混凝土结构，地下结构物
抗渗透性大	地下结构物，海中、水中结构物
对盐分屏蔽性大	沿海建筑物，海上、海中建筑物
耐海水性	海上、海中建筑物
抗硫酸盐腐蚀	化工厂建筑物，温泉地、酸雨建筑物
抑制 ASR	建筑物的耐久性等

12.2.3　使用意义

（1）与使用矿渣水泥相比，通过在混凝土中掺入矿粉，可以更好地满足结构物所要求的性能、质量、施工条件等对混凝土配合比的要求；

（2）与使用硅酸盐水泥相比，能达到省资源、省能源的目的；降低二氧化碳的排放量，对地球环保是有利的。

12.3　矿粉的性质

12.3.1　化学性质

矿粉的化学性质表示急冷水淬矿渣的水硬性。这是矿粉用作混凝土掺合料最重要的性质。为了使矿粉和水拌合以后，获得水化硬化的性能，添加氢氧化钙等碱性氧化物或者硫酸盐作为激发剂，使 OH^- 和 SO_4^{2-} 存在的条件下进行反应，是十分必要的。在这些离子的存在下，矿粉就能和硅酸盐水泥一样，发挥其水硬性。激发剂的类型和添加量，与矿粉的化学成分、玻璃质的含量等有关。矿粉的化学成分如表 12-3 所示。

矿粉的化学成分　**表 12-3**

SiO_2	Al_2O_3	CaO	MgO	Fe	TiO	MnO	S	K_2O、NaO	Cl
27～40	5～33	30～50	1～21	＜1	＜3	＜2	＜3	1～3	0.19～0.26

注：SiO_2、Al_2O_3、CaO、MgO 为矿粉的主要化学成分；Fe、TiO、MnO、S 及 K_2O、NaO、Cl 等为其他成分。

矿粉的活性（水硬性）评价方法是通过化学成分计算碱度 b：$b=$（CaO＋

$MgO+Al_2O_3)/SiO_2$，应大于 1.4；矿粉的活性高，$CaO/SiO_2>1.0$。

12.3.2 玻璃相与结晶相的含量

矿粉中的玻璃相含量，是评价矿粉水硬性最有用的指标之一；玻璃相的内能达 200J/g，比结晶相具有更高的活性。矿粉中玻璃相含量的多少，与矿粉的化学成分、矿渣冷却的起始温度、冷却方式有关。当 $(CaO+MgO)/(SiO_2+Al_2O_3)>1.15$ 时，玻璃相含量将减少。

通过 X 射线衍射方法，可以测定矿粉结晶化百分率，就可以计算出矿粉的玻璃相百分含量：

$$玻璃相百分率=(1-结晶化百分率)\times100\%$$

我国矿渣的玻璃相百分率≥98%，玻璃相含量高，水硬性能好；故我国的矿渣硅酸盐水泥中，矿渣的含量可达 70%。

12.3.3 玻璃相的成分与结构

用电子显微镜探针分析（EPMA），玻璃相的成分与矿渣的化学成分相近；随着玻璃相含量的降低，玻璃相中 Al_2O_3 含量降低，但 MgO 的含量增加。这是由于结晶相局部化学变化引起的。玻璃相中存在着两相结构。蒲心诚和徐冰指出：无论是碱性、酸性及中性矿渣的玻璃体中，都存在着两种相分的分相结构，其中一种为连续相，而另一种相则呈球状或柱状，并均匀分散于连续相中。如图 12-2 所示。通过 EPMA 元素分析可知，连续相含钙较多，球状或柱状相含硅较多。

碱性、酸性及中性矿渣玻璃体微结构可归纳为：

(1) 碱性矿渣玻璃相中，富硅所占的比例较少，呈较小的颗粒分散于连续分布的富钙相中；

(2) 中性矿渣玻璃相中，富硅的比例有所增加，以较大的颗粒形态存于富钙相中；

(3) 酸性矿渣玻璃相中，富硅的比例进一步增加，相互连接形成柱状或棒状结构，分散于富钙相中。

由于富钙相是连续相，富硅相是分散相，在矿渣玻璃体中，富钙相相当于胶结物，维持着整个矿渣玻璃体结构的稳定。当富钙相在碱性介质中与 OH^- 迅速反应而溶解后，矿渣玻璃体结构解体。富硅相逐步暴露于碱性介质中，与氢氧化钙反应，生成硅酸钙凝胶。

12.3.4 矿渣的活性指标

矿渣的活性是通过碱度 b 和玻璃体的含量来评价。我国水淬矿渣的碱度 $b\geq1.8$，玻璃化百分率 98%以上，活性高，很适宜作水泥掺合料；美国 ASTM C989 将矿渣分成三个等级：80 级、100 级和 120 级；不同等级矿渣砂浆强度是用矿渣粉∶硅酸盐水泥=1∶1，胶砂比为 1∶2.75，砂浆流动度为（110±5)%，

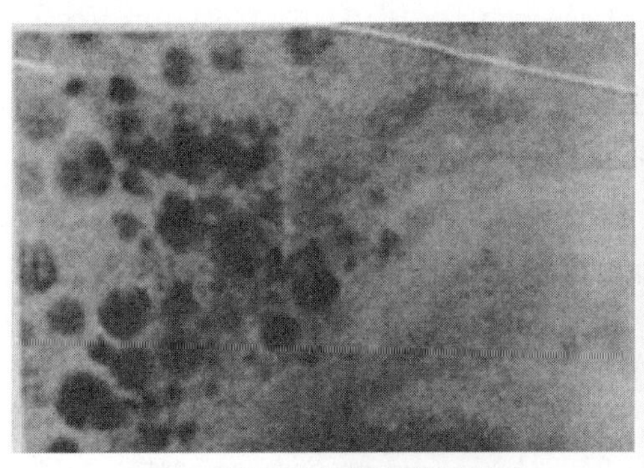

(a) 碱性矿渣玻璃体的分相结构

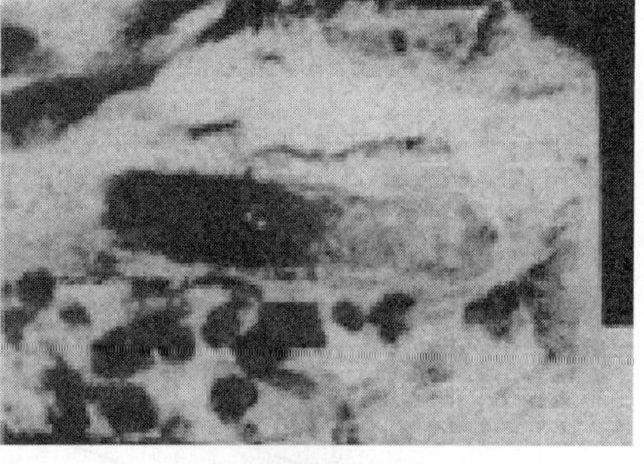

(b) 中性矿渣玻璃体的分相结构

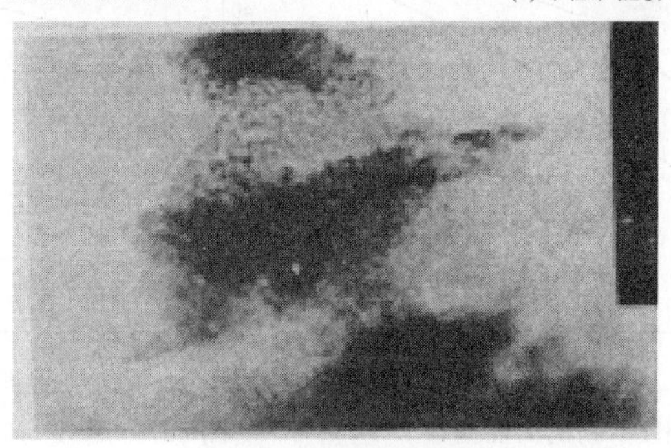

(c) 酸性矿渣玻璃体的分相结构

图 12-2　矿渣玻璃体的分相结构（徐冰）

进行试验。将其结果与硅酸盐水泥砂浆为基准的相比，基准砂浆的强度为 100。各等级矿渣活性指标如表 12-4 所示。这种对矿渣活性的评价，除了考虑矿渣的化学成分与矿物组成外，还考虑了矿粉的细度，是很全面也很重要的。

ASTMC989 各等级矿渣活性指标　　　　**表 12-4**

矿渣级别		5 个样平均值	任意单个试样值
7d 龄期最小值	80 级	—	—
	100 级	75	70
	120 级	95	90
28d 龄期最小值	80 级	75	70
	100 级	95	90
	120 级	115	100

日本对矿粉的活性评价与美国的相似；以 50％矿粉等量置换水泥为胶结料；再根据日本工业标准 JIS R 5201 配制砂浆试件。此砂浆试件的强度与硅酸盐水泥砂浆为基准的强度相比，以百分率来表示，即：矿粉活性指数＝(矿粉置换水泥 50％的砂浆强度/基准砂浆强度)×100％。不同细度矿粉的活性指数如图 12-3 所示。

矿粉越细，早期龄期的活性指数高，但后期，细度对活性指数的影响较小；

例如，91d龄期时，比表面积为6000cm^2/g的矿粉与比表面积为8000cm^2/g的矿粉，活性指数均为128%。矿粉的活性指数，受化学成分、玻璃化百分率及细度等影响。关于化学成分的影响，可参考图12-4。

$(CaO+Al_2O_3+MgO)/SiO_2$——矿粉的碱度，其值越大，活性也越大；即矿渣的化学成分中，$(CaO+Al_2O_3+MgO)$的含量越多，活性越大；SiO_2含量越高，活性越低。

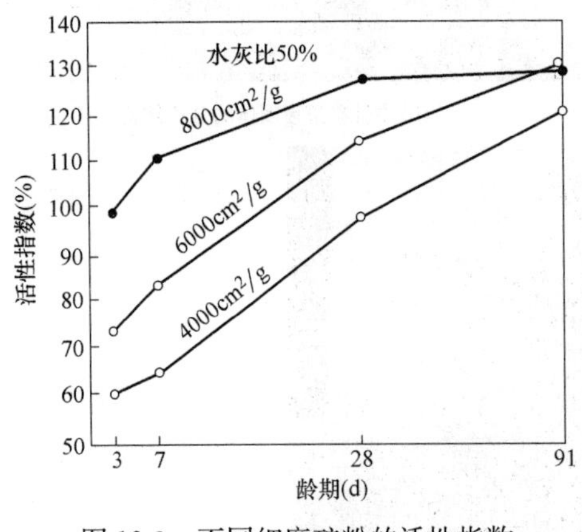

图12-3 不同细度矿粉的活性指数

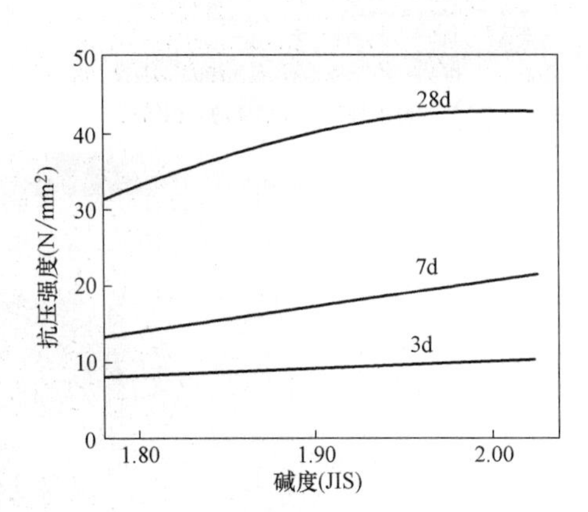

图12-4 碱度与砂浆强度的关系

12.4 矿渣粉的技术标准

12.4.1 我国矿粉的技术标准

我国《用于水泥、砂浆和混凝土中的粒化高炉矿渣粉》GB/T 18046—2017依据矿粉28d的活性指数，把矿粉分为S105、S95、S75三个等级，如表12-5所示。表中，流动度比（%）、含水量（质量百分数）、三氧化硫（质量百分数）、氯离子含量（质量百分数）、烧失量（质量百分数）、玻璃体含量（质量百分数）以及放射性物质含量等，三个等级的矿粉都具有相同要求。

用于水泥混凝土矿粉的技术指标 **表12-5**

项目			级别		
			S105	S95	S75
密度(g/cm^3)		≥		2.8	
比表面积(kg/m^2)		≥	500	400	300
活性指标(%) ≥		7d	95	75	55
		28d	105	95	75

续表

项目		级别	
	S105	S95	S75
流动度比(%)　≥		95	
含水量(质量百分数)　≤		1.0	
三氧化硫(质量百分数)　≤		4.0	
氯离子含量(质量百分数)　≤		0.06	
烧失量 (质量百分数)　≤		3.0	
玻璃体含量(质量百分数)　≥		85	
放射性		合格	

12.4.2　日本矿粉的技术标准

日本 JIS A 6206：1997 制定了混凝土用矿粉的技术标准。这个标准的特征是以比表面积的大小作为指标，将矿粉分为三类，如表 12-6 所示。混凝土高强化与高流动化选用比表面积大的矿粉；由于粉磨技术与分级技术的发展，可以制造超细化的矿粉；比表面积 600m^2/kg、800m^2/kg 的超细矿粉已列入了技术标准。

表 12-6 所列的标准中，三氧化硫含量主要是考虑石膏带进去的，因为矿渣是在化铁炉中还原气氛中生成，不可能含有三氧化硫。此标准中各等级的矿粉，其碱度 b 均在 1.6 以上。

矿粉技术标准　　表 12-6

质量要求项目		比表面(400)	比表面(600)	比表面(800)
密度(g/cm^3)		2.8 以上	2.8 以上	2.8 以上
比表面积(m^2/kg)		300～500	500～700	700～1000
活性指数(%)	7d	55 以上	75 以上	95 以上
	28d	75 以上	95 以上	105 以上
	91d	95 以上	105 以上	105 以上
流动值比(%)		95 以上	90 以上	85 以上
氧化镁含量(%)		10 以下	10 以下	10 以下
三氧化硫含量(%)		4.0 以下	4.0 以下	4.0 以下
烧失量(%)		3.0 以下	3.0 以下	3.0 以下
氯离子含量(%)		0.02 以下	0.02 以下	0.02 以下

12.4.3　美国、英国及加拿大矿粉技术标准

美国、英国及加拿大矿粉技术标准如表 12-7 所列。

美国、英国及加拿大矿粉技术标准 表 12-7

项目 \ 标准	ASTM C989	BS 6699	CSA A363
(C+M+A)/S(碱度)	—	1.0 以上	—
烧失量(%)	—	3.0 以下	—
三氧化硫	4.0 以下	2.0 以下	2.5 以下
45μm 筛余(%)	20 以下	比表面积 275m²/kg	20 以下
活性指标(%),28d	80 级,75;100 级,95;120 级,115 以上		80 以上

12.5 矿粉混凝土的性能

矿粉混凝土的各种性能，受矿粉的细度与掺量的影响很大。因此，要适当地选择矿粉的品种及其对水泥的置换率，以获得所要求的混凝土的性能。

12.5.1 新拌混凝土的性能

矿粉混凝土对水泥的置换率大时，达到相同流动性时，所需的用水量和减水剂的量降低，但是采用比表面积大的矿粉，如 $800m^2/kg$ 的超细矿粉时，混凝土的黏性很大；为了降低矿粉混凝土的黏度，获得相应的含气量，需要掺入更多的引气减水剂。但是，采用比表面积 $600m^2/kg$ 和 $800m^2/kg$ 的超细矿粉时，混凝土的泌水量降低。矿粉混凝土的绝热温升与对水泥的置换量有关。

12.5.2 矿粉混凝土的强度

采用比表面积 $400m^2/kg$ 的矿粉混凝土，早期强度比普通硅酸盐水泥低，而且对水泥的置换率越大时更加明显。但 28d 以后的强度增加，比不含矿粉的普通硅酸盐水泥混凝土强度高。采用比表面积 $600m^2/kg$ 和 $800m^2/kg$ 的矿粉混凝土，早期强度可得到相当的改善。

1. 矿粉表面积、龄期与强度关系

矿粉表面积不同的混凝土不同龄期的强度，如图 12-5 所示。

由图 12-5（a）可见，1d 抗压强度，不管矿粉比表面积如何，均低于基准混凝土的强度。3d、7d 抗压强度，除了比表面积 $400m^2/kg$ 的矿粉混凝土强度稍低外；比表面积 $600m^2/kg$ 和 $800m^2/kg$ 的矿粉混凝土强度，均高于基准混凝土。一般情况下，比表面积 $800m^2/kg$ 的矿粉混凝土早期强度较好。由图 12-5（b）可见，半年后矿粉混凝土强度均超过了基准混凝土的强度。

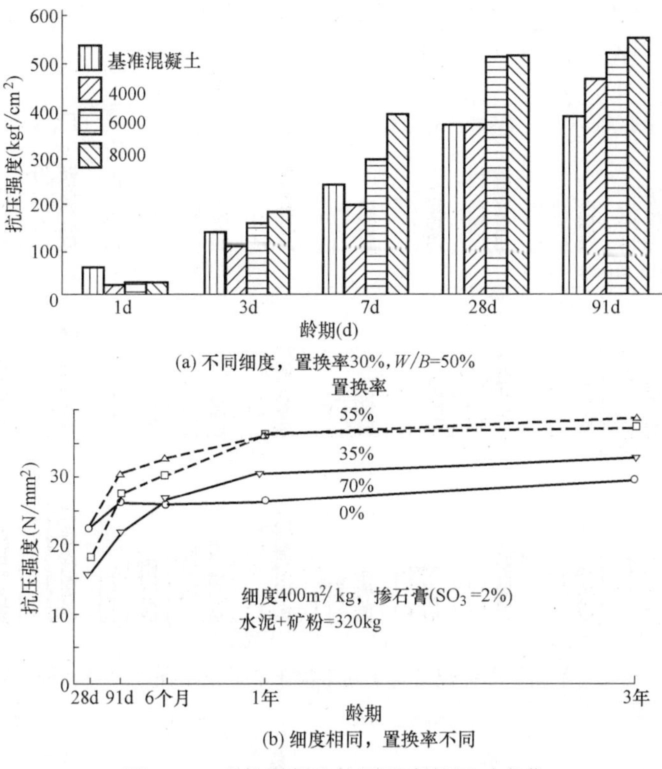

图 12-5　矿粉混凝土抗压强度的经时变化

2. 不同养护温度和 28d 抗压强度

不同比表面积的矿粉混凝土，脱模后分别在 20℃、15℃、10℃和 5℃的水中养护，28d 龄期强度如图 12-6 所示。

（1）15℃水中养护的矿粉混凝土，28d 龄期强度比基准混凝土强度低得多。

（2）以 20℃水中养护的矿粉混凝土强度为基准，在 15℃、10℃和 5℃的水中养护的矿粉混凝土强度，置换率为 30%时，强度降低 2～7MPa；置换率为 50%～70%时，强度降低 3～10MPa；随着养护温度降低，抗压强度差别越大。

（3）比表面积 $800m^2/kg$ 的矿粉混凝土强度，28d 龄期后比基准混凝土强度高得多。

（4）矿粉混凝土只要充分养护，强度不断发展，以 56d 或 91d 龄期设计是可行、经济的。

3. 矿粉混凝土强度发展的比率

如图 12-7 所示，矿粉混凝土的长期强度好，置换率越大，比表面积越小，长期强度增长比例大。

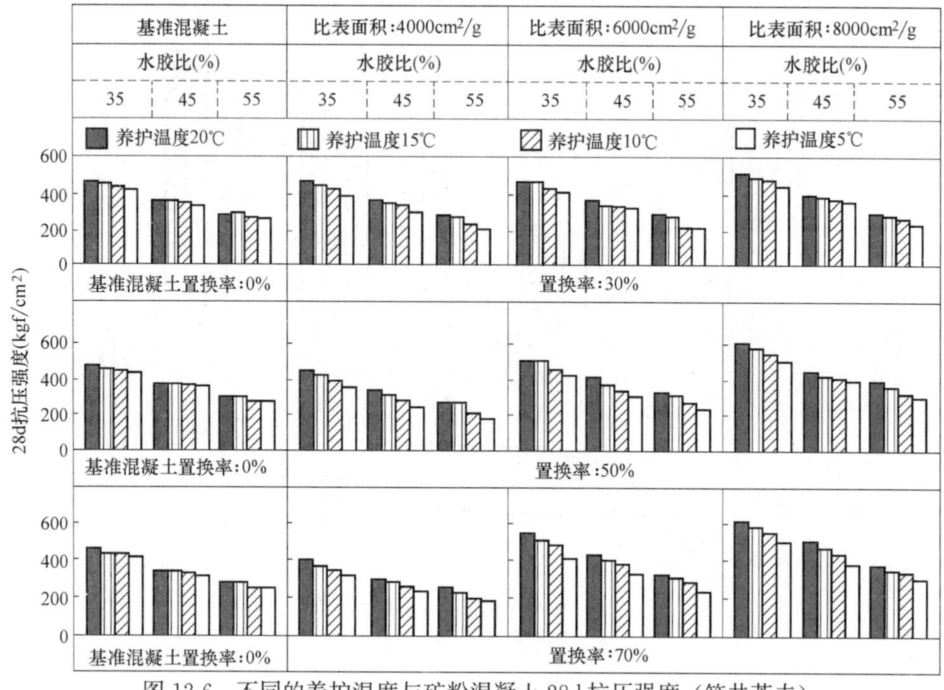

图 12-6　不同的养护温度与矿粉混凝土 28d 抗压强度（笠井芳夫）

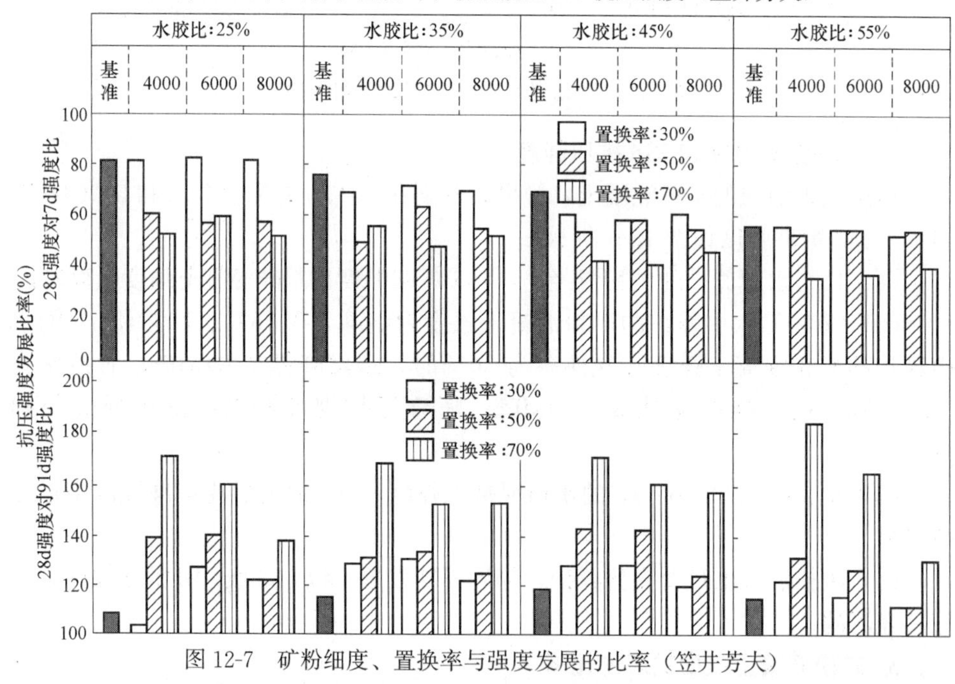

图 12-7　矿粉细度、置换率与强度发展的比率（笠井芳夫）

图 12-7 中，W/B＝30%混凝土，矿粉比表面积分别为 4000cm^2/g、6000cm^2/g、8000cm^2/g，对水泥的置换率分别为 30%、50%、70%；28d 强度与 91d 强度

比：基准混凝土为 120%；比表面积 4000cm^2/g，置换率 30%的矿粉混凝土为 130%；置换率 50%的矿粉混凝土为 128%；置换率 70%的矿粉混凝土为 170%。比表面积 8000cm^2/g，置换率 30%的矿粉混凝土为 120%；置换率 50%的矿粉混凝土为 122%；置换率 70%的矿粉混凝土为 170%。可见，矿粉比表面积越大，置换率越高，后期强度发展并不快。当矿粉的细度≥558m^2/kg 以后，混凝土各龄期的强度均高于基准混凝土。矿粉混凝土抗压强度还受养护温度与拌合后温度的影响，且其影响比不使用矿粉的基准混凝土大。即以 20℃作为标准养护温度，混凝土拌合后温度低时，强度发展慢，强度低。拌合后温度高时，强度高，发展快。特别是采用粗矿粉时，早期强度更低。但是，虽然混凝土拌合后的温度低，如果其后的养护温度确保在某温度以上，混凝土强度随龄期增长而恢复，如图 12-8（a）、（b）所示。

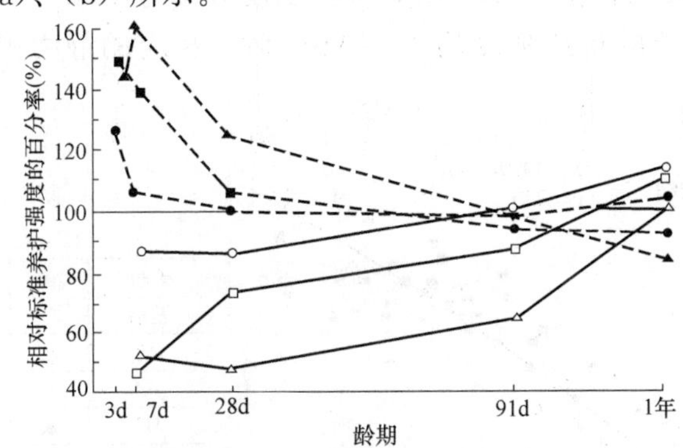

矿粉对水泥取代率55%；A、B两厂的矿粉(400m^2/kg)
养护温度为5℃与30℃；代号(基○，●；A厂△，▲；B厂□，■)
(a) 矿粉混凝土与基准混凝土强度对比(不同厂家矿粉)

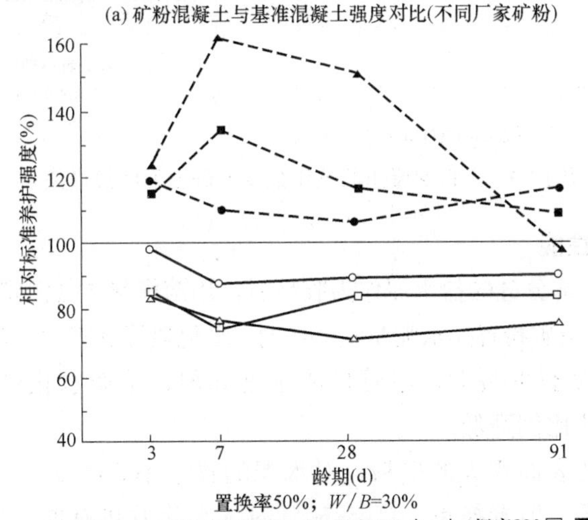

置换率50%；W/B=30%
温度为5℃与35℃；代号(基○，●；细度600 △，▲；细度800 □，■)
(b) 矿粉混凝土与基准混凝土强度对比(不同细度矿粉)

图 12-8　矿粉混凝土与基准混凝土强度对比

由图 12-8（a）可见，5℃养护的混凝土不管是基准混凝土还是含 55%A 厂或 B 厂矿粉的混凝土，其 7d 或 28d 的强度都很低，91d 时基准混凝土的强度超过了 100%，而含矿粉的混凝土强度仍低于 100%；但一年后，三种混凝土强度均超过了 100%。

图 12-8（b）中，5℃与 35℃密封养护试件，其强度明显不同，35℃密封养护试件的各龄期强度均超 100%；而 5℃密封养护试件的各龄期强度均低于 100%。而且，90d 龄期的强度与 7d、28d 的基本相同。

4. 弹性系数

矿粉混凝土弹性系数，与相同抗压强度不含矿粉的混凝土相比，大体相同，如图 12-9 所示。$E=1400w^{1.5}\sqrt{f_c'}$（$w=2.3$）；矿粉细度分别为 $300m^2/kg$、$400m^2/kg$、$500m^2/kg$ 和 $800m^2/kg$，养护温度分别为 20℃、5℃和 30℃；基准混凝土和含混凝土的抗压强度均为 40MPa 时，相应的静力弹性模量为 $32\times10^3N/mm^2$ 左右。

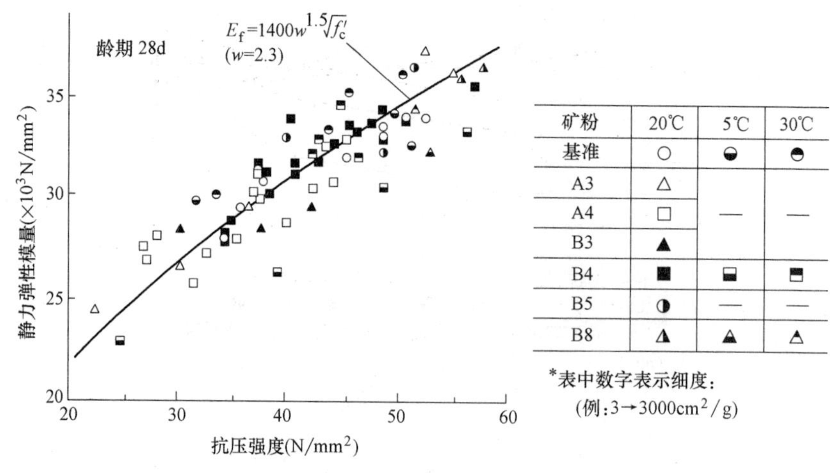

图 12-9　矿粉混凝土的抗压强度与静力弹性模量关系

5. 水化放热性能

用矿粉代替一部分硅酸盐水泥作为胶结料，用溶解热方法测定了水化热，结果如图 12-10 所示。当矿粉置换水泥量≤30%时，水化热降低甚少，甚至还有所上升。

但当置换量大于 30%时，不管矿渣细度如何，早期水化热均降低；而且，随置换率增大，按比例降低。

绝热温升：比表面积大的矿粉，对水泥的置换率 70%以下时，最终的发热量比基准混凝土低。但置换率 30%～50%时，水化放热有增大倾向。早期放热速度，伴随着矿粉对水泥的置换率增加而稍有降低，如图 12-11 所示。采用比表面积小的矿粉，置换率越大，早期放热速度低的倾向更明显。但矿粉置换

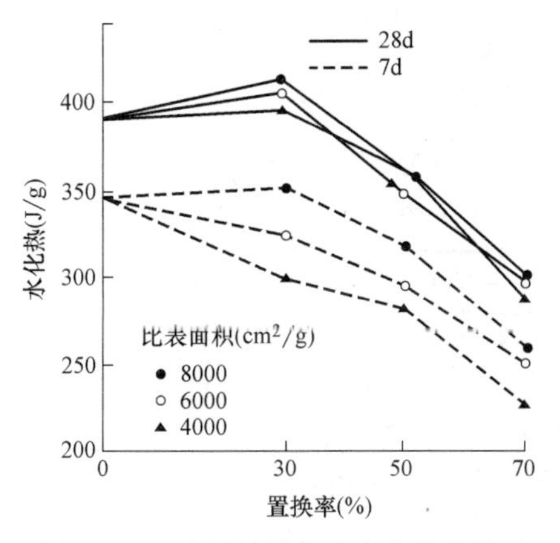

图 12-10　矿粉置换率和水化热的关系

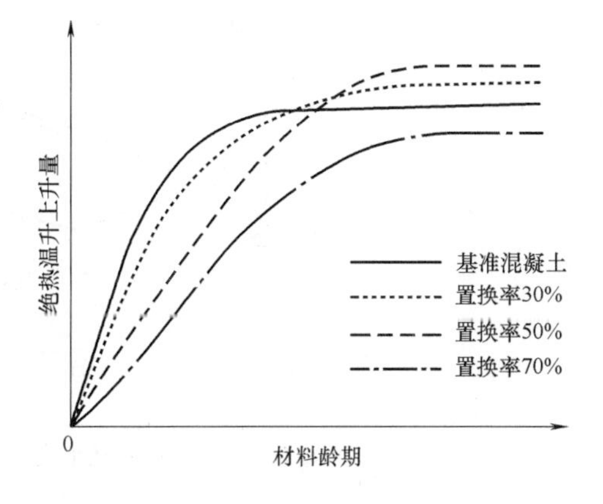

图 12-11　置换率与绝热温升概念图

30%～50%的混凝土，后期的绝热温升高于基准混凝土。也有不同的观点认为，置换率 30%～60%的矿粉混凝土的绝热温升均低于基准混凝土。总之，矿粉混凝土的水化热要高于相同置换率的粉煤灰混凝土。故大体积混凝土要降低水化热，应掺入粉煤灰。广州某工程的大体积混凝土基础，起初掺入 30%的矿粉，无效果；后来改掺 30%的粉煤灰，温升降低了，裂缝也减少了。

6. 收缩与徐变

（1）收缩

关于矿粉混凝土的干燥收缩，受到干燥开始时龄期的影响；温度 20℃、相对湿度 50%室内测定的结果如图 12-12 所示。

矿粉混凝土干缩变形与不含矿粉的基准混凝土相比，大体相同或稍低一些。但是，无论是哪一种混凝土，如能长期充分养护，干缩变形也能降低。

（2）自收缩

矿粉混凝土的自收缩受矿粉对水泥的置换率和矿粉细度的影响，如图 12-13 所示。

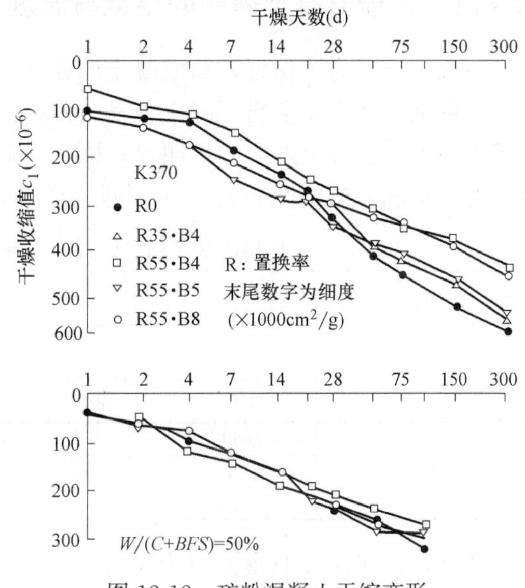

图 12-12　矿粉混凝土干缩变形

矿粉粗（比表面积小），即使置换率增加，自收缩变形也降低。但是，如矿粉的比表面积很大，含这种矿粉的混凝土，矿粉的置换率为 50%～70%时，自收缩变形最大，收缩变形的绝对值也大。

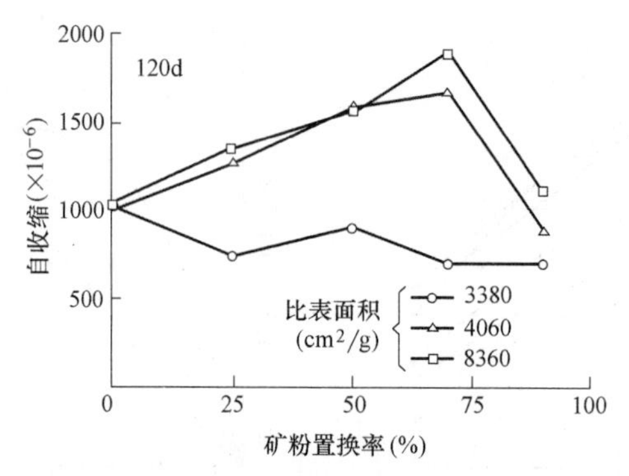

图 12-13 矿粉混凝土自收缩（置换率与细度的影响）

一般情况下，水灰比越小，自收缩变形越大；矿粉混凝土的情况下，如水灰（胶）比越小，矿粉的细度越大；以矿粉置换水泥后，水泥石的组织致密，毛细管曲率半径变小，毛细管张力增大，自收缩也增大。

12.6 矿粉的应用及注意的问题

12.6.1 矿粉混凝土养护的湿度与温度

一般来讲，为了保证矿粉混凝土的强度发展和耐久性，希望尽可能的条件下保持长期潮湿状态；矿粉混凝土也易受养护温度的影响，特别是矿粉较粗、置换率较大时，养护温度的影响更明显；因此，矿粉混凝土在施工中，特别要注意早期的湿养护和养护温度。表 12-8 系推荐给使用矿粉混凝土技术人员的参考资料。

矿粉混凝土细度，置换率与养护温度及期限 **表 12-8**

置换率(%) / 矿粉类别 / 日均温度(℃)	30～40	50			55～70
	比表面积(m^2/kg)				
	400	400	600	800	400
17	≥6d	≥7d	≥7d	≥6d	≥8d
10	≥9d	≥10d	≥9d	≥8d	≥11d
5	≥12d	≥13d	≥12d	≥10d	≥14d

此外，浇筑温度原则上应为 10℃以上，在养护期间混凝土表面温度也推荐在 10℃以上。如果浇筑的温度为 10℃以下，而且也不会由于水化热温升而将温度提高，这时必须确保湿养护和养护温度，并且养护时间要长。

12.6.2 泌水与离析

在矿粉混凝土中，如果用水量过大或减水剂掺量过大，在新拌混凝土表面出现水积聚，水分从混凝土中分离出来，上浮于混凝土的表层，称为泌水；泌水使混凝土底层水泥浆黏度增大，发生沉降现象，粘结在容器底部，要使用更大的力量才能把混凝土铲起来，称为抓底；这种混凝土施工很困难，泌水和沉降往往同时发生。这时，新拌混凝土表面层为水，下部为沉淀的水泥浆及砂石，称为离析。

矿粉组成中 98%为玻璃体，如粒度较粗的矿粉置换较多的水泥配制混凝土时，往往更容易产生泌水和离析。

为了解决新拌混凝土的离析，除了适当降低用水量外，还可以掺入少量引气剂，使新拌混凝土中含有均匀分布的小气泡，断开了水分上升的毛细管通道，解除了泌水，新拌混凝土的和易性更好。掺入少量超细矿物质粉体，如硅粉、天然沸石超细粉等，均可解决混凝土的离析。

12.6.3　降低环境负荷

矿粉是将水淬高炉矿渣干燥后，再经磨细而成的粉体材料。与生产硅酸盐水泥相比，不需要烧成的工艺过程。考虑混凝土材料降低环境负荷影响时，使用矿粉可以降低水泥制造过程中石灰石的消耗，也即降低天然资源的使用量及能源的消耗，削减水泥烧成过程中二氧化碳的排放量；如以 1t 普通硅酸盐水泥的原料、燃料及 CO_2 排放量为基准，则以 45%矿粉置换水泥后，每吨胶结料的原料、燃料及 CO_2 排放量对比，如表 12-9 所示（笠井芳夫）。

每吨水泥（或胶凝材料）原燃料用量及 CO_2 排放量　　表 12-9

资源或能源 \ 胶结料		普通硅酸盐水泥	含 45%矿粉水泥
石灰石用量(kg)		1113	612(45)
能源消耗	燃料(kg)	104	57(45)
	电力(kWh)	99	84(15)
CO_2 排放量(kg)		730	412(44)

第 13 章　硅粉在混凝土中的应用

13.1　引言

硅粉（Silica Fume，SF）又称硅灰，是铁合金厂在冶炼硅铁合金或金属硅时，从烟尘中收集的飞灰。其冶炼的电炉及硅灰收集的方框图，如图 13-1（a）、（b）所示。

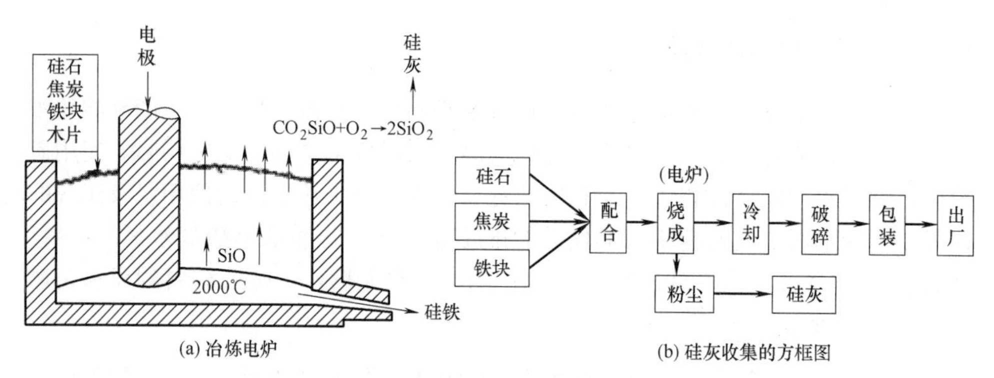

图 13-1　冶炼的电炉及硅灰收集

硅灰的生成是在冶炼硅铁合金或合金硅时，石英在电炉中被高温还原为 SiO 和 Si 后，再经氧化成 SiO_2 而得。其反应式为：

$$SiO_2 + C \rightarrow SiO + CO$$

$$2SiO + O_2 \rightarrow 2SiO_2$$

$$2SiO \rightarrow Si + SiO_2$$

这种 SiO_2 和石英中的 SiO_2 不同，它是一种非晶质、无定形结构的二氧化硅。其物质的质点不处在能量平冲的位置上，具有化学不稳定性，是高活性的火山灰质材料。其是一种玻璃质的球状粒子，粒子直径为 0.1～0.2μm；作为一种掺合料用于混凝土中，能有效地提高混凝土的强度和耐久性。在我国超高层建筑结构中，已大量使用硅粉高强混凝土。硅粉不仅能提高混凝土的强度和耐久性；在低水胶比的混凝土中，掺入硅粉也能有效地改善混凝土的施工性能。

1950 年，挪威工业技术研究所，首先开始研究将硅粉用于混凝土中。两年后，在该国某隧道混凝土中应用。当时，以硅粉 15％等量置换水泥配制混凝土，这是国际上首次将硅粉应用于混凝土中。硅粉作为一种掺合料，1967 年挪威在水泥标准中，与矿粉具有同样的操作功能，并明确了其掺量在 10%以下；1981 年，技术标准中进一步明确了其掺量在 7.5%以下。1983 年，在北极海的石油钻井平台，采用了掺硅粉的高强轻骨料混凝土。挪威在混凝土中掺入硅粉，可得到抗压强度为 70～100N/mm^2 的高强混凝土；在丹麦，用硅粉等超细粒子和大量的高效减水剂配合在一起，显著地降低用水量，但流动性优异，开发出了抗压强度为 200N/mm^2 左右的超高性能混凝土技术。日本引进了这项技术，并研究用这种材料代替金属材料。日本在土木工程领域开始用硅粉掺入混凝土中，提高耐久性；在建筑领域，从 1988 年开始，经过 5 年，实施了日本建设省综合技术开发计划"钢筋混凝土建筑物的超轻量，超高层化技术开发"。在强度为 80～100N/mm^2 的混凝土中，研究掺入硅粉；在 1992 年，设计基准强度 60N/mm^2 的钢管混凝土中掺入了硅粉。此后，在超高层的钢筋混凝土结构中也一直使用掺硅粉的高强混凝土。最近，在砂浆中掺入硅粉和纤维，开发了高抗弯强度、高韧性混凝土，生产预制构件用于桥梁上。2000 年，日本工业标准（JIS）还制订了硅粉的技术标准。在美国，第一个使用硅粉的混凝土工程是 1983 年的 Kinzua 大坝。混凝土中水泥用量 386kg/m^3，硅粉 70kg/m^3；混凝土 7d 强度 70N/mm^2，28d 强度 86N/mm^2；3 年后抗压强度达到了 110N/mm^2。从此以后，在美国的硅粉混凝土得到了很大的发展和应用。1984 年，在高层和超高层建筑中，混凝土中水泥用量 390kg/m^3，硅粉掺量 15%，坍落度 18cm，f_{28} 为 84N/mm^2；使用该种混凝土是为了减小柱子截面尺寸，增加可利用面积，降低造价。美国还在重载交通桥梁的面板混凝土中掺入了硅粉，水泥 450kg/m^3，硅粉掺量 10%，混凝土 28d 强度（f_{28}）98N/mm^2。法国于 1991 年，在 530m 大跨度斜拉桥中采用了硅粉超高强混凝土，28d 强度超过了 100N/mm^2。

在我国，铁道部门生产的 40m 跨的后张预应力混凝土梁，使用了 C80 的硅粉混凝土；上海浦东大桥及一些高层建筑的底层柱，也应用了 C60～C80 的硅粉混凝土；广州西塔工程，使用了 C100 的硅粉超高性能混凝土和 C100 自密实混凝土。在广州东塔工程中，采用硅灰等原料配制的 C120 多功能混凝土，泵送至 510m 的高度。我国遵义生产的硅粉，还被包装成埃肯牌销售于全世界。

硅粉混凝土多用于有特殊要求的混凝土工程中，如高强度、高抗渗、高耐久性、耐侵蚀性、耐磨性及对钢筋防侵蚀的混凝土工程中。

硅粉经进一步加工提纯后，称白炭黑，作为矿物质填充料或悬浮剂，用于油漆、涂料或印刷工业。硅粉还用于橡胶、树脂及其他高分子材料工业，作为填充料；提高产品的延伸性，抗拉强度和抗裂性能。还可用于生产耐火材料，提高生产效率、降低成本等。总之，硅粉在土木建筑、冶金、化工等部门有广阔的发展与应用前景。

13.2 硅粉的生产、种类与产量

如上所述，硅粉是冶炼硅铁合金时回收的副产品，从硅铁生产的烟尘中回收硅粉有两种工艺：一种是不带有热回收利用系统；另一种是带有热回收利用系统的，如图 13-2（a）、（b）所示。这两种系统回收的硅粉具有不同的含碳量和颜色。

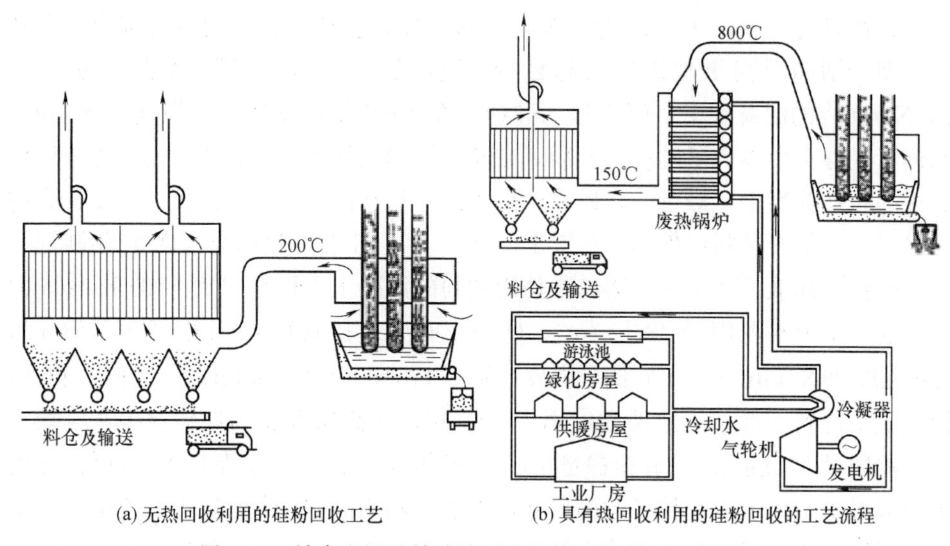

图 13-2　铁合金厂硅铁冶炼时有否热回收利用工艺流程

（a）无热回收装置的硅粉回收工艺，负荷表面上部的气体温度约为 200～400℃，排出的气体中还有未燃尽的碳，收集到的硅粉为暗灰色。

（b）具有热回收装置的硅粉回收工艺，负荷表面上部的气体温度约为 800℃，大部分碳都能燃烧掉；收集到的硅粉含碳量低，色白或灰白。硅粉制品的形态可分成干状与湿状两种，如图 13-3 所示。

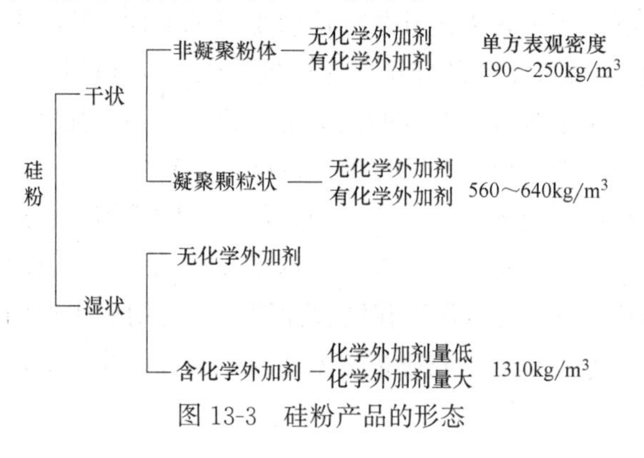

图 13-3　硅粉产品的形态

非凝聚硅粉是一种灰尘，运输困难，费用高，不经济；而凝聚硅粉不起尘，也没有固结，容易流动，运输也较经济，使用上方便。硅粉的产量如表 13-1 所示。各国对硅铁合金的冶炼能力不同，回收硅粉的产量也不同。

不同国家硅粉的生产能力和产量　表 13-1

国家	产能	产量	国家	产能	产量
中国	487	80	加拿大	32	30
挪威	300	65	巴西	202	30
美国	170	50	俄罗斯	200	20
南非	68	45	埃及	25	17
冰岛	46	45	德国	21	12
法国	83	40	澳大利亚	13	8
西班牙	40	40	印度	69	5

（表中，数据的单位为$\times 10^3$t，引自笠井芳夫编著的新水泥混凝土混合材料）

根据表 13-1，硅粉的生产能力约 1766×10^3t/a，实际生产能力约 487×10^3t/a。也就是说，约有 1279×10^3t/a 的硅粉排放到大气中；会给生态环境造成严重的污染。我国当前硅粉的应用，约 70%以上都在混凝土及其相应的技术领域。

13.3　硅粉的物理化学性质

13.3.1　形状、密度与松堆密度

硅粉的形状如图 13-4 所示，绝大部分粒子为球状体。BET 法测定比表面积约为 15～25m^2/g，是普通硅酸盐水泥比表面积的 20～30 倍．平均粒径 0.1～0.2μm。粒子丛中、粒子与粒子之间或粒子丛与粒子丛之间，也是非紧密接触的堆积，而是被吸附的空气层所填充。因此，硅粉的密度虽为 2.2g/cm^3，但松堆密度却只有 0.18～0.23g/cm^3。其空隙率高达 90%以上。经计算，硅粉的粒子与粒子间的净距为 0.103μm，接近硅粉粒子本身的平均粒径。

13.3.2　化学成分及无定形结构

不同硅粉的化学成分如表 13-2 所示。硅粉及其火山灰反应的物质和水泥的主要化学组成不同，三角坐标如图 13-5 所示。

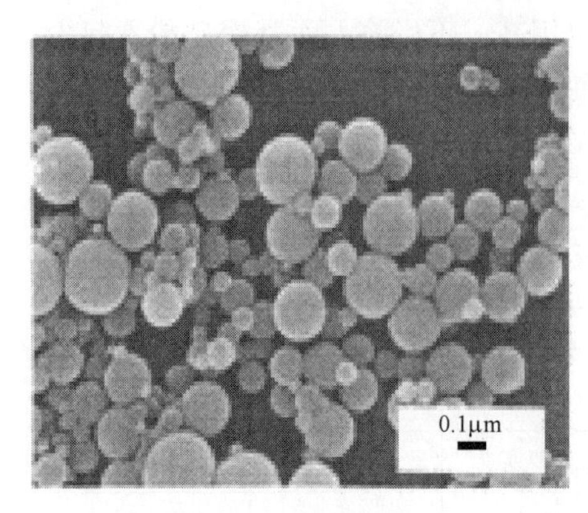

图 13-4　硅粉的 SEM

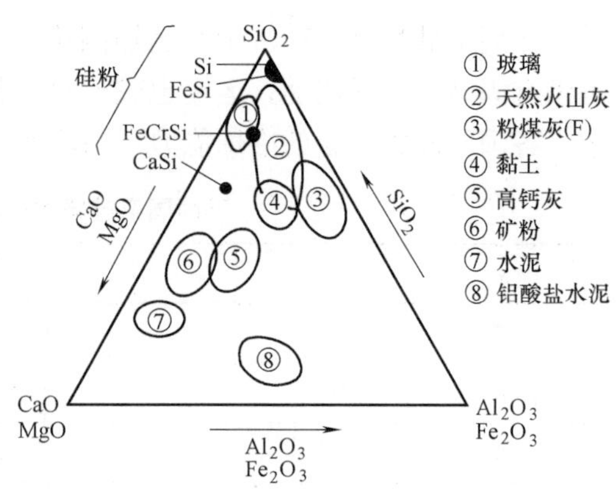

图 13-5　硅粉与相关物质的组成

不同类型硅粉的化学成分　　**表 13-2**

成分 \ 种类	Si	FeSi-90%	FeSi-75%	白色 SF FeSi-75%	FeSi-50%
SiO_2	94～98	90～96	86～90	90	84.1
Fe_2O_3	0.2～0.15	0.2～0.8	0.3～0.5	2.0	8.0
Al_2O_3	0.1～0.4	0.5～3.0	0.2～1.7	1.0	0.8
CaO	0.1～0.3	0.1～0.5	0.2～0.5	0.1	1.0
MgO	0.2～0.9	0.5～1.5	1.0～3.5	0.2	0.8
Na_2O	0.1～0.4	0.2～0.7	0.3～1.8	0.9	—
K_2O	0.2～0.7	0.4～1.0	0.5～3.5	1.3	—
C	0.2～1.3	0.5～1.4	0.8～2.3	0.6	1.8
S	0.1～0.3	0.1～0.4	0.2～0.4	0.1	—
MnO	0.1	0.1～0.2	0～0.2	—	—
烧失量	0.8～1.5	0.7～2.5	2.0～4.0	—	3.9

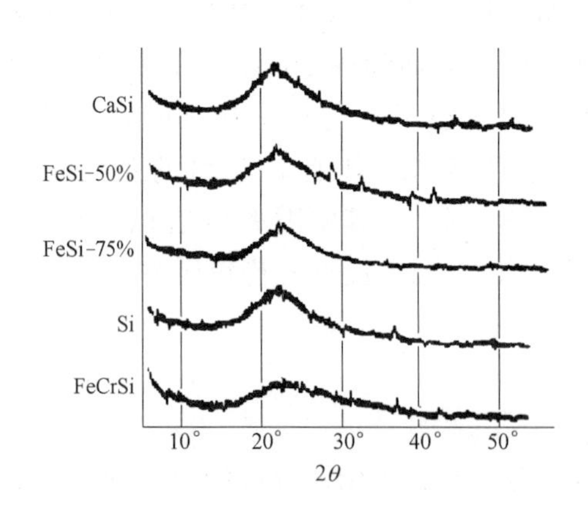

图 13-6　硅粉的 XRD 图谱

SiO_2 在硅粉中是非晶质的。在 X 射线衍射图上，方晶石的第一个峰的位置附近显示出一个比较宽的峰。其范围是以 0.44nm 为中心的一个宽广的扩散峰，如图 13-6 所示。作为结晶矿物，石英、硅、碳化硅、硫酸钠、赤铁矿、磁铁矿等，都会在衍射图中检测出来。

13.3.3　火山灰反应

硅粉是非常细颗粒的非晶质硅，具

有很高的火山灰活性。由于颗粒细、活性高，故在水泥水化初期就和 $Ca(OH)_2$ 起化学反应。由于硅粉的粒径为水泥粒子的 1/25 左右，填充于水泥粒子的孔缝中，也叫作微填充效应，如图 13-7 所示。硅粉能和水泥水化放出的 $Ca(OH)_2$ 反应，生成 C-S-H 凝胶，这是大家熟知的。改变硅粉和 $Ca(OH)_2$ 的混合比例，

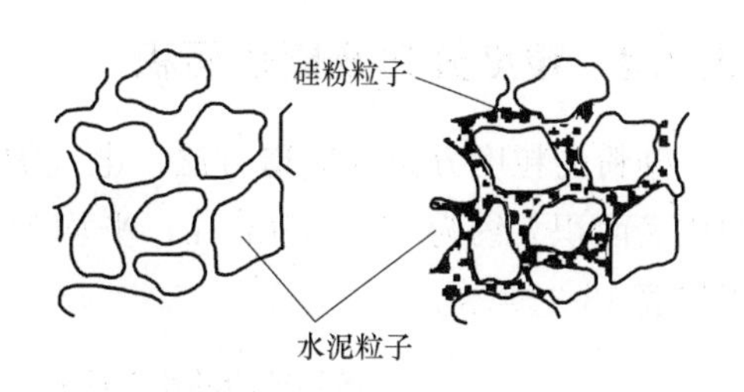

图 13-7　水泥浆构造

经时测定 $Ca(OH)_2$ 的反应量，结果证明：当混合比例为 2∶1 时，龄期 2 周；混合比例为 1∶1 时，龄期 5 周，$Ca(OH)_2$ 全部被反应消耗掉。水胶比 28%的水泥浆中，硅粉置换量为 15%，28d 龄期后 $Ca(OH)_2$ 全部消失。为了确认硅粉等掺合料的火山灰反应，在硅酸盐水泥中掺入 30%的各种火山灰材料，做成试件，经 80℃、40h 养护后，XRD 图谱如图 13-8 所示。

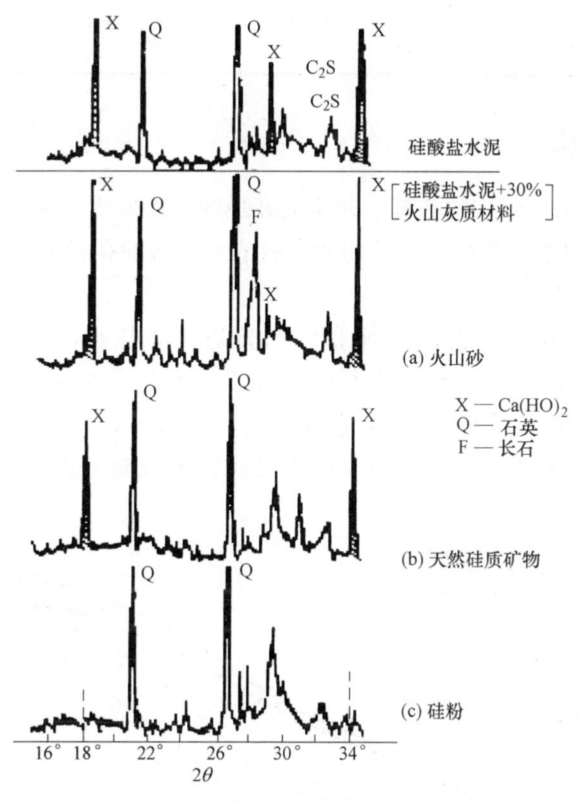

图 13-8　硅酸盐水泥掺入各种火山灰材料的 XRD 图谱

由图 13-8 可见，水泥试件和掺入火山砂及天然硅质矿物材料的试件，$Ca(OH)_2$ 衍射峰仍明显可见。但含硅粉的试件，该峰已完全消失，都已变成 C-S-H 凝胶了。

13.3.4 粒度分布及比表面积

硅粉的粒度分布与制造方法、电气炉的操作条件等有关。通过氮吸附法测定的比表面积大约为 15～25m^2/g，平均为 20m^2/g。根据 Aitcin 等推算，比表面积如表 13-3 所示。

各种硅粉的比表面积（BET 法）及平均粒径 表 13-3

硅粉	比表面积计算值 (m^2/kg)	比表面积实测值 (m^2/kg)	平均粒径 (μm)
Si 系	20000	18500	0.18
FeCrSi 系	16000	—	0.18
FeSi-50%	15000	—	0.21
FeSi-75%	13000(热回收)	15000	0.23
FeSi-75%	13000	15000	0.26

13.3.5 孔结构

硅粉能降低水泥浆中的孔隙，并能提高强度，减少透水性、透气性。图 13-9 是 $W/B=40\%$的水泥浆，掺入不同掺合料的水泥石的孔径分布，在不同龄期的测定结果。

掺入 10%硅粉的水泥，3d 龄期时与普通硅酸盐水泥、矿渣水泥及粉煤灰水泥相比；50nm 以上（特别是 100nm 以上）的孔隙减少；180d 龄期时，50nm 以上的孔隙几乎没有。这是由于火山灰反应，生成致密的 C-S-H 凝胶。加上硅粉粒子填充了水泥粒子间的孔隙，形成致密的水泥石结构，故强度能提高。

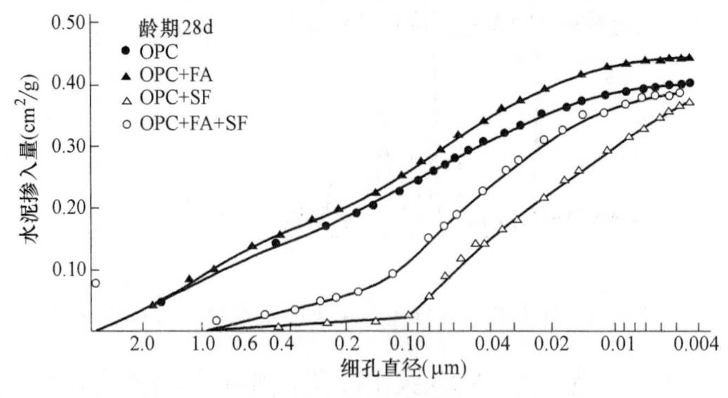

图 13-9 各种掺合料的水泥石的孔隙分布

13.4　硅粉的技术标准

硅粉标准中，SiO_2 含量为中心内容。日本 JIS A 6207：2006 见表 13-4。其他部分国家及组织硅粉的质量标准（或草案）见表 13-5。

硅粉的质量标准（JIS A 6207：2006）　　**表 13-4**

项目＼质量标准	含量(%)	项目＼质量标准	含量(%)
二氧化硅	≥85	MgO	≤5.0
三氧化硫	≤3.0	游离氧化钙	≤1.0
游离硅	≤0.4	氯离子	≤0.10
烧失量	≤5.0	水分	≤3.0
比表面积(BET 法)	$\geq 15m^2/g$	活性指数(%)	7d　95 以上 28d　105 以上

部分国家及组织硅粉的质量标准（或草案）(%)　　**表 13-5**

性能＼部分国家及组织		加拿大	挪威 NS	丹麦 DS411	RILEM	澳大利亚	德国 DIN	美国 ASTM	瑞典 PFS
化学成分	SO_3≤	1.0	—	4.0	—	—	2.0	4.0	4.0
	烧失量≤	6.0	—	5.0	6.0	6.0	2.0	10	5.0
	SiO_2≥	85	85	—	85	85	—	70	—
	含水率≤	3.0	—	1.5	3.0	—	—	3.0	—
	MgO≤	—	—	5.0	—	—	—	5.0	5.0
	可溶物≤	—	—	1.5	—	—	—	1.5	—
	Cl^-≤	—	—	0.1	—	—	0.1	—	0.2
物理性质	火山灰活性指数≥	85	—	—	95	—	95	100	90
	蒸压长度变化	≤0.2	—	—	—	0.2	—	0.80	—
	45μm 湿筛余	10	—	40	—	10	1	34	
	均匀性，密度变化	±5	—	—	—	—	±5	—	±5
	45μm 筛余变化	±5	—	—	—	—	—	—	±5
	干缩	≤0.03	—	—	—	—	—	—	0.03
	减水剂掺量变化	≤20	—	—	—	—	—	—	20
	抑制 ASR(最小)	(80)	—	—	—	—	—	—	75
	标准软水增加用量	—	—	—	—	—	—	—	115

我国没有单独的硅粉的技术标准，而是将粉煤灰、矿粉、天然沸石粉及硅粉综合在一起，作为矿物外加剂编入了《高强高性能混凝土用矿物外加剂》GB/T 18736—2017 中；其中，硅粉的技术要求如下：

烧失量≤6%，Cl^-≤0.02%，SiO_2≥85%，比表面积≥15000m^2/kg，含水率≤3.0%，需水量比≤125%，活性指数：3d、7d、28d，≥85%。其技术要求与其他各国的标准相近。

13.5 硅粉混凝土

13.5.1 硅粉的不同用途及置换率

通常，硅粉都应用于高强混凝土及高耐久性混凝土，改善低水胶比混凝土的施工性能。根据使用目的、硅粉品质的不同，置换率也有差异，如表 13-6 所示。

硅粉的不同用途的置换率及使用目的 **表 13-6**

用途		硅粉置换率	使用目的							
			强度	耐久性				施工性能		
			提高强度	降低透水	耐磨	防盐害	提高耐久	剥落降低	纤维粘结	泵送
日本	隧道施工	5～9	○				○	○		○
	海洋结构物	9	○		○	○				○
	桥梁	8～15	○							○
	建筑结构物	10	○							○
其他国家	隧道施工	5～10	○					○	○	○
	海洋结构物	8～10	○			○				○
	道路铺装	5～15	○	○	○	○	○			
	桥梁	4～9	○	○	○		○			○
	停车场	8～10	○	○		○				
	建筑结构	7～8	○							○
	预制构件	4～8	○	○						

注：○—表示可获相应效果。

13.5.2 新拌混凝土的性能

一般情况下，抗压强度 60N/mm^2 以上的高强混凝土，使用高效减水剂和中热或低热硅酸盐水泥是比较容易配制出来的；但是，黏性大。要进一步降低水灰比，配制更高强度的混凝土，要保证施工所需的流动性是很困难的，必须在混凝土中掺入硅粉或其他超细粉，如图 13-10 所示（SFCS—掺 SF 的水泥）。

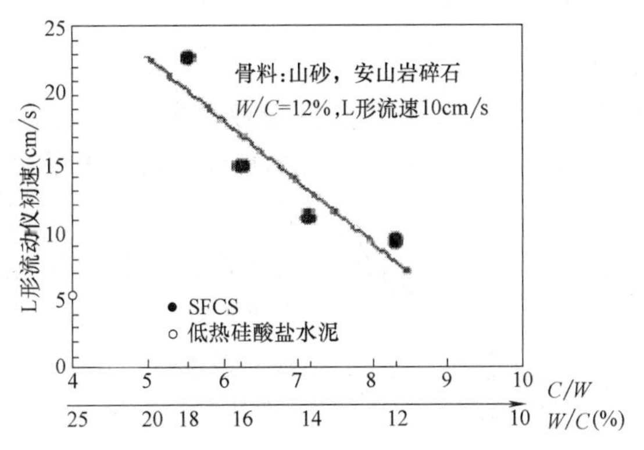

图 13-10　SFCS 水泥混凝土在 L 形仪中流动速度

可见，低热硅酸盐水泥混凝土（符号○）的流动初速为 5cm/s；但 $W/C=12\%$的 SFCS 水泥混凝土，其流动初速约为 10cm/s，具有优良的流动性。中建商品混凝土公司研发中心配制 $60\sim80N/mm^2$ 混凝土时，用 5%的 SF 掺入混凝土中，混凝土的流动性（坍落度）与基准相比提高了 30%～40%。这充分发挥了超细粉的微填充效应。

坍落度 23±2cm 的混凝土，掺入粉状 SF 时，即使水胶比降低，高效减水剂掺量不增大，也能保持原来的坍落度，如图 13-11 所示。

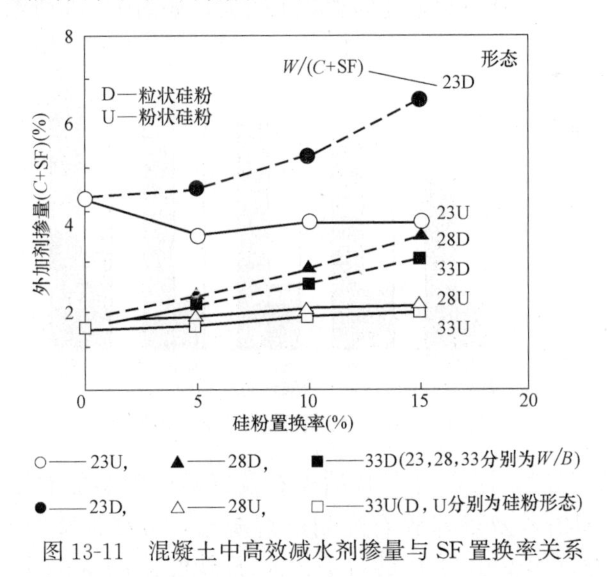

图 13-11　混凝土中高效减水剂掺量与 SF 置换率关系

可见：$W/B=23\%$的混凝土，粉状 SF 的效果优于颗粒状 SF 的效果。$W/B=28\%$及 33%的混凝土中，粉状 SF 置换率增大，但外加剂掺量不增加，仍保持原来的流动性。这也是粉状 SF 的效果好。

13.5.3 硬化混凝土的性能

1. 混凝土的强度

由于硅粉的火山灰反应，生成C-S-H凝胶，形成致密的结构；由于骨料和水泥石之间的界面过渡层性能得到改善，界面的粘结强度提高。通常，混凝土中骨料和水泥石之间的界面过渡层，由于$Ca(OH)_2$的富集和取向，结构疏松，强度低。图13-12所示为硅粉对水泥不同置换率与混凝土抗压强度的关系。$W/(C+SF)=28\%$和$W/(C+SF)=33\%$都有类似的情况，即3d龄期的强度均低于基准混凝土的强度。但置换率10%以内的混凝土，7d龄期以后的强度均高于基准混凝土。硅粉对水泥的置换率即使达到了15%，28d龄期以后的混凝土强度均高于基准混凝土，而且达到最高。

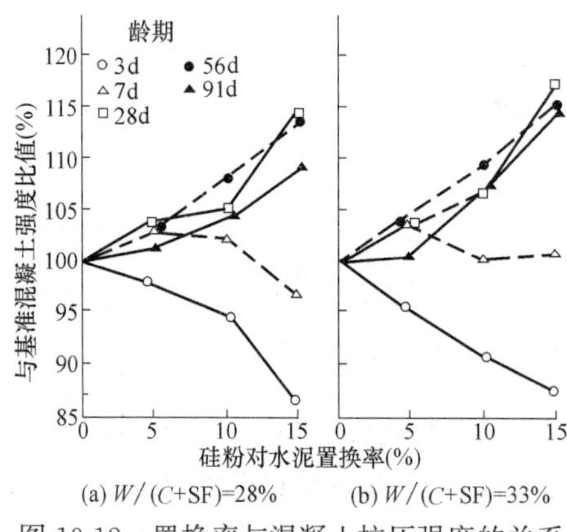

图13-12 置换率与混凝土抗压强度的关系

2. 骨料对强度的影响

作为高强混凝土，骨料对强度的影响也很大，如图13-13所示。

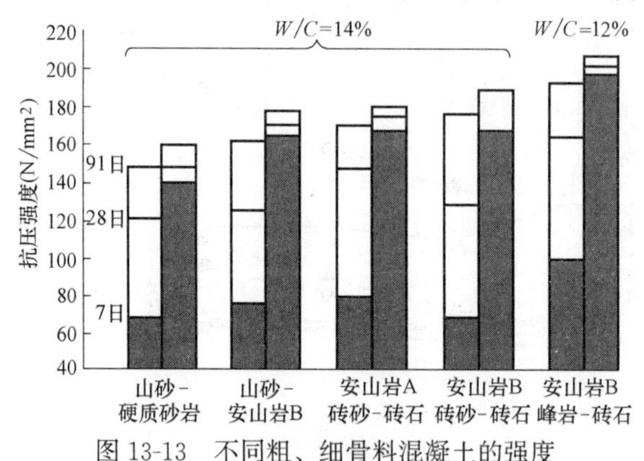

图13-13 不同粗、细骨料混凝土的强度

当$W/C=14\%$时，用安山岩B的碎石及碎石砂配制的混凝土强度，最高$190N/mm^2$；而用山砂及砂岩碎石配制的混凝土，最高强度只有$160N/mm^2$；当$W/C=12\%$时，用安山岩B的碎石及碎石砂配制的混凝土的强度达到了$210N/mm^2$。故配制高强、超高强混凝土，多用反击破的安山岩碎石及碎石砂。

3. 耐久性

掺硅粉的混凝土，能有效地提高耐久性。特别是抗中性化性能、抗Cl^-渗透性能、抗硫酸盐腐蚀性能、抑制碱骨料反应及抗渗透性能等，均有好的效果。

（1）抗中性化性能

水胶结料比相同，含硅粉的混凝土与基准混凝土相比，抗中性化性能几乎无变化。但掺入硅粉的混凝土，一般水胶结料比小，故抗中性化性能提高。Vennestand 等测定混凝土中性化性能发现，掺 SF 的混凝土稍稍降低了中性化深度。但如果早期养护不善，会增加中性化深度。

（2）硅粉混凝土的渗透性

图 13-14 是 $W/B=43\%$，改变硅粉的置换率。混凝土经标准养护 28d 后，浸泡于饱和盐水中，到了 13 周测定混凝土中 Cl^- 的渗透深度。

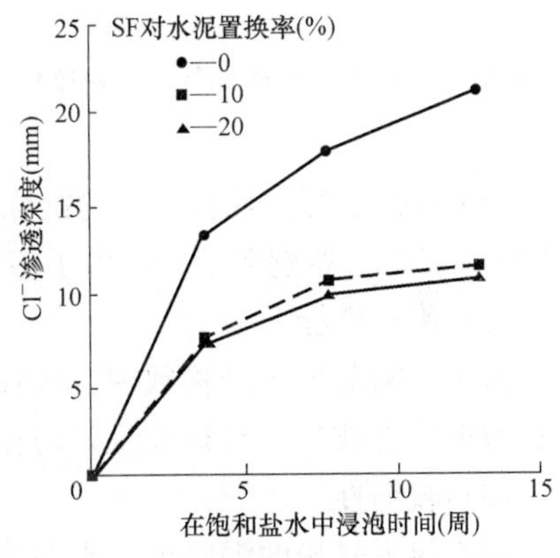

图 13-14　硅粉的置换率与 Cl^- 渗透深度的经时变化

可见，硅粉的置换率为 10%时，混凝土中 Cl^- 的渗透深度可以抑制一半左右。

图 13-15 是 $W/B=55\%$ 的混凝土中，各种矿物质粉体的置换率与水的渗透深度比的关系，相应的龄期为 2 周、4 周和 13 周。掺入硅粉的混凝土，不管哪一龄期，水的渗透性都是最低的。这是由于掺入硅粉后的混凝土，火山灰反应，微结构致密，使混凝土密实性提高，使抗渗性、抗 Cl^- 渗透性提高。

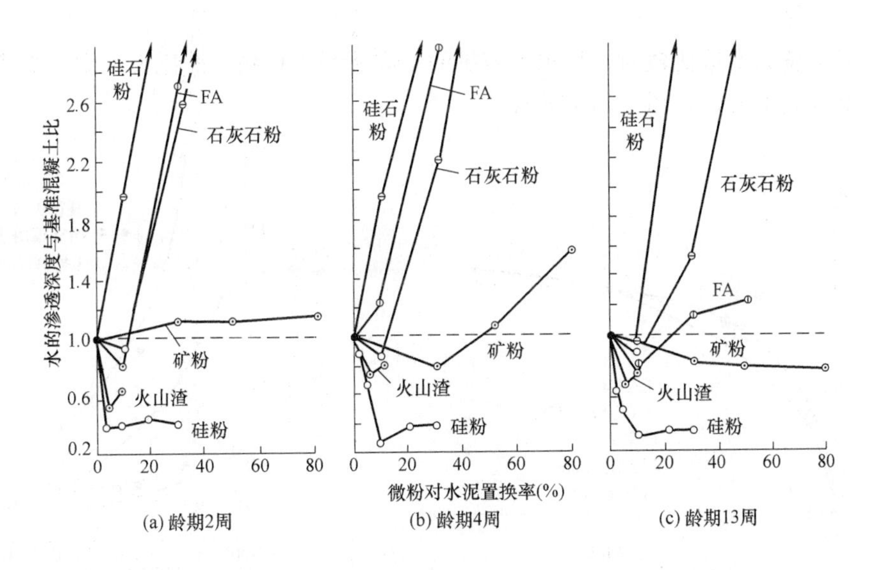

图 13-15　各种矿物质粉体的置换率与水的渗透深度比的关系

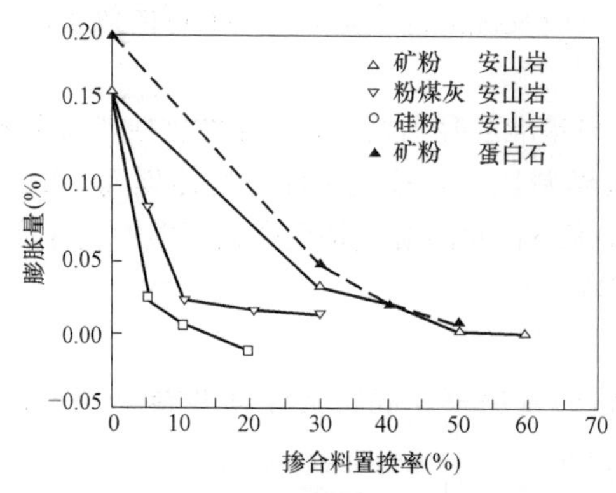

图 13-16 矿物质粉体抑制碱骨料反应的效果

(3) 抑制碱骨料反应

硅粉和其他矿物质粉体抑制碱骨料反应的效果。碱活性骨料为安山岩，混凝土中以 Na_2O 换算成碱含量 $7.0kg/m^3$，$W/C=55\%$。各种矿物质粉体不同置换率的混凝土，龄期一年时的膨胀率如图 13-16 所示。硅粉对水泥的置换率 5%，就能有效地抑制碱骨料反应，这是各种粉体中能最有效抑制碱硅反应的。

(4) 抗冻性能

为了确保混凝土具有充分的抗冻性，气泡间隔系数应在 200μm 以下并建议硅粉掺量≤15%。在混凝土中，由于掺入硅粉、使用高效减水剂，耐久性系数提高。

(5) 耐火性能

由于硅粉混凝土结构致密，火灾时容易爆裂，因此掺 SF 的混凝土要事先确认其耐火性能或掺入有机纤维，防止其爆裂。

(6) 收缩性

由于掺入硅粉的混凝土，水泥浆量增加，收缩增大；这是由于干缩造成的。但是，与未掺入硅粉的基准混凝土相比，收缩性没有多大差别，如图 13-17 所示。必要时，可选用低热水泥或适当掺入膨胀剂。

(7) 徐变

以单位徐变量比较时，与水中养护的基准混凝土相同，而比大气中干燥状态的基准混凝土大，如图 13-18 所示。

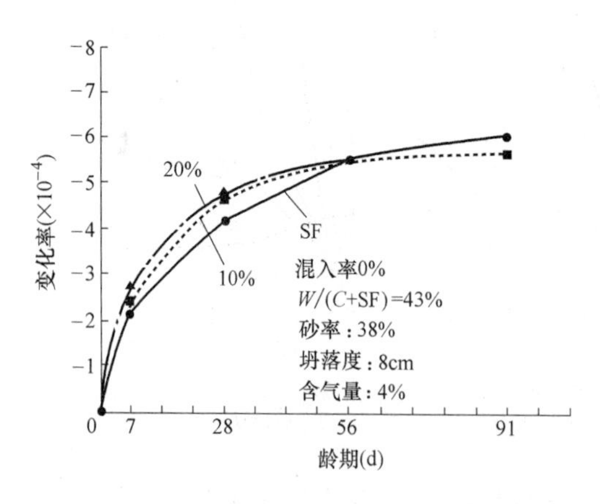

图 13-17 混凝土的干缩与长度变化

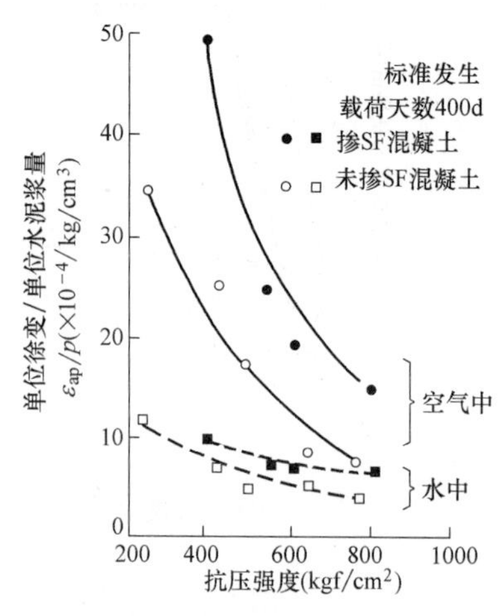

图 13-18 硅粉混凝土的徐变

13.6　硅粉混凝土的微观结构

与普通混凝土相比，硅粉混凝土的主要特点之一是具有更均匀的微观结构。

在低水胶比时掺入 SF，则水泥石中的微观结构，主要由结晶不良的水化物形成低孔隙、更加致密的基质构成。随着 SF 的掺量增加，$Ca(OH)_2$ 转变为 C-S-H 的凝胶量增加；也就是说，水泥石中的 $Ca(OH)_2$ 含量随着 SF 的掺量增加而降低，如图 13-19 所示。剩余的 $Ca(OH)_2$，与不含 SF 的普通硅酸盐水泥相比，易形成更细小的晶粒。从表 13-7 可见，普通硅酸盐水泥中掺入 SF，水化物中的钙硅比降低，水化物能与其他离子（如碱离子和铝离子）结合，使水泥石抗离子侵入和抑制碱骨料反应能力提高，电阻率提高。

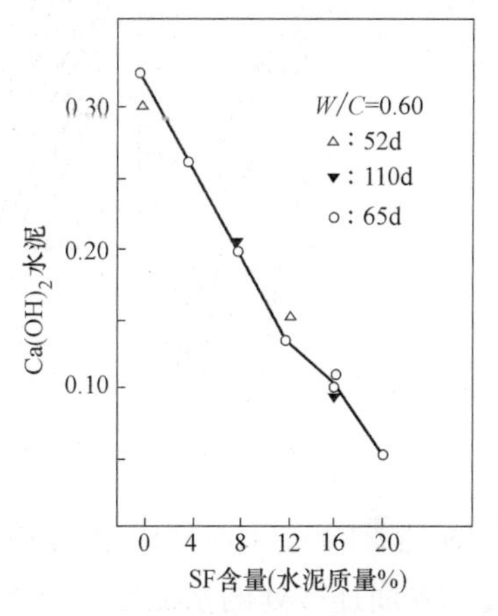

图 13-19　硅粉对普通硅酸盐水泥浆体中 $Ca(OH)_2$ 含量的影响

硅粉对水化物钙硅比的影响　　**表 13-7**

胶结料	Ca/Si 比
普硅水泥(OPC)	1.6
OPC+13%SF	1.3
OPC+28%SF	0.9

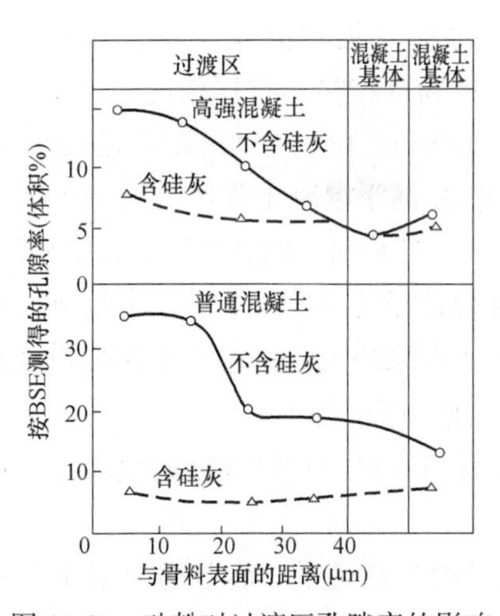

图 13-20　硅粉对过渡区孔隙率的影响

硅粉在混凝土中，使粗骨料与水泥石之间过渡区的微结构得到了改善。Rogourd 等的研究证明，掺入硅粉的高强混凝土，在骨料周边都充满了无定形致密的 C-S-H 相。由于粗骨料和 C-S-H 相直接接触，与普通混凝土中的 $Ca(OH)_2$ 结晶形成的排列不同。图 13-20 定量地表示了混凝土中界面区的孔隙结构。Scivener 等的研究认为，在界面过渡区，SF 混凝土的孔隙明显地降低，而且观测不到孔隙率梯度。Kha yat 等以 15%的 SF 置换水泥，在 $W/(C+SF)=$ 33%的混凝土中，界面过渡区孔隙率明显降低。界面过渡区孔隙率降低与原生 CH 相结晶浓度的降低，如图 13-21 所示。

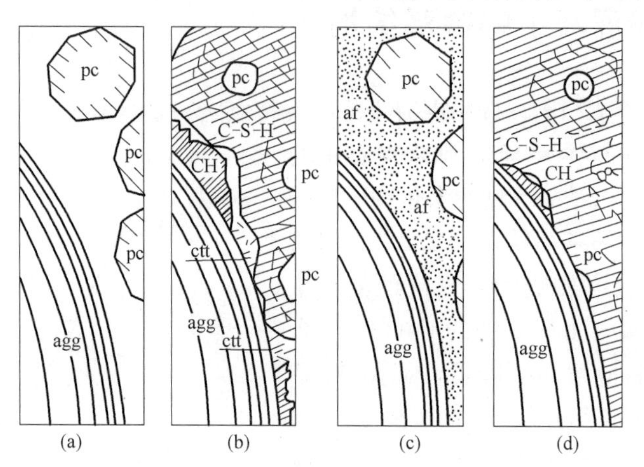

图 13-21　掺硅粉与否，混凝土中水泥石与骨料界面过渡区

图 13-21 中，（a）为不掺硅粉的新拌混凝土，由于泌水，在粗骨料周围形成水囊，界面连接处的水泥粒子也不足；（b）为（a）所示的过渡区。经过水化凝结硬化后，存在着 CH 相、C-S-H 相，留下大量孔隙，还有一些类似于针状物填充其间；（c）为掺硅粉的新拌混凝土，SF 填充粗骨料周围的空间，而不为水所占据，无水膜层和泌水现象；（d）为（c）所示的过渡区，为 C-S-H、少量的 CH 及水泥微粒等，孔隙率很低。这就说明，由于掺入硅粉，大大地消除了过渡区的不均衡性，结构的改善使混凝土的性能提高。

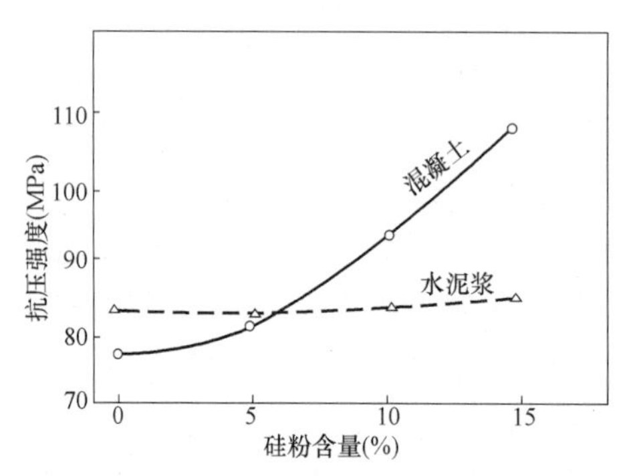

图 13-22　硅粉对水泥浆与混凝土强度的影响

硅粉掺入砂浆与掺入混凝土中，对于增强的效果不同，如图 13-22 所示。其显示了硅粉分别掺入 $W/B=33\%$的水泥浆和混凝土中，28d 龄期时，硅粉的掺量与抗压强度的关系。

未掺硅粉时，水泥浆强度（约 82MPa）高于混凝土强度（约 78MPa）；掺入 5%硅粉时，两者的强度大体相同；当硅粉掺量为 8%以上时，混凝土强度高于水泥浆强度。这说明了在高强度高性能混凝土中，骨料对强度的贡献及界面结构改善对强度的影响。

硅粉掺入混凝土中，界面结构改善和水泥石与骨料的粘结强度的提高，也提高了混凝土的性能。

硅粉混凝土的应力-应变曲线在强度 80%以内为线性的，而普通混凝土只达 40%。并且在卸荷时，滞后环的延伸也比普通混凝土小。

同理，钢筋与混凝土的粘结也由于掺入了硅粉而改善。钢筋与水泥浆体过渡区微结构的改善，提高了嵌入钢筋的抗拔出强度。

13.7　硅粉应用于混凝土的技术

硅粉应用于 C100 超高强混凝土及自密实混凝土的配比见表 13-8。新拌混凝土的性能见表 13-9。混凝土的强度见表 13-10。

硅粉用于 UHPC 及 UHP-SCC 的配比　表 13-8

单方混凝土材料用量(kg)										
编号	*W*/*B*	*C*	BFS	*SF*	CFA	NZP	*S*	*G*	*W*	HWRA
1	0.20	500	190	60	—	—	750	900	150	18.00
2	0.22	400	190	60	14	28	750	850	154	15.40
3	0.33	415	135(FA)	—	—	10	750	1000	181	11.0

新拌混凝土的性能　表 13-9

编号	*W*/*B*	坍落度(mm)		流动时间(s)		扩展(mm)	
		初始	120min	初始	120min	初始	120min
1	0.20	265	265	3.44	3.59	710	690
2	0.22	280	250	3.00	4.80	680	590
3	0.33	225	185	4.97	16.96	550	410

硬化混凝土的强度 (MPa)　表 13-10

混凝土类型	3d	7d	28d	56d	强度等级
UHPC	87.0	108.7	130.8	130.8	C100
UHP-SCC	91.2	106.5	117.3	118.0	C100
SCC	36.0	48.5	68.0	69.2	C50

UHPC、UHP-SCC 及 C50 SCC 都具有优良的自密实性能及施工性能；C50 SCC 用于武昌高铁车站建设；UHPC 及 UHP-SCC 用于广州西塔工程。

第 14 章　粉煤灰在混凝土中的应用

14.1　概述

粉煤灰是燃煤火力发电厂得到的飞灰（fly ash），如图 14-1 所示。一般来说，粉煤灰比水泥还细且含有大量的玻璃珠。

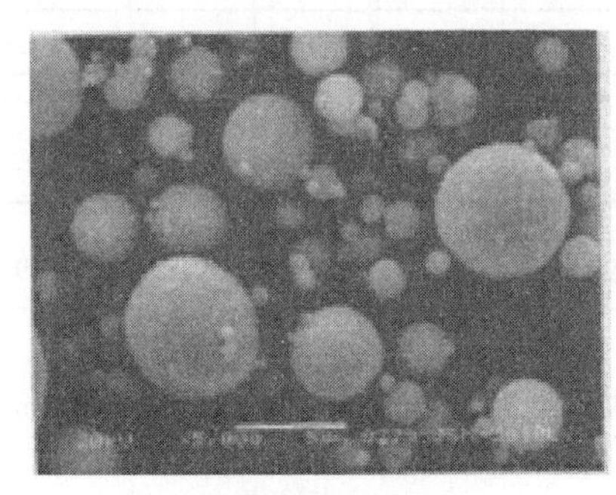

(a) 粉煤灰的SEM

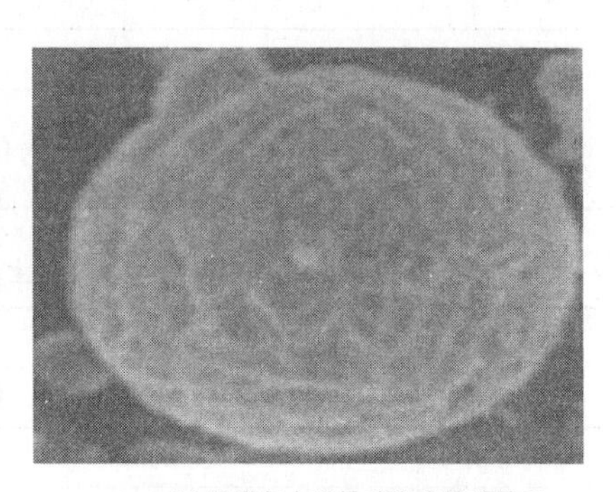

(b) 粉煤灰中磁铁矿和赤铁矿粒子

图 14-1　粉煤灰的 SEM 及其中的磁铁矿和赤铁矿粒子

在煤粉燃烧时，得到的产品是飞灰、底部灰及气体；飞灰是进入烟道气灰尘中最细的部分；底部灰是比较粗的颗粒被分离出来，沉淀在烟道里或者与炉渣沉积在一起；从燃烧带跑到炉子底部。如图 14-2 所示。

由煤粉中蒸发出来的水蒸气及分馏出来的气体，一部分排放到大气中，一部分凝聚在粉煤灰表面。在烟道排放的气体中，含有较多的 SO_x 气体；特别是燃烧含硫量比较高的煤粉时，为了减少环境污染，在烟道气排出之前，常常通入石灰石浆或石灰石粉，捕获排放气体中的 SO_x 气体。燃煤电厂排放的粉尘中，有 75%～85%变成飞灰，剩余部分则为底部灰及炉灰渣。

粉煤灰的性能：与许多因素有关，如煤的品种、质量、煤粉的细度、燃点、氧化条件、预处理及燃烧前脱硫情况；以及粉煤灰的收集和贮存方法等。粉煤灰用作水泥混凝土的矿物质掺合料，大多数国家都有相应的技术标准，我国的标准 GB 1596—2005、美国标准 ASTMC 618—89、日本工业标准 JIS A 6201 等。

全世界粉煤灰的产量约 400 亿 t，大多数用于修建码头、堤坝、筑路，以及用作混凝土的掺合料等。粉煤灰也是生产水泥的原料和混合材。粉煤灰也用来生

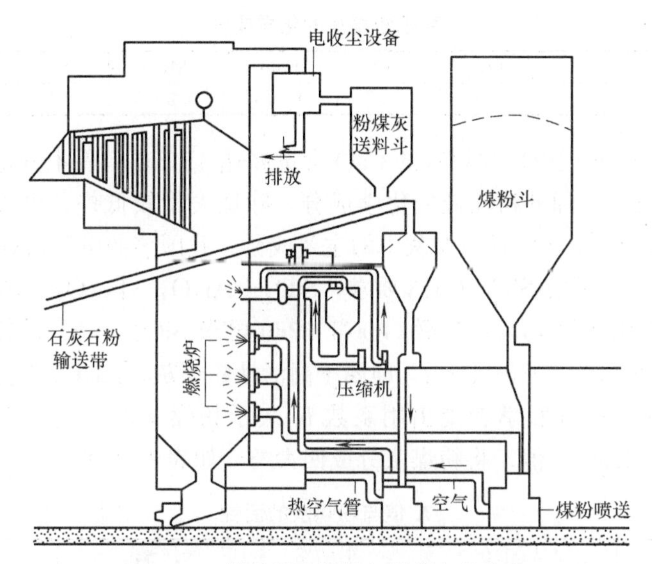

图 14-2　煤粉输送燃烧与粉煤灰的收集

产砖、砌块及陶粒。它是一种低碳、绿色、节能的材料。

目前，世界各国对粉煤灰的利用很不一样，高者可达 70%～80%，一般情况下是 30%～40%；即使在一个国家里，不同地区对粉煤灰的应用也不一样；例如广州、深圳，粉煤灰的应用率达 100%。除了当地的粉煤灰全部用完以外，还要外运进去大量的粉煤灰。

在我国，年排灰量约 2 亿 t；主要用于建筑材料、回填、筑路、建筑工程和农业种植等方面。与世界各国相比，我国粉煤灰的利用量排在世界的前列。

粉煤灰中还含有有毒的金属，如砷（As）、铬（Cr）、硒（Se）、钛（Ti）和钒（Va）等；粉煤灰中还可能含有氡（Rn），是一种放射性元素，早年又称放射气。当含有这些有害金属的粉煤灰长期堆放于土地上或垃圾填埋池中，这些有毒金属离子会溶于水中，使水中有害阳离子增加。粉煤灰产品中释放的氡（Rn）也很低，美国地质调查报告表明，粉煤灰制品的放射性与传统的混凝土或烧结普通砖等建筑材料没有明显差别。也就是说，粉煤灰中释放的氡量不会危害人的健康；可与建筑砌块或其他建筑材料一样，用于建筑物中。

14.2　粉煤灰的化学成分

粉煤灰是一种火山灰质材料，其化学成分由原煤的化学成分和燃烧条件决定。在 CaO-SiO_2-Al_2O_3 三元相图中，其组成和位置与火山灰质材料相近，是一种硅铝酸盐类矿物质掺合料。根据统计资料，我国粉煤灰的化学成分变动范围如表 14-1 所示。

我国粉煤灰的化学成分 表 14-1

成分	SiO_2	Al_2O_3	Fe_2O_3	CaO	MgO	SO_3	烧失量
变化范围	20～62	10～40	3～19	1～45	0.2～5	0.02～4	0.6～51

表中，云南开远电厂粉煤灰的 CaO 含量高达 45%；乌鲁木齐电厂粉煤灰的烧失量高达 51%。国外粉煤灰的化学成分，除烧失量较低外，也大致在表 14-1 范围内。SiO_2 和 Al_2O_3 是粉煤灰中的主要成分。我国多数电厂粉煤灰的 $SiO_2+Al_2O_3 \geqslant 60\%$。美国 ASTM C618 要求，$SiO_2+Al_2O_3+Fe_2O_3 \geqslant 70\%$；日本 JISA 6201 要求 $SiO_2 \geqslant 45\%$；苏联 GOCT 6269 要求 $SiO_2 \geqslant 40\%$；苏联有学者认为：Al_2O_3。含量为 20%～30%，即属于高活性粉煤灰。Al_2O_3 含量≤20%的为低活性粉煤灰。有苏联学者提出用系数 K 表示粉煤灰的活性。$K=(Al_2O_3+CaO)/SiO_2$；根据 K 值，将粉煤灰分成四大类，如表 14-2 所示。

***K* 值与粉煤灰的活性** 表 14-2

K 值	0.8～1.0	0.6～0.8	0.4～0.6	<0.4
活性	高	中	较低	低

粉煤灰中的有害成分是未燃尽的煤粒；粉煤灰的烧失量主要是含碳量。含碳量高的粉煤灰，吸水大，强度低，易风化，故为有害成分。粉煤灰中的含碳量，各国标准不一样。我国标准要求为 5%～15%，日本标准要求为≤5%，美国 ASTM 标准要求为≤10%，而美国垦务局标准要求为≤5%。

14.3 粉煤灰的矿物组成

通过 X 射线衍射来鉴定粉煤灰中的矿物组成。XRD 图谱如图 14-3 所示。

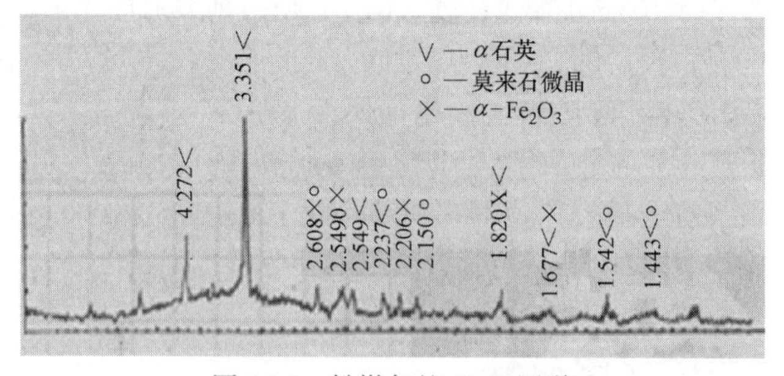

图 14-3 粉煤灰的 XRD 图谱

可见，粉煤灰的矿物组成为：α 石英（高温型，符号∨）特征峰为：0.335nm、0.427nm、0.192nm、0.181nm、0.246nm、0.228nm。莫来石微晶（$3Al_2.2SiO_2$，符号○）特征峰为：0.540nm、0.339nm、0.269nm、0.252nm、0.220nm。α-Fe_2O_3（赤铁矿熔融体，符号×），特征峰为：0.269nm、0.169nm、0.251nm、0.184nm、

0.168nm。其中，石英晶体矿物约占 7%～13%，莫来石占 8%～13%；它们的玻璃体约占 72%～80%。根据国内外的研究，一致认为主要是：玻璃体、莫来石、石英及少量其他矿物。日本资料介绍，粉煤灰的矿物组成见表 14-3。

粉煤灰的矿物相含量及玻璃体含量（%）　表 14-3

	石英	莫来石	磁铁矿	赤铁矿	玻璃体
范围 40 点	2.5～30.8	2.6～63.8	0～3.8	0～6.1	21.6～78
平均	13.9	28.7	0.6	0.5	52.4

粉煤灰的矿物相含量及玻璃体含量根据其种类差别很大。石英是原来煤矿中不含有的矿物相，是由 Si-Al 系黏土矿物变质而来；非晶质玻璃体是由于煤种中含有钾、钠，使熔点降低而形成的；磁铁矿和赤铁矿粒子的非晶质含量是非常低的，粒子表面呈凹凸的球状体。

如图 14-4 所示，玻璃体中含 SiO_2 约为 60%～65%，Al_2O_3 约为 12%～20%，Fe_2O_3 约为 9%～11%。说明粉煤灰中玻璃体含硅量较高，含铝量较低。此外，粉煤灰中尚有方解石、钙长石、β-C_2S、赤铁矿和较少量的硫酸盐、磷酸盐矿物。

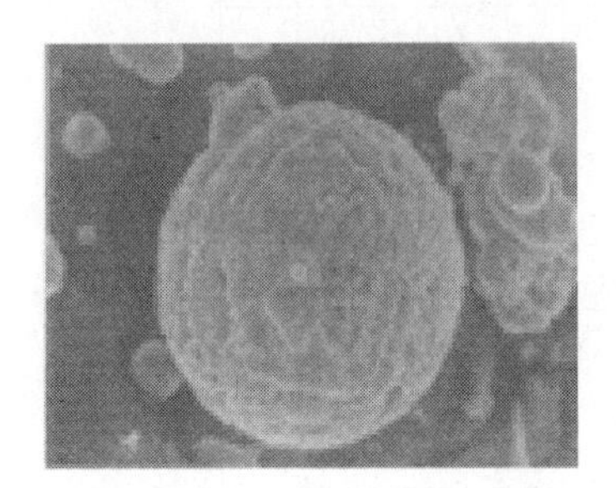
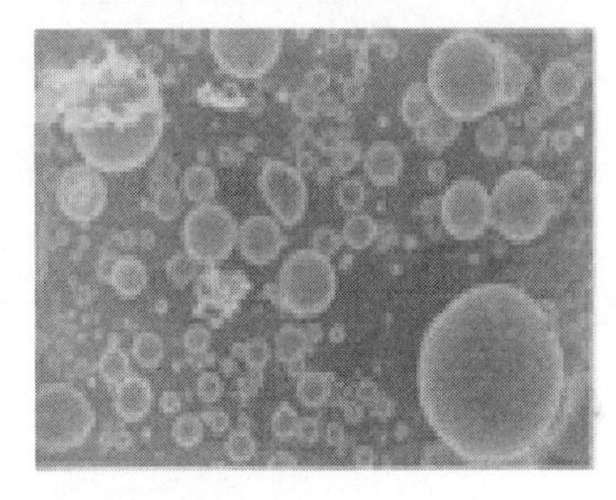

图 14-4　磁铁矿粒子和粉煤灰粒子

14.4　物理性质

粉煤灰物理性质如表 14-4 所示。比表面积测定按《水泥比表面积测定方法 勃氏法》GB/T 8074—2008。

粉煤灰物理性质　表 14-4

粉煤灰	密度 (g/cm^3)	45μm (筛余%)	20μm (筛余%)	10μm (筛余%)	比表面积 (cm^2/g)	玻璃珠含量(%)
原状灰	2.11	35.2	79	—	—	75
分级 10μm	2.84	—	—	1.4	7850	90
分级 25μm	2.43	—	1.0	22.6	5690	85-90
分级 45μm	2.31	5.7	41	—	3290	80
Ⅱ级灰	2.15	19.1	70	—	4200	35

分级粉煤灰的密度、比表面积，随着粒径的增加而降低。分级粉煤灰中粒径10μm、25μm的密度及比表面积明显大于Ⅱ级粉煤灰。分级粉煤灰10μm的比表面积高达7850cm^2/g，与微珠相近。粒度分布曲线如图14-5所示。图中，M—Ⅱ级粉煤灰；S—硅粉；F—分级粉煤灰（F＜10μm、F＜25μm、F＜45μm三种）；硅粉的粒度分布处于颗粒尺寸0.2～1.0μm范围内，累计百分数为50%～10%；分级粉煤灰F＜10μm、F＜25μm的颗粒尺寸处于1.0～20μm范围内；Ⅱ级粉煤灰与F＜45μm分级粉煤灰具有类似的粒度分布，颗粒尺寸处于20～100μm范围内。但对于F＜45μm分级粉煤灰，即使大多数＜25μm的颗粒已经被提取，也比Ⅱ级粉煤灰细。

微珠也是通过干燥分离，从原状粉煤灰中提取出来的，属于F＜10μm的分级粉煤灰。

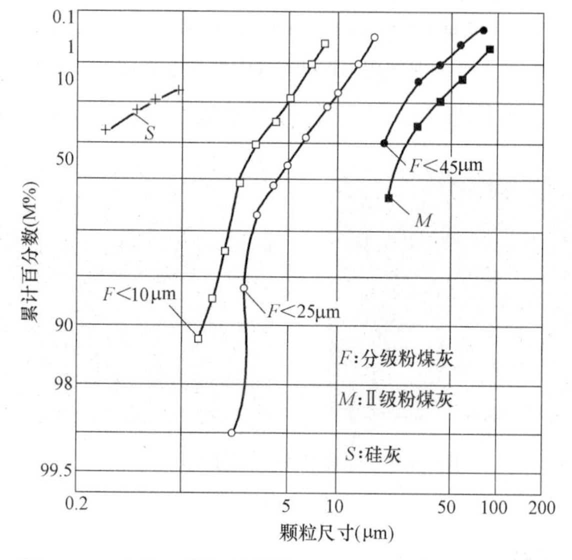

图14-5 硅粉、分级粉煤灰及Ⅱ级粉煤灰的粒度分布

粉煤灰的粒子如图14-6所示，大部分为表面光滑的球状粒子，而且具有空

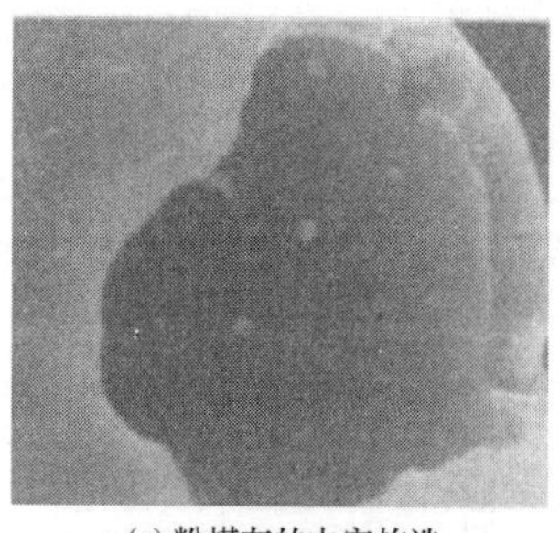

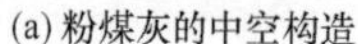

(a) 粉煤灰的中空构造

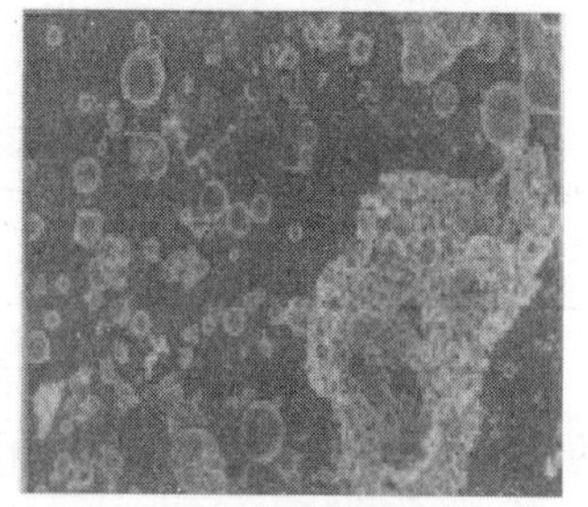

(b) 多孔未燃粒子

图14-6 粉煤灰粒子的不同形貌（笠井芳夫）（一）

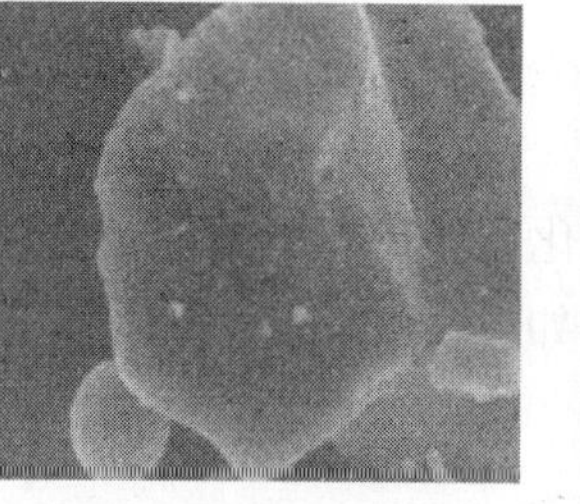
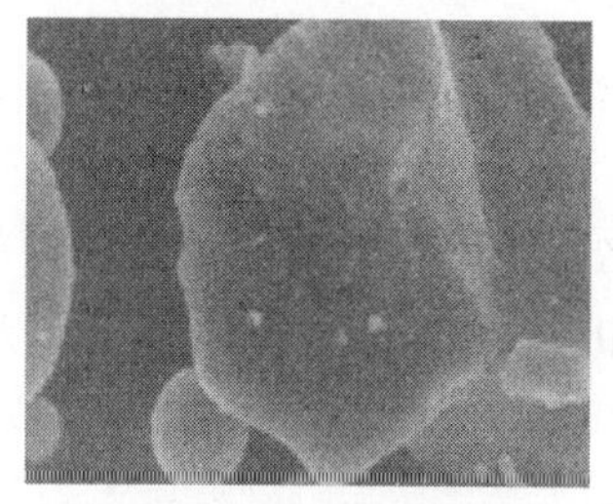

(c) 在粉煤灰粒子表面的水化物

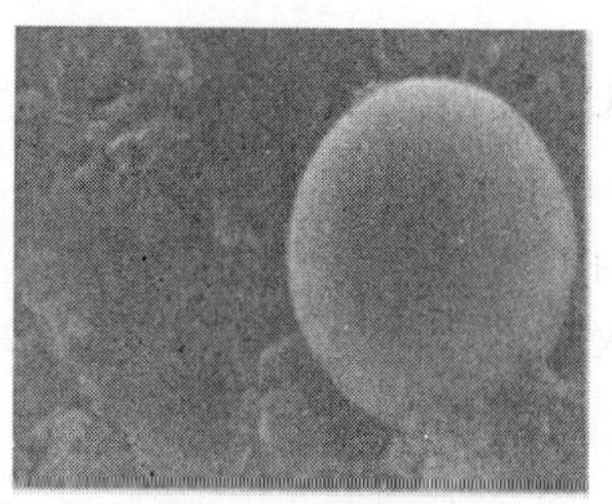

(d) 不完全熔融粒子

图 14-6　粉煤灰粒子的不同形貌（笠井芳夫）（二）

心构造；在这些球状粒子中，掺杂有多孔质的未燃烧粒子；在锅炉中燃烧时，石英粒子被黏土矿物包裹住，变成不完全熔融的粒子。

14.5　粉煤灰的火山灰活性

评价粉煤灰的火山灰活性传统的方法有两种：(1) 石灰吸收值法；(2) 消石灰强度试验法。我国标准是以 30%的粉煤灰掺入水泥中，与不含粉煤灰的水泥，配制成相同流动度的砂浆进行对比试验，以其 28d 抗压强度的比值，作为粉煤灰的火山灰活性的评价方法。部分粉煤灰的火山灰活性测定结果见表 14-5。

粉煤灰、火山灰活性测定的结果　　**表 14-5**

粉煤灰	置换水泥(%)	胶砂比	需水量(%)	抗弯强度比(%)	抗压强度比(%)
基准	0	$S/C=2.5$	100	100	100
Ⅱ级灰	30	$S/(C+F)=2.5$	98	—	—
10μm	30	$S/(C+F)=2.5$	92	110	94
25μm	30	$S/(C+F)=2.5$	95	109	92
45μm	30	$S/(C+F)=2.5$	99	87	74

由表 14-5 可见：

(1) 粉煤灰越细需水量越低，分级灰 10μm，需水量为 92%；分级灰 25μm，需水量为 95%；分级灰 45μm，需水量为 99%，与Ⅱ级灰的需水量 98%相当。

(2) 抗压强度比及抗弯强度比也随着粉煤的细度提高而提高。这就说明了通过干分离技术，可有效改善粉煤灰质量，提高火山灰的活性；从粉煤灰中分离出来的微珠就是其中的一例。此外，含粒径≤25μm 分级灰的砂浆，抗弯强度比明显高于抗压强度比；粉煤灰细度对抗弯强度的影响与其对抗压强度的影响，仍然具有相同的规律。

14.6　火山灰反应的机理

所谓火山灰反应，在硅酸盐水泥水化反应进行的同时，在粉煤粒子周围形成一种独特的水化物，称为火山灰反应，如图 14-6（c）所示。火山灰反应模型如图 14-7 所示。

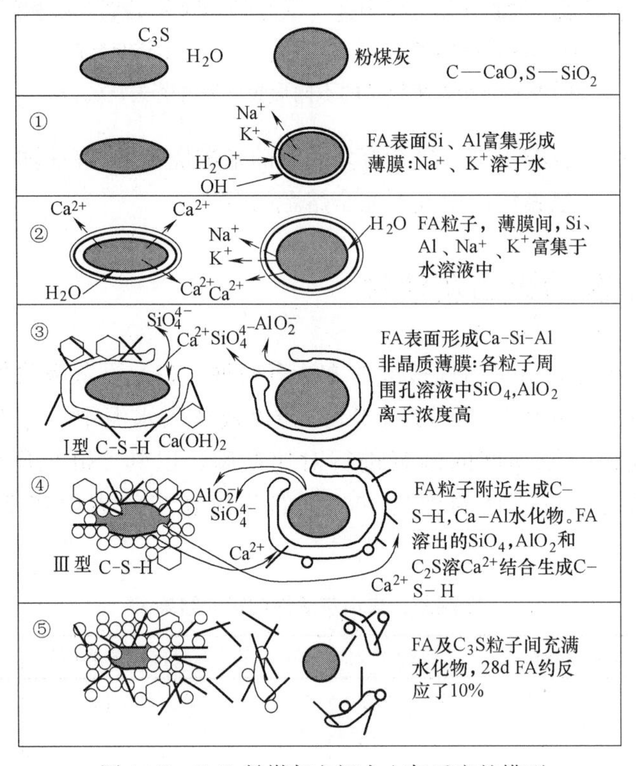

图 14-7　C_3S-粉煤灰之间火山灰反应的模型

由 C_3S 与粉煤灰反应的模型可见：碱成分（OH^-），切断了非晶质的硅氧烷（Si-O-Si）键，水分子进入，变成硅烷醇基（Si-OH…HO-Si），生成短分子的负 2 价的 $H_2SiO_4^{2-}$。这时，因有 Ca^{2+} 和硅烷醇基存在，吸附 Ca^{2+}，将 $H_2SiO_4^{2-}$ 连接起来（常温下 pH 值 11.2 以上），形成高分子的 Ca-Si 系化合物。在水泥中掺入粉煤灰后，通过火山灰反应生成的水化物中，Ca/Si 降低，其与粉煤灰的掺量及 CaO 的含量有关。随着火山灰反应的进行，砂浆试件的孔结构发生变化；随着龄期增长，20～100nm 的细孔减少，10～20nm 的小孔增多；如图 14-8（a）所示，强度也相应提高。

图 14-8 中的（b）是（a）中间部分的放大。该部分的厚度约为 15nm，板状结晶，内部生成 10～100nm 的细孔。

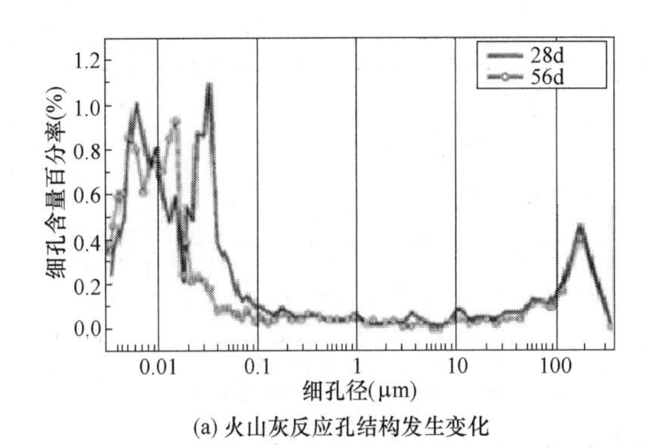

(a) 火山灰反应孔结构发生变化

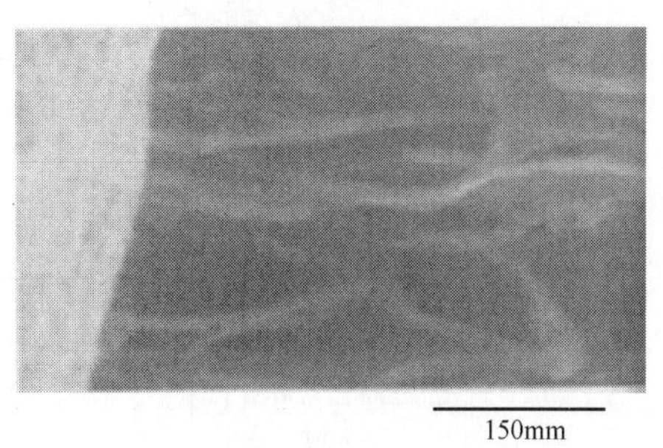

(b) 火山灰反应生成的水化物

图 14-8　火山灰反应的水化物及孔结构变化

14.7　粉煤灰的技术标准

14.7.1　我国国家技术标准

《用于水泥和混凝土中的粉煤灰》GB/T 1596—2017 对粉煤灰的质量要求，如表 14-6 所示。Ⅱ级粉煤灰属磨细灰，用于普通钢筋混凝土结构及轻骨料混凝土结构；Ⅲ级粉煤灰为原状灰，主要用于无筋混凝土和砂浆；Ⅰ级粉煤灰为电收尘得到的粉煤灰，质量优良，可用于预应力钢筋混凝土结构。各国的煤种和技术水平不同，对粉煤灰质量要求也不同。

粉煤灰质量要求　　**表 14-6**

粉煤灰级别	Ⅰ级粉煤灰	Ⅱ级粉煤灰	Ⅲ级粉煤灰
来源	电收尘	磨细灰	原状灰
烧失量≤(%)	5	8	10
45μm 筛余(%)	<12	<30	<45
需水量比(%)	<95	<105	<115

14.7.2　日本粉煤灰的工业标准

日本粉煤灰的工业标准对粉煤灰不同等级的划分如表 14-7 所示。

JIS A 6201：1999 对粉煤灰不同等级的划分　　**表 14-7**

等级	Ⅰ级	Ⅱ级	Ⅲ级	Ⅳ级
SiO_2 含量(%)	>45			
水分(%)	<1.0			
烧失量(%)	<3.0	<5.0	<8.0	<5.0

续表

等级		Ⅰ级	Ⅱ级	Ⅲ级	Ⅳ级
密度(g/cm^3)		>1.95			
细度	>45μm(%)	<10	<40	<40	<70
	比表面积	>5000	>2500	>2500	>1500
流动值比(%)		>105	>95	>85	>75
活性指数	28d	>90	>80	>80	>60
	91d	>100	>90	>90	>70

Ⅰ级粉煤灰是将原状灰经风选而得到，是附加值比较高的粉煤灰；Ⅱ级粉煤灰是产量较大的普通粉煤灰；Ⅰ级和Ⅱ级粉煤灰在标准修订前是相同的，用作混凝土的掺合料；Ⅲ级和Ⅳ级粉煤灰用于混凝土掺合料需经试验论证。

14.7.3 美国粉煤灰的技术标准

美国 ASTM C618 按火山灰活性，把粉煤灰分成 N、F、C 和 S 级。N 级粉煤灰用作混凝土掺合料，其技术要求如表 14-8 所示。

N 级粉煤灰技术要求 **表 14-8**

$SiO_2+Al_2O_3+Fe_2O_3$(%)	≥70
SO_2(%)	≤4.0
最大含水量(%)	≤3.0
烧失量(%)	≤10
45μm 筛余量(%)	≤34
火山灰活性(28d 活性,%)	≥75
与石灰制作试件强度(MPa)	≥55
需水量(%)	≤115
蒸压膨胀或收缩最大值(%)	0.08
相对密度(平均值和最大值差,%)	5.00
45μm 筛余量(平均值和最大值差,%)	5.00
选择性要求	
28d 砂浆棒收缩值(%)	≤0.03
在碱液中,14d 砂浆棒膨胀值降低(%)	≥75
在碱液中,14d 砂浆棒膨胀值(%)	≤0.02

14.8 粉煤灰混凝土

14.8.1 新拌混凝土的性能

1. 混凝土的含气量

大量施工应用的粉煤灰混凝土，由于粉煤灰的出厂时间不同，粉煤灰烧失量的变动，对含粉煤灰新拌混凝土的性能管理是有困难的。2012 年夏天，广州天达混凝土有限公司曾碰到这样的例子，C80 混凝土的配合比一样，但粉煤灰是新来的，结果混凝土坍落度损失很快，无法施工；因新粉煤灰需水量大，需要比原来配比更多的减水剂。图 14-9 是粉煤灰烧失量、含气量和坍落度的关系。

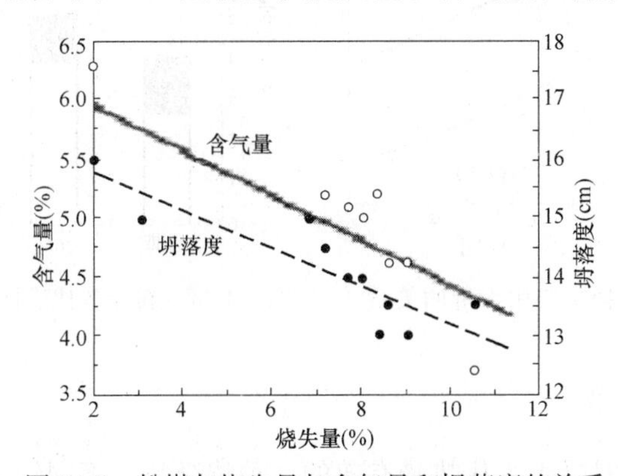

图 14-9　粉煤灰烧失量与含气量和坍落度的关系

在相同的 AE 减水剂掺量下，随着粉煤灰烧失量的增大，混凝土坍落度和含气量均相应降低；这是由于粉煤灰中含碳量高，对减水剂吸附量增大之故。

2. 混凝土流动特性

粉煤灰中的粒子大部分是球状玻璃，与不定形的水泥粒子相比，表面吸附的水量少，故掺入粉煤灰后，混凝土为了获得所需坍落度，用水量相应降低；特别是烧失量低、粒度细的粉煤灰，降低用水量更加明显。如图 14-10 所示。

曲线 C（Ⅲ级粉煤灰），由于灰中含碳量高，灰又较粗，故粉煤灰对水泥取代量即使增大，但单方混凝土用水量仍无变化；曲线 B（Ⅱ级粉煤灰），虽然粉煤灰比表面积与Ⅲ级粉煤灰相同，均为 $2500cm^2/g$，但含碳量低，故取代量增大，单方混凝土用水量降低。曲线 A（Ⅰ级粉煤灰），粉煤灰比表面积大，含碳量低，故对水泥取代量增大，单方混凝土用水量降低更加明显。

3. 泌水量

粉煤灰代替水泥内掺到混凝土中，置换率 15%～45%的范围内，随着粉煤灰对水泥的置换率增大，泌水量增多。但如混凝土水泥用量不变，粉煤灰代替部分细骨料时，置换率10%～30%，无泌水现象。

4. 凝结时间

掺入比表面积大的粉煤灰，混凝土凝结时间长；这是因为水泥水化反应溶出的各个离子，被吸附到粉煤灰粒子表面，降低了孔隙液中离子的浓度之故。如图14-11所示。

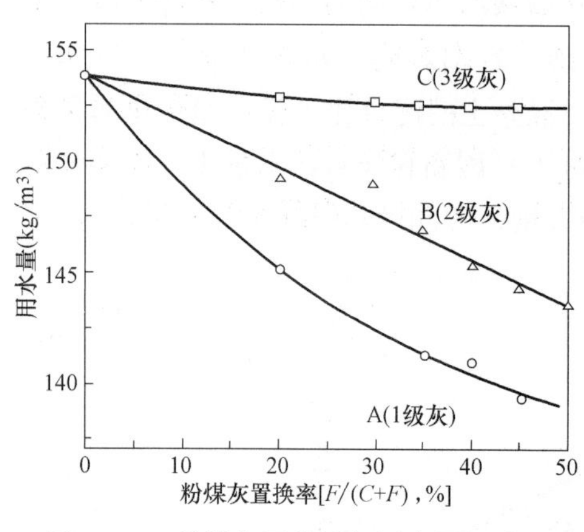

图14-10　粉煤灰置换量与用水量的关系

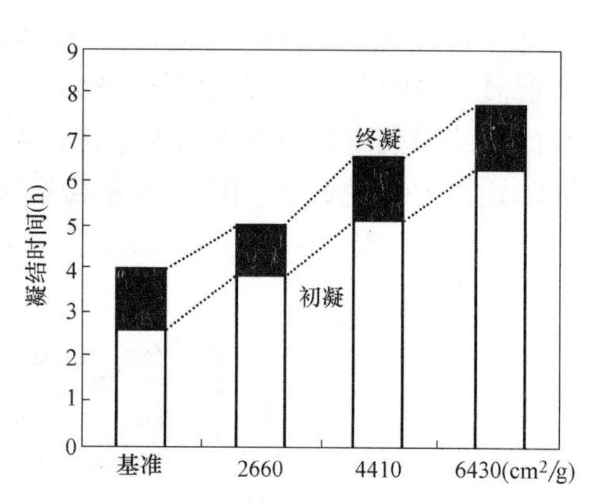

图14-11　粉煤灰比表面积与凝结时间的关系

14.8.2　水化放热

粉煤灰是抑制混凝土水化热最有效的一种掺合料，不同细度的粉煤灰掺入水泥砂浆中的绝热温升曲线如图14-12所示。

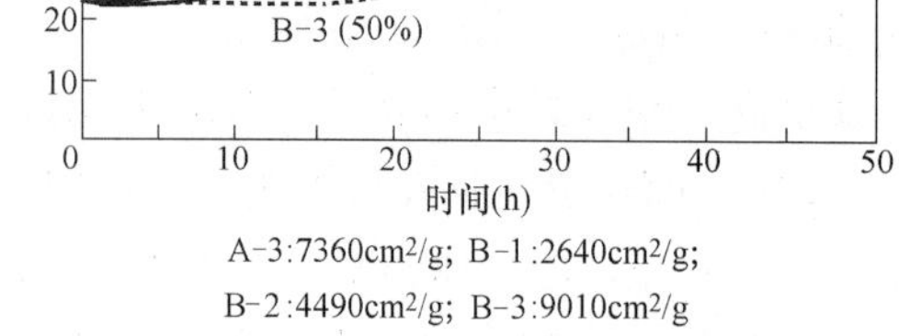

A-3:7360cm²/g; B-1:2640cm²/g;
B-2:4490cm²/g; B-3:9010cm²/g

图14-12　砂浆的绝热温升特性

（1）基准砂浆的绝热温升很高，经30h到达80℃；

（2）掺入不同比表面积粉煤灰的砂浆绝热温升均低于基准砂浆；

（3）以B-3（50%）的砂浆的绝热温升最低，25h时，绝热温升也只有20℃；笠井芳夫等通过传导热量计检测了多种胶凝材料加水24h后的水化放热发展；以水化时活化能来表示：硅酸盐水泥，39.0kJ/mol；掺入17%粉煤灰时，26.7kJ/mol；掺入7.5%硅粉时，30.4kJ/mol；掺入70矿粉时，49.3kJ/mol。由此可见，掺入粉煤灰抑制水化热是很有效的。因此，大体积混凝土或高强度混凝土，为了降低水化热，常掺入粉煤灰，因为掺入粉煤灰比掺入矿粉能更有效地抑制水化热。

14.8.3 硬化混凝土

粉煤灰混凝土的强度发展，与其配比、性能、温湿度、养护条件、外加剂及粉煤灰的种类有关。

1. 粉煤灰代替不同水泥量时（内掺）混凝土的强度

以 4 种不同的粉煤灰分别取代 10%、20%、30%的水泥，配制混凝土，比较其强度及强度发展，如图 14-13 所示。

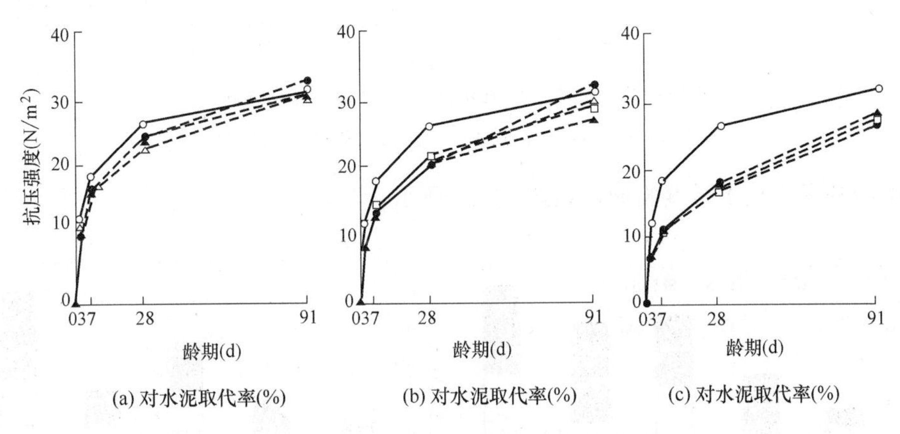

图 14-13 龄期与抗压强度的关系（笠井芳夫）

粉煤灰对水泥的置换率在 20%以下，91d 龄期的抗压强度与基准混凝土的强度基本相同。

粉煤灰水泥混凝土的强度，还与混凝土中水泥的用量有关；在水泥用量较多的量较多的富配合比中，粉煤灰对混凝土强度的影响更显著。

由图 14-14 可见，粉煤灰对水泥相同的置换量下，水泥含量高的强度发展快。胶凝材料 345kg/m^3 的混凝土中，含 20%粉煤灰的混凝土，28d 龄期的强度比基准混凝土的强度还高。这可能是水泥含量高的混凝土碱的浓度较高，早期水化放热较大，有利于粉煤灰的水化，从而提高其强度。

2. 外掺粉煤灰时混凝土的强度

为了提高粉煤灰混凝土的早期强度，常常以粉煤灰代替部分细骨料掺入混凝土中，使总的胶凝材料用量提高。不改变单方混凝土的用水量，粉煤灰掺入量达水泥量 50%左右，强度也不降低。以 $F/C=100\%$改变粉煤灰掺入量，3d 龄期

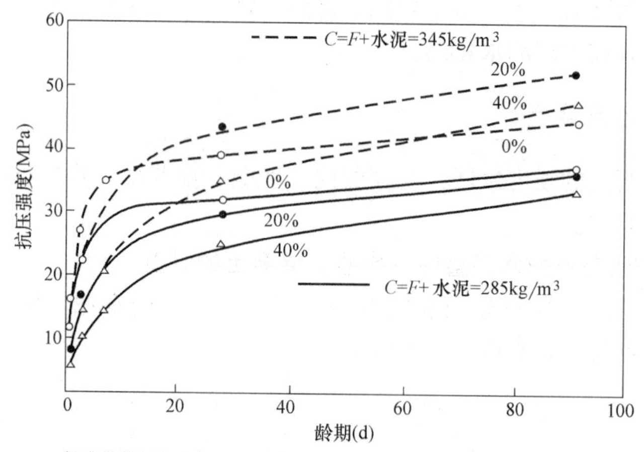

图 14-14 富配比混凝土中粉煤灰对强度的影响

强度与基准混凝土强度相同，如图 14-15 所示。

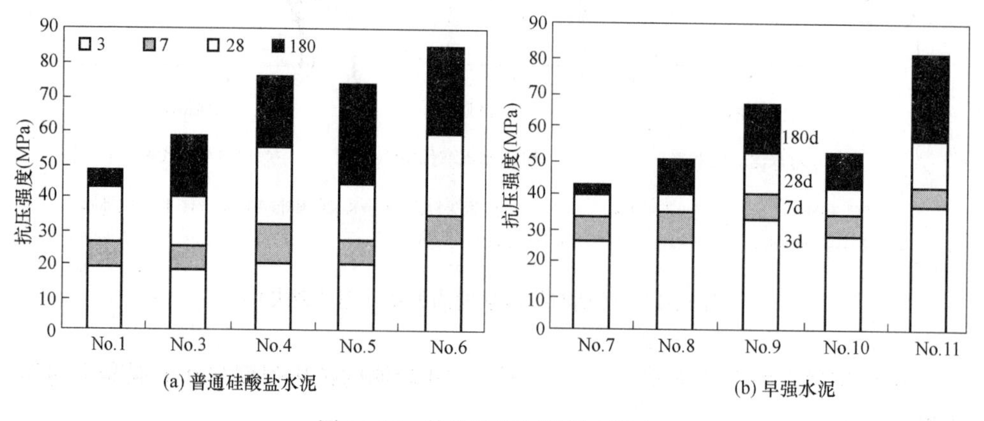

图 14-15 外掺粉煤灰混凝土强度

(1) 使用硅酸盐水泥：No. 1：$W/C=53.3\%$，$F/C=0$；No. 3：$W/C=60\%$ $F/C=40\%$；No. 4：$W/C=60\%$，$F/C=60\%$；No. 5：$W/C=60\%$，$F/C=50\%$（掺 SP）；No. 6：$W/C=60\%$，$F/C=100\%$（掺 SP）。

(2) 使用早强水泥：No. 7：$W/C=54.7\%$，$F/C=0$；No. 8：$W/C=60\%$，$F/C=25\%$；No. 9：$W/C=60\%$，$F/C=50\%$；No. 10：$W/C=60\%$，$F/C=50\%$（掺 SP）；No. 11：$W/C=60\%$，$F/C=100\%$（掺 SP）。

由图 14-15 可见，硅酸盐水泥与早强水泥的混凝土中，外掺粉煤灰与水泥量相同时，混凝土强度 180d 龄期时，比基准混凝土（No. 1 及 No. 7）强度提高了 1 倍。

3. 早期温度对含粉煤灰混凝土强度的影响

硅酸盐水泥混凝土，在高于 30℃温度下养护时，早期强度增长，但后期（28d）强度与标准条件下养护的相比，明显降低；但含粉煤灰混凝土则明显不同，早期升温养护下的强度与标准条件下养护 28d 强度相比，明显提高，如图 14-16 所示。

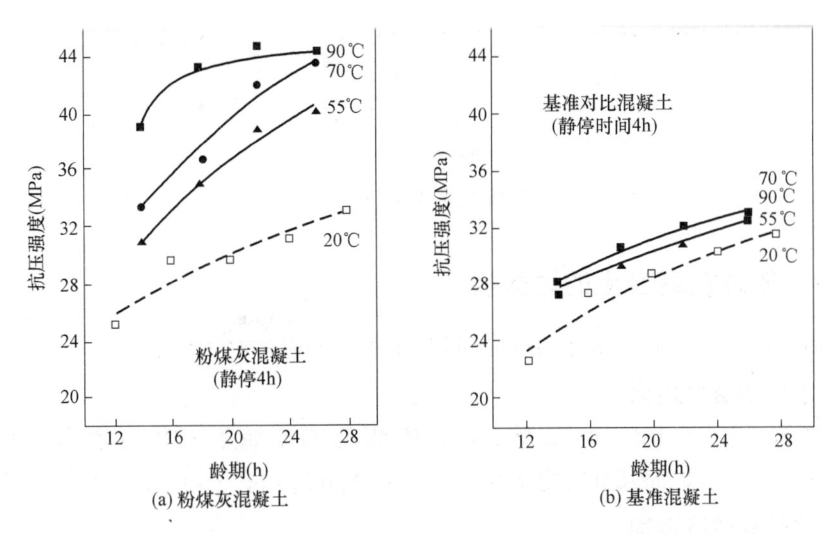

图 14-16　养护温度与粉煤灰混凝土强度的关系

由此可见，提高早期养护温度，有利于粉煤灰混凝土强度的发展。但是，在寒冷气温下要注意早期养护，以免在低温下强度过低而受冻害。

4. 弹性模量

粉煤灰对混凝土弹性模量的影响与对抗压强度的影响相类似；一般情况下，早期偏低，后期逐渐提高；在混凝土中掺入一定量的粉煤灰，会提高其弹性模量。因火山灰反应在整个水化过程中均进行，生成水化硅酸钙凝胶，使混凝土更加密实。

5. 干燥收缩与自收缩

Haque 等用 40%～70%的 ASTM C 级粉煤灰代替相应的水泥，进行混凝土的试验指出，混凝土干燥收缩随着粉煤灰的含量提高而降低。日本笠井芳夫等的试验认为，掺粉煤灰混凝土与基准混凝土具有相同的坍落度，可以降低用水量，混凝土干燥收缩降低。比表面积大的粉煤灰与原状灰相比，降低用水量旳效果更加明显，相应混凝土干燥收缩也降低。如图 14-17 所示。原状灰（3310cm^2/g）、FA20（5960cm^2/g）、FA10（9700cm^2/g）粉煤灰置换率越高，混凝土的自收缩越低。

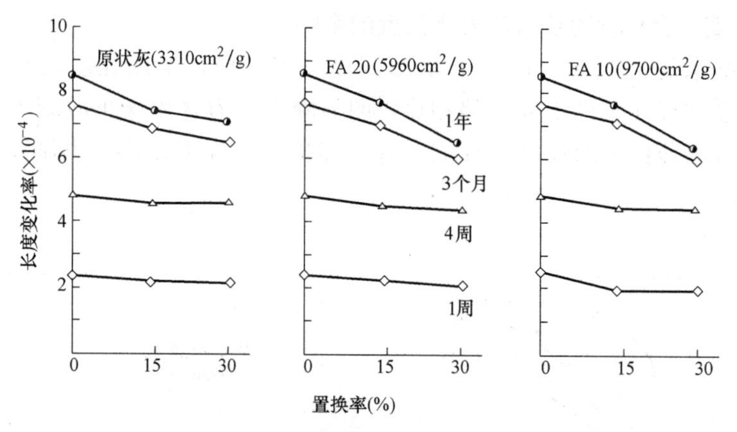

图 14-17 粉煤灰置换率与干燥收缩关系

14.8.4 粉煤灰混凝土的耐久性

Berry 和 Malhotra 将粉煤灰对混凝土渗透性的影响归纳如下。

1. 水的渗透性增大

强度为 40～60MPa 的混凝土，含粉煤灰的原始表面吸附水为 0.09～0.05mL/(m^2·s)，而基准混凝土是 0.08～0.03mL/(m^2·s)。

2. 空气渗透性增加

由于掺入粉煤灰以后，混凝土表面的相对湿度降低，故空气渗透性增加。如果混凝土过早地受到干燥，内部会形成更多孔隙，变成空气流动的通道，渗透性增加。

3. 氯离子扩散系数降低

Li 和 Roy 认为，W/C=0.3 和 W/C=0.35 的硅酸盐水泥浆，掺入 30%的 F 级粉煤灰以后，温度为 38℃的扩散系数分别是：

W/C=0.3　　$15.6\times10^{-12}m^2/s$；掺粉煤灰 $1.35\times10^{-12}m^2/s$

W/C=0.35　　$8.7\times10^{-12}m^2/s$；掺粉煤灰 $1.34\times10^{-12}m^2/s$

粉煤灰对水泥的置换率 15%～45%时，混凝土的水胶比越低，氯离子的渗透深度越低。见图 14-18。

4. 抗中性化性能

一般情况下，掺入粉煤灰的混凝土，由于火山灰反应消耗掉一部分 CH 相，对抗中性化性能不利；而且，伴随着对水泥置换率的增大，混凝土中性化的深度也增大。胶结料 330kg/m^3（C+FA）、坍落度 15cm 的混凝土，与基准混凝土相比，在最初两年龄期中，中性化深度较大；但再经过 20 年龄期时，掺入粉煤灰的混凝土的中性化与基准混凝土相比仍与两年前相同。这是由于早期含 FA 的混凝土强度发展慢所造成的。

5. 自收缩

掺入粉煤灰混凝土的自收缩降低。通过中空圆形试件测定水泥浆的应力，$W/B=30\%$时，普通硅酸盐水泥和矿渣水泥的水泥浆的收缩应力大，而粉煤灰水泥的收缩应力小。也即，掺入粉煤灰能有效抑制混凝土的自收缩。

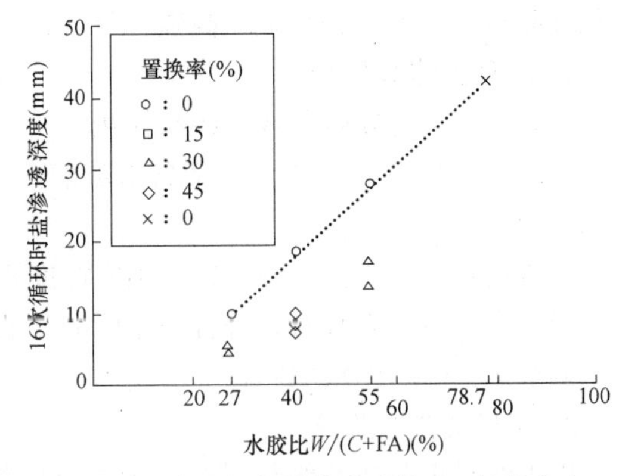

图 14-18　水胶比与盐分渗透关系（笠井芳夫）

掺入粉煤灰混凝土与基准混凝土相比，达到相同流动性的情况下，可以适当降低用水量，故干缩也会降低。

6. 抑制碱-骨料反应

粉煤灰置换混凝土的一部分水泥，一方面，可以降低混凝土的碱含量；另一方面，由于火山灰的活性，使孔溶液中 pH 值降低，能抑制碱-骨料反应（ASR）。如图 14-19 所示，不掺粉煤灰的基准试件，长度变化率超过了 0.3%；而以 20%、30%粉煤灰置换水泥的试件，长度变化率均在 0.1%的范围内。在粉煤灰中，非晶质组分越多，细度越大，效果越好。一般情况下，30%的粉煤灰掺量就能有效地抑制 ASR 的发生。

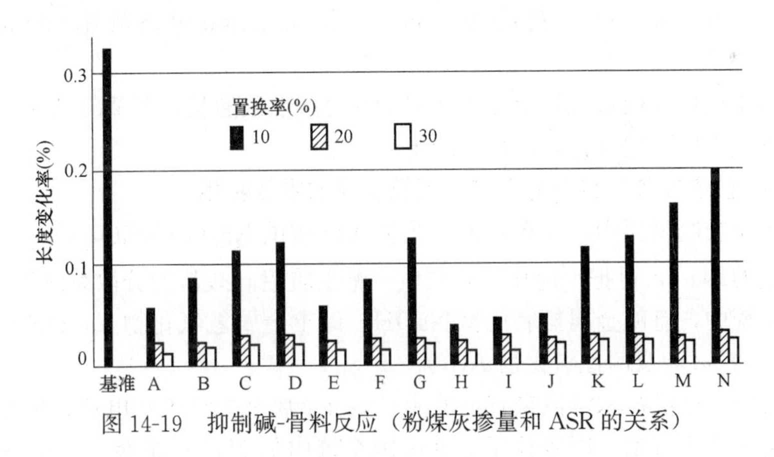

图 14-19　抑制碱-骨料反应（粉煤灰掺量和 ASR 的关系）

14.9　高性能碱-粉煤灰混凝土

以粉煤灰为主要原料，以硅酸钠为激发剂，加入粗细骨料，搅拌成型，再经常温或蒸汽养护，得到一种新型混凝土。这种混凝土生成的水化物是方沸石型的水化硅酸钠。其是一种早强、高强、节能、耐久性和抗化学侵蚀性高的混凝土。

1. 混凝土的原材料

粉煤灰：Ⅰ级粉煤灰或Ⅱ级粉煤灰。

硅酸钠：$Na_2O \cdot nSiO_3$，又名水玻璃，俗称泡花碱，选用模数小于 3 的碱性水玻璃。

细骨料：河砂或人工砂，符合国家标准要求。

粗骨料：石灰石碎石，符合国家标准要求。

调节剂：CaO、Na_2CO_3。

2. 胶凝材料的选择

以Ⅰ级粉煤灰或Ⅱ级粉煤灰，为主要原料，加入适量的 CaO，调节其化学组成：SiO_2 为 40%～50%，Al_2O_3 为 12%～15%，CaO 为 10%～12%的范围。

（1）选择水玻璃的模数

水玻璃的掺量为胶凝材料的 5%～15%，水玻璃的模数 0.8、1.0、1.5、2.0；加入适量水，制成净浆试件，在不同条件下养护，测 3d、7d 及 28d 的强度，根据强度最高者选出水玻璃的模数。

试验证明，水玻璃的模数为 1.0、掺量为 10%较好。

（2）调凝剂

水玻璃的模数为 1.0、掺量为 10%时，制备的胶凝材料，初凝时间及终凝时间均很短。故需要掺入一定量的可溶性碳酸盐，调节凝结时间。试验结果证明，掺入 0.1% 的 Na_2CO_3，初凝由 8min 延长至 22min；终凝由 38min 延长至 58min。

通过水玻璃的模数选择及掺入一定量的可溶性碳酸盐，调节凝结时间。就可以按照混凝土的配比规律，选择混凝土的配比了。

3. 碱-粉煤灰胶凝材料的反应机理及生成的主要物相

粉煤灰胶凝材料中，含有 CaO，当掺入硅酸钠 $Na_2O \cdot nSiO_3$ 后，系统中存在一定量的 Na^+，可把反应作为：碱质—碱土质铝硅酸盐的分散系统进行研究。在整个系统中，有碱金属氢氧化物 NaOH、碱土金属氢氧化物 $Ca(OH)_2$、呈酸性的氧化物 SiO_2 及两性氧化物 Al_2O_3。

系统中，硅酸盐水溶液带有负电荷，多价金属水溶液带正电荷；两者相互作用，使粒子产生凝聚。凝胶粒子表面吸附系统内的 Na^+；最终，发生碱性化合物的合成及系统内的结晶过程。

系统中，铝阳离子对碱性的硅酸盐水溶液产生强烈的凝聚作用，然后凝聚成耐水的碱性化合物。每克分子 Al_2O_3 能俘获 1.0～1.5g 分子碱金属氧化物，从而成为非溶性新水化物。如下式：

$$Al_2O_3+4SiO_2+2NaOH+H_2O \rightarrow NaO \cdot Al_2O_3 \cdot 4SiO_2 \cdot 2H_2O$$

碱土金属氧化物 $Ca(OH)_2$ 也能与呈酸性的硅酸水溶液和氧化铝发生凝聚作用，生成凝胶。在凝胶体中，含有碱金属和碱土金属氧化物，合成五组分的矿物（$R_2O \cdot RO \cdot Al_2O_3 \cdot SiO_2 \cdot H_2O$）。

该类水化产物，犹如天然界中的方沸石（$Na_2O \cdot Al_2O_3 \cdot 4SiO_2 \cdot 2H_2O$）。碱-粉煤灰胶凝材料，除了生成低碱度的水化硅酸钙外，还生成沸石类的水化硅铝酸盐。这与自然界中有关矿物形成是相符的。

4. 碱-粉煤灰胶凝材料混凝土的耐久性

（1）强度的发展及稳定性

碱-粉煤灰胶凝材料混凝土的强度，1d 龄期可达 10MPa 以上，28d 达 55MPa 以上，经 1 年、2 年及 5 年龄期，强度还略有提高。这说明，形成的水化物是稳定的。

（2）抗碳化性能

将碱-粉煤灰胶凝材料混凝土试件分成两部分：一部分进行碳化，另一部分置于空气中。将完全碳化了的试件与未碳化试件的强度对比，就可判断其抗碳化性能，见表 14-9。

碱-粉煤灰胶凝材料混凝土抗碳化性能　　表 14-9

编号	养护方式	碳化后强度(MPa)	对比试件强度(MPa)	碳化系数
1	蒸养	54.4	56.1	0.97
2	自养	50.4	49.3	1.02
3	蒸养	65.1	66.3	0.98
4	自养	62.7	62.3	1.01

碳化系数接近 1.0，也即完全碳化后，强度基本不降低。其抗碳化性能优良。

（3）抗冻性

将碱-粉煤灰胶凝材料混凝土试件分成两部分：一部分进行冻融，另一部分置于常温水中。经一定冻融循环后进行抗压试验，与未冻试件强度对比，评定抗冻性的优劣。结果见表 14-10，抗冻性优良。

抗冻试验结果　　表 14-10

编号	循环次数	冻后强度(MPa)	对比试件强度(MPa)	外观	系数
5	250	50.6	52.9	棱角剥落	0.96
6	250	63.3	66.3	良好	0.95
7	250	59.0	59.6	良好	0.99

（4）耐强酸腐蚀

将试件浸渍于不同酸中，观测浸后强度。与基准试件强度比较，评定耐蚀系数，结果见表 14-11。

耐强酸腐蚀试验结果 表 14-11

浸渍酸的类型		浸渍时间	浸渍后试验		对比试件强度(MPa)	耐腐蚀系数
			强度(MPa)	外观		
H_2SO_4	1%	210d	50.3	数条裂纹	56.8	0.86
	5%	210d	56.2	良好	56.8	0.99
HNO_3	5%	210	55.0	良好	56.8	0.97
	1%	210	58.5	良好	56.8	1.03
HCl	5%	210	47.3	良好	56.8	0.83
	1%	210	58.3	良好	56.8	1.03
上三者以1∶1混合	5%	210	46.5	微裂纹	56.8	0.82
	1%	210	55.5	良好	56.8	0.98

试件对浓度较高的硫酸及复合酸的抗腐蚀稍差。

(5) 耐碱腐蚀

将试件浸渍于NaOH及饱和的石灰溶液中，经一年后进行抗压试验，与对比试件强度进行比较，见表14-12。

耐碱腐蚀试验 表 14-12

碱液种类	浸渍时间(年)	浸渍后试件		对比强度(MPa)	耐碱腐蚀系数
		强度(MPa)	外观		
5%NaOH	1	62.3	良好	64.3	0.97
饱和石灰液	1	63.7	良好	64.3	0.99

耐碱腐蚀试验结果，说明耐碱腐蚀性能优良。

(6) 耐盐腐蚀

将试件浸渍于海水、$MgCl_2$ 溶液及硫酸钠溶液中，经1年、3年检测其结果，见表14-13。耐盐腐蚀的效果良好。

耐盐腐蚀试验 表 14-13

盐液种类	浸渍经时(年)	浸渍后试件		对比强度(MPa)	耐盐腐蚀系数
		强度(MPa)	外观		
海水(人工配制)	1	39.5	良好	38.4	1.03
	3	41.4	良好	39.0	1.06
$MgCl_2$ 溶液 25～30°Bé	1	38.5	良好	38.4	1.00
	3	39.2	良好	39.0	1.00
$Na_2SO_4 \cdot 10H_2O$ (2500mg/L)	1	53.1	良好	52.5	1.01
	3	59.8	良好	54.6	1.09

(7) 经济效果及前景

碱-粉煤灰混凝土的单方材料成本比同强度等级的普通混凝土略低 15%。而且，耐久性优于普通混凝土，是一种省资源、省能源、长寿命的混凝土，具有广泛的发展前景。

第15章 多功能混凝土技术的研发与工程应用

15.1 引言

混凝土是一种在工程上被广泛应用的材料。过去，对混凝土材料的技术要求主要是根据施工性能、长期工作条件下的承载能力（强度），以及工作环境下各种劣化因子侵蚀作用下的抵抗性能（耐久性），即根据工作性、强度与耐久性三方面的性能要求混凝土。由于工程技术的不断发展与提高，对混凝土技术性能也就多样化与高性能化。多功能混凝土（Multifunction Concrete，MFC）根据混凝土的施工条件、使用条件及环境条件，具有多种功能，以满足多种技术要求。

多功能混凝土最基本的性能如下：自密实、自养护、低水化热、低收缩、高强度与高耐久性。大跨度桥梁、高层超高层建筑的大量建造，对混凝土也要求高强度和超高强度。而结构中的钢筋密度也提高了，这对混凝土的施工浇筑和密实成型都带来困难。如果高强、超高强混凝土能免振自密实成型，这会对大跨度、超高层的高强度、超高强度的混凝土施工带来极大的方便。如果大跨度、超高层的高强度、超高强度的混凝土施工不需要人工浇水养护，不但能节省水资源、省力化及便于管理；更主要的是，自养护可以抑制自收缩和早期开裂，从混凝土内部分散供水给混凝土中的水泥水化，水化更充分、均匀，会比外面浇水养护的混凝土获得更高的强度。低水化热是使混凝土浇筑成型后的温度与环境温度差≤25℃，使混凝土不会产生温度裂缝。高强度、超高强度混凝土这方面的难点很大，因为水泥用量大，水灰比低；又要高强度、超高强度，还要低水化热，如何从材料的选择和组成来满足低水化热的要求呢？低收缩对混凝土材料来说，是一个很重要的性能；因为收缩过大，会引起开裂，对承载能力和工作寿命都带来不良的影响；高强度与高耐久性对多功能混凝土更具有特殊性。本书研发的多功能混凝土，强度可达150MPa，电通量在100C/6h以下。

15.2 多功能混凝土性能检测技术的参考标准

15.2.1 自密实性

通过自密实混凝土的U形仪试验，去检测自密实的功能。图15-1是检测混凝土自密实功能的 U 形仪。混凝土在 U 形仪试验中，10～15s 上升高度≥30cm，就能满足自密实功能。

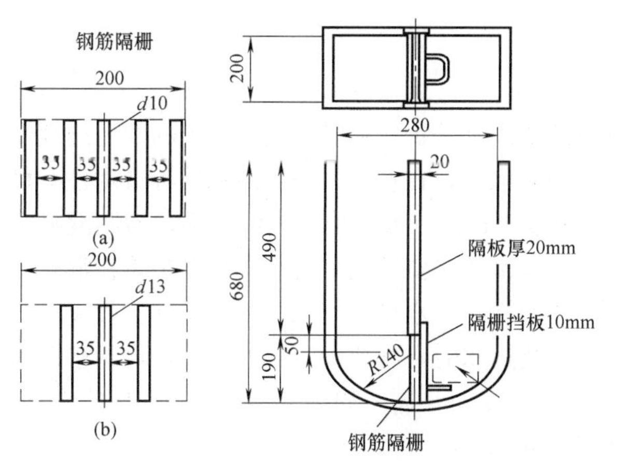

(a) 检验自密实功能的U形仪(冈村)

(b) 用U形仪测定MFC的自密实功能

图 15-1　检验 MFC 自密实功能的仪器及其应用

对多功能混凝土试验时，通常也用坍落度、扩展度及混凝土在坍落度筒中，倒筒流下时间 10～15s 左右来表示，如图 15-2 所示。

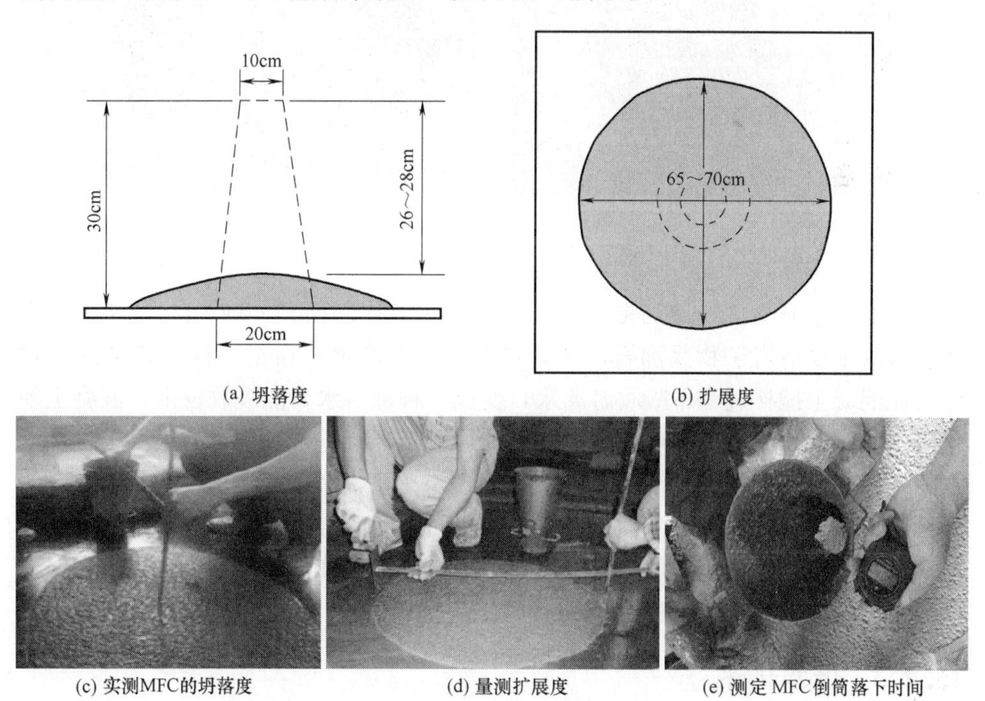

(a) 坍落度　(b) 扩展度

(c) 实测MFC的坍落度　(d) 量测扩展度　(e) 测定 MFC倒筒落下时间

图 15-2　新拌混凝土试验

新拌混凝土试验时，坍落度≥26cm，扩展度≥680mm×680mm，倒筒混凝土落下时间10～15s，与混凝土U形仪试验升高30cm所需时间10～15s相当，混凝土都能满足免振自密实功能。

15.2.2 自养护性能

混凝土构件浇筑成型，初凝后还要浇水养护。这时，混凝土中的水泥继续水化，吸取混凝土内部孔缝及毛细管中的水分；在室外，一般用麻袋等吸水性有机物遮盖并需浇水养护，其目的是使混凝土构件（或结构）表面潮湿，抑制混凝土内的水分向外迁移蒸发。这需要消耗较多的水资源及劳动力。自养护是在混凝土配制时，掺入一种无机粉体，该粉体预拌一定水量，或在混凝土搅拌过程中，吸收游离水分。混凝土初凝后，水泥水化需水时，释放出吸收的水分，供给水泥水化需水。避免由于毛细管脱水，产生自收缩开裂。如图15-3所示。MFC成型，初凝后盖上塑料布，在养护室或室外养护。

(a) 脱模后MFC试件用塑料膜密封

(b) 麻袋盖上浇水养护

图15-3 MFC试件自养护与浇水养护

多功能混凝土自养护剂是一种天然沸石粉，比表面积6000cm^2/g左右，天然沸石的主要造岩矿物是沸石，含量≥60%。天然沸石粉是一种多孔结晶的粉体，在混凝土搅拌过程中吸收游离水，变成一种沸石水，能吸放自由。混凝土硬化后，能供给水泥水化需水，沸石粉均匀分散于混凝土中，像很多供水点，供给水泥水化需要；也即避免混凝土由于毛细管等孔隙脱水而产生自收缩开裂。天然沸石粉中还含有较高的可溶性硅、铝，能参与水泥的水化反应，提高混凝土的强度，多孔的天然沸石粉，能吸收混凝土中的自由水，抑制混凝土离析沉降，保证混凝土拌合物的均匀性，这是MFC的重要性能。

15.2.3 低水化热

在满足强度要求的前提下，尽可能降低水泥用量或采用低热水泥；并采用低发热量的掺合料，如微珠或粉煤灰等；降低混凝土的最高温度（≤78℃）；降低大体积多功能混凝土的中心部位与表面的温差（≤25℃）；避免混凝土的温度裂缝。

根据中建三局对高层建筑地下室大体积混凝土施工经验，总结出施工的大体积混凝土内部温度变化规律：

① 在 3d 前有一个上升段，之后直至 15d，温度缓慢、平坦的过程；

② 升温 2～3d 达到峰值，板厚 2～3m，温度 65～76℃，最高温度值随板厚不同而不同；

③ 最高温差出现时间主要在 3d 左右，之后直至 15d，温差大部分在 20～28℃上下波动。

大体积混凝土施工过程中，内部温度峰值可按下式计算：

$$T_{max}=A(C/10)+F/50+T_0 \tag{15-1}$$

式中　A——经验系数：42.5 矿渣水泥，0.9；52.5 矿渣水泥，1.0；52.5 普通硅酸盐水泥，1.1；52.5 纯硅酸盐水泥，1.2；

T_0——混凝土入模温度；

C——水泥用量（kg/m^3）；

F——掺合料用量（kg/m^3）。

实例如下：地下室底板施工中，混凝土为 C40，底板厚 2.0～3.0m；水泥用量 $383kg/m^3$；粉煤灰用量 $68kg/m^3$；当时，气温为 25℃；实测混凝土温峰值 76℃；利用式（15-1）计算值 74℃；两者差 2℃。说明，此经验公式可参考应用。

测定多功能混凝土的绝热温升时，筛取混凝土中的砂浆，用塑料薄膜包裹，插入温度计，放置于暖水瓶中，使温度计外露，以利读数，然后密封，如图 15-4 所示。检测砂浆与混凝土的温度，通常砂浆温度高于混凝土的温度。

(a) 在保温瓶中装入试料

(b) 自动记录温升

图 15-4　检测多功能混凝土与其砂浆的温度

15.2.4 低收缩性

低收缩包括自收缩、早期收缩和长期收缩。3d 自收缩≤0.1‰，长期收缩≤0.6‰。这样，混凝土结构不至于开裂。抑制高强度、超高强度 MFC 的自收缩开裂，是技术关键。掺入 NZ 粉和 1.5%硫铝酸盐膨胀剂。前者内部供水，抑制 MFC 自收缩；后者水化微膨胀、补偿 MFC 自收缩，使自收缩≤0.1‰，从而抑制 MFC 自收缩开裂。图 15-5 是可以测定 MFC 自收缩、早期收缩及长期收缩的装置。

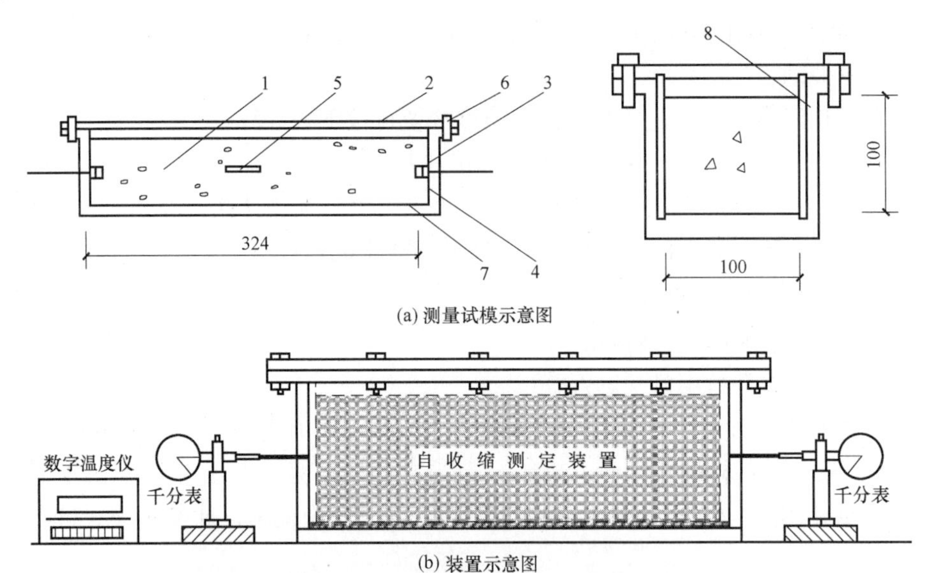

(a) 测量试模示意图

(b) 装置示意图

(c)自收缩测定

图 15-5 MFC 自收缩测定装置及其原理剖析

1—混凝土；2—密封盖；3—测头；4—橡胶垫；5—电热阻；
6—紧固螺栓；7—特富纶垫板；8—可抽式有机玻璃衬板

1. 测定 MFC 自收缩的模具

测定 MFC 的试模如图 15-5（a）所示。试模内侧衬橡胶垫，厚 3mm（图中 4），上有预留孔，与端板的预留孔相对应。预埋测头穿过橡胶垫与端板，伸出模外；预留孔与测头间缝隙用凡士林密封。长向内侧插入可抽式侧板（图中 8）。长向内侧底部衬一层特富纶塑料垫板（图中 7）。

2. 自收缩试件的制作

装入 MFC 50mm 厚时，在试模中心埋入 Cu50 测温热电阻并引出导线。混凝土装至距试模上沿 5mm 左右时盖上模盖，拧紧螺栓。密封好的试模放置于 20±1℃的恒温室内养护。

自收缩试件成型同时，测定 MFC 的初凝时间。初凝时取下盖板，抽出两侧侧板，重新密封试模，称重（W_0）。

3. 自收缩的量测

在 20±1℃的恒温室内，将试模放置于水平试验台上；安放两端千分表架，使千分表测头与预埋在混凝土内的测头对中并相互接触。读取千分表初始读数值，初凝至 1d，每 2h 读一次。整个测定过程中，质量损失不得超过 0.05%。

4. 实例

（1）W/C 低、单方混凝土水泥用量大，混凝土的自收缩增大。混凝土配合比如表 15-1 所示；自收缩测定结果如图 15-6 所示。

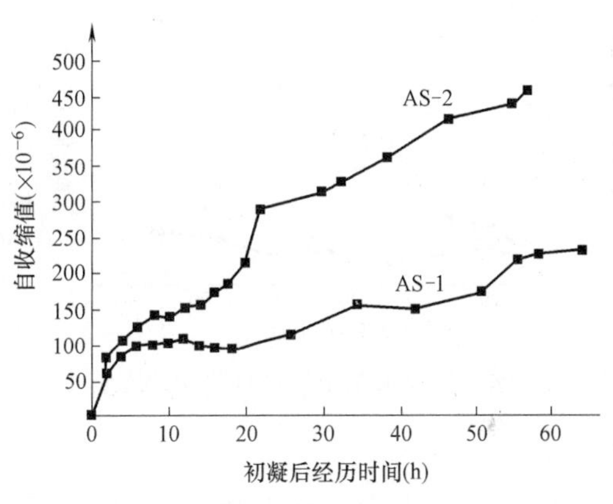

图 15-6　水灰比及水泥用量对自收缩的影响

试验混凝土配合比（kg/m^3）　　表 15-1

编号	W/B	水泥	掺合料	水	高效减水剂	砂	碎石
AS-1	0.5	250	120	185	0.7%	840	980
AS-2	0.4	300	140	175	0.8%	800	1000

由图 15-6 可见，AS-2 的水灰比降低，水泥用量增大，自收缩增大。AS-2 的 $W/C=0.4<$AS-1 的 $W/C=0.5$；水泥用量 AS-1 为 250kg<AS-2 的水泥用量（300kg）。

（2）单方混凝土水泥用量低，W/B 虽然低（但 W/C 也低），混凝土的自收缩增大。混凝土配合比见表 15-2；自收测定结果见图 15-7。

AS-7 的 $W/B=0.45$（$W/C=0.7$），虽然水胶比 AS-6 的 $W/B=0.49$（$W/C=$

0.62）偏低，但单方混凝土的水泥用量低于 AS-6，故自收缩低。

试验混凝土配合比（kg/m^3） 表 15-2

编号	W/B	水泥	掺合料	水	高效减水剂	砂	碎石
AS-6	0.49	297	78	185	0.5%	780	1040
AS-7	0.45	250	140	175	0.6%	780	1050

（3）天然沸石粉为混凝土的自养护剂，对自收缩抑制效果。天然沸石粉对水分的吸放自由，将吸水的沸石粉与 MFC 拌合在一起。混凝土初凝后，水泥继续水化，沸石粉将吸附水释出，供给水泥水化；抑制 MFC 的自收缩，见图 15-8。试验配合比见表 15-3。

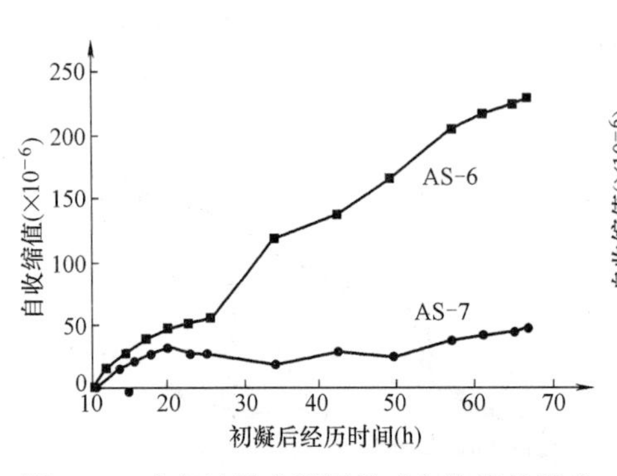

图 15-7 水灰比及水泥用量对自收缩的影响

图 15-8 天然沸石粉作自养护剂对自收缩抑制效果

天然沸石粉自养护剂对混凝土的配比（kg/m^3） 表 15-3

编号	水泥	沸石粉	水	高效减水剂	砂	碎石
AS-3	495	55.0	160	1.5%	696	1044
AS-4	495	60.5	154.5	1.5%	696	1044
AS-5	495	60.5	160	1.5%	696	1044

表 15-3 中，AS-3 所掺的为普通沸石粉；AS-4 及 AS-5 为外加 10%的水，与沸石粉拌合而成饱水沸石粉；AS-4 的用水量中，扣除了沸石拌合水 5.5kg；AS-3 和 AS-5 的混凝土用水量相同，但 AS-5 由于饱水沸石粉的自养护作用，自收缩降低。AS-4 虽然也掺入了饱水沸石粉，但由于单方混凝土用水量降低，其自收缩也大。

5. 自收缩、早期收缩与长期收缩的不同点

强度等级 C100 的 UHPC（编号 1）及 UHP-SCC（编号 2）的自收缩、早期收缩与长期收缩的测定结果如表 15-4。

C100UHPC 及 UHP-SCC 的自收缩等方面测定值　表 15-4

编号	自收缩(80h)	早期收缩(80h)	长龄期收缩(60d)	混凝土类别
1	140×10^{-6}mm	210×10^{-6}mm	270×10^{-6}mm	UHPC
2	80×10^{-6}mm	90×10^{-6}mm	180×10^{-6}mm	UHP-SCC

自收缩是指混凝土初凝后，由于混凝土中的水泥水化，吸收了混凝土中毛细管水及孔缝中水，产生自干燥而发生收缩。自收缩是混凝土与外界没有介质交换的条件下而产生的收缩。这与混凝土中水泥品种、水泥用量及水灰比有关。而早期收缩是混凝土与周围环境有介质交换条件下产生的早龄期的收缩。故自收缩＜早期收缩＜长龄期收缩。

15.2.5　混凝土早期开裂的评估

由于混凝土施工应用的环境条件不同，以及混凝土的组成材料的质量和数量不同，混凝土施工后在早期往往产生开裂。本节介绍混凝土早期开裂的测定方法及对混凝土早期开裂的评价等问题。

1. 测定混凝土早期开裂的模具

测定早期开裂的模具如图 15-9 所示。

2. 试验步骤

按预定配比拌合混凝土；浇筑入模，自密实成型，抹平，盖上塑料膜，经 2h 后将其取下，送风，按风速 5m/s、7m/s 和 8m/s 吹向混凝土表面，观测 24h 龄期的开裂情况。

记录：①开裂时间；②裂纹数量；③裂纹长度和宽度。从混凝土成型后 2h 起至 24h。

3. 混凝土开裂评价参数

（1）平均开裂面积（mm）

$$a=1/2N(\sum W_i \cdot L_i)$$

（2）单位面积开裂数目（条/m²）

$$b=N/A$$

（3）单位面积总开裂面积（mm²/m²）

$$c=ab$$

式中：W_i——第 i 个裂纹的最大宽度（mm）；

L_i——第 i 个裂纹的长度（mm）；

N——总裂纹数目；

A——0.36m²。

4. 评价裂纹等级的准则

（1）仅有非常细的裂纹；

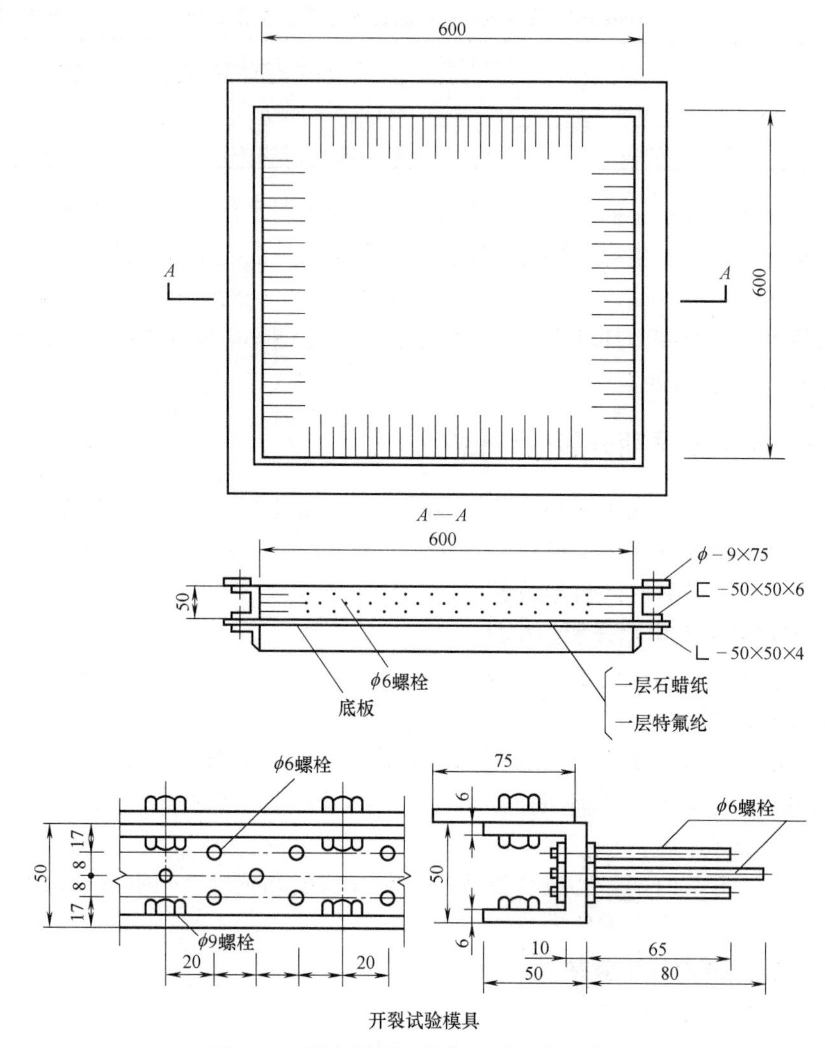

图 15-9 测定混凝土早期开裂试验的模具

(2) 平均开裂面积＜$10mm^2$；

(3) 单位面积开裂数＜10 条/m^2；

(4) 单位面积总开裂面积＜$100mm^2/m^2$。

5. 开裂等级划分

按照上述四个准则，将开裂程度划分为五个等级：

Ⅰ级—满足所有的四个条件；Ⅱ级—满足 3/4；Ⅲ级—满足 1/2；Ⅳ级—满足 1/4；Ⅴ级—一个也不满足。

6. 试验与应用

试验按表 15-5 配比进行；试验总结按 3 个系列进行。

试验混凝土配比　表 15-5

系列	编号	W/B (%)	砂率	单方混凝土用料(kg/m³)					外加剂 (%)	浆体量 (m/m³)
				水	水泥	细骨料	粗骨料	掺合料		
1	1-1	27		185	685	663	808		2.0	0.402
	1-2	30		185	617	720	808		2.0	0.380
	1-3	45		185	411	830	869		1.4	0.315
	1-4	60		185	308	977	808		1.8	0.282
2	2-1	27		170	441	555	933	189 FA	2.0	0.396
	2-2	30		170	397	616	933	170 FA	1.5	0.373
	2-3	45		170	265	825	901	113 FA	1.7	0.305
	2-4	60		170	198	975	837	85 FA	1.9	0.272
	2-5	27		175	454	527	933	194 FA	1.9	0.407
	2-6	30		175	583	776	808		2.5	0.361
	2-7	45		175	389	875	869		2.2	0.298
	2-8	60		175	292	1017	808		2.0	0.267
3	3-1	30		175	583	770	808		2.3	0.361
	3-2	45		175	389	872	869		2.1	0.299
	3-3	60		175	292	1014	808		2.2	0.268
	3-4	30		175	593	783	808		1.2	0.356
	3-5	45		175	389	880	869		1.1	0.296
	3-6	60		175	292	1019	808		1.4	0.266
4	4-1	45		175	389	891	853		2.2	0.298
	4-2	45		175	331	870	853	58 FA	1.8	0.306
	4-3	45		175	272	852	853	117 FA	1.6	0.314
	4-4	45		175	214	831	853	175 FA	1.4	0.322
	4-5	45		175	272	883	853	117BFS	2.2	0.301
	4-6	45		175	195	878	853	194BFS	2.0	0.303
	4-7	45		175	117	872	853	272BFS	2.0	0.305

1）第 1 系列试验

OPC（硅酸盐水泥）混凝土，在 30%、45%及 60%不同水胶比 W/B 混凝土中；以及相同 W/B 但用水量不同的混凝土中，开裂试验检测结果如表 15-6、图 15-10 所示。

由此可见：

（1）相同用水量的混凝土，随着 W/B 的增大，裂缝长度减少，平均裂缝宽度降低，裂缝个数也减少；

(2) 相同 W/B 下，单方混凝土用水量大者，裂缝长度、宽度和个数，均比用水量低者高。

第一系列试验结果（硅酸盐水泥 OPC）　　表 15-6

W/B	用水量(kg)	裂缝长度(cm)	平均裂缝宽度(mm)	裂缝个数(个)
30%	185	110	0.75	20
	175	110	0.30	8
	170	70	0.25	5
45%	185	18	0.50	5
	175	50	0.25	8
	170	0	0	0
60%	185	10	0.35	4
	175	10	0.15	3
	170	0	0	0

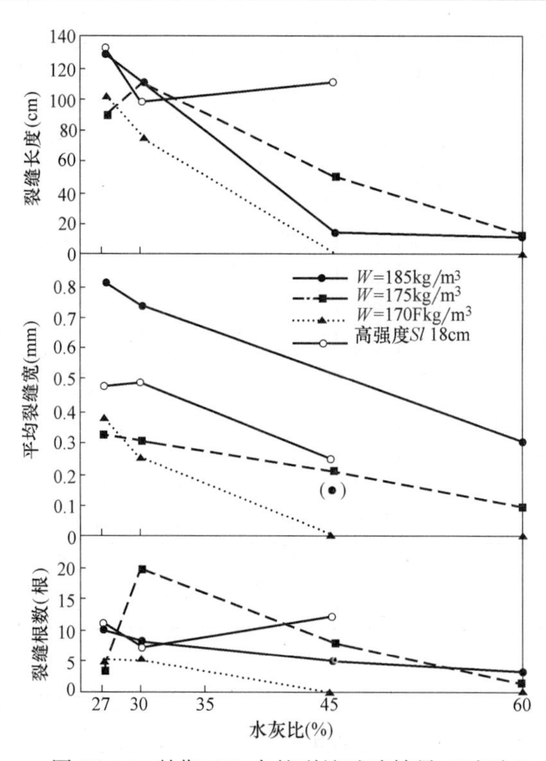

图 15-10　龄期 24h 内的裂缝试验结果（系列 1）

由此可见：

(1) 同样用水量的混凝土，随着 W/B 的增大，裂缝长度减少，平均裂缝宽度降低，裂缝数量也减少。

（2）同样 W/B 下，单方混凝土用水量大者，裂缝长度、宽度和个数，均比用水量低者高。

2）第 2 系列试验

对不同 W/B 混凝土系列，在相同水灰比中，用普通硅酸盐水泥（OPC）、早强普通硅酸盐水泥（HSC）和低热硅酸盐水泥（LHC）分别配制混凝土，开裂试验和检测结果如表 15-7、图 15-11 所示。

第 2 系列试验结果　(W=175kg/m^3)　表 15-7

W/B	水泥品种	裂缝长度(cm)	平均裂缝宽度(mm)	裂缝个数(个)
30%	OPC	110	0.3	20
	HSC	130	0.22	12
	LHC	90	0.25	7
45%	OPC	50	0.20	10
	HSC	0	0	8
	LHC	70	0.18	10
60%	OPC	20	0.1	0
	HSC	0	0	0
	LHC	20	0.15	2

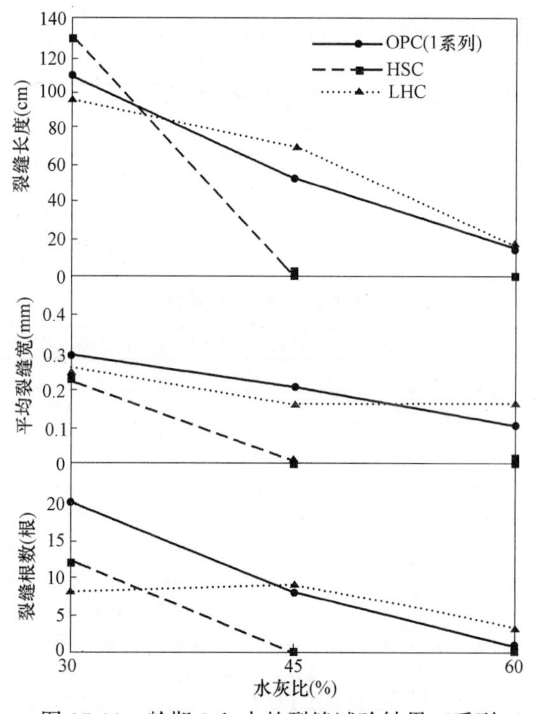

图 15-11　龄期 24h 内的裂缝试验结果（系列 2）

由表 15-7 及图 15-11 可见：

（1）裂缝长度：随着 W/B 的降低而增大；当 $W/B \geqslant 45\%$时，HSC 混凝土不出现裂缝。

（2）平均裂缝宽度：随着 W/B 的降低而增大；当 $W/B \geqslant 45\%$时，HSC 混凝土不出现裂缝。

（3）裂缝个数：低 W/B（$=30\%$）时，裂缝个数较多，OPC 混凝土裂缝个数最多。

3）第 3 系列试验

OPC 混凝土，用水量 175kg/m^3，$W/B=45\%$，掺入矿粉和粉煤灰；不同掺量与混凝土开裂参数的关系，如图 15-12 及表 15-8 所示。

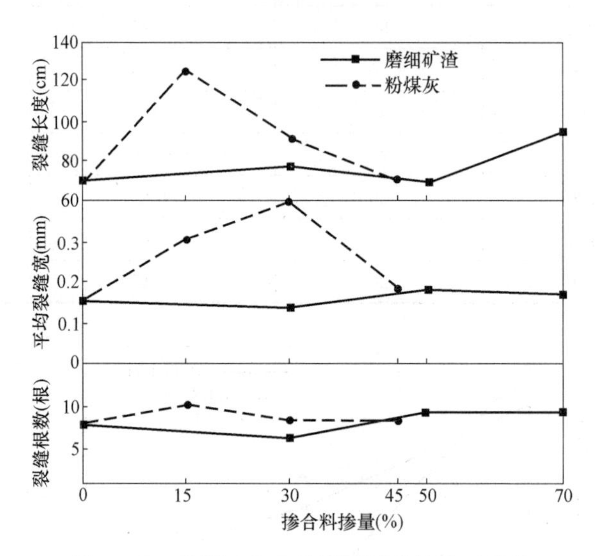

图 15-12 龄期 24h 内的裂缝试验结果（系列 3）

第 3 系列试验结果（含掺合料） **表 15-8**

W/B	W	掺合料(%)	掺合料品种	裂缝长度(cm)	平均裂缝宽(mm)	裂缝个数
45%	175	0	OPC 水泥	70	0.15	7
		15	FA	120	0.30	10
			BFS	—	—	—
		30	FA	90	0.5	7
			BFS	80	0.15	6
		45	FA	70	0.2	7
			BFS	—	—	—
		50	FA	—	—	—
			BFS	70	0.2	9
		70	FA	—	—	—
			BFS	100	0.15	9

由图 15-12 及表 15-8 可见：

（1）粉煤灰掺量由 15%增大至 45%，裂缝长度由 120cm 降至 70cm；裂缝宽由 0.3mm 降至 0.2mm，裂缝个数由 10 个降至 7 个。

（2）矿粉掺量由 30%～70%，裂缝长度增大，个数增多，宽度不变。

4）第 4 系列试验——水灰（胶）比和开裂特性值的关系

混凝土用水量分别为 185kg/m^3、175kg/m^3 及 170kg/m^3 的 OPC 混凝土与用水量 175kg/m^3 的 HSC 和 LHC 混凝土以及含掺合料的混凝土。这些混凝土的水灰比与开裂特性的关系，如图 15-13（a)～(c）所示。

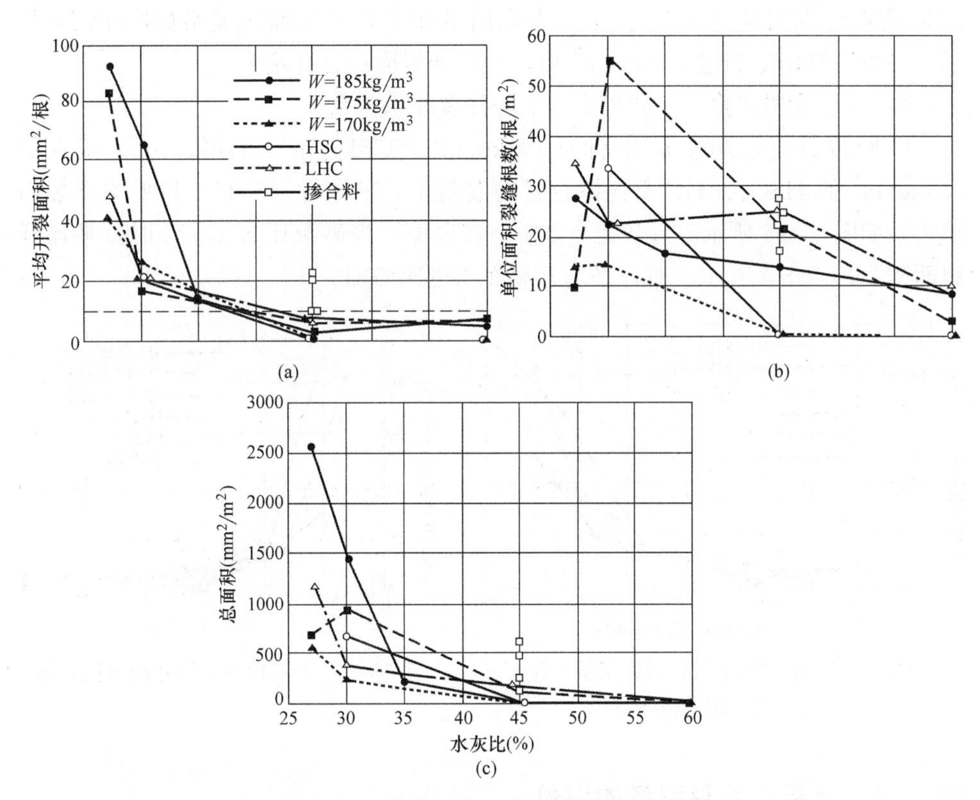

图 15-13　水灰（胶）比和开裂特性值关系

由图 15-13（a）可见：

（1）平均开裂面积（mm^2/个）：$W/B=27\%$时，OPC 混凝土的用水量 175～185kg/m^3 时，平均开裂面积 80～90mm^2；而 HSC 及 LHC 混凝土，用水量 175kg/m^3 时，平均开裂面积 40～50mm^2；$W/B\geqslant45\%$以后，不同用水量及不同品种的混凝土的平均开裂面积大体相同。

（2）单位面积裂缝个数（个/m^2）：$W/B=30\%$时，用水量 175kg/m^3 时，OPC 混凝土每平方米裂缝个数最高，达 55 个。HSC 混凝土 35 个，LHC 混凝土最低，22 个；$W/B=45\%$时，含掺合料和用水量 185kg/m^3、175kg/m^3 的混凝土，单位面积裂缝个数是 15～25 个。$W/B=60\%$时，各种情况下试验，单位面积裂缝个数<10 个。

（3）单位开裂面积（mm^2/m^2）：$W/B=30\%$，OPC 混凝土，用水量 185kg/m^{3}时，为 1500mm^2/m^2；175kg/m^3 时，为 1000mm^2/m^2；HSC 混凝土、LHC 混凝土的平均开裂面积为 500mm^2/m^2 左右。$W/B\geqslant45\%$时，各种情况下开裂面积均较低。

5）第 5 系列试验——每立方米水泥用量与平均开裂面积关系

OPC 混凝土的水用量分别为 170kg/m^3、175kg/m^3、185kg/m^3，HSC 及 LHC 混凝土水用量为 175kg/m^3，水泥用量和平均开裂面积关系如图 15-14 所示。当胶结料用量超过 550kg/m^3 后，平均开裂面积迅速增大。

6）第 5 系列试验——砂灰比与平均开裂面积关系

OPC 混凝土，用水量分别为 185kg/m^3、175kg/m^3、170kg/m^3；用水量 175kg/m^3 的 HSC、LHC 及含掺合料的混凝土。砂灰比（S/C）与平均开裂面积关系如图 15-15 所示。砂灰比=2.0 为临界值，当砂灰比 $S/C\geqslant2$ 时，平均开裂面积少；当 $S/C\leqslant1.5$ 时，平均开裂面积迅速增加。

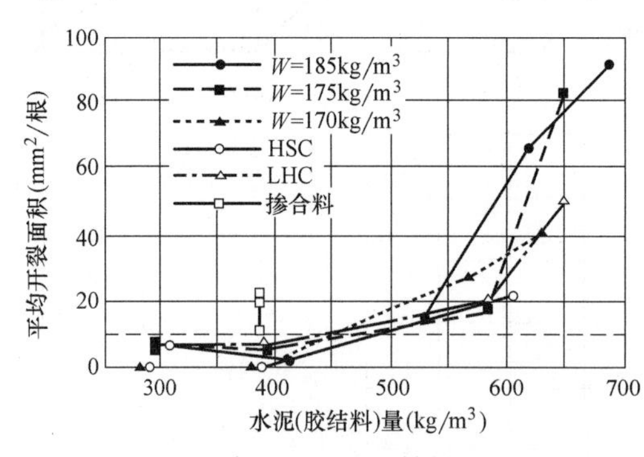

图 15-14　水泥用量（胶结料用量）和平均开裂面积关系

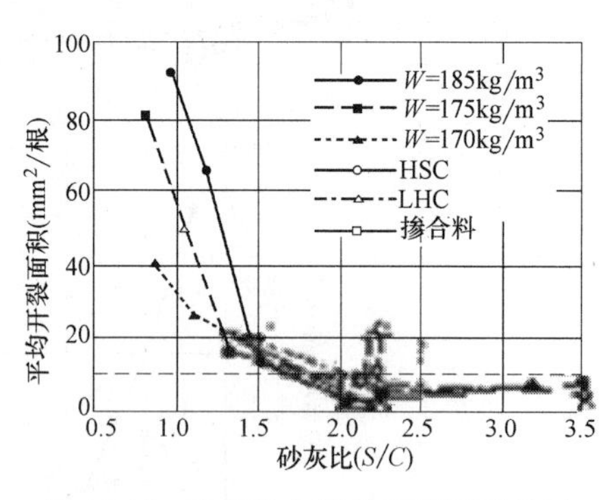

图 15-15　砂灰比与平均开裂面积关系

15.2.6　混凝土开裂程度的评价

根据上述混凝土开裂评价参数、评价裂缝等级准则及开裂等级划分，将本试验结果进行开裂程度等级的评价，如表 15-9 所示。

混凝土开裂程度的评价　　　　**表 15-9**

胶结料种类	水(kg/m^3)	水灰(胶)比(%)				
		60	45	35	30	27
OPC	185	Ⅱ	Ⅲ	Ⅴ	Ⅴ	Ⅴ
	175	Ⅱ	Ⅳ	—	Ⅴ	Ⅳ④

续表

胶结料种类	水(kg/m³)	水灰(胶)比(%)				
		60	45	35	30	27
HSC	175	Ⅰ	Ⅰ	—	Ⅴ	—
LHC	175	Ⅱ	Ⅳ	—	Ⅴ	—
OPC+矿粉①	175	—	Ⅳ-Ⅴ	—	—	—
OPC+粉煤灰②	175		Ⅳ-Ⅴ			
OPC+粉煤灰③	170	Ⅰ	Ⅰ	—	Ⅴ	Ⅴ

①矿粉掺量 30%、50%、70%；②粉煤灰掺量 15%、30%、45%；③和④FA 掺量 30%。

注：表 15-9 中，混凝土开裂程度的评价，是根据平均开裂面积 100mm²/个以下，单位面积开裂个数 10 个以下，单位面积开裂总面积 100mm² 以下进行评价的。

（1）混凝土的早期开裂，可用三种方法评价：①平均开裂面积；②单位面积裂缝个数；③单位面积上的总开裂面积。

（2）混凝土的早期开裂，首先受水灰（胶）比的影响；其次，受单方混凝土用水量的影响。$W/B \geqslant 60\%$的混凝土早期发生开裂难；$W/B \leqslant 35\%$ 的混凝土早期发生开裂容易。高强混凝土早期易发生裂缝。

为了防止早期开裂，宜将减水剂与增稠剂一起使用；尽可能降低用水量，防止混凝土离析；混凝土成型后，要盖上湿布密封养护，防止太阳照射和风吹。

15.2.7　高强度的性能

与 HPC、UHPC 一样，强度≥100MPa 的 MFC 就属于超高强度混凝土。试件尺寸为 100mm×100mm×100mm 的立方体，养护条件为自养护。即试件成型后，混凝土初凝后用塑料薄膜盖上，防止试件混凝土的水分蒸发。其抗压强度有 3d、7d、28d，与普通混凝土相同。

采用市售的混凝土原材料，作者和天达混凝土有限公司研发的 MFC 强度可达 150MPa。具有上述多种功能，并能从地面上一直泵送至 521m 高。浇筑施工且脱模时，未发现自收缩开裂。检测抗压强度的试件尺寸为 10cm×10cm×10cm。150MPa MFC 的配比及性能如表 15-10 所示。新拌混凝土的性能如表 15-11 所示，混凝土强度如表 15-12 所示。

150MPa MFC 的配比（kg/m³）　　表 15-10

水泥 华润 52.5R	微珠 天津	硅粉	沸石粉 超细	河砂	碎石 5～16mm	减水剂 35%复合	保塑剂 (CFA)	水
600	195	90	15	720	880	9.25(1.0%)	18.5	130

超高强度的多功能混凝土（UHP-MFC）与普通强度或高强度 MFC 相比，具有很多优点和特点；但对原材料要求较高，自收缩开裂问题较严重，抗火性能

和脆性也较差，施工应用相对困难。在本书后面有关章节中再加以论述。

新拌混凝土的性能 表 15-11

经时＼项目	倒筒时间(s)	坍落度(mm)	扩展度(mm)	U形仪上升(mm/s)	和易性
初始	2.25	275	760×720	330mm/30s	好
2h	3.00	270	720×730	340mm/8.72s	好

混凝土强度 表 15-12

龄期(d)	1	3	7	28	56
抗压强度(MPa)	101	124	132	140.7	150

15.2.8 高耐久性能

检验 MFC 的耐久性，与普通混凝土检测的方法相同；但试件为自密实成型和自养护。

混凝土耐久性能与其抗渗性相关。但当混凝土强度超过某范围后，用通常的抗渗试验方法测不出混凝土的抗渗性。HPC、UHPC 及 MFC 宜按美国 ASTM C1202 标准，测定混凝土的电通量。根据电通量高低，评价混凝土的抗渗性。例如，UHP-MFC 的电通量一般为 50～100C/6h；属超高耐久性混凝土。强度等级≥C100 的 MFC，6h 的电通量也在 500C 以下，具有很高的耐久性。

从环境对混凝土劣化的原因分析，不管是单因子或者是多因子的劣化作用，都离不开水的作用。中性化需要水，氯离子的扩散渗透需要水，碱骨料反应需要水，冻融破坏作用更需要水。因此，混凝土耐久性的关键因子就是切断水源。切断水源与混凝土结构的接触，就可以使混凝土结构达到高耐久性。

作者曾试验过，用乳化硬脂酸乳液代替混凝土 1/4 的用水量拌合混凝土，可得到憎水混凝土。其耐久性可大幅度提高。

15.3 多功能混凝土技术的应用

作者研发的多功能混凝土技术，除了以普通水泥为胶结料，强度等级为 C30～C130 的多功能混凝土外，还有造纸白泥多功能混凝土；工业废弃物如生活垃圾焚烧发电灰渣代替细骨料的多功能混凝土；生活垃圾焚烧发电飞灰做成免烧人造轻骨料代替粗骨料配制成的多功能混凝土；人造轻骨料多功能混凝土及碱激发矿粉为胶结料的多功能混凝土等。该项技术除了各项建筑工程外，还用于管桩生产排水管的生产及轻质板材的生产等。

第 16 章　高强与超高强多功能混凝土

在中国，强度≥100MPa 的混凝土（相当于强度等级 C80 的混凝土），称为超高强混凝土。故在本章，先介绍 C80 多功能混凝土的研发与应用情况。

16.1　研究背景

某超高层建筑首层剪力墙，浇筑了 C80 超高强混凝土。脱模后，剪力墙上都发现了裂缝。外墙裂缝密集，以横向、纵向裂缝为主；内墙以斜竖向裂缝为主。如图 16-1（a）、（b）所示。

图 16-1（a）中，裂缝约 25 条。绝大部分裂缝宽度在 0.2mm 左右，深度皆小于 4cm。墙体以横竖向裂缝为主，长度较长。其中，一条横向裂缝宽度、深度最大，宽度达 0.4mm，深度达 75mm。图 16-1（b）中，墙体端部裂缝较密集，以龟裂为主；中部裂缝较稀，以横向、竖向裂缝为主，上部的横向裂缝最长约 10m。最深的裂缝如粗线所示，深度约 86mm，裂缝宽度最大处 0.6mm。

核心筒外墙在混凝土内部设置双层钢板剪力墙。剪力墙的配筋很密，如图 16-2（a）、（b）所示。

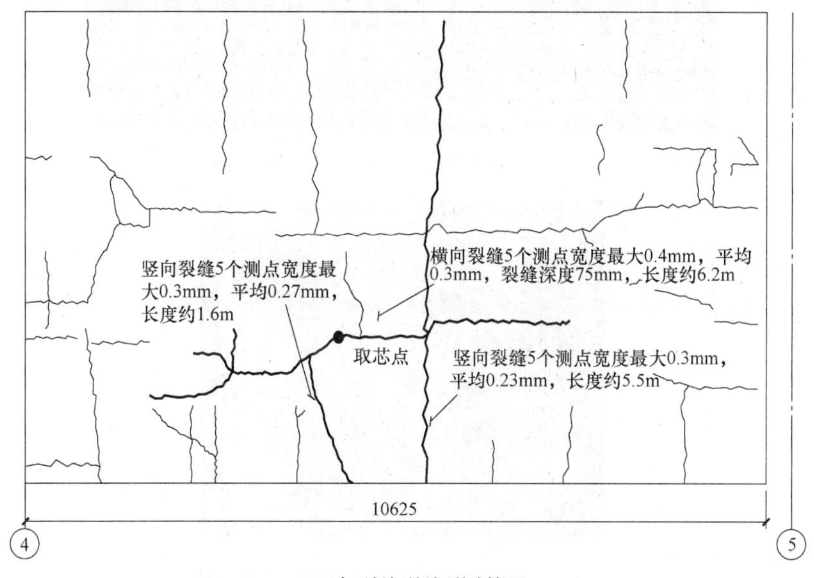

(a) 南1号墙(外墙)裂缝情况

图 16-1　C80 超高强混凝土剪力墙墙面上裂缝（一）

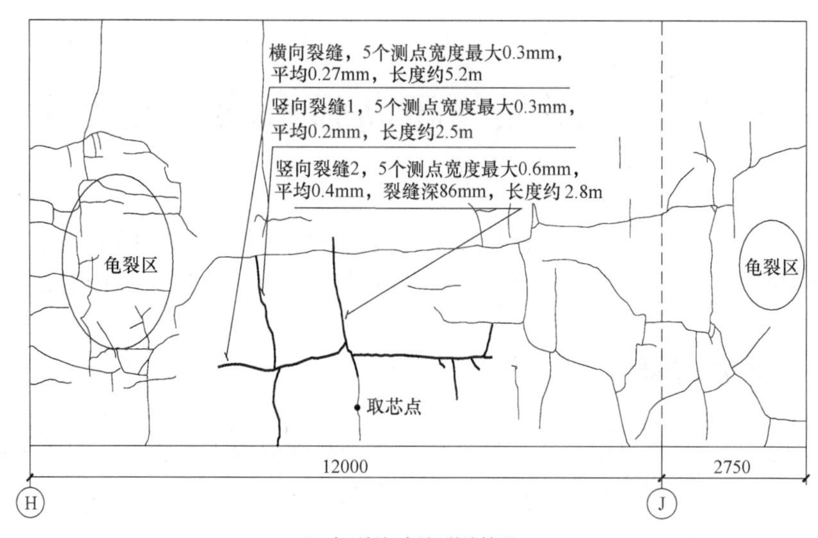

(b) 东1号墙(内墙)裂缝情况

图 16-1 C80 超高强混凝土剪力墙墙面上裂缝（二）

(a) 钢筋混凝土剪力墙内设置钢板剪力墙

(b) 剪力墙的配筋密度大，混凝土施工浇筑成型困难

图 16-2 双层剪力墙及配筋

脱模时，墙面上就发现裂缝，也即混凝土与外界没有介质交换条件下出现的，是由于自收缩出现的。就是说，在混凝土在初凝后，水泥继续水化，吸收毛细管水分，使毛细管产生自真空现象。产生的毛细管张力大于混凝土的抗拉强度，混凝土就发生开裂，这叫自收缩开裂。

由于钢筋密度大，混凝土浇筑时振动成型困难。故需要采用自密实混凝土，同时要解决早期收缩开裂、自收缩开裂等多项技术问题，故开展了多功能高性能混凝土的试验与应用。

16.2 C80 多功能混凝土研发与应用

MFC 具有多种功能：

(1) 免振自密实。按照东京大学开发的自密实混凝土 U 形仪上升高度检验，MFC 流过钢筋隔栅后能升高≥30cm，经 3h 仍能达到该要求；工地及施工现场，泵送前、出泵时，均能达到该要求。

(2) 自养护。混凝土内部，靠水分载体供水泥水化用水，外部用薄膜包裹，防止水分蒸发。通过掺入水分载体——天然沸石粉，抑制自收缩开裂；自养护混凝土强度≥浇水湿养护混凝土强度。

(3) 低水化热。关键技术是混凝土入模温度、最高温度、内外温差，要满足相关规范要求。这是混凝土抑制温度开裂的重要指标。

(4) 低收缩。包括自收缩、早期收缩和长期收缩。3d 自收缩≤0.1‰，长期收缩≤0.6‰。混凝土总收缩≤0.7‰～0.8‰。抑制自收缩是 MFC 技术的关键。

(5) 保塑性。采用 CFA 保塑，初始和 3h 后基本不变。

(6) 高耐久性。MFC 的密实度大，孔隙率低；抗盐害、抗硫酸盐腐蚀等。根据混凝土结构的工作环境，选择全部或其中部分功能，以保证混凝土结构的质量及使用寿命。

16.2.1 原材料及 MFC 配比，新拌混凝土性能

1. 原材料选择

(1) 水泥：普通硅酸盐水泥 PⅡ 52.5；

(2) 微珠：超细粉煤灰（MB），深圳同城公司产品；

(3) 天然沸石粉（NZ）：自养护剂，自行研发的产品；

(4) 粉煤灰（FA）：广州市售；

(5) 载体流化剂（CFA）：自行研发的产品，具有减水、保塑功能；

(6) 硫铝酸盐微膨胀剂（EHS）：天津某水泥厂生产；

(7) 聚羧酸高效减水剂：博众减水剂厂产品。

2. MFC 的配比及性能

参阅表 16-1～表 16-4、图 16-3～图 16-7。编号 5 与编号 6 相比，不用 EHS 及 CFA，其他均相同。编号 6 的效果更好。

C80 MFC 配合比（kg/m^3） **表 16-1**

编号	水泥	微珠	NZ	粉煤灰	EHS	砂	碎石	减水剂	CFA	水
5	320	60	15	170	—	800	900	1.9%	—	142
6	320	60	15	170	8.8	800	900	1.9%	1.5%	142

水化热温升与早期收缩（编号 6） **表 16-2**

水化热温升(℃)			早期收缩 （$\times10^{-4}$）			
开始温升时间	初温～峰值	初温～温峰	24h	48h	72h	8d
25h	35h	25～75℃	0.62	0.81	0.99	1.1

自养护与浇水湿养护不同龄期强度（MPa）（编号 6） **表 16-3**

条件 \ 龄期	3d	7d	28d	56d
浇水湿养护	50.6	66.5	86.1	90
沸石粉自养护剂	56.6	75.6	92.1	96

夏天，室外温度达 35℃，按表 16-1 的混凝土配比。用冰渣代水拌合混凝土，新拌混凝土性能如表 16-4 所示。冰渣代水拌合混凝土，如图 16-3 所示。

新拌混凝土性能（冰渣代水新拌混凝土，编号 6） **表 16-4**

经时	坍落度(cm)	扩展度(mm)	倒筒时间(s)	U 形仪试验升高(cm)
初始	27	670×700	4.4	32
3h	27	700×730	4.0	32

(a) 冰渣代水拌混凝土

(b) 冰渣代水拌混凝土扩展度

图 16-3 冰渣代水拌合混凝土

试验时混凝土温度变化：环境温度 35℃，拌砂浆时 11℃，加石子时 17℃，混凝土搅拌完成时 20℃。常温下，实验室原料做试验时，新拌混凝土温度约 28℃；本试验以冰渣代水，新拌混凝土温度约 20℃；其他性能不变，效果明显。在特殊条件下，降低新拌混凝土温度，仍能使新拌混凝土初始性能和 3h 后的性能基本不变。掺入 1.5%硫铝酸盐微膨胀剂（EHS）的编号 6 混凝土水化热温升稍有提高，由 68℃提高至 74℃，但自收缩和早期收缩由普通 C80 混凝土的 1.92×10^{-4} 降至 0.99×10^{-4}，大幅度降低。

16.2.2　C80 MFC 小型模拟试验

L 形小构件模拟试验，目的是检验混凝土的流动性、流过钢筋性能，填充性及表面光滑程度等；此外，还检验配制的 C80 MFC 的自收缩性能及自养护效果等，如图 16-4 所示。

(a) 模具中钢筋布置

(b) 混凝土在模具内流动状态

图 16-4　L 形小构件模拟试验

1. 试验混凝土配比

C80 MFC 小型模拟试验配合比如表 16-5 所示。

小型模拟试验混凝土配合比（kg/m^3）　表 16-5

胶凝材料	W	S	G	Ag	CFA
320+80+170+15	142	800	900	1.9%	1.5%

表中：水泥 320kg；微珠 80kg；粉煤灰 170kg；NZ15kg；硫铝酸盐膨胀剂 8.8kg。

2. 新拌混凝土性能

新拌混凝土试验结果如表 16-6 所示。

3. 混凝土的自收缩与早期收缩

测定了混凝土的自收缩与早期收缩，结果如表 16-7 所示。

新拌混凝土试验结果 表 16-6

时间＼项目	坍落度(cm)	扩展度(cm)	倒筒落下时间(s)	U形仪上升高(cm)
初始	26	68×71	6	32
3h后	25	68×68	5	32

说明混凝土流动性好，自密实性能好，新拌混凝土的保塑性、保黏性很好；能满足3h的施工操作。

C80 MFC的自收缩与早期收缩 表 16-7

龄期	24h	48h	72h	10d	20d	25d	29d	35d
收缩率(‰)	0.103	0.106	0.099	0.177	0.313	0.389	0.407	0.417

混凝土72h的自收缩与早期收缩为0.99×10^{-4}，比原来C80混凝土的自收缩与早期收缩1.9×10^{-4}，降低了一半；按照日本土木学会的标准规定，混凝土的收缩率（包括自收缩与早期收缩及长期收缩）为$(5\sim7)\times10^{-4}$。故本研究的C80自密实混凝土的收缩率是较低的。特别是自收缩与早期收缩，C80 MFC自收缩低，收缩变形小，混凝土结构早期开裂低。

4. 水化热与温升

初温28℃→14h开始升温→28h达到峰值，最高温74℃。构件中心部位温度与表面层温度差低于25℃，不会造成温度开裂。

5. 压力泌水试验结果

压力泌水试验结果如表16-8所示。

压力泌水试验结果 表 16-8

加压时间(s)	10	45	140
泌水容积(mL)	0	开始滴水	3

由压力泌水试验可见，本研究的MFC混凝土，在泵送过程中不会产生泌水分离现象，有良好的可泵性。

6. 混凝土的强度

在室外同条件下，自养护与湿养护混凝土的强度对比，如表16-9所示。

C80 MFC混凝土的强度 表 16-9

龄期(d)	3	7	28
自养护(MPa)	56.6	75.6	92.1
湿养护(MPa)	50.6	66.5	86.1

自养护是混凝土试件脱模后，用塑料薄膜盖上，不需要浇水养护。只靠内部沸石粉作为自养护剂，从混凝土内部供水养护。湿养护是每天浇水养护，混凝土内无自养护剂。

(a) 早晚浇水养护(湿养护)

(b) 塑料薄膜包裹不浇水(自养护)

图 16-5　混凝土试件不同养护方法

从表 16-9 可见，自养护混凝土的强度高于湿养护混凝土的强度。小型模拟试验，钻取混凝土芯样的试件，自养护的强度也高于湿养护的强度。

7. 多功能混凝土的耐久性

（1）电通量

C30 多功能混凝土 28d 电通量≤800C/6h；C80 多功能混凝土，56d 的电通量≤500C/6h。

（2）抗硫酸盐腐蚀

按 ASTM C1202 标准，2.5cm×2.5cm×28.5cm 的试件在硫酸盐溶液中浸泡 14 周，膨胀率≤0.4%。

（3）抑制碱-骨料反应

水泥只有 300～320kg/m^3，而微珠、粉煤灰、矿粉及天然沸石粉总量≥250kg/m^3，抑制碱-骨料反应是完全可行的（能有效抑制 AAR 的膨胀）。

8. 抗裂性能（断裂能）

多功能混凝土在生产施工过程中，由于水化热低，自收缩及早期收缩小，降低了早期的收缩开裂。对于硬化混凝土的断裂韧性，能提高 30%。

通过试验测定，C80 普通混凝土的特征长度为 40.9cm，而 C80 MFC 特征长度为 59.5cm。

综上所述，本研究的 C80 MFC，新拌混凝土能免振自密实成型，28d 龄期强度≥92MPa，耐久性符合有关标准要求。

16.3 模拟剪力墙结构试验

剪力墙模拟试验，也是检验MFC在结构中应用的各种功能。观察脱模时的板面裂缝。混凝土按上述C80 MFC配比。先浇筑10cm厚的钢筋混凝土墙板，并按实际结构布置穿钉。每隔20cm穿一根钢筋进入新浇筑的35cm混凝土墙体中，模拟钢板剪力墙对混凝土的约束。

(a) 10cm混凝土板加穿钉

(b) 模拟剪力墙钢筋

(c) 模拟剪力墙模板组

图16-6 模拟剪力墙试验模具组装

1. 模拟试验MFC配比

结构模拟试验C80 MFC配比见表16-10。

C80 MFC配合比（kg/m^3） **表16-10**

编号	水泥	微珠	NZ	粉煤灰	EHS	砂	碎石	减水剂	CFA	水
6	320	60	15	170	8.8	800	900	1.9%	1.5%	142

2. 新拌混凝土性能

混凝土配比与小型模拟试验的相同，但用生产搅拌机拌合混凝土，新拌混凝土的性能如图16-7所示。混凝土倒筒试验落下时间4s，混凝土入模温度31℃。

3. 浇筑混凝土

搅拌好的混凝土，用混凝土运输车送至试验现场，泵送浇筑入模，如图16-8所示。混凝土浇筑入模后，免振自密实成型，2d后脱模，脱模后试验结构表面如图16-9所示。

4. 混凝土强度

混凝土试件不同养护方式和龄期强度，如表16-11所示。

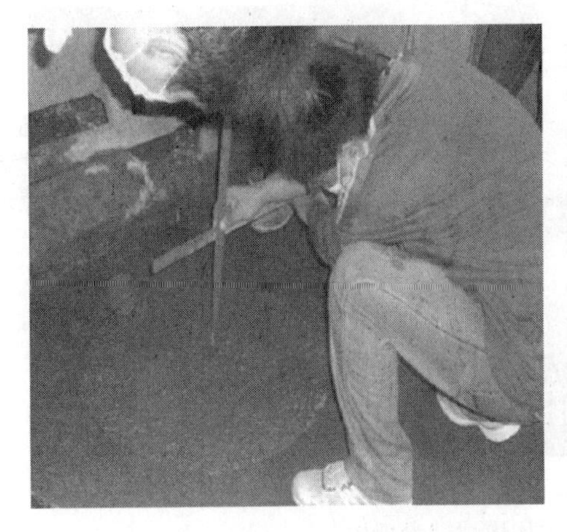

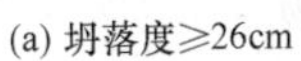

(a) 坍落度≥26cm

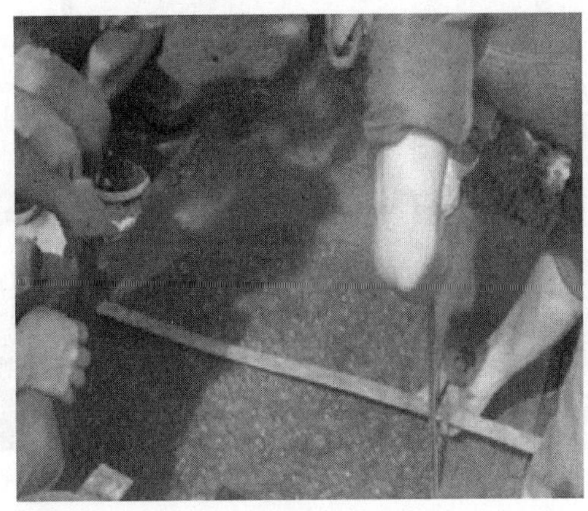

(b) 扩展度680mm×700mm

(c) U形仪试验混凝土升高≥32cm

图 16-7　结构板材试验新拌混凝土性能

模拟结构试验混凝土强度（MPa）　　**表 16-11**

龄期	7d	14d	28d	60d	90d
湿养护	67.3	82.2	96.1	101.1	101.2
自养护	77.8	84.4	100.3	103.9	104.0
标准养护	73.8	83.2	90	98.1	

浇筑成型后，经 2d 龄期脱模，试验构件表面未发现任何裂缝。

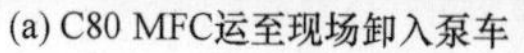

(a) C80 MFC运至现场卸入泵车

(b) 混凝土泵送浇筑入模，免振自密实

图 16-8　多功能混凝土结构模拟试验现场

图 16-9　浇筑成型后 2d 脱模的构件

16.4　实体结构试验

通过小型模拟试验，对 C80 MFC 的各项性能有了全面了解，并满足了相关技术要求；又通过剪力墙结构模拟试验，进一步检验了 C80 MFC 的施工性能及相应的技术效果；在这些研究和试验基础上，进一步开展剪力墙实体结构试验。结合广州东塔工程项目的剪力墙，进行了实大结构 C80 MFC 混凝土试验。

1. 实大结构剪力墙

墙厚 160cm，内包厚度 80cm 的钢板剪力墙；墙高 3.5m，长度 4.0m。剪力墙从中心线隔开，一部分浇筑 C80 MFC，另一部分浇筑 C80 普通混凝土（NC）。其对比如图 16-10 所示。

图 16-10　实大结构剪力墙配筋及内部构造

2. 混凝土配合比

混凝土配合比如表 16-12 所示。

混凝土配合比　**表 16-12**

种类	胶凝材料	膨胀剂	水	砂	粗骨料	减水剂(%)	CFA(%)
MFC	320+60+170+15	8.8	142	800	900	1.4	1.5
NC	320+60+190	—	142	700	1000	1.4	1.5

注 MFC 配比中，水泥 320，微珠 60，粉煤灰 170，沸石粉 15；
NC 配比中，水泥 320，微珠 60，粉煤灰 190。

3. 新拌混凝土的性能

新拌混凝土的性能如表 16-13 所示。

新拌混凝土的性能　**表 16-13**

种类	坍落度(mm)	扩展度(mm)	倒筒落下(s)	U 形仪升高(cm)
MFC	230	660×660	10	32
NC	22.5	595×590	17	—

4. 混凝土自收缩、早期收缩

混凝土自收缩、早期收缩如表 16-14 所示。

混凝土自收缩、早期收缩（$\times 10^{-4}$）　**表 16-14**

种类	24h	48h	72h
MFC	0.62	0.81	0.94
NC	1.42	1.7	1.9

5. 水化热温升

水化热温升如表 16-15 所示。

混凝土水化热温升 表 16-15

种类	开始温升(h)	初温至峰值(℃)	到达温峰时间 (h)
MFC	23.5	26～75	11
NC	20	28～77	35

两组低热混凝土入模温度 26～28℃；最高温度 75～77℃；而且，开始升温时间也较长。

6. 抗压强度

混凝土抗压强度如表 16-16 所示。

混凝土抗压强度 (MPa) 表 16-16

种类	3d	7d	28d	56d
MFC	58.9	68.1	88.9	92.5
NC	62.2	73.8	86.6	90.4

7. 混凝土的施工浇筑

试验浇筑的结构如图 16-10 所示，半面墙浇筑 C80 MFC，另一半浇筑常用的 C80 普通混凝土；结构中心部位的钢板剪力墙，浇灌砂，使钢板剪力墙不会因两边混凝土作用而变形；同时，也便于施工操作。如图 16-11 所示。C80 普通混凝土边泵送边捣实，如图 16-12 所示。

图 16-11 将砂浇注入钢板剪力墙中

图 16-12 C80 普通混凝土边泵送浇筑边捣实

C80 MFC 直接泵送入模，自密实成型。混凝土结构次日脱模，发现 C80 普通混凝土墙面有微裂缝；而 C80 MFC 墙面没有裂缝，只是板底部有一些麻面。

这可能由于夏天高温，长距离运输混凝土，使混凝土变稠，流动困难所造成的。如图 16-13 所示。

(a) C80 普通混凝土

(b) C80 MFC

图 16-13　剪力墙脱模后墙面比较

16.5　试验研究结论

（1）通过控制胶凝材料的数量与质量、有机和无机添加剂，以及混凝土的合理配合比，比较容易配制出 MFC。

（2）MFC 中含有水分旳载体天然沸石粉（NZ）；当前采用的水分载体有：有机的，如混凝土用的 SAP 树脂；无机的，如陶砂粉；本研究采用 NZ 粉，具有吸水、放水及增强作用；在 MFC 中，具有自养护、增稠和增强的多种功能。

（3）本研究采用掺入少量硫铝酸盐膨胀剂，在早期（龄期 12～72h）可以补偿混凝土早期收缩和自收缩；同时，由于自养护使自收缩进一步降低，因此可得到自收缩与早期收缩低的 MFC。

（4）通过降低水泥用量，采用低发热量的掺合料、微珠和粉煤灰；可降低混凝土的绝热温升≤78℃。

（5）通过降低水胶比、胶凝材料粒子的填充及自养护等措施，可使 MFC 获得高强度。

（6）研发出了复合高效减水剂、增稠剂、自养护剂及保塑剂等，这是完成本研究各项性能的关键材料。

第 17 章　C120 多功能混凝土研发与应用

2009 年，中建四局与清华大学合作，在冯乃谦教授的组织和指导下，结合京基大厦工程开展了 C120 超高强多功能混凝土的研发与应用。深圳市住房和建设局斥资数十万支持该项目的研究；深圳市的正强投资发展有限公司、金众混凝土有限公司，广州天达混凝土有限公司，以及中建商品混凝土有限公司等，均投资加盟该项研究。开题前，召开了中日两国专家对该课题的研讨会。该项目研究组经过了三年的艰苦试验研究，采用国内现有材料、设备及生产条件，配制并生产了 C120 MFC，并泵送至 521m 高度的结构中；从生产、运输到现场，并超高泵送至结构中，均较顺畅，为我国 UHPC 的研发与应用，开创了一条新路。

17.1　C120 多功能混凝土的配制技术

试验用原材料：微珠为一种超细球状粉煤灰，平均粒径 1.0～1.2μm；粗骨料为安山岩碎石，粒径≤16mm，外加剂为自行研发和生产的氨基磺酸系高效减水剂，并与萘系高效减水剂复合。固体组分含量 35%。减水率高，控制坍落度损失的功能好。MFC 配合比如表 17-1 所示。

MFC 配合比（kg/m^3）　　表 17-1

水胶比	水泥	硅粉	矿物掺合料	细骨料	粗骨料		外加剂
	PⅡ 52.5	埃肯	微珠	水洗海砂	小石	大石	视工作性能要求
0.15～0.18	500	75	175	700	300	700	3.0%左右

按上述组成材料的配合比，拌合 50L 混凝土，成型 13 组 100mm×100mm×100mm 立方体试件，标准条件养护 28d，进行抗压强度试验并计算均方差。如表 17-2 所示。同时，将一部分试件送样给深圳市住房和建设局检测中心检测，结果如表 17-3 所示。

现行规范中未对 C120 强度等级的混凝土小试件的尺寸效应系数有所规定，检测单位仍使用 0.95 的系数来进行计算。

从表 17-2 的强度试验结果看，混凝土强度平均值达到了 135MPa，均方差为 5.6MPa，强度波动较小。

混凝土抗压强度试验结果 表17-2

试验值(MPa)	136	136	137	136.33	132	139	143	138.00
	140	134	144	139.33	133	138	139	136.67
	131	135	145	137.00	133	135	131	133.00
	130	123	142	131.67	137	128	133	132.67
	135	118	134	129.00	137	136	139	137.33
	131	125	137	131.00	139	139	136	138.00
	114	137	117	117.00				
统计值	平均值(MPa)	135.62			均方差(MPa)	5.93		

深圳市质量检测中心检测结果 表17-3

强度等级	C120	C120	C120
养护环境	标准养护	标准养护	标准养护
试件边长(mm)	100	100	100
抗压强度(MPa)	123.4	122.9	126.4
	125.1	130.1	126.5
	129.0	118.9	124.6
强度代表值(MPa)	125.8	124	126
强度标准值(%)	105	103	105

17.2 C120多功能混凝土保塑性能的试验

C120 MFC是结合京基大厦工程的研发项目，但试验研发地点在宝安正强混凝土搅拌站，从生产地点将混凝土运至施工现场需1.5h左右。有时，堵车需要更长时间。故研发的C120混凝土，需要保塑性达3h，才能保证泵送施工要求。

混凝土能否保塑性能，关键是高效减水剂的功能，研发了用木钙接枝、氨基磺酸盐共聚的高效减水剂，又得到巴斯福从上海发送过来的高效萘系减水剂。试验研究，将氨基磺酸盐高效减水剂与萘系减水剂按一定比例复配，再掺入一定量的沸石超细粉，得到三组分、固体与液体复合的减水剂（氨基系液体+萘系液体+NZ超细粉）。该减水剂对水泥的分散性好，保塑性能好。试验研究的混凝土配合比见表17-4。

拌合40L混凝土，在室内及室外阳光下，测定混凝土的坍落度、扩展度及倒筒流下时间等经时变化，如表17-5所示。

混凝土配合比 表 17-4

编号	W/B	水泥	微珠	硅粉	淡化海砂	石子	水	减水剂
801	0.18	500	170	80	700	1000	130	4.0%

夏季室内、室外环境下，新拌混凝土工作性能对比 表 17-5

室内	坍落度 (mm)	扩展度 (mm)	倒筒时间 (s)	室外	坍落度 (mm)	流动度 (mm×mm)	倒筒时间 (s)
初始	255	590×600	4	初始	255	590×600	4
1h	250	570×545	4.5	1h	240	580×570	5
2h	240	580×570	6	2h	245	550×540	6
3h	215	480×450	11.5	3h	240	480×490	6.5

在室外（30℃），初始坍落度 255mm，3h 后仍保持 240mm；倒筒时间初始为 4s，3h 后仍能保持 6.5s。这说明，保塑性优异，能充分保证长距离运输和超高泵送要求。

组成材料中用了微珠和硅粉复合粉体，使胶凝材料获得密实填充，降低了单方混凝土的用水量，也即降低了水胶比，使混凝土获得高强度。但能使混凝土分散、流动和保塑，关键技术是减水剂，是三组分固相与液相复合的减水剂功能；后面将有论述。

17.3 混凝土的自收缩、早期收缩和长期收缩的检测

17.3.1 自收缩

混凝土与外界没有介质交换的条件下，由于水泥的水化，吸收毛细管中的水分，使毛细管处于自真空状态，产生毛细管张力；这时，混凝土产生的收缩，称为自收缩。C120 混凝土的自收缩试验，如图 17-1 所示。试验配比如表 17-6 所示。

图 17-1 自收缩测试

自收缩系列试验配合比（复合外加剂、PⅡ 52.5 金鹰水泥）　表 17-6

编号	试验类型	W/B	C	$SF+FMB$	S	G_1(小石)	G_2(大石)	AG
2-1	基准	0.18	500	250	700	300	700	4.0%
2-2	1kg/m³ Grace 纤维	0.18	500	250	700	300	700	4.0%
2-3	2kg/m³ Grace 纤维	0.18	500	250	700	300	700	6.0%
2-4	10% 天然无水石膏	0.18	450	250	700	300	700	4.0%
2-5	10% 硫铝酸盐水泥	0.18	450	250	700	300	700	4.0%
2-6	10% 磨细硫铝酸盐水泥	0.18	450	250	700	300	700	4.0%

注：混凝土用水量均为 130kg/m³，AG 为萘系、氨基磺酸盐及 NZ 粉复合三组分复合；编号 2-4，还有 50kg 无水石膏；2-5、2-6 分别还有 50kg 硫铝酸盐水泥未计算在内。

采用两端接触式的测定方法。试件成型后，用塑料薄膜蒙上、密封；初凝后，拆除模具内部两长边侧模及两端顶模，试件能在模具内滑动，开始测试其自收缩，结果如表 17-7 所示。

C120 MFC 的自收缩　表 17-7

编号	3d 自收缩($\times10^{-6}$mm/m)
2-1	329.9
2-2	181.4
2-3	253.6
2-4	99.0
2-5	—

由此可见：基准混凝土的自收缩最大，使用 Grace 纤维后，混凝土的自收缩明显减小。天然无水石膏粉掺量的试件，3d 自收缩值为 0.99×10^{-4}mm/m，低于 1×10^{-4}mm/m，在基准混凝土的自收缩值的 1/3 以下。掺 1kg/m³ Grace 纤维混凝土的自收缩值也较小，为基准混凝土自收缩值的 1/2 左右。

17.3.2　早期收缩

混凝土浇筑成型后，2h 后开始测试，试件上表面是敞开的，即混凝土中水分可向空气中排放。因此，早期收缩也包含了一部分自收缩，如图 17-2 所示。试验结果如表 17-8 所示。

早期收缩的测试结果说明：基准混凝土、含 1kg/m³Grace 纤维的混凝土、含 2kg/m³Grace 纤维的混凝土及含天然无水石膏粉的混凝土，3d 早期收缩都在同一个水平上。而且，早期收缩均大于自收缩。掺入 10%硫铝酸盐水泥后，早期不但不发生收缩，反而还产生微膨胀。

图 17-2 早期收缩测定（模具敞开）

C120 MFC 的早期收缩 表 17-8

编号	3d 早期收缩（$\times 10^{-6}$mm/m）
2-1	340.2
2-2	338.1
2-3	482.5
2-4	303.1
2-5	膨胀 296.9
2-6	膨胀 59.8

17.3.3 长期收缩

混凝土长期处于空气中，由于干燥而造成的收缩，当然也包含了自收缩。本研究测定了两类试件的长期收缩：

（1）早期收缩测定后，进行长期收缩测试：1-1、1-2、2-1、2-2、2-3、2-4。结果见表 17-9 及图 17-3。

（2）自收缩测试后，进行长期收缩测试：1-3、1-4、1-5、1-6。结果见表 17-10 及图 17-4。

早期收缩测试后观测长期收缩结果 表 17-9

编号	3d	7d	14d	28d	45d	60d
1-1	746.4	746.4	800.0	861.9	888.0	896.9
1-2	558.8	604.1	670.1	709.3	655.7	721.6
2-1	340.2	441.2	562.9	630.9	614.4	637.1
2-2	338.1	406.2	492.8	554.6	552.6	567.0
2-3	482.5	562.9	703.1	812.4	866.0	—
2-4	303.1	422.7	443.3	476.3	459.8	476.3

自收缩测试后观测长期收缩结果　表 17-10

编号	3d	7d	14d	28d	45d	60d
1-3	142.3	237.1	317.5	364.9	356.7	389.7
1-4	327.8	367.0	461.9	449.5	459.8	457.7
1-5	263.9	356.7	470.1	478.4	445.4	389.7
1-6	185.6	233.0	299.0	311.3	321.6	313.4

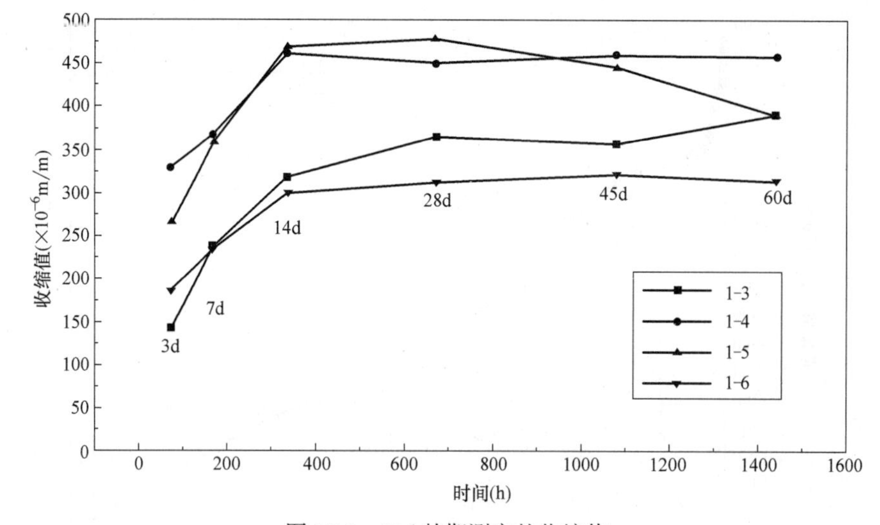

图 17-3　60d 龄期测定的收缩值

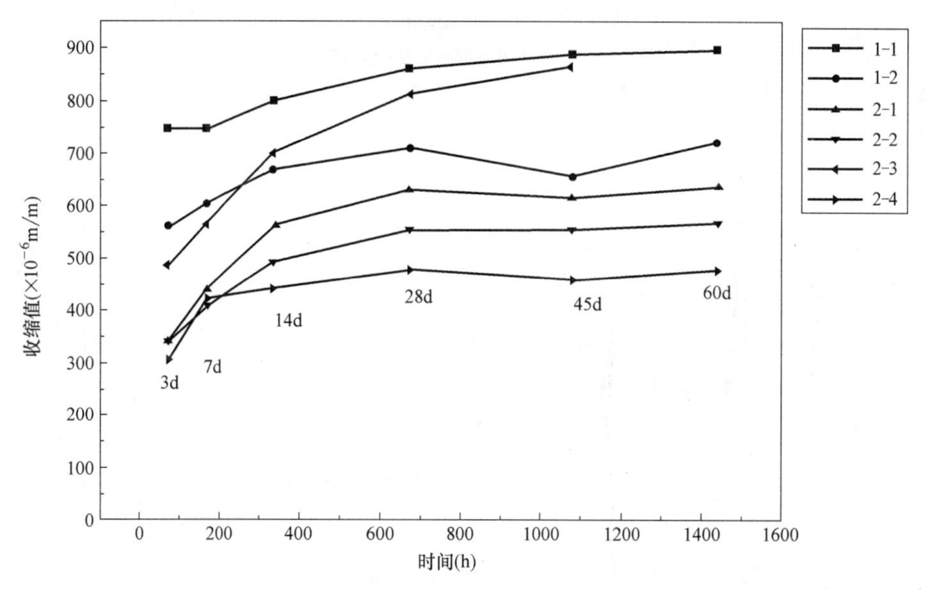

图 17-4　早期收缩测试后观测 60d 龄期的收缩值

由表 17-8、表 17-9 及图 17-3、图 17-4 可见，无论试件是在自收缩测试还是早期收缩测试后，再测其长期收缩，均变化不大。总的来说，大部分试件在 14d 龄期后，其收缩变化趋于稳定。

17.3.4 掺硫铝酸盐膨胀剂试件的收缩

与其他组试件都不同，在此将其收缩膨胀列于表 17-11。不同细度硫铝酸盐膨胀剂效果，如图 17-5 所示。

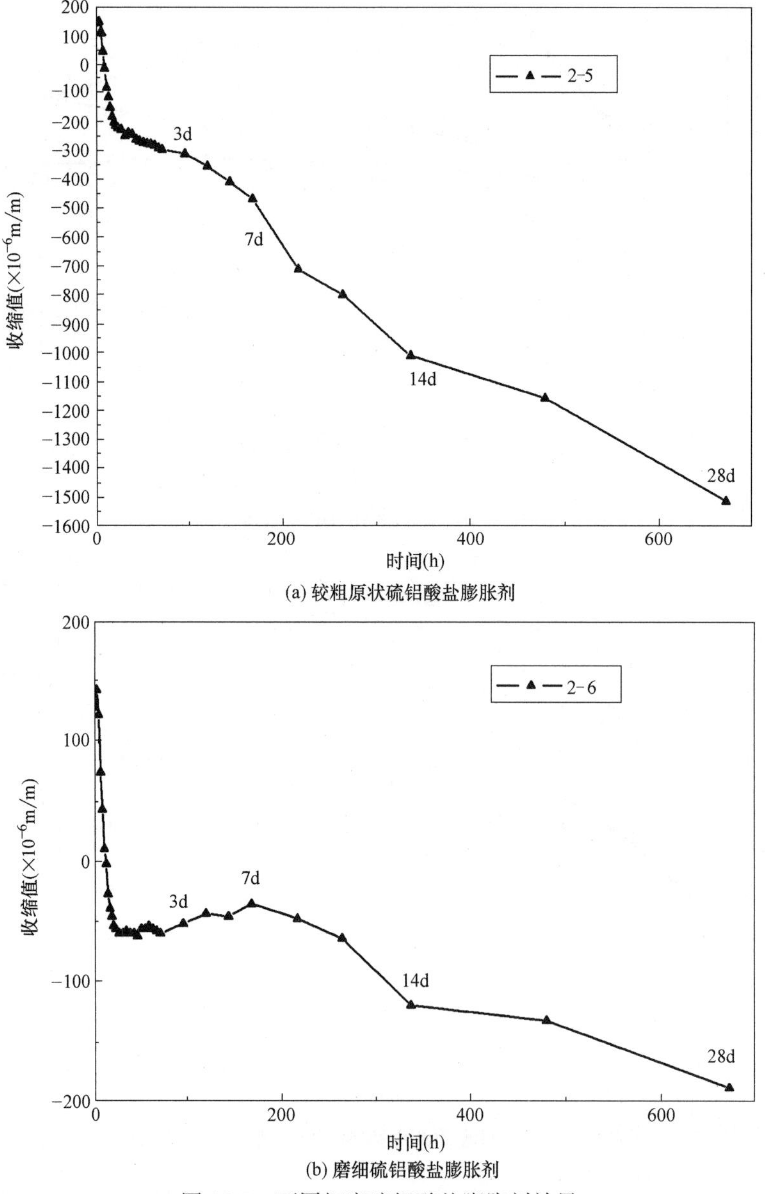

图 17-5 不同细度硫铝酸盐膨胀剂效果

从表 17-11、图 17-5 可以发现，掺硫铝酸盐膨胀剂的试件在 28d 中仍然处于一个膨胀的过程。不过，磨细后的膨胀剂在膨胀值上远低于原装膨胀剂（较粗）。

磨细与原装膨胀剂长期收缩（试件编号 2-5、2-6）　表 17-11

时间	2-5	2-6	时间	2-5	2-6
2h	142.3	127.8	72h	−296.9	−59.8
4h	146.4	142.3	4d	−311.3	−51.5
6h	113.4	121.6	5d	−354.6	−43.3
8h	43.3	74.2	6d	−408.2	−45.4
10h	−16.5	43.3	7d	−468.0	−35.1
12h	−80.4	10.3	9d	−711.3	−47.4
14h	−113.4	−2.1	11d	−800.0	−63.9
16h	−150.5	−26.8	14d	−1010.3	−119.6
18h	−181.4	−39.2	20d	−1156.7	−132.0
20h	−202.1	−45.4	28d	−1513.4	−187.6

17.3.5　小结

（1）水胶比在 0.18～0.2 的 C120 MFC，由于采用三组分减水剂，内含被减水剂饱和的天然沸石粉，能释出高效减水剂，使水泥粒子更好地分散，自收缩值降低（$190\times10^{-6}\sim330\times10^{-6}$mm/m），混凝土不发生开裂。

（2）掺入聚丙烯纤维，可明显起到抑制混凝土收缩的作用。在本试验中，可以降低 MFC 40%左右的自收缩值。

（3）天然无水石膏掺入 MFC 中，可以控制其自收缩在更低范围内，有利于钢筋混凝土构件的结合。但混凝土强度受影响。

（4）在 MFC 中，掺入一定细度的硫铝酸盐膨胀水泥，可以起到微膨胀作用，控制 MFC 的早期膨胀值在很低的水平内。

（5）试验中，大部分试件在 14～28d 的龄期下，收缩变形逐渐稳定。与其早期收缩、自收缩相比较，其后期的收缩变形量较小。

17.4　C120 多功能混凝土的韧性

一般普遍认为，随着混凝土强度提高，韧性降低，脆性增大。本节除了检测 C120 MFC 的韧性以外，还进一步研究了提高韧性的途径。通过掺入聚丙烯纤维，提高 MFC 的韧性；混凝土试验配比如表 17-12 所示。通过掺入聚丙烯纤维，检测断裂韧性的变化。纤维掺入量分别为：Grace 纤维，1kg/m^3；Grace 纤维，2kg/m^3；深圳产短纤维，2kg/m^3。

试验配合比（kg/m^3） **表 17-12**

编号	W/B	C	$SF+MB$	S	G_1	G_2	聚羧酸外加剂（%）	纤维
1号	0.18	500	250	750	285	665	2.5	基准试件，无纤维掺入
2号	0.18	500	250	750	285	665	2.5	Grace 纤维，$1kg/m^3$
3号	0.18	500	250	750	285	665	2.5	Grace 纤维，$2kg/m^3$
4号	0.18	500	250	750	285	665	2.5	深圳产短纤维，$2kg/m^3$

每组混凝土成型 100mm×100mm×400mm 带刀口棱柱体试件 3 条，进行断裂韧性测试，在一定的加荷速率或恒定的位移速率下，测定抗折强度和裂纹张开位移（图 17-6）。

图 17-6 测定裂纹张开位移的带刀口试件

断裂参数测定如图 17-7 所示，由清华大学建筑材料研究所负责测试，结果如表 17-13 所示。

图 17-7 C120 MFC 断裂参数测定

可见，随着纤维掺量的增加，混凝土的断裂能增大。相同掺量时，纤维种类的不同，混凝土的断裂能也产生差异。试验中，断裂能的大小顺序为：基准试件＜掺 1kg Grace 纤维试件＜掺 2kg 深圳纤维试件＜掺 2kg Grace 纤维试件。由于掺入纤维，断裂能大幅度提高；脆性参数明显增大，说明了超高性能混凝土韧性得到很大的改善。

四种混凝土断裂参数汇总　　　**表 17-13**

配比	编号	E (GPa)	P_{fc} (N)	P_{max} (N)	σ_c (MPa)	σ_{fc} (MPa)	σ_t (MPa)	σ_f (MPa)	G_f (J/m^2)	l_{ch} (cm)
基准	1	51.9	5000	14000	127.0	6.82	6.86	9.07	213.8	23.5
	2		4600	14500	121.0	6.27	—	9.39	—	—
	3		4700	13800	124.0	6.41	—	9.59	—	—
	均值		4767	14100	124.0	6.50	6.86	9.35	213.8	23.5
1kg Grace 纤维	1	52.2	4800	13800	129.0	6.55	6.67	8.94	291.8	33.8
	2		5000	15500	126.0	6.82	7.08	10.04	302.9	27.9
	3		5000	15300	119.2	6.82	—	9.91	—	—
	均值		4933	14867	124.7	6.73	6.88	9.63	297.35	30.9
2kg Grace 纤维	1	52.2	4800	12000	140.8	6.55	6.56	7.78	322.8	39.2
	2		5000	15000	123.6	6.82	—	9.73	—	—
	3		5200	14000	141.4	7.09	7.22	9.08	322.1	33.4
	均值		5000	13667	135.3	6.82	6.89	8.86	322.5	36.3
2kg 深圳纤维	1	52.0	5100	14000	120.0	6.95	6.97	9.07	300.3	30.0
	2		5000	14000	115.0	6.82	6.84	9.07	321.8	30.7
	3		5200	14000	—	7.09	—	9.07	—	—
	均值		5100	14000	118.0	6.95	6.91	9.07	311.1	30.4

注：表中，P_{fc} 为开裂荷载，P_{max} 为最大荷载，E 为弹性模量，σ_c 为抗压强度，σ_{fc} 为开裂强度，σ_t 为抗拉强度，σ_f 为抗弯强度，G_f 为断裂能；l_{ch} 为脆性参数，l_{ch} 越小，表明混凝土脆性越大。

基准混凝土的 l_{ch} 为 23.5cm，1kg Grace 纤维的试件混凝土的 l_{ch} 为 30.9cm，2kg Grace 纤维的试件混凝土的 l_{ch} 为 36.3cm，2kg 深圳纤维的试件混凝土的 l_{ch} 为 30.4cm。可见，掺入有机纤维对提高混凝土的韧性效果十分显著，尤以 Grace 纤维的效果最优。

17.5　C120 多功能混凝土耐火性能

随着混凝土的强度提高，密实度提高，高温作用下混凝土内部水分蒸发，蒸汽压较大，但水蒸气不易排放出混凝土外面；随着受热温度的提高，蒸汽压进一步增大。当蒸汽压力超过了混凝土的抗拉强度后，混凝土就会产生崩裂，使结构丧失承载能力。

耐火性能的试验采用在线测定的方法，也即加载、加热和测试观测同时进行。这也是本项研究的创新点之一。试验试件分别为：基准试件、掺 1kg/m^3 聚丙烯纤维、掺 2kg/m^3 聚丙烯纤维的试件。尺寸分别为：棱柱体 100mm×100mm×300mm、圆柱体 ϕ100mm×150mm、ϕ100mm×300mm 三种，如图 17-8 所示。对试件加热有两种加热套：一种为棱柱体；另一种为圆柱体，如图 17-9 所示。

(a)100mm×100mm×300mm

(b) ϕ100mm×150mm

(c) ϕ100mm×300mm

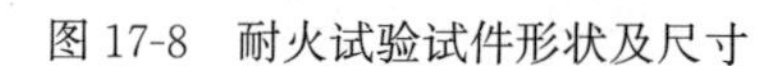

图 17-8　耐火试验试件形状及尺寸

(a) 圆柱体加热套

(b) 棱柱体加热套

(c) 电源控制箱

图 17-9　试件加热装置及控制设备

在线测定：

（1）加载，混凝土极限强度 30％为恒定荷载作用在上。

（2）加热，通过电热套进行，观测试件在 200℃、300℃、400℃三种温度下的变化，如图 17-10 所示。不同纤维量试件的耐火性能如图 17-11 所示。

（3）恒温，在指定温度下恒温 30～40min，观测试件情况。钢筋混凝土试件如图 17-12 所示。

(a) 200℃

(b) 300℃

(c) 400℃

图 17-10　基准试件在恒载作用下，不同温度作用的变化

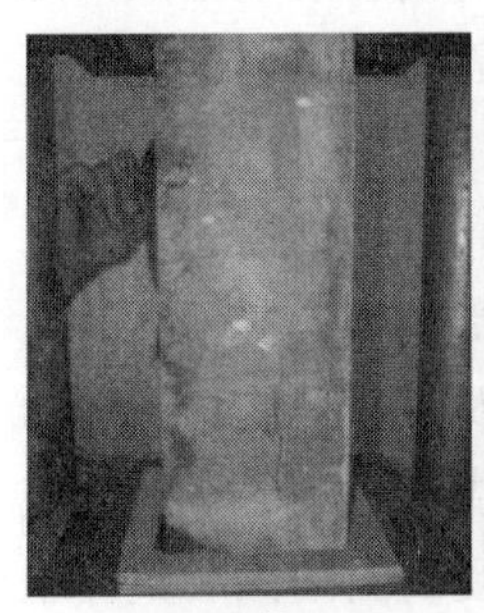

(1) 200℃

(2) 300℃

(3) 400℃

(4) 400～500℃

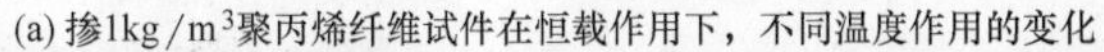

(a) 掺1kg/m^{3}聚丙烯纤维试件在恒载作用下，不同温度作用的变化

(1) 200℃

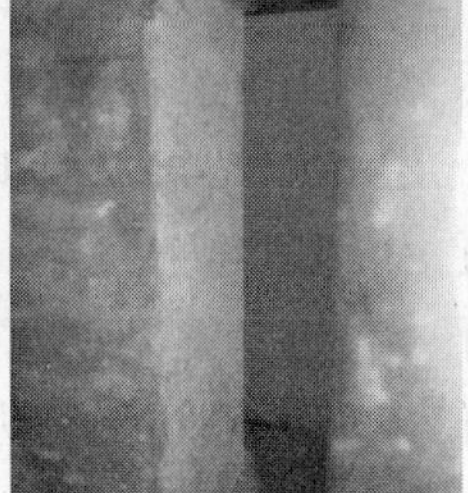

(2) 300℃

(3) 400℃

(4) 400～500℃

(b) 掺2kg/m^3 聚丙烯纤维试件在恒载作用下，不同温度作用的变化

图 17-11　不同纤维量试件的耐火性能

(a) 300℃恒温恒载作用下
钢筋混凝土 ϕ100mm×150mm

(b) 300℃恒温恒载作用下
钢筋混凝土 ϕ100mm×300mm试件

图 17-12 不同钢筋混凝土试件 300℃恒温恒载作用下的变化

关于提高超高强 MFC 耐火性能小结：

(1) 超高强 MFC 受热温度越高，发生的爆裂次数越多、越严重。试件表面裂缝宽度增大，裂纹条数增多，最终发生爆炸，造成试件大面积剥落，以至无法继续承受荷载。

(2) 在同等条件下，钢筋高强高性能混凝土试件的受损情况较基准混凝土试件严重。这主要是由于钢筋本身的受热膨胀所造成的。因为基准混凝土试件在高温条件下，只受自身热胀产生的应力影响而出现爆裂现象；而钢筋混凝土试件除了受自身热胀的影响外，还要承受钢筋热胀而产生的应力；因此，出现的爆裂更频繁、更严重。

(3) 掺入一定量的聚丙烯纤维，可以明显改善混凝土的高温耐火性能。掺入聚丙烯纤维的试件，在整个加热及恒温过程中，聚丙烯纤维受热到一定温度后会逐渐融化，导致试件中的毛细管数量增多，为试件中的水分及蒸汽提供了逸散的通道。也为混凝土自身受热产生的膨胀应力及热量的传导提供了一定的空间，使得混凝土产生爆裂的可能性降低，最终保证混凝土试件在遭受高温耐火后整体上仍然比较完整。

(4) 蒸汽压机理是指高温（火灾）下，高性能混凝土体内所含水分受热蒸发成水蒸气。水蒸气在混凝土内部产生了蒸汽压。当这种蒸汽压达到一定数值时，即引发了爆裂。而混凝土中掺入的纤维，在高温（火灾）下即会融化，成为混凝土内部水分及热气的排出管道，减少混凝土爆裂的发生。

(5) 在混凝土 30％的极限荷载作用下，试件加热到 200℃、300℃、400℃及 500℃时，分别恒温 30～40min，基准试件已崩裂破坏，丧失承载力，建筑就要倒塌，造成人员伤亡和财产损失；但是，掺入聚丙烯纤维的试件仍然完好，未发现开裂；也就是说，建筑物内的人员还有时间往外逃生。这是超高强 MFC 掺入聚丙烯纤维的最重要功能，也是提高抗火性能的主要目的。

17.6　本章结语

（1）本项研究的 C120 MFC 是采用普通混凝土生产时所用的原材配制而成的，如 52.5 水泥，亚纳米微珠及硅粉，粒径 5～20mm 的花岗岩碎石，细度模量 2.6～2.8、级配合格的河砂或水洗海砂，萘系与氨基磺酸盐系及超细沸石粉复合的三组分减水剂等原材料。

（2）原材料中，有两种独具特色的新材料：

① 微珠：燃煤电厂排放烟雾中回收的烟尘，平均粒径≤1μm，是一种球状玻璃珠，具有减水、增强及耐久性效应。它是一种当前国内独有的工业废弃物。

② 萘系与氨基磺酸盐系及超细沸石粉复合的三组分减水剂：具有减水率高、对水泥粒子的分散性、保塑性好和增强作用。

（3）C120 混凝土的平均强度可达 135MPa，均方差 5.5MPa，说明研究的混凝土匀质性很好，强度保证率高。

（4）混凝土的坍落度 240～250mm、扩展度 600～680mm、倒筒时间 5～6.5s，保塑 3h 以上。并且，无泌水、缓凝，说明该种混凝土的施工性、可泵性优良。

（5）掺入聚丙烯纤维，能提高超高强 MFC 的韧性，见表 17-14。

掺入聚丙烯纤维后混凝土韧性比较　　表 17-14

试件	G_f（断裂能，N/m）	l_{ch}（脆性参数，cm）
2-1（基准）	213.8	23.5
2-2（1kg 纤维）	297.35	30.9
2-3（2kg 纤维）	322.5	36.5

由此可见，掺入聚丙烯纤维可有效地提高超高强 MFC 的韧性。

（6）提高超高强 MFC 的耐火性能。

配筋的超高强 MFC 是不耐火的，在恒载作用下 300℃恒温 30min，混凝土就发生爆裂，失去承载能力。但掺 1～2kg/m^3 聚丙烯纤维的试件，在恒载、不同温度作用下恒温 30min，基本没有裂缝发生。掺入聚丙烯纤维，除了可有效抑制早期收缩、自收缩外，还提高了超高强 MFC 的韧性，同时有效提高耐火性能；因此，要使超高强 MFC 具有低收缩、高韧性及耐火性等特种性能，除了采用常用的材料配制以外，还需掺入聚丙烯纤维及硫铝酸盐水泥膨胀剂。

（7）掺入聚丙烯纤维，能降低超高强 MFC 的自收缩、早期收缩及长期收缩。

（郭自力参加了本章的试验及编写）

第18章　强度150MPa多功能混凝土研发与性能检测

结合广州东塔超高层建筑，在中建总公司东塔项目部的支持下，在广州天达混凝土有限公司中心试验室开展了超高强MFC的研究和试验应用。

18.1　原材料的选择

水泥：金羊PⅡ 52.5；硅粉（SF）含SiO_2≥95%；微珠（MB）：深圳同城产品（图18-1）；矿粉（BFS）：S95矿粉；复合减水剂（NS），自行研发；粗骨料（G），粒径5～10m，反击式破碎石灰石碎石；细骨料（S），河砂，中偏粗；保塑剂（CFA），自行研发；增稠剂（NZ），兼有自养护功能（自行研发）；硫铝酸盐膨胀剂（EHS-），购自天津。

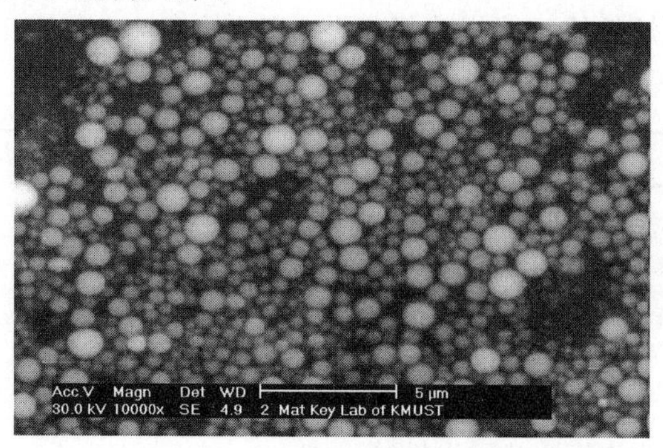

图18-1　微珠超细粉的SEM

18.2　强度150MPa多功能混凝土配制及性能检测

强度150MPa MFC的配合比见表18-1。新拌混凝土的性能见表18-2。自养护不同龄期强度见表18-3。

强度150MPa MFC的配合比（kg/m^3）　　表18-1

编号	水泥	微珠	SF	NZ粉	砂	碎石	纤维	水	减水剂(%)	CFA(%)
1	600	190	90	20	720	880	1-2	130	2.0	2.0
2	650	190	90	20	720	880	1-2	130	2.2	2.0

新拌混凝土性能　表 18-2

编号	U 形仪混凝土升高(cm)		坍落度(cm)		扩展度(mm)		倒筒落下时间(s)	
	初始	2h	初始	2h	初始	2h	初始	2h
1	31	31	27	27	740	680	7	8.5
2	31	31	27	28	680	740	6	7.7

$W/B=15\%\sim16\%$；新拌混凝土的 U 形仪试验，初始上升高度 31cm，2h 后仍能上升 31cm，说明混凝土的保塑性和自密实性都很好。

自养护不同龄期混凝土强度（MPa）　表 18-3

龄期	3d	7d	28d	56d
编号 1	125.3	136	147	151
编号 2	127.2	136.5	148.5	152

18.3　粉体效应及载体效应的应用

在配比中，利用了三组分胶凝材料的微填充效应，以及微珠、硅粉球状颗粒的效果，使新拌混凝土流动性提高；在表 18-4 中，*C*+MB+SF（水泥+微珠+硅粉）三组分粒子的互相填充，微孔隙率是三组粉体中最低的，特别是微珠为球状玻璃体，相同流动性下用水量低，故三组胶结料中，由水泥+微珠+硅粉组成的流动性大、黏度低。

不同粉体组合配制混凝土的流动性　表 18-4

编号	胶结料	坍落度(mm)	扩展度(mm)	倒筒落下时间(s)
1	*C*+BFS	265	650×630	18
2	*C*+BFS+SF	275	660×670	9
3	*C*+MB+SF	285	680×690	5

图 18-2 中，水泥粒子吸附高效减水剂后，带来双电层效应；填充于胶凝材料孔隙中的超细粉吸附减水剂后，也产生静电斥力，像斧子劈柴一样，起尖劈作用，将粉体粒子分开；水泥粒子的双电层效应与粉体粒子的尖劈效应叠加起来，分散效果更显著，流动性提高。本研究的天然沸石超细粉作为减水剂的载体效应，有固体和液体两种，如图 18-3 所示。

载体流化剂（CFA）缓慢释放吸附的减水剂，维持水泥粒子对减水剂的吸附量，也即维持表面的双电层效应不变。使 MFC 能保塑，便于泵送浇筑和自密实成型。

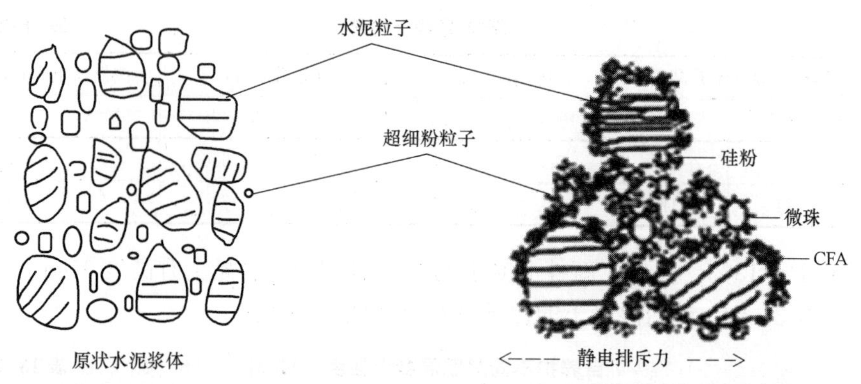

图 18-2 水泥、微珠和硅粉的胶凝材料，掺入减水剂及 CFA 的分散示意

(a) 粉状CFA (b) 液体CFA

图 18-3 载体流化剂

18.4 粗骨料的选择

18.4.1 根据粗骨料的断裂应力选择

以粒径 $D_1=10\text{mm}$ 与粒径 $D_2=20\text{mm}$ 两种骨料的断裂应力比较。

不同粒径骨料的断裂应力关系：

$$\sigma_2=0.7\sigma_1$$

式中 σ_2——$D=20\text{mm}$ 的断裂应力；

σ_1——$D=10\text{mm}$ 的断裂应力；

即选用 $D=10\text{mm}$ 的粗骨料配制混凝土，骨料的骨架效应优于粒径大的骨料。配制 UHPC 时，随着强度的提高，骨料的最大粒径 $D_{\max}$ 变小，超高强 MFC 应选择粒径为 5～10mm 的粗骨料。

18.4.2　通过试验结果选择粗骨料

图 18-4 中，展示了三种粗骨料：

三亚碎石（1），针片状较多，粒径也较大；

海口碎石（2），粒径 10mm 左右，针片状较少；

三亚碎石（3），反击破产品，粒径 10mm 左右，针片状较少。用这三种骨料同条件下配制混凝土，结果如表 18-5 所示。

图 18-4　三种不同碎石配制混凝土比较

不同碎石配制混凝土强度与流动性比较　**表 18-5**

编号	坍落度(cm)	不同龄期抗压强度（MPa）			
		1d	3d	7d	28d
1	3.5	52.3	72.1	77.7	86.5
2	6.7	77	86.8	92.2	107
3	6.7	78	87.1	87.2	107

试验结果说明，三亚碎石（1），配制混凝土的流动性和强度均较差；选用海口碎石（2）或三亚碎石（3）配制混凝土较好。

通过理论分析与试验验证，粗骨料的粒径随着 MFC 的强度提高，$D\leqslant 10$mm，应用反击破方式生产的产品。试验证明，MFC 中粗骨料用量≤400L/m^3。

18.5　超高强度多功能混凝土自收缩开裂的抑制

根据上面有关章节论述，抑制 MFC 的自收缩开裂与早期收缩开裂，主要技术途径如下：

（1）降低单方混凝土中水泥的用量，采用 C_3A 及 C_3S 含量低的低热水泥或中热水泥；

（2）采用天然沸石超细粉为自养护剂，从混凝土内部均匀分散供应水泥水化需水；外掺水泥用量 1.5%的硫铝酸盐微膨胀剂，对早期收缩及自收缩进行补偿；

(3) 掺入少量有机纤维（1～2kg/m^3），也能有效降低 MFC 的自收缩开裂与早期收缩开裂。

抑制 MFC 自收缩及早期收缩开裂的配合比（kg/m^3） **表 18-6**

C	MB	SF	NZ	W	S	G	EHX	WRA	CFA
600	190	90	20	135	720	880	1.5%	2.0%	2.0%

按表 18-6 配制出来的混凝土，56d 龄期强度≥150MPa，混凝土的流动性、保塑性效果都很好。用于剪力墙及其他结构上，也未见自收缩开裂与早期收缩开裂。

18.6 强度 150MPa 多功能混凝土的性能

18.6.1 新拌混凝土性能及力学性能

按表 18-6 的配比，试验和生产了多功能混凝土。新拌混凝土的性能见表 18-7，混凝土主要力学性能见表 18-8。

新拌混凝土的性能 **表 18-7**

坍落度(mm)	扩展度(mm)	倒筒落下时间(s)	U 形仪中上升高度(cm)
275	760×720	2.72	330/30s

混凝土主要力学性能（MPa） **表 18-8**

龄期	检验项目	龄期	检验项目
28d	抗压强度 147	28d	劈裂抗拉 5.10
28d	抗折强度 9.9	28d	弹性模量 5.3×10^4
28d	轴心抗压 118.7	28d	

56d 龄期的混凝土抗压强度≥150MPa。

18.6.2 氯离子扩散系数与电通量

氯离子扩散系数：0.96907×10^{-8} cm^2/s。电通量 23.338C/6h。

18.6.3 微观结构分析

1. 扫描电镜分析

水化产物的 SEM 图谱如图 18-5 所示。

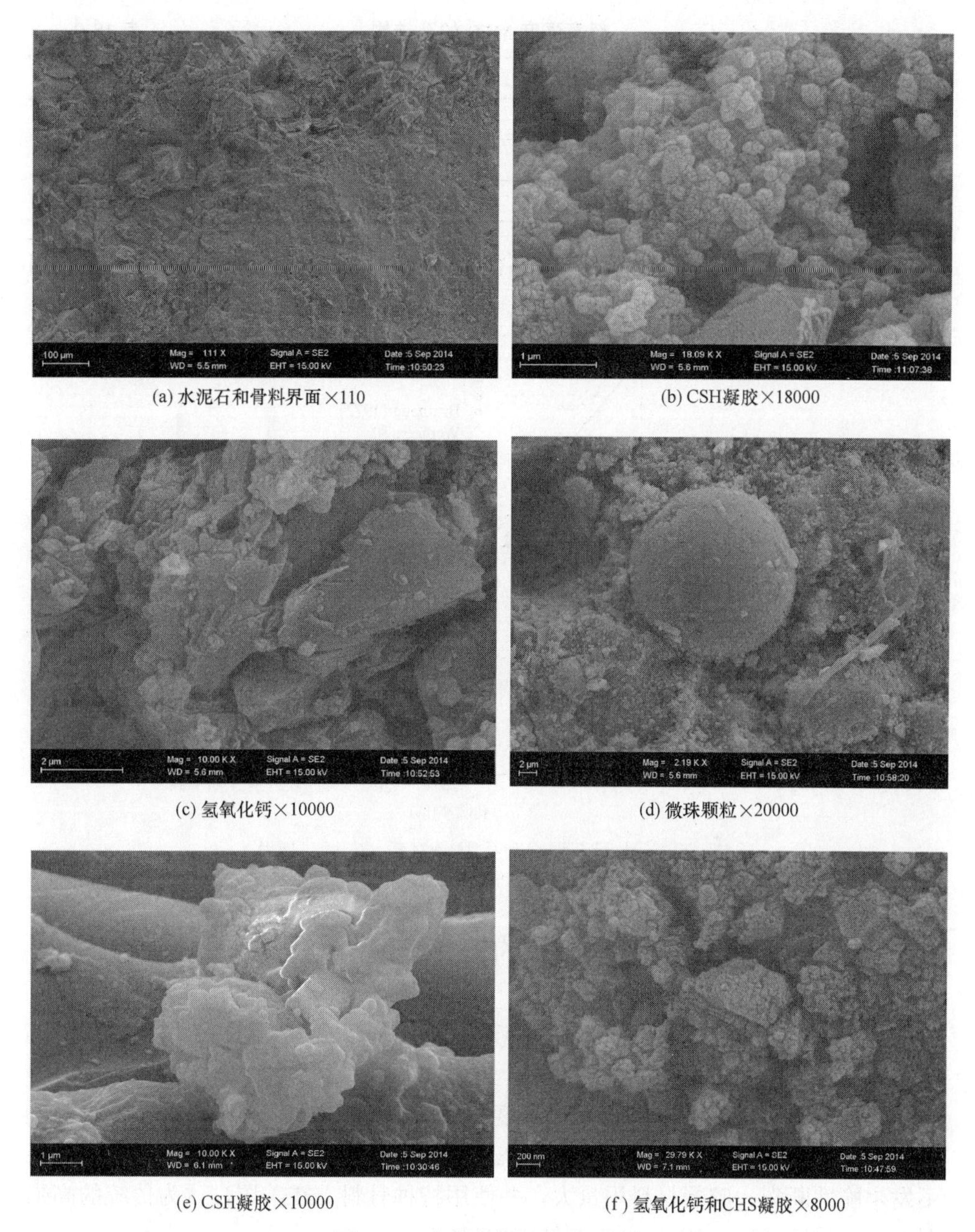

(a) 水泥石和骨料界面×110　(b) CSH凝胶×18000

(c) 氢氧化钙×10000　(d) 微珠颗粒×20000

(e) CSH凝胶×10000　(f) 氢氧化钙和CHS凝胶×8000

图 18-5　水化产物的 SEM 图谱

2. 孔结构测试

委托清华大学热能系有关试验室检测，孔结构测试结果见表 18-9。

超高强 MFC 的全孔隙率仅 3.26%，说明密实度很高，即高强度、超高强度的同时，具有高的抗渗性和耐久性。

超高强度 MFC 的孔结构 表 18-9

试样编号	测试结果(%)	平均值(%)
1	3.82	3.26
2	3.23	
3	2.74	

在英国，研发出了孔隙率低至 2%的水泥石，抗压强度达到 665MPa，如图 18-6 所示。

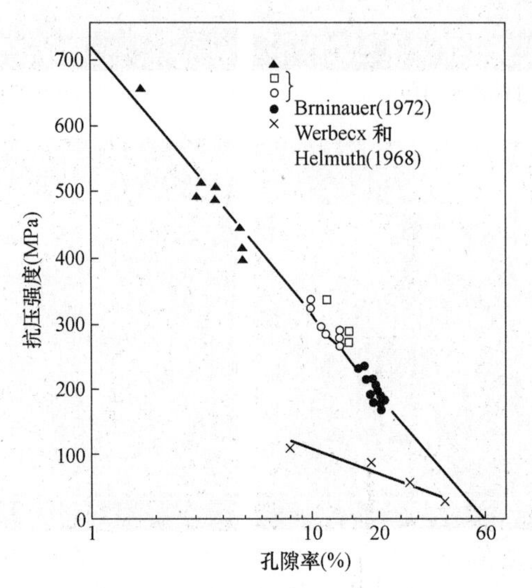

图 18-6 水泥石强度和孔隙率关系（寺村，坂井）

18.7 多功能混凝土在美国的开发与应用

1988 年，美国芝加哥 225 West Wacker Drive 大厦底层柱采用了 97.3MPa 的高强混凝土，大大缩小了柱子尺寸。

2008 年前，美国已生产应用了强度达 250MPa（36000psi）的 UHPC。而且认为，当 UHPC 的抗压强度超 153MPa（22000psi）时，应有增强纤维，以确保不发生脆性断裂；胶凝材料用量大，并使用特种骨料。在美国，认为传统的高强混凝土（强度<139MPa）是没有纤维增强的。

18.8 多功能混凝土在日本的开发与应用

日本在预拌混凝土工厂生产了强度超过 150MPa 的超高强混凝土，在试验基础上，用于超高层建筑结构中。这种混凝土使用的胶凝材料是普通硅酸盐水泥、矿渣、石膏和硅粉。通过试验证明，坍落度、坍落度流动值、含气量和抗压强度，均符合超高强混凝土的技术要求，并在此基础上进行生产和施工应用。日本使用的 UHPC 的配合比及流动性见表 18-10。图 18-7 给出了不同养护条件下龄期 7d、28d 及 56d 的 UHPC 的强度。W/B=0.15 的 UHPC，56d 强度≥150MPa。

日本使用的 UHPC 的配合比及流动性　　表 18-10

W/B	日标		混凝土材料用量 (kg/m^3)				
	含气量(%)	扩展度(mm)	胶结料	水	细骨料	粗骨料	减水剂
0.15	1.0	700	1000	150	501	835	26.8
0.17	1.0	700	883	150	604	835	15.9
0.22	2.0	600	682	150	755	835	9.4

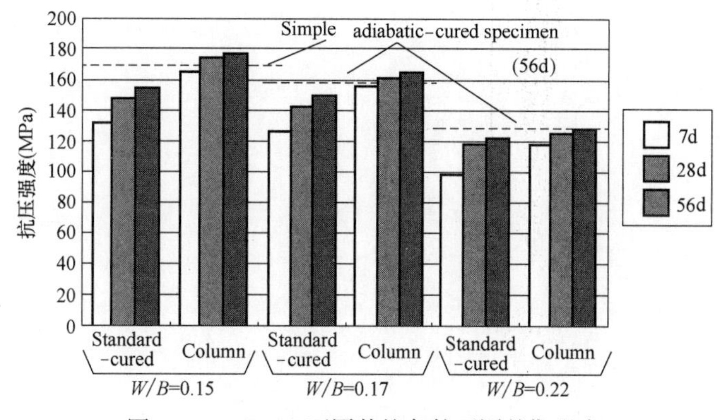

图 18-7　UHPC 不同养护条件不同龄期强度

18.9　多功能混凝土的潜力与风险

F. H. Wittmann 给出了不同混凝土的抗压应力-应变曲线，如图 18-8 所示。

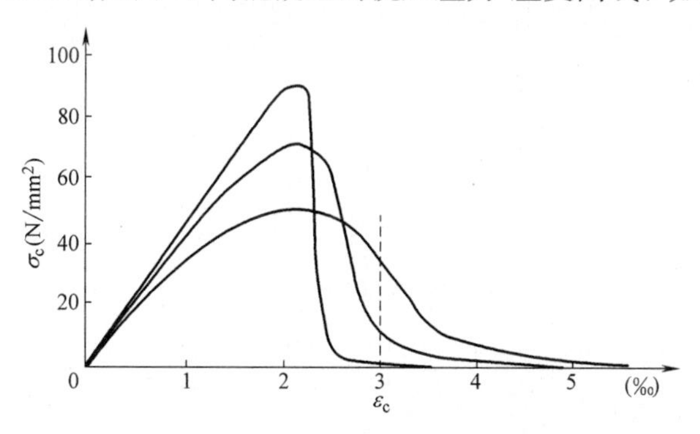

图 18-8　混凝土的抗压应力-应变曲线

可见，混凝土构件往往是处于应变状态，而不是应力状态中。例如，由于湿度、温度梯度产生的应变。普通混凝土的应变达到 3‰时，其承载力仍能保持一半以上。但若同样的应变值加于 UHPC 上，则实际承载力已趋近于零。这就意味着，我们只有在 UHPC 中可以观察到裂缝的形成。因此，通过掺加纤维，可以补偿 UHPC 的韧性损失。但在侵蚀环境中，钢纤维并不适用。

第19章　造纸白泥C30、C60多功能混凝土的研发与应用

19.1　引言

白泥，也叫造纸白泥，是国内外大、中型纸浆厂，采用碱回收工艺处理造纸黑液所产生的废渣。1t石灰能从造纸黑液中回收1t烧碱，经济效益十分显著。但随之而来的，是每用1t石灰回收造纸黑液烧碱，就要产生1t废渣——白泥。我国有些单位利用白泥生产预拌砂浆，取得了很好的技术经济效果。南宁糖业股份有限公司通过采用真空洗渣机和预挂式真空过滤机处理白泥，首先将造纸白泥水分由60%降低至40%，然后送至烘干，代替部分石灰石，用于干法立窑水泥的生产，减少环境污染，降低了水泥的生产成本。但因立窑生产水泥能耗大、污染严重，水泥质量不高。立窑生产水泥的工艺被废除，相应白泥处理的方法也就停止了。

广州天达混凝土有限公司和海南陆邦天成实业集团有限公司，用造纸厂原状白泥，研发和生产应用了C30和C60多功能混凝土，以及C30、C35和C40普通混凝土，取得了优异的技术效果和经济效果，为造纸白泥的应用开辟了一条新途径。

19.2　造纸白泥的微观分析及物理化学性质

19.2.1　白泥的物理化学性质

白泥呈灰白色浆状，pH值为11，主要成分为$CaCO_3$，见表19-1。

白泥的主要化学成分（质量，%）　　表19-1

CaO	MgO	SO_3	K_2O	Na_2O	烧失量
53.7	0.58	0.27	微量	1.25	41.5

白泥相对密度2.35，松散干表观密度620～630kg/m^3，自然状态表观密度1400～1500kg/m^3，稠度6～8cm，细度75目，筛余量为0；180目，筛余量为8.4%。

19.2.2 白泥的 X 射线（XRD）分析

（1）纯水泥与白泥按 7∶3 的比例配合，外加 30%的水，拌制试件的 XRD 图谱见图 19-1。

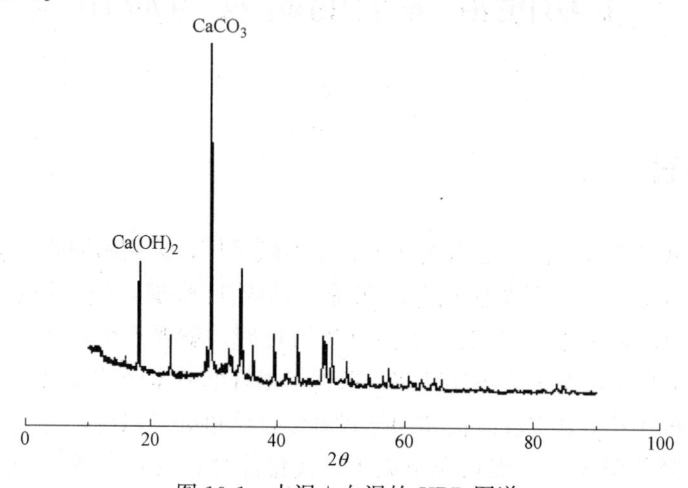

图 19-1 水泥+白泥的 XRD 图谱

从 XRD 图上可看出，掺加白泥的 $CaCO_3$ 峰值比 $Ca(OH)_2$ 高很多。

（2）纯水泥+30%水的试件的 XRD 图谱见图 19-2。

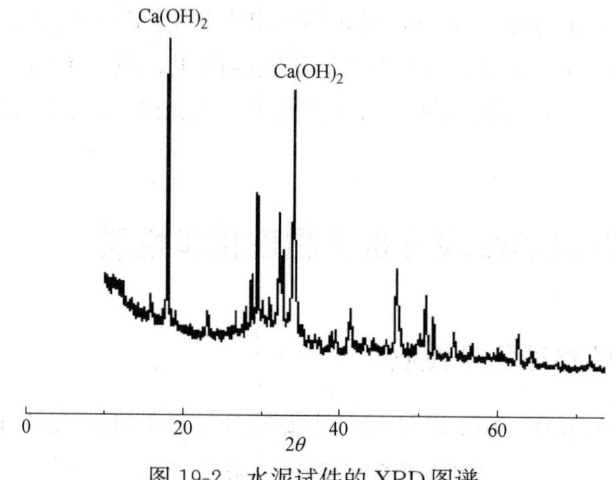

图 19-2 水泥试件的 XRD 图谱

从 XRD 图上可看出，纯水泥的 XRD 图中全都是 $Ca(OH)_2$，基本上看不到 $CaCO_3$。

19.2.3 含与不含白泥试件的电镜（SEM）分析

（1）纯水泥加 30%水试件的 SEM 如图 19-3 所示。

图 19-3　纯水泥加 30%水试件的 SEM

（2）纯水泥与白泥按 7∶3 的比例配合，加 30%水的试件的 SEM 如图 19-4 所示。

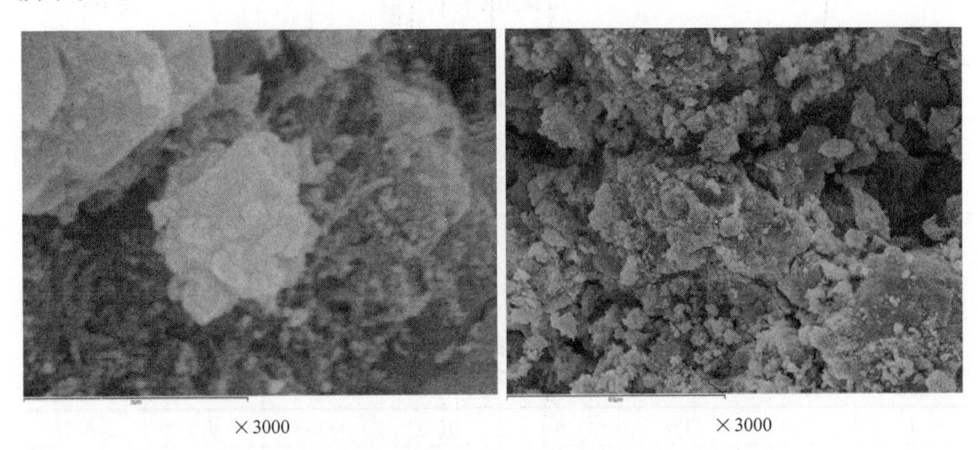

图 19-4　水泥+白泥，加 30%水试件的 SEM（一）

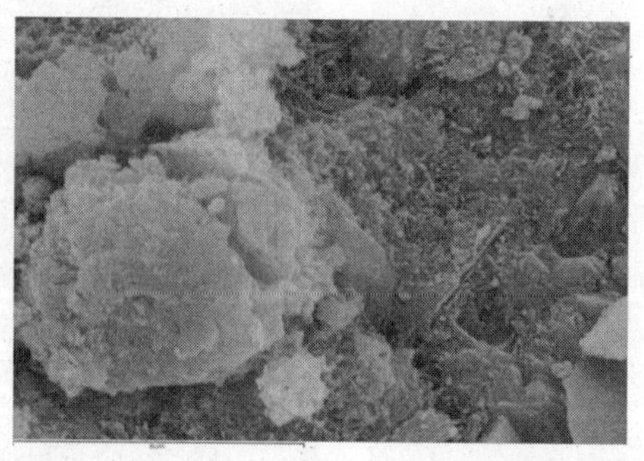

图 19-4 水泥+白泥，加 30%水试件的 SEM（二）

主要形貌为水泥凝胶和 $CaCO_3$ 晶体，还有 $Ca(OH)_2$ 晶体。

由上可见，含白泥的试件主要含 $CaCO_3$，而不含白泥试件全都是 $Ca(OH)_2$，基本上看不到 $CaCO_3$。可见，白泥的主要成分是 $CaCO_3$。

19.2.4 白泥的放射性检测

用洋浦造纸厂的白泥，委托中建四局研究院检验放射性；经连续 6h 对白泥的放射性检测，室内外放射性系数均于国家规范规定值。以白泥为原料的建材产品无放射性危害。

19.3 造纸白泥 C30 多功能混凝土

1. 原材料

试验用原材料见表 19-2。

试验用原材料 **表 19-2**

材料	产地及相关	材料	产地及相关
水泥	平南华润 P·Ⅱ42.5R	粉煤灰	广西南宁某电厂
微珠	武汉某电厂出产	白泥	海南洋浦造纸厂
矿粉	韶钢 S95 矿粉	减水剂	广州博众
碎石	博罗顺达石厂	砂	广东西江河砂

2. 试验室试配及性能

C30 MFC 配合比见表 19-3。

C30 MFC 配合比（kg/m^3） **表 19-3**

编号	水泥	粉煤灰	白泥	水	砂	碎石	外加剂
1	250	120	70	150	745	955	1.85%
2	250	140	50	150	745	955	1.75%

3. 混凝土的性能

新拌混凝土性能见表 19-4，混凝土不同龄期强度见表 19-5，混凝土自收缩见表 19-6。混凝土水化热见表 19-7。

新拌混凝土性能　　**表 19-4**

编号	经时	倒筒时间(s)	坍落度(mm)	扩展度(mm)	U 形上升高度
1	初始	3.22	265	760×680	340mm/10s
	2h	6.09	260	660×640	330mm/23s
2	初始	2.25	265	660×670	330mm/23s
	2h	4.41	270	680×680	330mm/9.81s

混凝土强度（MPa）　　**表 19-5**

编号	混凝土强度（MPa）		
	3d	7d	28d
1	23.0	28.8	40.3
2	25.2	31.1	41.5

混凝土自收缩（$\times 10^{-4}$）　　**表 19-6**

编号	1d	2d	3d	4d	5d	6d	7d	14d	28d
1	0.41	0.72	0.92	1.03	1.18	1.32	1.46	2.05	3.11
2	0.43	0.81	0.95	1.06	1.22	1.45	1.52	2.22	3.14

由表 19-6 可知，含造纸白泥的 MFC，72h 的自收缩为（0.92～0.95）$\times 10^{-4}$，小于 1×10^{-4}，不会产生自收缩开裂。

混凝土水化热　　**表 19-7**

编号	水化热(℃)				
	初温	开始升温	最高温	开始降温	常温
1	24.5	5h 至 25.5	22h 后升至 45.5	24h 后 45.4	42h 至 24.9
2	24.5	5h 至 25.6	22h 后升至 45.3	24h 后 45.7	43h 至 24.9

从上述试验数据可知，两种配比的混凝土的力学性能均能满足 C30 MFC 要求，其他方面的性能也都满足要求。考虑到混凝土的流动性及黏度等方面的性能，编号 2 的配比较优。

19.4　造纸白泥 C60 多功能混凝土

1. 原材料

试验所用原材料见表 19-8。

C60 MFC 原材料 **表 19-8**

水泥	华润 P·Ⅱ42.5R	粉煤灰	广西南宁电厂
微珠	武汉某电厂出产	白泥	海南洋浦造纸厂
矿粉	广东韶钢 S95 矿粉	减水剂	广州博众
碎石	博罗顺达石厂反击破	砂	广东西江河砂

2. C60 MFC 试验及性能检测

1）C60 MFC 的配合比

试验混凝土配合比见表 19-9。

C60 MFC 的配合比 **表 19-9**

编号	水泥	微珠	粉煤灰	白泥	水	砂	碎石	减水剂
1	350	30	100	70	150	745	955	2.0%
2	350	30	70	100	150	745	955	2.0%

2）新拌混凝土性能

新拌混凝土性能见表 19-10。

新拌混凝土性能 **表 19-10**

编号	坍落度(mm)	扩展度(mm)	倒筒时间(s)	U 形仪升高(cm/s)
1	275/260	710/670	3.07/5.03	32cm，5.66/15.13
2	265/250	710/630	3.67/6.02	32cm.7.66/20.13

注：分子值为初始值，分母值为 2h 后测值。

随着白泥用量增多，混凝土黏性增大；白泥用量不宜超过 100kg/m^3。

3）混凝土的水化热

混凝土的水化热如表 19-11 所示。

混凝土的水化热 **表 19-11**

编号	水化热（℃）				
	初温	开始升温时间	到达最高温度	开始降温	常温
1	24.5	3h 后 25.5℃起	36h 后 51.5℃	38.5h 后 51.4	65h,24.6℃
2	24.5	3h 后 25,6℃起	35h 后 52.1℃	39.5h 后 52.1	65h,24.6℃

4）混凝土的收缩

混凝土的早期收缩与 28d 收缩见表 19-12。

C60 MFC 的早期收缩与 28d 收缩均低于 C30 MFC，可能是 C60 MFC 含造纸白泥较多之故。

混凝土的早期收缩与 28d 收缩　　表 19-12

编号＼龄期	混凝土龄期								
	1d	2d	3d	4d	5d	6d	7d	14d	28d
1	−0.23	−0.19	−0.02	0.03	0.17	0.352	0.49	1.04	2.16
2	−0.31	−0.22	−0.05	0.02	0.22	0.48	0.56	1.32	2.16

5）混凝土的抗压强度

混凝土的抗压强度见表 19-13。

混凝土的抗压强度　　表 19-13

编号	不同龄期抗压强度(MPa)		
	3d	7d	28d
1	43.4	54.4	67.7
2	42.5	53.6	65.9

6）混凝土的电通量

28d 龄期的电通量为 800C/6h，56d 龄期的电通量为 700C/6h，具有很高的抗氯离子渗透性。

以上 C30 MFC、C60 MFC 经多次试验，性能均优，可在生产中应用。

19.5　造纸白泥 C30 及 C60 多功能混凝土的生产应用

由于多次反复试验，证明造纸白泥多功能混凝土的性能可靠。在中建四局万科项目部的支持下，于 2013 年 12 月 26 日对造纸白泥多功能混凝土进行了生产应用。该项目的某层全部楼板、楼梯及阳台等，浇筑了 C30 MFC；梁和柱子使用了 C60 MFC。全部试验生产应用混凝土约 300m^3，由广州天达混凝土有限公司生产供应，半天时间就施工完成了。全部混凝土都是免振捣自密实成型。浇筑完成后盖上塑料薄膜，全部免浇水、自养护。

19.5.1　C30 MFC、C60 MFC 的配比及性能检测

C30 MFC、C60 MFC 的生产所用的原材料，见表 19-2 及表 19-8。生产应用的混凝土配合比，见表 19-14。

C30 MFC、C60 MFC 的生产配合比（kg/m^3）　　表 19-14

强度等级	水泥	微珠	粉煤灰	白泥	水	砂	碎石	减水剂
C30	250	0	140	50	150	760	940	7.7
C60	350	30	100	70	150	760	940	9.08

1. 新拌混凝土性能

混凝土出厂时，从搅拌机下料斗处取样，测定了坍落度等性能，见表19-15。

新拌混凝土性能 表19-15

强度等级	坍落度(mm)		扩展度(cm)		倒筒时间(s)		U形仪升高及时间(cm/s)	
	初始	2h后	初始	2h	初始	2h	初始	2h后
C30	260	260	69×68	65×65	2.13	4.05	32/5.6	32/11.4
C60	275	270	72×71	68×68	3.09	5.12	32/5.4	32/14.2

2. 混凝土水化热

C60造纸白泥水化热见表19-16。

C60造纸白泥MFC的水化热 表19-16

初温	开始升温	最高温度	开始降温	常温
14.5℃	3h后17.6℃	32h后升至48.6℃	32h后48.6℃	114h后降至14.6

3. 混凝土的收缩

C60造纸白泥MFC的收缩见表19-17。

C60造纸白泥MFC的收缩（$\times 10^{-4}$） 表19-17

1d	2d	3d	4d	5d	6d	7d	8d	9d
−0.14	0.37	0.72	0.74	0.78	0.83	1.03	1.09	1.13

4. 混凝土强度

C30及C60白泥MFC的强度见表19-18。

C30及C60白泥MFC的强度（MPa） 表19-18

强度等级	3d	7d	28d
C30	26.2	36.2	41.5
C60	39.7	52.4	71.2

19.5.2 混凝土浇筑及施工质量跟踪

白泥C30 MFC及C60 MFC由搅拌站生产运至施工工地约1h，对保塑性、自密实性能要求高。混凝土浇筑施工后，工程技术人员对质量进行跟踪。脱模后混凝土构件表面光滑，没有出现蜂窝、麻面和裂纹，质量上乘。施工过程见图19-5（a）～(d)。脱模后混凝土的外观见图19-6（a)、(b)。

(a) 混凝土运送至施工现场

(b) 泵送浇筑混凝土

(c) 表面平整

(d) 施工浇筑完成后的混凝土

图 19-5　造纸白泥 C30 MFC 及 C60 MFC 施工过程

(a) 墙体脱模后

(b) 楼板梁柱脱模后

图 19-6　MFC 的施工过程及外观质量

19.6　造纸白泥 C35 多功能混凝土的研发与应用

广州市海珠区中国移动电子商务中心，也是中建四局施工项目。2014 年 12 月 5 日，在该工程的负二层西北侧地下室外墙，施工浇筑应用了造纸白泥 C35 MFC，约 100m^3。

1. 白泥 C35 MFC 的原材料与配比

原材料与 C30 MFC 所用的相同；混凝土的配合比见表 19-19。

C35 MFC 配合比（kg/m³） 表 19-19

等级	水泥	微珠	粉煤灰	白泥	水	砂	碎石	减水保塑剂
C30	250	0	140	60	150	760	940	8.0

2. C35 MFC 的性能

新拌混凝土工作性能见表 19-20；混凝土自收缩及早期收缩见表 19-21；水化热见表 19-22。

新拌混凝土工作性能 表 19-20

经时(h)	倒筒时间(s)	坍落度(mm)	扩展度(mm)	U 形上升高度
0	1.52	265	680×690	340mm/9.23s
2	2.83	265	680×680	330mm/18.0s

自收缩及早期收缩（$\times 10^{-4}$） 表 19-21

强度等级	12h	24h	48h	72h	7d	28d
C35	−0.82	−0.47	−0.08	0.02	0.39	1.94

水化热 表 19-22

开始温升时间(h)	初温至峰值时间(h)	初温～峰值温度(℃)
13	35	27～52

3. 现场 MFC 的性能

混凝土到施工现场后，混凝土在入泵前对其工作性能进行检测，出机到试验间隔时间在 2～3h，如表 19-23、表 19-24 所示试验结果取平均值。

新拌混凝土的性能 表 19-23

倒筒(s)	扩展度(mm)	坍落度(mm)	U 形仪(mm/s)
3.11	670×680	260	320/18.48

混凝土水化热 表 19-24

等级	水化热(℃)				
	初温	开始升温	最高温	开始降温	常温
C35	27.0℃	13h 后 27.5℃	35h 后升到 52.0℃	35h 后 52.0℃	92h 后至 27.0℃

4. 混凝土浇筑及施工后质量跟踪

图 19-7　造纸白泥 C35 MFC 泵送浇筑及脱模后表面

混凝土浇筑后，广州天达混凝土有限公司技术人员对混凝土施工质量进行跟踪（图 19-7）。整个混凝土没有出现任何裂纹、表面光滑，没有出现蜂窝、麻面现象，成型质量较好。施工留样试块强度见表 19-25。可见：

（1）自养护混凝土强度高于标准养护的混凝土强度；

（2）自养护混凝土，28d 龄期强度达 48.5MPa，强度等级 C40 以上，增强效果显著。

C35 MFC 的强度（MPa）　　**表 19-25**

自养护			标准养护		
3d	7d	28d	3d	7d	28d
26.7	33.2	48.5	23.4	26.5	42.3

19.7　总结

（1）通过利用造纸白泥，配制 C30、C35 及 C60 等多种强度的 MFC，并在工程中试验应用。说明利用造纸废弃物作为混凝土有用的资源是可行的。造纸白泥是一种很有特色的混凝土资源。

(2) 用造纸白泥代替多功能混凝土中的天然沸石粉，以达到混凝土自密实的增稠剂作用和自养护外加剂的作用，这是由于白泥中碳酸钙粒子很细，吸附着大量的自由水。混凝土初凝后，水泥继续水化时，碳酸钙粒子释放吸附的自由水，供给水泥水化需水抑制混凝土的自收缩和早期收缩。由于能吸附自由水，有使混凝土增稠和抑制离析作用。

(3) 造纸白泥在配制多功能混凝土过程中也有不足之处，如掺量过多，会大幅度提高 MFC 的黏性，容易发生抓底现象。对流动性和填充性影响很大，在一定程度上限制了白泥的单方混凝土用量。

(致谢：本章的内容是作者受海南陆邦天成实业集团有限公司委托，组织力量首先在海南研发应用的，后来结合广州东塔工程，在广州天达混凝土有限公司试验室又继续对白泥开展了研发和应用；覃善总、杜波及陈海良等多位技术人员参加了该项研究。)

第 20 章　超高强多功能混凝土的超高泵送技术

作者曾指导研究队伍，结合广州西塔工程项目、深圳京基大厦及广州东塔工程项目，研发了 C100 超高性能混凝土、C100 自密实混凝土、C120 超高性能混凝土，以及 C130 多功能混凝土等；在混凝土的生产单位、施工应用单位及泵机的制造厂商等共同努力下，分别泵送至 416m、420m 及 510m 高处。通过这些工程项目的试验，作者受益匪浅。在这里，浅谈一下有关超高泵送参数的控制及其性能评价，供读者参考。

以 C100 自密实混凝土及 C130 多功能混凝土作为超高泵送的实例具有特殊性，因为这两种混凝土在出厂时要满足自密实的要求，运输到施工现场时也要满足自密实的要求；经过超高泵送后出泵的混凝土更要满足自密实的要求，才能做到免振自密实；也即经过 U 形仪检测混凝土上升高度均大于 30cm，这是最基本的要求。此外，超高性能自密实混凝土的黏度大，与泵管之间的黏性阻力大，在泵管中的流动比其他混凝土难度大；如果这种混凝土超高泵送成功，那么其他混凝土的超高泵送就容易解决了。

20.1　不同类型混凝土在泵管中运送的特点

超高性能自密实混凝土（UHP-SCC）、超高性能混凝土（UHPC）、多功能混凝土（MPC）及普通混凝土（NC）组成材料的数量与质量不同，新拌混凝土的黏性与流动性也不同，因而泵送参数不同（图 20-1）。高性能超高性能混凝土

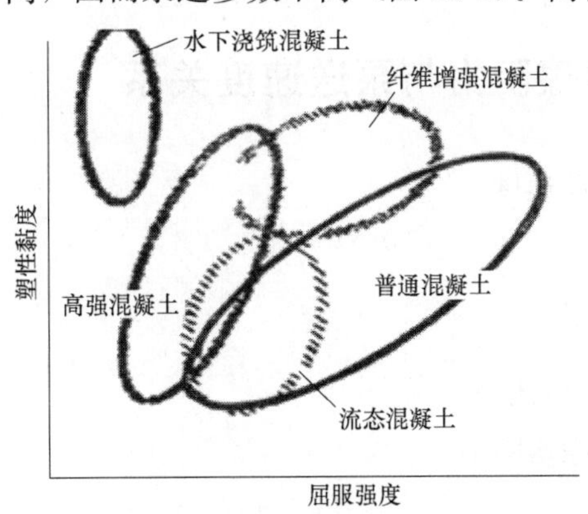

图 20-1　不同类型混凝土的塑性黏度与屈服强度

(包括 HPC、UHPC、UHP-SCC 及高强 MFC) 的结构黏度大，剪切强度低；普通混凝土的结构黏度低，但剪切强度大；而高流态高性能混凝土的塑性黏度与剪切强度大体相同。故高流态混凝土比超高性能超高强 SCC 便于泵送。

普通混凝土与高性能超高性能混凝土在泵送过程中的压力损失，可参考图 20-2。

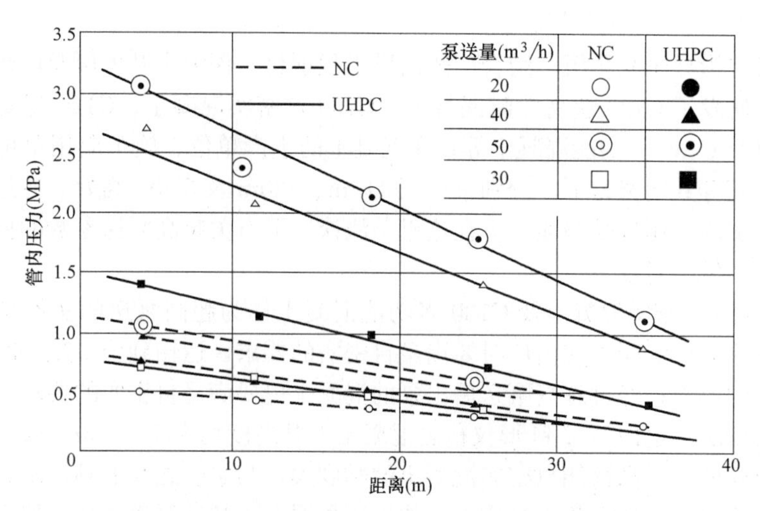

图 20-2 NC 与 UHPC 在泵送过程中的压力损失

在图 20-2 中，虚线所示为普通混凝土，配比强度为 50MPa；实线所示为高性能超高性能混凝土，配比强度为 100MPa。强度高的混凝土，用灰量大，水灰比低，黏度大，泵送时的压力损失大。图中，泵送量为 $30m^3/h$ 时，压力损失约为 0.2MPa；泵送量为 $50m^3/h$ 时，压力损失约为 0.4MPa。但 UHPC 泵送量为 $30m^3/h$ 时，压力损失约为 0.4MPa；泵送量为 $50m^3/h$ 时，压力损失约为 0.6MPa，比普通混凝土压力损失约增大 1/2。

20.2 泵送时摩擦阻力与泵送速度关系

泵管内混凝土流动速度

$$v=V/(\pi r^2 l) \tag{20-1}$$

式中 r——泵管半径；

l——管长；

V——混凝土排出体积。

混凝土在管内的摩擦阻力

$$f=F/(2\pi r l)$$

$$f=(K_1+K_2)v \tag{20-2}$$

式中　K_1——黏着系数；

K_2——速度系数。

如混凝土的 W/B 越低，黏性越大，则 K_1 大，混凝土在管内开始流动所需的压力大，泵送时的黏性阻力大；如泵送量比较大，即 K_2 的速度系数大，进一步增加混凝土泵送量发生困难。K_1、K_2 越小越好，其与混凝土的组成材料及配比有关，也与施工时的单位时间的泵送量有关。根据以往普通混凝土的施工经验，K_1、K_2 仅与混凝土的坍落度有关，故前人总结出了以下两个公式：

$$K_1=(3.00-0.10S)\times10^{-3}\text{kgf/cm}^2$$

$$K_2=(4.00-0.10S)\times10^{-3}\text{kgf/(cm}^2\cdot\text{m}\cdot\text{s)}$$

上两式中，K_1 也称黏度系数，反映了混凝土的黏性，与混凝土的组成材料及配比有关；而混凝土坍落度（式中的 S）的大小，则直接反映了 K_1 值的大小；坍落度大，黏性低，K_1 值小，容易泵送。保塑的根本目的是维持坍落度和倒筒时间等新拌混凝土的参数不变，K_1 值不变，混凝土与管壁间的黏性阻力不变；易于超高泵送。

K_2 为速度系数，反映出单位时间泵送量的大小。但速度系数也与坍落度有关。坍落度大，K_2 值小，混凝土在管道中，单位时间内单位长度管道内的运动阻力小，泵送量可增大。

因此，测出混凝土坍落度后，就可以计算出 K_1、K_2，从而了解其可泵性情况。

混凝土在泵送时，管壁的摩擦阻力与泵送速度的关系，如图 20-3 所示。

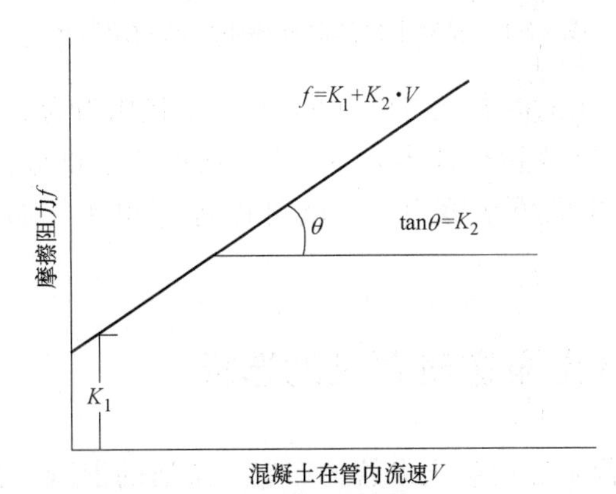

图 20-3　混凝土泵送时管壁摩擦阻力与泵送速度的关系

由图 20-3 可见，如果 K_1 比较大，混凝土在管内静止状态下，开始流动所需的压力就比较大；如果 K_2 比较大，增加混凝土的泵送量就发生困难。因此，希望 K_1、K_2 越小，则泵送所需的压力也小。超高性能混凝土的泵送就需要 K_1、K_2 越小越好。而这两个值均与混凝土的配比有关。

20.3 混凝土泵送时与管壁摩擦阻力的测定

混凝土泵送时，输送泵要求的压力，必须能克服混凝土管壁之间的摩擦阻力，才能对混凝土进行压送。那么，如何能确定这种摩擦阻力？通过图 20-4 的装置，可以测定混凝土管壁之间的摩擦阻力。

将混凝土装入圆筒容器内，密封后，上装压力表，再与压缩空气相连，压缩空气即把圆筒容器内的混凝土压送出来。由于混凝土与管壁间发生摩擦阻力，输送管即向压送方向移动。容器与输送管的连接为伸缩性连接。输送管支承在滚柱上，约束力不发生作用，可以测定输送管移动时的作用力。

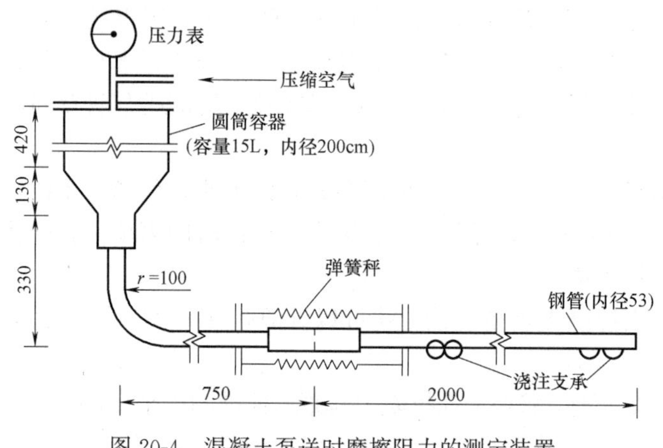

图 20-4 混凝土泵送时摩擦阻力的测定装置

设单位时间内排出的混凝土体积为 V，产生的作用力为 F（从压力表读数扣除部分压力损失，或从弹簧秤读出）。V 与 F 均可通过试验测出。混凝土在管内，管壁单位面积承受的摩擦力 f，就可以计算出来。如上述的式（20-2）所示。

20.4 普通混凝土泵送时泵机的选择

图 20-5 为某工程泵送混凝土泵管的布置。泵送的混凝土强度等级 C40，坍落度 20～22cm，泵送量 $30m^3/h$；进行配管的压力计算，选择泵机，估算泵送极限。

20.4.1 泵送压力计算

K_1、K_2 确定后，可以计算管内任意处泵送压力。某工程泵送混凝土管道见

图 20-5；混凝土坍落度为 20cm，泵送量为 30m^3/h。

$$f=(K_1+K_2)v \text{（泵送压力）}$$

$$v=V/(\pi r^2 l) \text{（混凝土泵送速度，} l \text{—管长）}$$

$$K_1=(3.0-0.1S)\times 10‰\text{MPa}$$

$$K_2=(4.0-0.1S)\times 10‰\text{MPa}$$

式中　V——泵送量 30m^3/h；

S——坍落度 20cm。

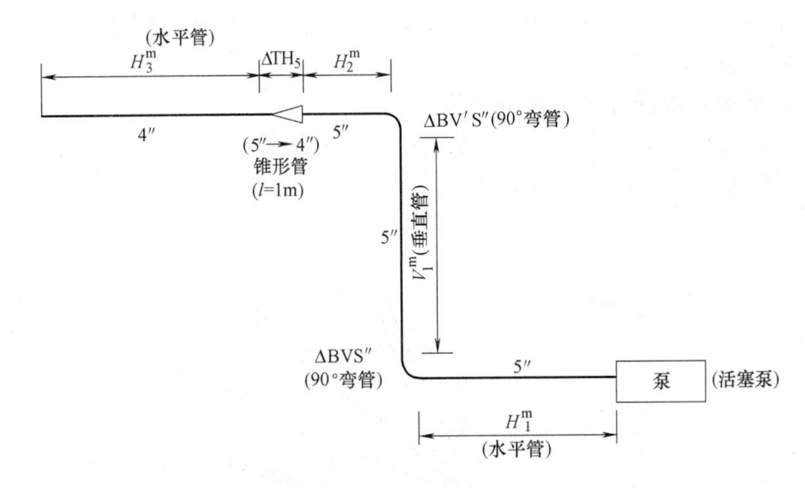

图 20-5　混凝土泵送配管图示实例

(1) 水平管压力损失计算（可查表）：根据泵机类型（活塞泵）、管径（5 寸管）、坍落度（20cm）、泵送量（30m^3/h），可查出水平管压力损失为 0.08MPa/m。

(2) 垂直管换算系数：以每米水平管的压力损失，与相同管径的垂直管的压力损失的比值表示；3.5×0.08=2.4MPa/m（相当于水平管压力损失）。由此可见，将垂直管、垂直弯管、水平弯管、锥形管、直管等，都找出相应换算系数，都换算成水平管，则可得到相应水平管长度。垂直管换算系数为 3.5。

垂直弯管换算系数为 6.1，水平弯管换算系数为 3.0，锥形管换算系数为 1.8。直管由 5 寸管→4 寸管，换算系数为 1.8。

水平管（5 寸管）换算长度 L

$$L=30+6.1+3.5\times 30+3.0+10+1.8+1.8\times 20=192\text{m}$$

配管的基本压力=0.08×192=1.53MPa；也即选用的活塞泵，出口压力≥1.53MPa，才能满足泵送施工的要求。

20.4.2 泵送极限估算

如果泵机出口压力为2.5MPa时，泵送极限水平长度为310m；

如果泵机出口压力为3.0MPa时，泵送极限水平长度为370m。

根据泵送条件，换算成水平管长度为192m；而泵送极限为水平长度为310m；故泵送能力足够。

20.5 高强高性能混凝土的泵送

高强高性能混凝土由于W/B较低，黏性大，混凝土与管壁间的摩擦阻力大，对泵送性能影响很大。

1. 泵送量与泵送压力损失的关系

高强高性能混凝土的泵送量与泵送压力损失的关系，如图20-6所示。图中，表示了三种混凝土的泵送试验结果。

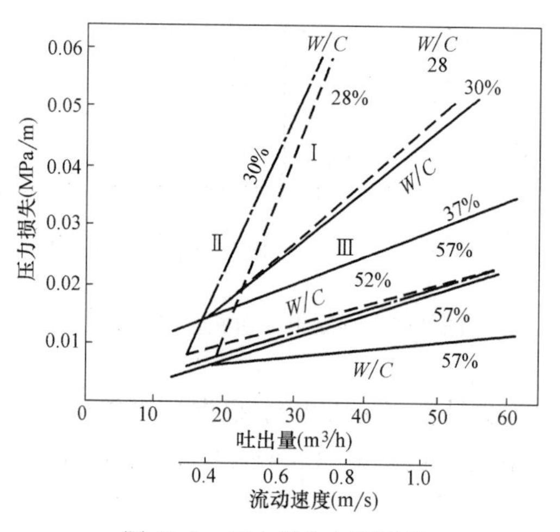

图20-6 压力损失与泵送量

(1) $W/B=28\%\sim30\%$，添加高效减水剂的高强高性能混凝土，当泵送吐出量为30～35m^3/h左右时，泵送压力损失达0.05～0.06MPa/m。可能是由于其高黏性，在泵送过程中，混凝土与管壁的摩擦阻力大之故。

(2) $W/B=37\%$的高强高性能混凝土，也掺入了高效减水剂；试验证明，这种混凝土黏着力为0.01MPa；而$W/B=0.28$的高强高性能混凝土则为0.04MPa，系其4倍。也就是说，随着W/B的降低，混凝土的黏着力越大，泵送越困难。

(3) $W/B=45\%\sim57\%$的普通混凝土，坍落度为15～25cm。即使泵送速度有变化，压力损失也在0.01～0.02MPa/m的范围内。

2. 压力损失与稠度

压力损失与扩展度（ASTM C124）的关系如图 20-7 所示。图中的曲线是将实际泵送量作为参数求出的回归曲线。泵送量越大，压力损失增大；扩展度越大，压力损失减少。泵送量不同，泵送压力损失也不同。

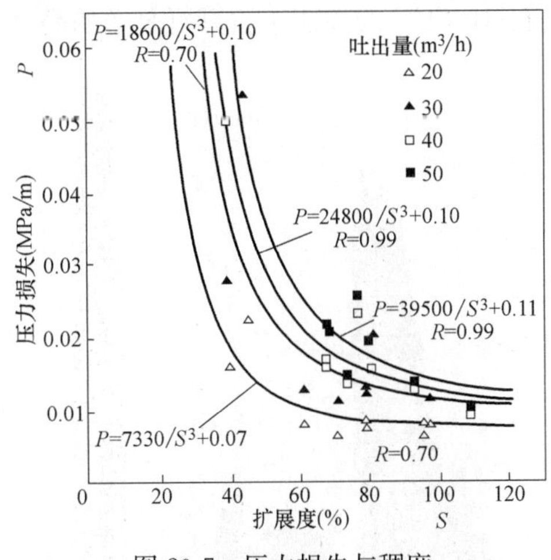

图 20-7 压力损失与稠度

当泵送排出量为：

$20m^3/h$ 时，压力损失 $p=7330/S^3+0.07$，相关系数 $R=0.7$

$30m^3/h$ 时，压力损失 $p=18600/S^3+0.10$，相关系数 $R=0.7$

$40m^3/h$ 时，压力损失 $p=24800/S^3+0.10$，相关系数 $R=0.99$

$50m^3/h$ 时，压力损失 $p=39500/S^3+0.11$，相关系数 $R=0.99$

可见，当泵送排出量相同时，提高新拌混凝土的坍落度试验时的扩展度 S，可以降低泵送压力损失。扩展度相同的混凝土，泵送排出量越大，压力损失也大。

高强高性能混凝土泵送施工时，应根据扩展度 S 及泵送出口量（m^3/h），选择合适的泵机（确定泵机所需的泵送压力）；如果泵机的性能已定，就需要调整坍落度试验时的扩展度 S 或泵送排出量，以适应泵机的要求。

20.6 超高性能自密实混凝土的超高泵送

UHP-SCC（C100）是结合广州西塔工程项目研发起来的，依照项目的技术要求，完成了系统的试验研究后，根据工程项目的进展，进行了多次超高泵送的试验。下面介绍 2008 年 12 月 6 日泵送高度为 411m 的试验。

当时，参与 UHP-SCC 研发的除了中建系统的有关单位以外，还有越秀集团、广州建设集团、中联重科及清华大学等单位。

20.6.1 超高泵送浇筑混凝土时，对 UHP-SCC 的技术要求

通过对 UHP-SCC 的超高泵送，检验泵机、混凝土材料及施工技术的综合能力。在西塔工程项目，中联重科提供了一台出口压力 40MPa 的高压泵（图 20-8）。根据出口压力和 UHP-SCC 的性能，验算可泵送的高度。

图 20-8 施工中的西塔工程（总高 436m）

1. UHP-SCC 的配合比

经过将近一年的试验研究，确定了 C100 UHP-SCC 的配合比及原材料之后，搅拌站先拌合了 $2m^3$ 左右的 C100 UHP-SCC，装入运输车内，在厂周围运行。按初始时间 1h、2h 及 3h 三个时间段，检测新拌混凝土的性能。满足性能要求后，确定了 C100 UHP-SCC 的配合比，如表 20-1 所示。表中，$W/B=20\%$ 为 C100 UHPC；$W/B=22\%$ 为 C100 UHP-SCC；CFA 为控制坍落度损失外加剂，NZP 为天然沸石粉。

UHP-SCC 的配合比（kg/m^3） 表 20-1

W/B	C	BFS	SF	CFA	NZP	S	G	W	HWRA
20%	500	190	60	—	—	750	900	150	18
22%	450	190	60	14	28	750	900	154	15.4

2. UHP-SCC 的主要技术要求

超高泵送的 UHP-SCC，主要技术要求见表 20-2。压力泌水试验如图 20-9 所示；在 30MPa 的压力作用下，泌水试验结果见表 20-3。

UHP-SCC 的主要技术要求　　表 20-2

项目 经时	可泵性（泌水性）	坍落度（mm）	扩展度（mm）	倒筒时间（s）	U 形仪升高（mm）
初始		265	720	4.0	310
1h		270	720	4.0	310
3h		275	730	3.5	318
施工现场		275	750	3.3	310
泵后检测		280	760	3.2	310

图 20-9　30MPa 下的压力泌水试验

30MPa 下的压力泌水试验结果　　表 20-3

混凝土类别	试验编号	V_{10}(mL)	V_{140}(mL)	S_{10}(%)
UHP-SCC	3	0	3	0

《混凝土泵送施工技术规程》JGJ/T 10 中规定：混凝土的可泵性可用压力泌水试验结合施工经验进行控制。一般 10s 时的相对压力泌水率 S_{10} 不宜超过 40%。在西塔超高泵送的 UHP-SCC $S_{10}=0$，符合超高泵送的技术要求。泵送前及泵送后，U 形仪试验时，混凝土上升高度均大于 300mm，故自密实性是有保证的。

20.6.2　工程上关于泵送高度的估算

以每米长度的压力损失＝0.01MPa 计算，将垂直管、弯管、锥形管都换算成水平管；得到水平管总长，乘以水平管每米长度的压力损失=0.01MPa；即可得到泵送所需的总压力。

如本例：

（1）水平管长度 800m；800×0.01=8.0MPa；

（2）垂直管高度按 500m 计算，换算成水平管长度：500×4=2000m；2000×0.01=20MPa。

（3）弯管及锥形管的数量：

弯管：90°，20 个，压力损失 0.1MPa/个；45°，2 个，压力损失 0.05MPa/个。锥管 1 个，压力损失 0.1MPa/个。

截止阀：2 个，压力损失 0.05MPa /个。

分配阀：1 个，压力损失 0.2MPa /个。

弯管及锥形管总压力损失 p_3=21×0.1+4×0.05+1×0.2=2.5MPa。故水平管、垂直管及弯管和锥形管的总压力损失为：8.0+20+2.5=30.5MPa。另考虑，还有 30%的压力贮备。故选择泵机时，要考虑出口压力≥30.5+30%×30.5=39.65MPa。现有泵机出口压力 40MPa，泵送能力足够。在西塔工程项目第一次 416m 的 C100 UHPC 和 C100UHP-SCC 的超高泵送试验时，泵机的出口压力达 28MPa。在泵送过程中，因布料管出了问题要停机检修；30min 后，现场总指挥怕停放时间过长出问题，命令开机将泵管内混凝土往外泵送。这时，泵机的出口压力达到了 34MPa 以上。也就是说，混凝土由静止到运动，黏着系数提高，阻力增大，泵送压力增大。工程上关于泵送高度的计算，比实际理论计算实用、简化得多，也符合工程实际。

20.6.3 硬化混凝土性能

1. 抗压强度

混凝土各龄期抗压强度见表 20-4。

混凝土各龄期抗压强度 **表 20-4**

试验编号	抗压强度(MPa)			
	3d	7d	28d	56d
1	87.0	108.7	130.8	130.0
2	99.0	96.3	115.0	115.9
3	84.9	88.7	94.9	107.9
4	91.2	106.5	117.3	118

注：试件尺寸为 100mm×100mm×100mm，折算成 150mm×150mm×150mm 试件的尺寸系数为 0.93。

2. 抗折强度

混凝土各龄期抗折强度见表 20-5。

混凝土各龄期抗折强度（MPa）　　表 20-5

编号	3d	7d	28d	56d
1	8.4	9.6	10.0	12.4
2	9.0	11.1	12.5	12.6
3	8.5	11.8	11.8	12.2
4	8.3	9.9	11.3	13.1

注：试件尺寸为 100mm×100mm×400mm。

3. 劈裂抗拉强度

混凝土各龄期劈裂抗拉强度见表 20-6。

混凝土各龄期劈裂抗拉强度（MPa）　　表 20-6

编号	3d	7d	28d	56d
1	6.05	7.15	7.58	8.31
2	7.09	7.13	7.42	8.11
3	5.87	7.17	8.09	8.29
4	6.36	7.09	7.92	8.44

注：试件尺寸为 100mm×100mm×100mm。

4. 轴心抗压强度和弹性模量

轴心抗压强度和弹性模量见表 20-7。

轴心抗压强度和弹性模量　　表 20-7

编号	轴心抗压强度(MPa)	静力弹性模量(MPa)	W/B(%)
1	101.7	47900	20
2	114.7	59500	20
3	119.5	63300	20
4	113.2	48400	22

注：试件尺寸为 150mm×150mm×300mm。

5. UHP-SCC 超高泵送前、后取样试件的强度

UHP-SCC 超高泵送前、后取样试件的强度见表 20-8。

UHP-SCC 超高泵送前、后取样试件的强度（MPa）　　表 20-8

成型方式	取样点	3d	7d	28d	56d
振捣	泵前	85.7	104.1	121.4	120.8
免振		89.5	102.3	122.5	118.4
振捣	泵后	84.7	100.5	104.9	119.8
免振		77.7	103.5	120.1	114.1

6. 混凝土的收缩与开裂的检测

（1）混凝土的自收缩

不同配合比 UHPC 和 UHP-SCC 的自收缩曲线见图 20-10。

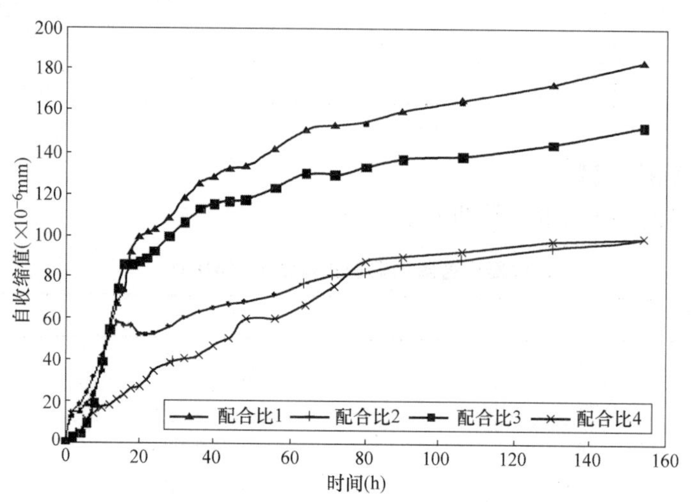

图 20-10　不同配合比 UHPC 和 UHP-SCC 的自收缩曲线

配比 1、2、3 为 UHPC，配比 4 为 UHP-SCC

（2）平板开裂试验

本项试验中，4 个配比的混凝土平板试验见图 20-11。成型后均放在阳光下暴晒，并同时使用大功率风扇向试件表面送风，24h 龄期时记录试验数据。表 20-9 是平板开裂试验后整理出来的试验结果，其中“平均每条开裂面积”表示了混凝土裂缝的大小，“单位面积开裂数量”表示了混凝土裂缝的多少，两者的乘积“单位面积总开裂面积”则代表了混凝土裂缝的整体情况。

图 20-11　混凝土平板开裂检测

平板开裂试验数据 表 20-9

编号	W/B	裂缝(条)	平均每条开裂面积(mm^2)	开裂数量(条/m^2)	开裂面积(mm^2/m^2)
1	0.20	7	10.11	19	196.53
2		65	11.54	181	2083.4
3		30	44.22	83	3685.35
4	0.22	8	12.66	22	281.33

从表 20-9 的数据分析，可以得出以下结论：

在施工应用的条件下，混凝土抵抗开裂的能力从强到弱依次是：配比 1＞4＞2＞3；配比 1 及配比 4 的混凝土抗裂能力比较接近，而且远远优于配比 2 及配比 3 的混凝土，两者的“单位面积总开裂面积”相差近十倍。

20.6.4 UHPC 及 UHP-SCC 通过 411m 超高泵送后结束语

（1）采用天然沸石超细粉配制 UHP-SCC，可不用增稠剂。混凝土的流动性大，黏聚性好，不泌水、不离析、不分层。U 形流动试验时能均匀流过钢筋，上升达 320mm；再经过 2h 后，仍达 300mm 高度。

（2）在 UHP-SCC 组成中，还采用了载体流化剂（CFA），能使减水剂缓慢释放到混凝土中，保持混凝土的塑性达 4h，而又无泌水、离析和缓凝现象。其拌合物即使在 30MPa 的压力下，也不会发生泌水。经过泵前与泵后的采样对比，仍保持原来的工作性能，满足了超高泵送施工要求。

（3）UHP-SCC 试验试件，振捣与免振成型，试件的抗压强度差不多，说明其自密实性好，有利于高密度钢筋的施工要求。UHP-SCC 28d 强度≥108MPa（试验室 28d 强度≥117MPa），满足配合比设计要求。

（4）与具有相同配比的 UHPC 比较，UHP-SCC 的自收缩、早期收缩及长期收缩值均相应较低。平板开裂试验数据也证明，本研究的 UHP-SCC 的抗裂性能较好。这是由于掺入了天然沸石超细粉，混凝土能自养护之故。

由此可见，我们配制的 UHPC 及 UHP-SCC 具有的超高泵送的性能，都是由于合理地应用了这一特种功能粉体——天然沸石超细粉的结果。

20.7 抗压强度 150MPa 多功能混凝土的超高泵送与应用

2015 年 10 月左右，东塔工程进入封顶阶段。根据中建四局局长兼东塔项目负责人叶浩文的建议，对抗压强度 150MPa 的 MFC 进行了超高泵送的试验。

20.7.1 超高泵送 MFC 的配合比

超高泵送 MFC 的配合比见表 20-10。

超高泵送 MFC 的配合比（kg/m^3） 表 20-10

C	MB	*SF*	NZ	*W*	*S*	*G*	EA	WRA	CFA
600	190	90	20	136	720	880	10	6.5	9.0

20.7.2 新拌混凝土性能

新拌混凝土性能见表 20-11。

MFC 新拌混凝土性能 表 20-11

检测地点	坍落度（mm）	扩展度（mm）	倒筒时间（s）	U 形仪升高（cm/s）
生产工厂	275	760×720	3.0	330/30
施工工地	275	750×720	3.0	330/30
泵送后	270	720×720	5.0	310/32

20.7.3 不同龄期 MFC 的强度

不同龄期 MFC 的强度见表 20-12。

不同龄期 MFC 的强度 表 20-12

龄期(d)	1	3	7	28	56
强度(MPa)	104	125.3	136	147	150

20.7.4 泵送施工现场

如图 20-12 所示，利用“三一重工”出口压力 40MPa 的混凝土泵，将龄期 56d 强度为 150MPa 的多功能混凝土，从地面泵送至 521m 的高度，浇筑了剪力墙及楼板等构件。泵送压力计算参阅 20.6.2 节。

MFC 表观密度 2595kg/m^3；强度 7d，136MPa；28d，147MPa；56d，150MPa。剪力墙脱模后，板表面无裂缝。如图 20-13 所示。

(a) 施工中的东塔

(b) 超高泵送施工现场

图 20-12　MFC 在广州东塔工程的超高泵送

(a) 脱模后的楼板表面

(b) 脱模后的剪力墙表面

图 20-13　强度 150MPa 的 MFC 超高泵送浇筑构件脱模后表面

20.8　关于混凝土超高泵送浇筑的总结

混凝土泵送浇筑施工，免振自密实成型，自养护代替浇水湿养护工艺。混凝土能抑制自收缩开裂及早期收缩开裂，这是混凝土材料及施工技术的突破性进展。

第21章　轻骨料多功能混凝土及其应用

21.1　引言

本章研发的轻骨料多功能混凝土，大量使用工业废渣和生活废弃物为原材料，达到了建筑材料和制品在生产过程中天然资源的消耗低、能源消耗低；超轻混凝土作为墙体和屋面保温材料，使建筑物内部的维护管理的能源消耗也低。

超轻混凝土的内部结构中，往往都含有气泡；也就是说，超轻混凝土都属于多孔混凝土。例如20世纪50年代，我国生产和应用的泡沫混凝土保温材料和泡沫混凝土砌块。是以泡沫剂掺入水泥粉煤灰料浆中、经搅拌，成型、蒸养（或蒸压）而成。当时，全国各地均采用这种混凝土作为屋面保温材料；而蒸压的多孔混凝土砌块往往都用作保温隔热的墙体。例如，天津当时用地毯毛下脚料作泡沫剂，生产的蒸压多孔混凝土砌块就是其中一例。

20世纪60年代，加气混凝土兴起，利用铝粉发气剂与料浆中其他组分的化学反应，产生气体而形成多孔结构。干表观密度400～800kg/m^3，强度1.5～10MPa左右，导热系数0.08～0.25，制成墙板、屋面板或砌块等。

20世纪70年代，我国研发出了陶粒加气混凝土。在铝粉发气的多孔混凝土中，掺入了陶粒。使混凝土中形成双重的多孔结构——多孔陶粒与多孔料浆。虽然是蒸养制品，但由于轻骨料的存在，混凝土的收缩降低；同时，如果有裂缝存在时，轻骨料也会把裂缝断开，使连续裂缝变成间断裂缝。这种混凝土干表观密度900～950kg/m^3，抗压强度7.5～8.0MPa，用作外墙板。后来，用天然沸石粉为载气体，代替铝粉把气体引入轻骨料混凝土中，得到载气体多孔混凝土。这种蒸养混凝土干表观密度800～1250kg/m^3，抗压强度达6～13.5MPa。20世纪80年代，在我国张家口用天然沸石粉为载气体，生产了多孔混凝土墙板，用于建筑物的内隔断墙，见图21-1。

后来作者赴日本留学，在明治大学工学部及大和房屋公司，与日本朋友在一起，又开发出了一种新品种的轻质混凝土，如图21-2所示。天然沸石载气体多孔混凝土表观密度为700～900kg/m^3，相应强度只有5～7MPa。而后者的表观密度为900～1000kg/m^3，强度达12～14MPa。

20世纪90年代，日本发明了3L混凝土。日本久保田公司（株）从德国引进了一种泡沫剂，把这种泡沫剂与轻骨料混凝土搅拌，使混凝土中形成泡沫剂的

(a) 天然沸石粉载气体板材浇筑

(b) 沸石粉载气体板材用于该楼中

(c) 板材养护

(d) 板材成品

图 21-1　天然沸石粉为载气体多孔板材生产与应用

(a) 天然沸石载气体试件

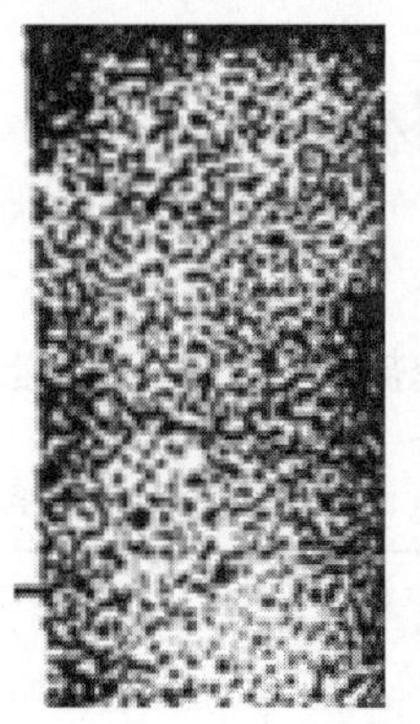

(b) 试件中无陶粒及加入陶粒后

图 21-2　天然沸石载气体多孔混凝土及多孔轻骨料混凝土

多孔结构和人造轻骨料的多孔结构。通过蒸养，混凝土干表观密度约1400kg/m^3，抗压强度达12～14MPa。久保田公司用这种混凝土制作房屋的外墙板。

20世纪末，广州大学研制了有机微珠的轻质混凝土，与泡沫剂、水泥浆配制成的保温材料。

超轻混凝土可概括成如图21-3所示内容：关键是成孔物和超轻骨料。

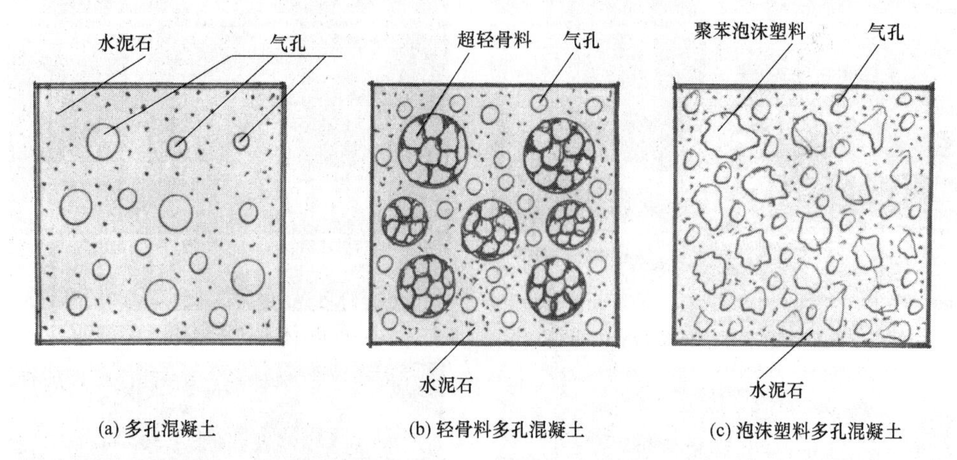

(a) 多孔混凝土　(b) 轻骨料多孔混凝土　(c) 泡沫塑料多孔混凝土

气孔—成孔物可为铝粉、泡沫剂、载气体；超轻骨料—可为人工超轻骨料及聚苯泡沫塑料粒

图21-3　混凝土达到超轻的技术途径

本章介绍超轻陶粒、玻化微珠、聚苯泡沫塑料粒和引气剂外加剂等配制成的轻（超轻）骨料多功能混凝土，具有自密实、自养护、低收缩、低水化热、高保塑及高耐久性等特性；其干表观密度≤1000kg/m^3，抗压强度≥12MPa，导热系数0.22左右。通过试验室对板材小规模试验及利用现有构件厂的生产设备试生产，共生产了百余块内隔墙板，提供了工程应用。

21.2　试验原材料

1. 水泥

PⅡ42.5R硅酸盐水泥。各项性能检验见表21-1。

水泥各项检验指标　　**表21-1**

80μm筛余	比表面积(m^2/kg)	凝结时间(min)		抗折强度(MPa)		抗压强度(MPa)		安定性	烧失量
		初凝	终凝	3d	28d	3d	28d		
3.5%	420	198	233	5.4	8.4	34.3	58.5	合格	1.78%

2. 粉煤灰

Ⅱ级粉煤灰，性能见表 21-2。

Ⅱ级粉煤灰检测（%）　表 21-2

细度(筛余)	需水量比	烧失量	三氧化硫含量
18.9	99	2.84	0.54

3. 河砂

河砂技术性能见表 21-3。

河砂技术性能指标　表 21-3

细度模数	表观密度 (kg/m³)	松堆密度 (kg/m³)	紧密密度 (kg/m³)	泥块含量 (%)	含泥量 (%)	氯离子含量 (%)
2.6	2630	1450	1570	2.0	0.6	0.001

4. 聚苯乙烯泡沫塑料粒

表观密度为 10～14kg/m³。粒度约为 0.1～1mm。废弃品，再生应用。

5. 玻璃化微珠

膨胀珍珠岩经釉化处理而成，松堆密度约 100kg/m³。

6. 微珠

粉煤灰经风选超细化产品，技术性能指标见表 21-4。

微珠技术性能指标　表 21-4

颗粒密度(kg/m³)	需水量比(%)	烧失量(%)	表观密度(kg/m³)
2640	99	1.2	970

7. 硅粉

技术性能指标见表 21-5。

硅粉技术性能指标　表 21-5

二氧化硅含量(%)	筛余(%)	烧失量(%)	体积密度(kg/m³)
93.8	0.4	1.9	336

8. 矿粉

S95 等级矿粉，技术性能指标见表 21-6。

矿粉技术性能指标　表 21-6

密度(g/cm³)	流动度比(%)	活性指数(%)		比表面积(m²/kg)
		7d	28d	
2.8	95	75	95	400

9. 陶粒

黏土陶粒性能见表 21-7。

陶粒各项性能指标 表 21-7

筒压强度(MPa)	表观密度(kg/m^3)	松堆密度(kg/m^3)	空隙率(%)	1h 吸水率(%)	颗粒级配
1.2	510	235	42	20.5	连续级配

21.3 试验计划

21.3.1 试验的技术目标

轻骨料多功能混凝土要求达到的指标见表 21-8。

轻骨料多功能混凝土的性能 表 21-8

基本性能	干表观密度(kg/m^3)	≤1000
	抗压强度(MPa)	≥12
	吸水率(%)	<15
	抗渗指标	≥P8
	U 形仪上升高度(mm)	≥300
	坍落度(mm)	≥250
	扩展度(mm)	≥650
	加工性能	可钉、可锯

21.3.2 轻骨料多功能混凝土配合比试验

拌合 35L 轻骨料多功能混凝土，如表 21-9 所示。测定坍落度、扩展度、U 形仪上升高度、湿表观密度、干表观密度，自养护 7d、28d 的抗压强度。

轻骨料多功能混凝土试验 (kg) 表 21-9

编号	水泥	矿物掺合料	轻骨料	水	减水剂(g)
1	8.75	10.5	16.9	4.9	327.3
2	10.5	9.9	12.3	5.08	139.2
3	10.5	9.9	12.3	5.08	139.2
4	10.5	9.9	12.3	5.08	139.2
5	10.5	7.1	11.9	5.25	270
6	10.5	7.1	11.2	5.25	378

表 21-9 中，编号 1 使用聚苯乙烯泡沫塑料粒。编号 2、3 与 4 使用玻璃化微珠；其他为引气剂；编号 1 为普通搅拌工艺；编号 2、3、5 是先拌制水泥浆，再投入陶粒；编号 4 先拌水泥浆，引气剂与水拌合，打气泡，再倒入料浆；编号 5、6 将玻璃化微珠代替部分骨料。

新拌混凝土试验见图 21-4，试验结果见表 21-10。

轻骨料多功能混凝土试验结果　　**表 21-10**

编号	坍落度(mm)	扩展度(mm)	U 形仪上升高度(mm)	自养护强度(MPa)		干表观密度(kg/m^3)
				7d	28d	
1	230	550	—	2.6	4.3	760
2	270	700	340	7.9	10.4	998
3	265	680	340	3.8	6.2	950
4	270	670	340	—	—	955
5	275	700	340	13.4	17.6	1000
6	270	690	340	10.3	13.1	860

(a) U形仪试验上升高度

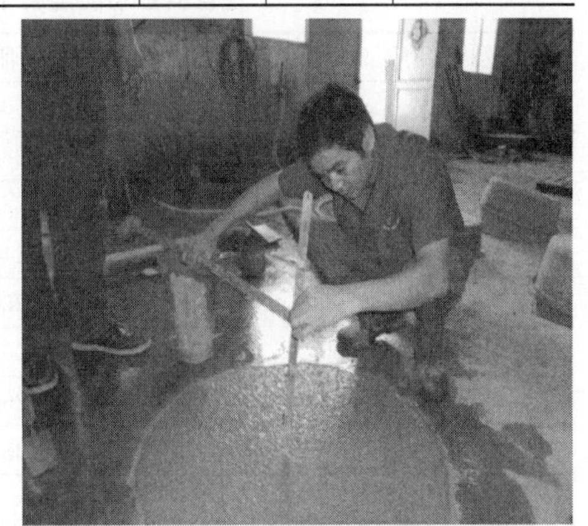

(b) 坍落度

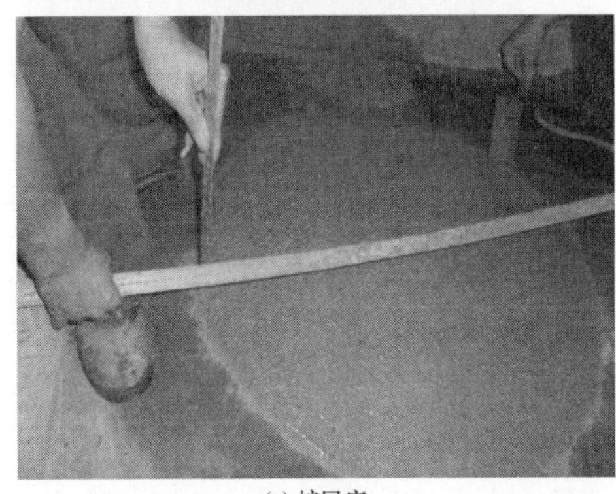

(c) 扩展度

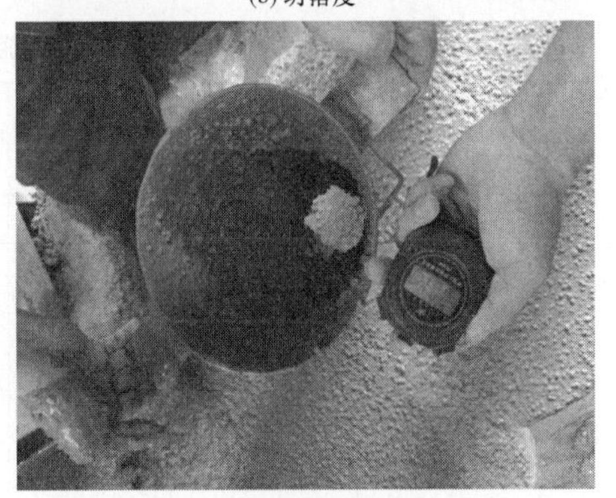

(d) 倒筒落下时间

图 21-4　新拌轻骨料多功能混凝土性能检测

由表21-10试验结果可见：

（1）编号1，表观密度较小，但强度低，新拌混凝土不能满足多功能混凝土性能要求。

（2）编号2与3，新拌混凝土能满足多功能混凝土性能要求。编号2的强度也较高，但编号3的28d强度下降太大。

（3）编号4，采用不同的搅拌工艺，搅拌出来的轻（超轻）骨料多功能混凝土性能与表观密度符合，但强度较低，混凝土试件收缩大。

（4）编号5、6，使用部分玻璃化微珠代替部分轻骨料，达到干表观密度≤1000kg/m^3，28d强度≥12MPa且能达到自密实性能。

试验时发现，编号5、6轻骨料多功能混凝土在试块成型时，有陶粒上浮现象。掺入部分河砂代替细骨料，同时掺入引气剂，使料浆中有一定量气泡，保证轻骨料多功能混凝土的稳定性与均匀性。

在原有大量试验基础上进一步试验，配合比见表21-11。

轻骨料多功能混凝土试验配合比（kg/m^3） **表21-11**

编号	水泥	掺合料	轻骨料	河砂	水	减水剂
1	300	300	300	—	145	9.0
2	300	300	280	—	130	8.4
3	300	300	280	—	135	9.0
4	300	300	240	100	145	7.8
5	300	300	280	100	150	7.8
6	300	300	250	120	130	7.8
7	300	270	260	120	135	7.41
8	300	270	280	120	135	7.41

按表21-11轻骨料多功能混凝土配比进行试验，结果如表21-12所示。

轻骨料多功能混凝土试验结果 **表21-12**

编号	坍落度（mm）	扩展度（mm）	U形仪上升高度（mm）	自养护强度(MPa)		湿表观密度（kg/m^3）	干表观密度（kg/m^3）
				7d	28d		
1	255	680	330	11.5	13.8	1082	970
2	255	660	330	10.7	12.8	1025	940
3	255	660	330	9.2	12.4	1020	945
4	260	680	340	10.3	12.7	1113	990
5	260	680	340	10.0	13.0	1048	975
6	255	680	340	10.3	13.5	1133	986
7	260	690	340	11.5	14.2	1052	965
8	260	690	340	12.1	15.8	1036	960

由表 21-12 可见，编号 1～8 混凝土，新拌混凝土试验，均能满足自密实的要求。干表观密度在 1000kg/m^3 以下，28d 强度均在 12MPa 以上。在掺入部分河砂的情况下，玻璃化微珠最合适的掺量是 80kg。

21.4 轻骨料多功能混凝土的力学性能、耐久性及耐火性能检测

根据表 21-11 中，编号 8 的配合比，对拌合混凝土进行进一步的强度、自收缩、早期收缩、劈裂抗拉强度、抗折强度、轴心抗压强度等性能测定，具体见表 21-13～表 21-19。

轻骨料多功能混凝土性能及强度测定　表 21-13

坍落度(mm)	扩展度(mm)	U 形仪上升高度(mm)	自养护抗压强度(MPa)			湿表观密度(kg/m^3)	干表观密度(kg/m^3)
			7d	28d	56d		
260	690×690	340	12.1	15.8	16.6	1036	960

轻骨料多功能混凝土的早期收缩与自收缩（$\times 10^{-4}$）　表 21-14

时间	24h	72h	7d	14d	28d
早期收缩	−0.8	0.56	1.39	—	—
自收缩	−0.32	−0.76	0.19	1.19	1.81

轻骨料多功能混凝土的劈裂、抗折、轴心抗压强度及弹性模量　表 21-15

28d 试验	劈裂抗拉强度	抗折强度	轴心抗压强度	弹性模量
代表值(MPa)	1.2	2.92	13.6	

注：试验中，测量轴心抗压强度的试块截面为 100mm×100mm；最后，强度值应乘系数 0.95。故最终轴心抗压强度代表值为 12.9MPa。

轻（超轻）骨料多功能混凝土的抗耐火性能试验　表 21-16

加热温度及时间	标准抗压强度	400℃加热 1.5h 后	600℃加热 1.5h 后
强度变化(MPa)	18.3	8.3	5.6

轻骨料多功能混凝土的抗冻融性能试验　表 21-17

编号	尺寸(mm)	初始质量(kg)	冻后质量(kg)	质量损失率(%)	初始动弹性模量(MPa)	冻后动弹性模量(MPa)	动弹性模量损失(%)
1	100×100×400	5.05	5.09	0.79	13.45	12.35	8.4
2		5.09	5.13		14.02	12.81	
3		5.06	5.10		13.51	12.60	

注：25 次冻融循环（每次 4h）的试验结果。

轻骨料多功能混凝土的抗渗试验 表 21-18

编号	渗水时的压力(MPa)	抗渗等级
CH1	1.3	P12
CH2	1.3	
CH3	1.3	
CH4	1.3	
CH5	1.3	
CH6	1.3	

轻骨料多功能混凝土的电通量（C/6h） 表 21-19

编号	CH1	CH2	CH3	CH4	CH5	CH6	平均值
电通量	373	323	288	251	286	330	309

电通量 309C/6h，在 500C 以下，说明抗渗性能优异。

耐久性能小结：

（1）试验的轻骨料多功能混凝土，56d 的电通量≤500C/6h；抗渗性能优异。

（2）在轻骨料多功能混凝土中，只有 300～320kg/m^3 水泥，而微珠、粉煤灰、矿粉、硅粉及天然沸石粉等总量≥250kg/m^3，具有优异的抑制碱骨料反应的性能。

（3）由于掺入适量的纤维，劈裂强度较高，自收缩及早期收缩较小，降低了早期收缩开裂及混凝土硬化断裂。

（4）抗耐火试验结果可见，轻骨料多功能混凝土具有较高的抗耐火性能。

21.5 轻骨料多功能混凝土的隔墙板试验

为了将本研究成果用于工程中，在试验室条件下进行了多次隔墙板的试验；后又在万友构件厂进行了批量试验，试生产了百余块板。

1. 试验室的板材试验

在试验室条件下，采用了两块模板一组试验，成型了轻骨料多功能板材并用太阳能养护棚养护。试验成功后，转入万友混凝土制品厂进行生产试验。试验室试验板材情况见图 21-5。

2. 在混凝土制品厂生产试验

在万友混凝土制品厂以 5 块板一组的成组模板，进行了多次轻骨料多功能板材生产试验。模具尺寸设计为：厚度 100mm，长 2400mm，宽 600mm。试验用的轻骨料多功能混凝土配合比与小型模拟试验相同，见表 21-20。

(a) 轻骨料多功能混凝土试验

(b) 板材在太阳能养护棚中养护

(c) 试验的轻骨料多功能隔墙板

图 21-5　试验室条件下板材试验

28d 抗压强度≥12.5MPa，干表观密度约 1000kg/m^3

轻骨料多功能混凝土配合比（kg/m^3）　表 21-20

水泥	掺合料	轻骨料	玻璃化微珠	河砂	水	减水剂
300	270	280	20	120	135	7.5

在预制构件厂用生产搅拌机搅拌混凝土。轻骨料混凝土的出机性能及湿表观密度见表 21-21。板材试生产过程见图 21-6。

轻骨料多功能混凝土的出机性能及湿表观密度　表 21-21

坍落度(mm)	扩展度(mm)	倒筒时间(s)	U 形仪上升(mm)	湿表观密度(kg/m^3)
260	680×680	3.20	340	1043

轻骨料多功能混凝土的 28d、56d 强度分别为 15.3MPa、16.9MPa。干表观密度≤1000kg/m^3。

3. 试验小结

通过板材的小型试验及生产试验小结如下：

(1) 采用市售材料，普通混凝土搅拌设备，可以生产和施工应用轻骨料多功

(a) 轻骨料多功能混凝土浇筑入模

(b) 板材表面整平

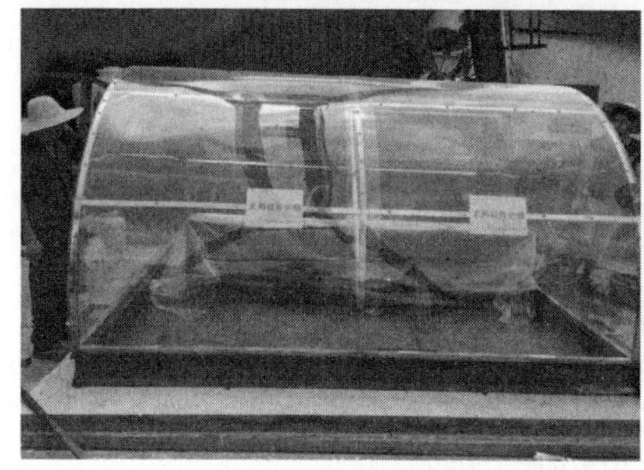

(c) 太阳能养护棚内养护

(d) 太阳能养护棚养护脱模后板材

图 21-6 轻骨料多功能混凝土板材生产试验过程

能混凝土。该种混凝土具有：表观密度低、自密实、自养护、低收缩、低水化热、高保塑和高耐久性等多种功能。

(2) 陶粒及玻璃化微珠在多功能混凝土中，能够降低混凝土的表观密度，提高砂浆的流动性和强度，降低收缩及提高耐火性等。

(3) 天然沸石粉在多功能混凝土中，是自密实混凝土的增稠剂、自养护剂，以及降低自收缩等。

(4) 引气型减水剂。不仅引入气泡，兼有高减水作用。料浆中有一定量的气泡，保证了拌合物的稳定性与均匀性。

(5) 自养护的效果好。这是因为自养护剂及陶粒在混凝土内部均匀供应水泥水化用水，混凝土外表面又有塑料布包裹或太阳棚盖着，混凝土中的水分不易向外逸散。

21.6 结束语

从原材料的选择、配制与性能检验，墙板生产试验，轻骨料多功能混凝土的应用研究，初步结论如下：

（1）利用废弃黏土为原料，烧制的黏土陶粒，玻璃化微珠，工业废渣——微珠、粉煤灰、矿粉、硅粉及部分水泥等为原料，配制出了干表观密度 850～1000kg/m^3，抗压强度≥12MPa 并具有自密实性能等多种功能的轻骨料混凝土。该种混凝土具有省力化、省能源和省资源，并与环境相容的功能。

（2）该种混凝土的导热系数约为烧结普通砖的三分之一，耐火性能较好。采用此种混凝土 100～120mm，可以达到 370mm 烧结普通砖墙的热工效果。因此，用这种轻骨料多功能混凝土作为非承载墙体及屋顶保温，可以大大降低建筑物运行过程的内部能耗，并给人舒适的居住环境。

第22章　飞灰及灰渣在多功能混凝土中的应用技术

22.1　引言

生活垃圾焚烧发电，从烟囱回收的灰尘，即飞灰；而从焚烧炉排排放出来的，即为灰渣。生活垃圾发电，每吨垃圾焚烧排放的飞灰约占2.5%。我国南方某城市，每天焚烧生活垃圾2万t，排放和收集的飞灰约500t，焚烧炉排的灰渣约4000t。

一般指密度大于5的金属，如金、银、铜、铁和铅等，称为重金属；而密度大于4的金属或其金属化合物造成的污染，称为重金属污染。主要是通过食物进入人体。在某一部位积累，使人慢性中毒且极难治疗。20年前，日本笠井芳夫教授在中国武汉做学术报告时就指出：如何固化重金属，是混凝土今后重要发展方向之一。原来，水泥混凝土固化不了重金属，长期处于水中或土壤中的混凝土，其中的重金属还会溶解出来。现在国内外，重金属的污染已成为一个重要的课题。最常见的就是生活垃圾焚烧发电的飞灰，含有很多的重金属。如果不收集，飞灰散落于空气中或溶于水中，会给人类带来极大的危害。为此，新加坡将生活垃圾发电飞灰收集，暂存起来，进一步固化处理。而我国有些城市，无视生活垃圾发电飞灰的危害，让其排放入空气中。

不仅飞灰中含有重金属，我国很多工业废渣也含有大量重金属，如镍渣、铬渣以及城市废水中的污泥等，均含有大量重金属。甚至水泥、粉煤灰及矿渣中，也含有大量重金属。如何固化各种工业废弃物中的重金属，使其无害化，并把这些废渣变成有用的资源，生产建筑材料和制品，也是多功能混凝土应用技术的中心内容。

22.2　飞灰中重金属元素的固化技术

22.2.1　重金属带来对环境污染的严重性

我国每年排放的城市生活垃圾约6亿～8亿t。如果都能用来焚烧发电，则能变废为宝，为国民提供可观的能源；但也带来更多的技术难题；每年排放的灰渣约 1.2 亿～1.6 亿 t，回收的飞灰约 900 万～1200 万 t。飞灰中含有大量的重金属；另外，飞灰中还含有大量 Cl^-、二噁英及放射性元素等。重金属被吸入人体后逐渐积累，会使人致癌；飞灰如果用于钢筋混凝土，当混凝土中 Cl^- 超过 $0.3kg/m^3$ 后，钢筋会发生锈蚀；如果飞灰产品制造的温度≤800℃，二噁英还能残留在飞灰制品中，不致发生危害；放射性可通过新材料吸收和抑制。飞灰的无害化处理，首先是固化其中重金属元素的问题。

22.2.2　飞灰的化学成分与重金属含量

飞灰的化学成分和重金属含量见表 22-1、表 22-2。试验研究中应用的其他材料中重金属元素含量见表 22-3。

飞灰的化学成分（%）　表 22-1

SiO_2	Al_2O_3	Fe_2O_3	CaO	MgO	SO_3	K_2O	Na_2O	Cl^-	烧失量
15.00	3.55	1.33	35.03	2.80	5.30	3.68	3.20	12.37	17.72

飞灰中主要重金属含量（mg/L，北京北达燕园）　表 22-2

重金属	Pb	Ni	Zn	Cu	As	Cr	Hg	Cd
含量	177	86.1	922	252	16.8	132	0.13	8.19

水泥、粉煤灰、矿渣粉、炉渣中的重金属含量（mg/kg）　表 22-3

材料	Cr 铬	Pb 铅	Cd 镉	Zn 锌	As 砷	Cu 铜
水泥	111.3	662.5	9.323	838.5	5.327	60.90
粉煤灰	45.22	210.0	32.54	185.2	36.01	96.62
矿渣粉	23.60	12.44	0.056	35.51	0.433	7.451
炉渣	433.5	323.1	8.559	1870	18.93	434.7

表 22-3 中，水泥和炉渣的铬、铅、镉、锌、砷等重金属元素均超过三级土及危险物的国家标准规定。粉煤灰和矿渣粉也含有大部分超标的重金属。

22.2.3　当前对飞灰中重金属元素的固化技术

1. 化学固化

将偶联剂与水泥拌合飞灰，固化后填埋。

2. 高温固化

如烧水泥及生产玻璃棉，在 1400～1600℃烧成，固化重金属；但在烧制的过程中，当温度约 820℃，二噁英分解出来而进入空气，害处更大。氯离子残留在产品中，应用受影响。有些重金属，如铬（Cr），在高温烧成氧化后，更易溶于水，害处更大。飞灰烧陶粒也属高温处理这一类。此类处理方法成本也高。

3. 地聚物固化

偏高岭土，掺入飞灰及激发剂，生成地聚物，固化飞灰中的重金属，尚属研发过程。

22.3 合成沸石对重金属元素的固化

22.3.1 合成沸石的研发与检测

以矿粉：飞灰＝0.1：1～0：1的比例，掺入一定量的激发剂，成球，制成非烧陶粒（图22-1）。非烧陶粒的水化产物中，有低碱度的水化硅酸钙及沸石类的水化硅铝酸盐（图22-1）。通过吸附与离子交换，固化飞灰中重金属元素。

图22-1 飞灰-激发剂制成的非烧陶粒

从XRD图谱中可见：d值0.707nm、0.409nm、0.316nm，属水化硅酸钙特征峰；而d值0.135nm、0.212nm、0.268nm、0.291nm，属沸石的特征峰。

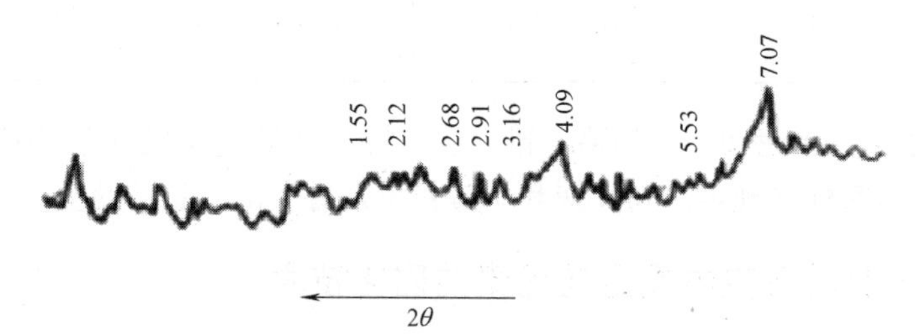

图22-2 碱激发剂制成非烧陶粒的XRD图谱

由图22-2的XRD，飞灰非烧陶粒的水化产物是低碱度的水化硅酸钙，以及沸石类的水化硅铝酸盐。具有强度，并能固化重金属元素。

22.3.2 沸石的离子交换特性

为了平衡负电荷而进入沸石晶体中的金属离子（一般为K^+和Na^+），可被其他离子置换，如 Ca^{2+}、Sr^{2+}、Ba^{2+}、Cu^{2+}、Zn^{2+}、Ni^{2+}、Ag^{+} 等碱土金属、重金属等。这称为阳离子交换容量，通称为 CEC（Cation Exchange Capacity）。通常，CEC 以每 100g 试样多少毫克当量表示。沸石中的碱金属、碱土金属离子和重金属离子可以置换，其顺序是 $Pb^{2+}>Ca^{2+}>Cd^{2+}>Zn^{2+}$。

22.3.3　天然沸石对重金属的等温吸附

以沸石含量 70%的天然斜发沸石，将其破碎，过 0.178mm 筛孔，测定其对 Cd^{2+}、Zn^{2+}、Pb^{2+}、Cu^{2+}，在 25℃下的等温吸附量。天然沸石对 Cd^{2+}、Zn^{2+}、Cu^{2+}、Pb^{2+} 的最大吸附量分别为 909.1mg/kg、3333.3mg/kg、3639.0mg/kg 和 20000mg/kg。通过离子交换、吸附，天然沸石能有效地固化重金属元素。

22.3.4　合成沸石对重金属元素的固化效果

如上所述，矿粉、飞灰（或矿粉＋飞灰）＋激发剂＋助剂而制成的非烧陶粒，其水化产物主要是低碱度的水化硅酸钙和沸石类的水化硅铝酸盐。沸石通过离子交换、吸附，能有效地固化重金属元素。北达燕园微构分析中心对飞灰非烧陶粒、固化重金属元素进行了检测，见表 22-4。表中，1、2 号的检测数据是提供陶粒样品的分析结果。

飞灰非烧陶粒固化重金属的效果（北达燕园微构分析中心）　表 22-4

重金属	1 号飞灰＋激发剂助剂	2 号飞灰＋矿粉＋激发剂助剂	三级土	危险物	水质国标	检出限
铅 Pb	<0.05	<0.05	≤500	≤5	≤0.01	0.05
铬 Cr	0.018	<0.01	≤300	≤15	≤0.1	0.01
镉 Cd	<0.003	<0.003	≤1.0	≤1.0	≤0.01	0.003
砷 As	<0.1	<0.1	≤40	≤5	≤0.1	0.1
汞 Hg	<0.005	<0.020	≤1.5	≤0.1	≤0.001	0.005
锌 Zn	0.184	0.020	≤500	≤100	≤2.0	0.006
镍 Ni	<0.01	<0.01	≤200	≤5	—	0.01
铜 Cu	3.17	<0.01	≤400	≤100	≤1.0	0.01

1、2 号料均能满足三级土及危险物的国家标准要求；按水质国家标准对比，铬 Cr、镉 Cd、砷 As、锌 Zn、铜 Cu、镍 Ni 也能满足要求。唯有汞 Hg 的溶出量偏高一些，1 号料的铜 Cu 溶出量比水质国家标准高。

22.3.5　飞灰+激发剂+助剂制成的非烧陶粒的物相分析

1. 场扫描电镜对试样进行微观检测

从扫描电镜中，可观察到绒絮状的水化物，如图 22-3 所示。这与斜发沸石的板块状晶体类似。

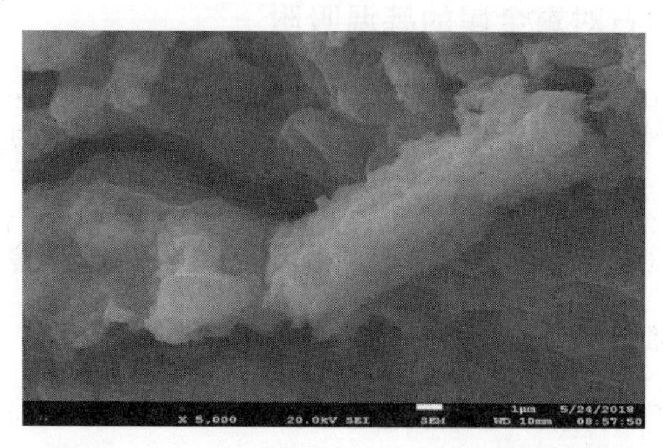

图 22-3 （SEM）图谱×5000（绒絮状水化物）

2. XRD 图谱

1、2 号样的 XRD 图谱如图 22-4 所示；2θ 与 d 值如表 22-5 所示。

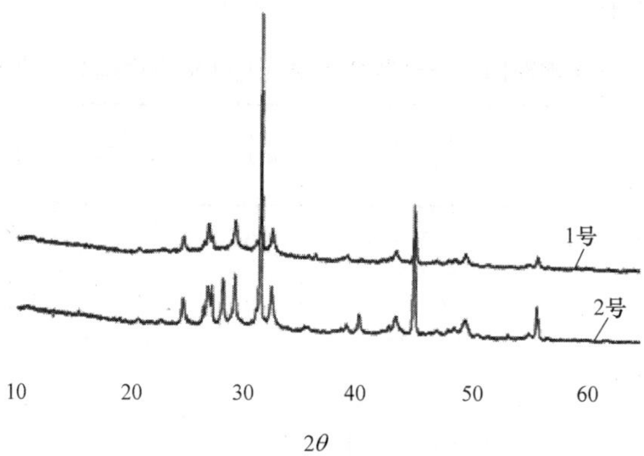

图 22-4　XRD 图谱

2θ 与 d 值　　**表 22-5**

2θ	d 值	斜发沸石 d 值
24.860	3.5786	3.55
26.560	3.3533	3.32
28.330	3.1477	3.12
28.869	3.0891	3.07
31.181	2.8661	
32.689	2.7372	2.728
45.439	1.9944	

1、2 号料的非烧结陶粒，其 XRD 图谱上，衍射角（2θ）与峰值（d 值）的关系是一样的，仅峰值大小有差别。第三列 d 值均属斜发沸石的特征峰；故本试验的飞灰非烧陶粒的水化物中，除了生成低碱度的水化硅酸钙以外，还生成沸石类的水化硅铝酸盐。在非烧结陶粒水化硬化过程中，也即低碱度的水化硅酸钙及沸石类的水化硅铝酸盐生成过程中，同时把重金属元素固化。把重金属元素固化于新形成的沸石矿物中，效果好。

22.3.6　飞灰陶粒混凝土放射性检测

由检测单位提供的检测报告，内、外照射指数均能满足：$I_{Ra} \leqslant 1.0$；$I_{\gamma} \leqslant 1.0$。符合《建筑材料放射性核素限量》GB 6566—2010 的规定。

22.3.7　混凝土水泥石中氯离子含量的变化

由飞灰的化学成分分析中可知，在飞灰中还含有 16%左右的氯离子。如果把飞灰非烧陶粒用于制成钢筋混凝土构件，必须把混凝土中的氯离子固化，使游离的氯离子含量≤0.3kg/m^3，才能保护钢筋免遭氯离子腐蚀。试件压碎后，取硬化水泥浆分析游离氯离子含量，结果如表 22-6 所示。

混凝土水泥石中的氯离子含量（%）　　表 22-6

7d	14d	28d
0.9	0.74	0.56

混凝土中按水泥用量 2%，掺入了氯离子固化剂。氯离子固化剂有再生循环作用。氯离子固化剂与混凝土中的 Cl^- 反应，生成 Friedel 盐（$3CaO \cdot Al_2O_3 \cdot CaCl_2 \cdot nH_2O$）；同时，还放出 NO_2^-。NO_2^- 和水泥混凝土中的 Ca^{2+} 反应，生成亚硝酸钙（$Ca(NO_2)_2$）。$Ca(NO_2)_2$ 又和水泥浆中的 $3CaO \cdot Al_2O_3 \cdot nH_2O$ 反应，生成 $3CaO \cdot Al_2O_3 \cdot Ca(NO_2)_2 \cdot nH_2O$（水铝酸钙石）。水铝酸钙石又和混凝土中的 Cl^- 反应，又生成 Friedel 盐，放出 NO_2^-；再生循环。使游离氯离子含量随龄期增长而降低。

22.4　飞灰免烧陶粒的生产与应用

22.4.1　激发剂、缓凝剂及表面处理剂

1. 激发剂

水玻璃碱溶液：由水玻璃（$Na_2O_nSiO_2$，$n=1$）3 份和 NaOH 水溶液（$NaOH : H_2O = 1 : 1$）1 份组成。

2. 调凝剂

碳酸钠（Na_2CO_3）与水按 1∶(2～3) 组成；外加 15%～20%的天然沸石超细粉，碳酸钠要均匀溶于水中。

3. 表面处理剂

用来处理陶粒表面；其组成为 30%的 Na_2CO_3 水溶液。

22.4.2 免烧飞灰陶粒的生产工艺过程

按以下原材料比例称量：飞灰 100kg，激发剂 30～35kg，调凝剂约 0.3～0.6kg，自来水 15～20kg，倒入搅拌机中搅拌 3～5min，出料；再进入成球盘，成球，得免烧飞灰陶粒，见图 22-5。

免烧飞灰陶粒表观密度 800～900kg/m^3，筒压强度 4～6MPa；2h 吸水率 1.0%～1.5%，24h 吸水率 3%～4%，粒径生产时可控。

(a) 搅拌(飞灰+激发剂+调凝剂+水)

(b) 成球(免烧飞灰陶粒)

(c) 筛分

(d) 免烧飞灰陶粒

图 22-5 免烧飞灰陶粒的生产工艺及样品

22.4.3 飞灰免烧陶粒对重金属元素固化效果

如表 22-7 所示，1、2 号免烧陶粒的重金属含量均低于“三级土”“危险物”

“水质”国家标准规定的重金属含量。分析对比，全部满足了这三个国家标准的要求。水质标准是特别严格的，但也能满足要求了。

飞灰非烧结陶粒中重金属的固化（北京北达）　**表 22-7**

名称	铅	铬	镍	铜	锌	汞	砷	镉
飞灰	177	132	86.1	252	922	0.13	16.8	8.19
1 号陶粒	<0.05	0.08	<0.01	<0.01	0.034	<0.01	<0.1	<0.003
2 号陶粒	<0.05	0.02	<0.01	<0.01	0.018	<0.01	<0.1	<0.003
检出限值	0.05	0.01	0.01	0.01	0.006	0.01	0.1	0.003
三级土	⩽500	⩽300	—	⩽400	⩽500	—	⩽40	⩽1.0
危险物	⩽5	⩽15	—	⩽100	⩽100	—	⩽5	⩽1
水质标准	⩽0.1	⩽0.1	—	⩽1.0	⩽0.2	—	⩽0.1	⩽1

22.5　生活垃圾发电炉渣免烧陶粒的研发

新加坡某建材厂的老板及夫人远涉重洋，将该国长期堆存的生活垃圾发电灰渣带来中国，希望作者给他们研发非烧陶粒。作者和潍坊某厂一起，研发和试验生产了非烧陶粒。

22.5.1　灰渣重金属含量检测

灰渣重金属含量由北达公司检测，如表 22-8 所示。

检测报告汇总与分析（北达）　**表 22-8**

项目	砷(As)	汞(Hg)	铜(Cu)	锌（Zn）	铅（Pb）	镉（Cd）	镍（Ni）	铬（Cr）
检出限(mg/L)	0.1	0.01	0.01	0.06	0.01	0.003	0.01	0.01
炉渣样品	<0.1	<0.01	1.66	0.108	<0.05	<0.003	<0.01	0.12
三级土	⩽40	⩽1.5	⩽400	⩽500	⩽500	⩽1.0	⩽200	⩽300
危险物	⩽5	⩽0.1	⩽100	⩽100	⩽5	⩽1.0	⩽5	⩽15
水质标准	⩽0.1	⩽0.001	⩽1.0	⩽2.0	⩽0.01	⩽0.01		⩽0.1

三级土、危险物、水质标准为国家有关的技术标准规定值。炉渣样品为北达检测公司检测结果，其中汞（Hg）、铜（Cu）、铅（Pb）、铬（Cr）均比中国水质标准规定值高。将该结果与厂方商量，认为灰渣重金属危害可不考虑。

22.5.2 灰渣的化学成分

灰渣的化学成分如表 22-9 所示。

灰渣的化学成分（质量，%） 表 22-9

SiO_2	Fe_2O_3	Al_2O_3	CaO	MgO	烧失量	合计
20.13	4.90	8.47	36.24	6.20	22.21	98.16

注：SO_3＝10.26%；Cl^-＝2.25%。

22.5.3 灰渣非烧陶粒

因为灰渣中没有要固化的重金属元素，故可用水泥为胶结料，以简化工艺。

1. 水泥为胶结料的非烧陶粒制品

（1）用 5kg 粒径＞5mm 的灰渣，用 1.5kg 水泥喷雾成球，得到灰渣非烧陶粒 7.5kg。陶粒湿表观密度 1100kg/m^3。

（2）用 5kg 粒径 0.63～5mm 的灰渣，用 1.5kg 水泥喷雾成球，制成非烧陶粒 6kg。陶粒湿表观密度 1200kg/m^3。

（3）粒径大于 5mm 的灰渣破碎，得粒径 5mm 以上及粒径 5mm 以下的灰渣两种，均按（1）的水泥与灰渣的比例，制成非烧陶粒 4.4kg 及 2.5kg。

（4）粒径 0.63mm 以下的磨成细粉 2.9kg，再与水泥拌合成球；陶粒的湿表观密度 1100～1210kg/m^3，筒压强度 5MPa。

2. 灰渣、膨胀珍珠岩制成非烧陶粒

为了降低非烧陶粒的表观密度，在飞灰中掺入膨胀珍珠岩。

（1）配料 1：水泥 560g，灰渣 510g，膨胀珍珠岩 45g，水 230g。

工艺过程：

① 在搅拌机中拌合，倒入灰渣、膨胀珍珠岩，拌合均匀，喷水，使表面润湿，倒入部分水泥，搅拌均匀，然后出料。

② 在成球盘中成球，把搅拌好的物料倒入成球盘，开机旋转成球，喷入剩余的水及粉料，转动 10～15min，得到陶粒。

③ 测陶粒的湿表观密度，1045g/L。

（2）配料 2：水泥 560g，灰渣 1020g，珍珠岩 180g，水 450g。

生产工艺：同配料 1，陶粒湿表观密度 980kg/m^3；干表观密度 798kg/m^3。

（3）配料 3：水泥∶粉煤灰＝1∶2；降低水泥用量，降低成本及节能；

5mm 以下的灰渣，与膨胀珍珠岩的比例 10∶1（质量比）；胶凝材料（水泥＋粉煤灰）与用水量比 W/P＝0.35～0.40。

工艺过程：在搅拌机中拌合：倒入灰渣、膨胀珍珠岩，拌合均匀，喷水，使表面润湿，倒入部分水泥，搅拌均匀；然后出料，在成球盘中成球；将搅拌好的物料倒入成球盘，开机旋转成球，喷入剩余的水及粉料，转动 10～15min，得到陶粒。测陶粒湿表观宽度：5～10mm 粗陶粒，950kg/m^3；≤5mm 细陶粒，750kg/m^3。

（4）配料 4：水泥∶粉煤灰＝1∶2（660g）；炉底灰渣（＜5mm）∶膨胀珍珠岩＝60∶1，水料比：$W/P=0.4\sim0.5$，$W=660\times0.4=264$g、$W=660\times0.5=330$g

工艺过程：

① 将炉底灰渣与膨胀珍珠岩倒入搅拌机搅拌，喷入少量水，润湿灰渣与膨胀珍珠岩表面；倒入水泥、粉煤灰，同时喷入水，剩下少量胶结料。

② 将搅拌好的陶粒料倒入成球盘中，使成球盘边转边喷入剩余胶结料，继续旋转，得到非烧陶粒。

③ 测陶粒湿表观密度：5～10mm 粗陶粒，820kg/m^3（扣除水 700kg/m^3）；≤5mm 细陶粒，780kg/m^3（扣除水 620kg/m^3）。

（5）灰渣-废弃泡沫塑料粒为原料的非烧陶粒研发

原材料：① 水泥∶粉煤灰＝1∶2　　　　　（9.5kg）

② 灰渣∶泡沫塑料粒＝11∶0.4（kg）（11.4kg）

③ 水＝3.53kg

工艺过程：拌合粉料，均匀后倒入②。搅拌，喷水，均匀后出料，倒入成球盘中，成球；在成球过程中，适当撒入胶结料，然后出料。测非烧陶粒的湿表观密度：770kg/m^3。

3. 灰渣-膨胀珍珠岩及灰渣-聚苯塑料粒的非烧陶粒比较

不同原材料组成的非烧陶粒如图 22-6 所示。

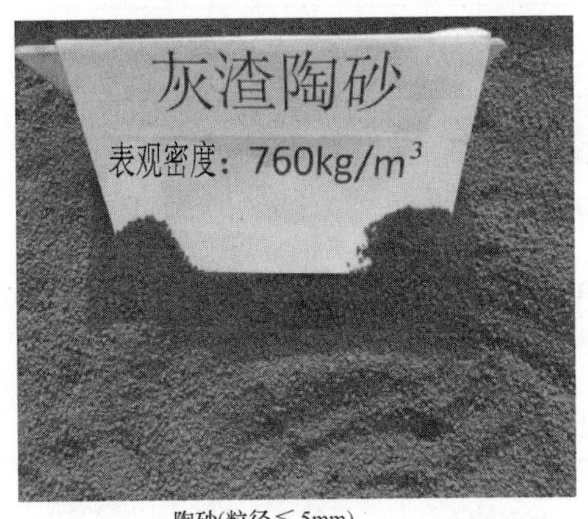

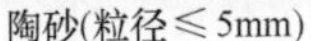
陶砂(粒径≤5mm)

灰渣陶粒(粒径5～10mm)

图 22-6　不同原材料组成的非烧陶粒（一）

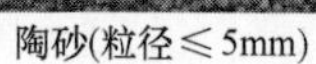

陶砂(粒径≤5mm)

陶粒(粒径5～10mm)

图 22-6　不同原材料组成的非烧陶粒（二）

膨胀珍珠岩及聚苯塑料粒与灰渣搭配研发的非烧陶粒，两者单位体积质量约差 100kg/m^3。

22.6　灰渣非烧陶粒混凝土

22.6.1　表观密度 1800～2000kg/m^{3}的高强度炉渣混凝土的研制

混凝土组成材料如表 22-10 所示。

混凝土组成材料（kg/m^3）　　**表 22-10**

水泥	硅灰	灰渣粉	炉渣砂	0～5mm 非烧陶粒	5～10mm 非烧陶粒	>10mm 非烧陶粒	水	减水剂	矿粉
360	50	30	200	450	300	300	162	1.5%	60
试验时配制 10L 混凝土									
3.6kg	0.5	0.3	2.0	4.5	3.0	3.0	1.62	75g	0.6

实测湿表观密度 1900kg/m^3，干表观密度 1740kg/m^3。

混凝土强度：3d，15.2MPa；7d，19.3MPa；28d，29.1MPa（30MPa）。

22.6.2　表观密度 1000～1200kg/m^3 的轻质混凝土

混凝土组成材料如表 22-11 所示。

混凝土组成材料（kg/m^3）　　**表 22-11**

水泥	硅灰	矿粉	灰渣粉	5～10mm 灰渣陶粒	珍珠岩	水	减水剂
300	20	60	20	200	50	160	8

实测湿表观密度 1500kg/m^3，干表观密度 1350kg/m^3。

混凝土强度：3d，7.6MPa；7d，16.7MPa；28d，25MPa。

22.6.3　表观密度≤1000kg/m^3 的轻质高强混凝土

混凝土组成材料见表 22-12。新拌混凝土性能见表 22-13。混凝土不同龄期强度见表 22-14。

混凝土组成材料（kg/m^3）　表 22-12

配比	*C*	FA	NZ	SF	灰渣	陶粒	塑料砂	引气剂	减水剂	水
1	200	250	20	30	200	300	7	0.2%	1.0%	220
2	200	250	20	30	150	300	9	0.2%	2.0%	200

表中：*C*—水泥；FA—粉煤灰；NZ—天然沸石超细粉；SF—硅粉。

新拌混凝土性能　表 22-13

配比	坍落度(mm)	扩展度(mm)	表观密度(kg/m^3)	干表观密度(kg/m^3)	备注
1	255	540	1250	1000	5 条
2	255	490	1025	921	6 条

混凝土不同龄期强度（MPa）　表 22-14

试件	7d	28d
配比 1	8.1	12
配比 2	4.5	7.5

22.7　生活垃圾发电炉渣应用于多功能混凝土技术

通过化学分析及物相分析，了解生活垃圾发电炉渣的组成，判断其是否含有毒性与有害性；然后，采取相应的技术措施，使其变成有用的资源，将其制成建筑材料和制品。多功能混凝土就是其中一例。用于工程，达到省资源、省能源与绿色、环保的目的。

22.7.1　试验用生活垃圾发电炉渣的性能

炉渣的吸水率、表观密度及密度见表 22-15。筛分结果见表 22-16。

生活垃圾炉渣　表 22-15

吸水率(%)			表观密度(kg/m^3)	密度(kg/m^3)	氯离子含量(%)
1h	2h	24h			
18.2	18.3	18.8	1370	2470	0.012

颗粒级配（筛分析试验）：细度模数＝2.66 表 22-16

筛孔尺寸(mm)	4.75	2.36	1.18	0.60	0.30	0.15	底盘
分计筛余量(g)	0	76.0	85.1	120.3	96.1	57.6	64.6
分计筛余(%)	0	15.2	17.02	24.06	19.22	11.52	12.92
累计筛余(%)	0	15.2	32.22	56.28	75.5	87.02	99.94

可见，生活垃圾炉渣的吸水率高，1h 吸水率达 18.2%，与 24h 的吸水率接近，达到了吸水饱和状态。表观密度、相对密度与普通河砂相比稍低些。也即比天然砂要轻，但吸水率高。生产试验应用时，将天然砂与生活垃圾炉渣搭配应用，如图 22-7 所示。

(a) 天然砂

(b) 生活垃圾炉渣

图 22-7 试验中采用两种细骨料搭配

22.7.2 生活垃圾发电炉渣的放射性检测

生活垃圾炉渣中放射性元素含量如何？有人对比了全国 58 个厂家的 7 种掺工业废渣的新型墙体材料样品，天然放射性水平由高到低依次为：赤泥砖＞炉渣砌块＞粉煤灰砌块（砖）＞煤矸石砖、板材＞石膏砌块。炉渣砌块天然放射性水平是比较高的。如作为资源化生产建材产品，必须要消除放射性的危害。

本研究将生活垃圾炉渣及其混凝土，委托贵州省建筑科学研究检测中心进行建筑主体材料的放射性比活度检验，测定内照射与外照射指数。与国家标准规定值相比，看是否满足要求。结果见表 22-17。

生活垃圾炉渣及其混凝土放射性比活度检验 表 22-17

材料名称	内照射指数		外照射指数	
	测定值	规定值	测定值	规定值
生活垃圾炉渣	0.03	≤1.0	0.16	≤1.0
炉渣混凝土	0.09	≤1.0	0.24	≤1.0

由上述结果可见，生活垃圾炉渣及用其做成的混凝土，内照射指数及外照射指数均符合《建筑材料放射性核素限量》GB 6566—2010 的要求，对人体是无害的。

22.7.3　生活垃圾炉渣多功能混凝土的研制

以生活垃圾炉渣代替混凝土中的细骨料，配制 C30、C40、C50 及 C60 强度等级的多功能混凝土，用于下水管的生产。

1. 原材料

生活垃圾炉渣：性能及级配见上述表 22-15、表 22-16。

普通河砂：性能及级配见表 22-18、表 22-19。碎石：物理力学性能见表 22-20。水泥：海南华盛天涯水泥 P·O42.5R，物理力学性能见表 22-21；粉煤灰及矿粉：性能分别如表 22-22 及表 22-23 所示。

普通河砂物理性能　　表 22-18

吸水率(%)			表观密度(kg/m^3)	密度(kg/m^3)	氯离子含量(%)
1h	2h	24h			
2.8	3.3	3.5	1540	2590	0.001

普通河砂的表观密度偏高，相对密度偏低。

颗粒级配（筛分析试验）　　表 22-19

筛孔(mm)	4.75	2.36	1.18	0.60	0.30	0.15	底盘	细度模数
分计筛(%)	2.5	11.86	15.68	32.8	26.56	8.28	2.28	2.89
累计筛余(%)	2.5	14.36	30.04	62.84	89.4	97.38	99.96	

碎石物理力学性能（5～25 连续粒级）　　表 22-20

颗粒级配	压碎指标	针片状含量	堆积密度(kg/m^3)	表观密度(kg/m^3)
连续粒级	7.5%	5.8%	1380	1580

水泥物理力学性能　　表 22-21

细度(%)	标准稠度(%)	安定性	凝结时间(min)		强度(MPa)			
					3d		28d	
			初凝	终凝	抗折	抗压	抗折	抗压
2.3	28.0	合格	170	230	4.7	25.9	8.6	46.1

Ⅱ级粉煤灰性能　　表 22-22

细度(%)	需水量比(%)	烧失量(%)	净浆流动度比(%)	胶砂活性(%)
16.3	92.8	3.0	115.0	70.0

矿粉性能 **表 22-23**

细度(%)	密度(g/cm³)	烧失量(%)	胶砂流动度比(%)	胶砂活性(%)
1.6	2.8	0.3	106.0	104.0

此外，还应用了硅粉、微珠、沸石粉。

减水剂为博众产品，含固量为23%的聚羧酸高效减水剂。

2. C30 生活垃圾炉渣多功能混凝土的研发

C30 多功能混凝土的配比见表 22-24。

C30 生活垃圾炉渣多功能混凝土的配比（kg/m³） **表 22-24**

水泥	粉煤灰	硅粉	矿 粉	沸石粉	河砂	垃圾炉渣	碎石	水	减水剂	保塑剂
250	100	30	50	20	420	400	950	155	6.75	4.5

1）新拌混凝土的工作性能：见表 22-25 和图 22-8。

新拌混凝土的工作性能 **表 22-25**

检测时间(h)	倒筒时间(s)	坍落度(mm)	扩展度(mm)	U形箱填充高度(mm)
0	4.69	260	650×660	340
2	4.78	260	640×640	340

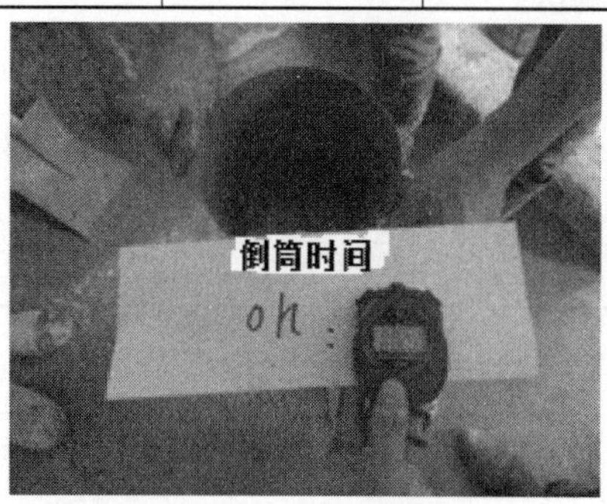

(a) 混凝土坍落度试验

(b) 混凝土倒筒时间

(c) U形仪试验升高

(d) 混凝土坍落度试验时扩展度

图 22-8 新拌混凝土性能检测

说明了 C30 生活垃圾炉渣多功能混凝土完全能满足自密实的浇筑技术要求。

2）混凝土的早期收缩和 28d 龄期收缩：采用接触式测定混凝土收缩的方法；测定了 12h、24h、2d、3d、7d、14d 和 28d 的收缩值，结果见表 22-26。

混凝土收缩值　表 22-26

龄期(d)	1	2	3	4	5	6	7	14	28
C30 混凝土收缩值($\times10^{-4}$)	0.41	0.72	0.92	1.03	1.18	1.32	1.46	2.05	3.11

3）混凝土的强度：混凝土不同龄期的强度见表 22-27。

试件成型后放入太阳棚，用塑料薄膜盖上表面，在内养护至有关龄期，进行抗压试验。

混凝土强度（MPa）　表 22-27

龄期(d)	3	7	28
C30 混凝土强度(MPa)	23.0/20.1	28.2 /25.0	38.3/36.2

分子为棚内养护试件强度，分母为自然养护试件强度。

4）混凝土的水化放热：混凝土的水化放热见表 22-28。

水化放热　表 22-28

等级	初温	开始升温	最高温	开始降温	常温
C30	24.5℃	5h 后 25.5℃	22h 到 45.5℃	24h 降温 45.4℃	42h 到 24.9℃

由上述检验可见：用生活垃圾炉渣代替部分河砂配制的多功能混凝土，具有良好的工作性能，完全能满足自密实浇筑；水化热低；早期收缩及 28d 龄期的收缩低；混凝土强度完全能满足 C30 强度等级的要求。其是一种性能优良的混凝土。

3. C40 生活垃圾炉渣多功能混凝土的研发

在大量试验的基础上，C40 生活垃圾炉渣多功能混凝土配合比见表 22-29。

生活垃圾炉渣多功能混凝土的配合比（kg/m^3）　表 22-29

水泥	粉煤灰	硅粉	矿粉	沸石粉	河砂	垃圾炉渣	碎石	水	减水剂	保塑剂
250	110	30	60	20	400	400	950	155	7.05	4.5

胶凝材料＝250＋110＋30＋60＋20＝470kg，水＝155kg/m^3，W/B＝0.33

设计表观密度：470＋155＋400＋400＋950＋7.0＋4.5＝2386kg/m^3

C40 混凝土的各种性能，见表 22-30～表 22-33。

新拌混凝土的性能 **表 22-30**

等级	坍落度(cm)	扩展度(cm)	倒筒落下(s)	U形仪升高
C40	260/257	675/673	4/4	32cm /30cm

水化放热 **表 22-31**

等级	初温	开始升温	最高温	开始降温	常温
C40	25℃	5h后28℃	22h到50℃	24h到51℃	42h到27℃

混凝土收缩值 **表 22-32**

	收缩($\times 10^{-4}$)								
龄期(d)	1	2	3	4	5	6	7	14	28
C40混凝土收缩值	0.42	0.76	0.93	1.03	1.18	1.32	1.46	2.05	3.20

混凝土强度 (MPa) **表 22-33**

龄期 (d)	3	7	28
C40	31.4/26.5	36.7/32.1	50.7/46.5

各强度等级的混凝土，在3d、7d、28d的强度均满足有关规范的要求。分子数值为自养护混凝土强度，分母数值为湿养护混凝土强度。

4. C50生活垃圾炉渣多功能混凝土的研发

(1) C50生活垃圾炉渣多功能混凝土配合比，见表22-34。

C50生活垃圾炉渣多功能混凝土配合比 **表 22-34**

水	水泥	砂	炉渣	石	掺合料					外加剂	
					MB	SF	NZ	FA	BFS	AG	CFA
145	250	500	300	950	40	30	15	105	60	10	5.0

(2) 混凝土的有关性能，见表22-35～表22-42。

工作性能试验结果 **表 22-35**

检测时间(h)	倒筒时间(s)	坍落度(mm)	扩展度(mm)	U形箱填充高度(mm)
0	4.69	260	650×660	340
2	4.78	260	640×640	340

自收缩试验　表 22-36

时间	12h	24h	48h	72h	7d	28d
收缩值	0.013	0.027	0.052	0.064	0.084	0.172
收缩率($\times10^{-4}$)	0.27	0.56	1.07	1.32	1.73	3.55

电通量试验结果　表 22-37

编号	CH1	CH2	CH3	CH4	CH5	CH6	平均值
电流(mA)	7.98	8.78	6.79	8.01	7.06	7.74	7.73
电通量(C)	143	156	120	141	124	141	138

混凝土水化热性能检测　表 22-38

时间(h)	温度(℃)	备注
0	31.0	初始温度
4	32.0	开始温升时间
28	58.0	峰值温度时间

混凝土抗压强度 (MPa)　表 22-39

养护方法 \ 龄期(d)	3	7	28
自养护	33.6	45.3	60.5

抗折强度试验　表 22-40

养护方法	龄期(d)	抗折强度(MPa)
自养护	28	6.2

劈裂抗拉强度试验　表 22-41

养护方法	龄期(d)	劈裂抗拉强度(MPa)
自养护	28	31.0

抗渗透试验　表 22-42

编号	CH1	CH2	CH3	CH4	CH5	CH6
渗水时的水压(MPa)	1.5	1.5	1.5	1.5	1.5	1.5
抗渗等级	P14					

(3) 抗硫酸盐腐蚀试验

用了两种溶液：①5%Na_2SO_4 溶液；②5%Na_2SO_4+3%NaCl 溶液。试件浸渍于溶液中，进行干湿循环试验；30、60 次干湿循环后，测定质量及强度损失，结果见表 22-43、表 22-44。

抗硫酸盐及抗氯盐、硫酸盐腐蚀试验（30次干湿循环） 表22-43

抗硫酸盐腐蚀试验	质量损失	初始称重(g)	试验后称重(g)	侵蚀系数
		2399	2412	0
	强度损失	对应强度(MPa)	试验后强度(MPa)	侵蚀系数
		74.4	81.3	0
抗氯盐、硫酸盐腐蚀试验	质量损失	初始称重(g)	试验后称重(g)	侵蚀系数
		2404	2423	0
	强度损失	对应强度(MPa)	试验后强度(MPa)	侵蚀系数
		74.4	83.9	0

抗硫酸盐及抗氯盐、硫酸盐腐蚀试验（60次干湿循环） 表22-44

抗硫酸盐腐蚀试验	质量损失	初始称重(g)	试验后称重(g)	侵蚀系数
		2383	2396	0
	强度损失	对应强度(MPa)	试验后强度(MPa)	侵蚀系数
		75.1	83.0	0
抗氯盐、硫酸盐腐蚀试验	质量损失	初始称重(g)	试验后称重(g)	侵蚀系数
		2414	2434	0
	强度损失	对应强度(MPa)	试验后强度(MPa)	侵蚀系数
		75.1	80.4	0

抗腐蚀结果说明：C50生活垃圾炉渣多功能混凝土具有优异的抗硫酸盐及抗氯盐、硫酸盐腐蚀的性能。

（4）C50生活垃圾炉渣多功能混凝土的耐久性：按有关技术标准，检验了C50多功能混凝土的耐久性。电通量：56d的电通量≤500C/6h；抗硫酸盐腐蚀：除了按侵蚀溶液干湿试验外，还按ASTM C1202标准，2.5cm×2.5cm×28.5cm的试件，在硫酸盐溶液中浸泡14周，膨胀率≤0.4%。说明该种混凝土，抗硫酸盐腐蚀性能好。由于组成材料中，硅粉、粉煤灰及沸石粉等占40%左右，故能抑制碱-骨料反应。

22.8 结束语

生活垃圾焚烧发电是生活垃圾处理的有效技术。但是，收集到的飞灰及排放出来的炉排灰渣，量大、毒性大、有害性也大。关键是其中的重金属元素含量、放射性元素含量、Cl^-含量及硫化物含量，还有微量的二噁英等。首先，要解决对人无害化，也即固化重金属、屏蔽的放射性；进一步要解决资源化，也即应用问题，就需要解决盐害及硫化物的腐蚀问题。至于微量的二噁英，只要不燃烧，不受到 800℃以上的温度烧烤，是不会跑出来的。本研究处理飞灰和炉排渣的特点可归纳如下：

（1）将飞灰中的重金属元素固化与放射性元素的屏蔽结合起来；在飞灰制造非烧陶粒的过程中，生成合成沸石，将重金属元素固化了。通过离子交换，放射性元素进入了沸石骨架，也就被屏蔽了。

（2）炉排渣没有重金属元素，用水泥或水泥与粉煤灰做胶结料，生产工艺简便，生产的非烧陶粒也可以多种多样，更好地满足技术要求。

（3）炉排渣经过破碎筛分后，也可以代替部分细骨料；或者用作部分掺合料，配制多功能混凝土。

（郭自力参加了本章内容研究）

第 23 章　多功能混凝土技术对混凝土制品生产与应用带来的变革和创新

23.1　引言

从 1824 年英国发明波特兰水泥至今，不到 100 年的时间里，混凝土技术有了突破性的发展。

23.1.1　混凝土的工作性不断改善

由初始的大流动性发展为干硬性、半干硬性，进一步发展为流动性、大流动性的流态混凝土。20 世纪 90 年代，日本东京大学又研发出了免振自密实混凝土。在此基础上，又研发出了多功能混凝土。混凝土工作性能的改善，简便了施工，保证了混凝土质量，达到了施工技术的省力化、省能源、与环境相融。

23.1.2　混凝土的强度大幅度提高

20 世纪 80 年代，日本研发出了强度 100MPa 的水泥。在此基础上，又进一步研发出了强度为 200MPa 的超高强度水泥，用来配制强度为 200MPa 的超高性能混凝土。20 世纪 70 年代，挪威在混凝土中掺入硅灰，研发出了高性能混凝土。而后，日本研发出了超细矿粉、球状水泥、级配水泥；21 世纪，新加坡和我国的济钢合资生产了比表面积 $1000cm^2/g$ 的超细矿粉，用来配制高强度预应力管桩及超高性能混凝土；贵州某企业生产了亚纳米超细粉；李浩等推广应用纳米微珠超高性能混凝土技术。混凝土减水剂技术，也由初始的纸张废液、木钙，发展应用萘系减水剂及聚羧酸减水剂。我国生产应用的混凝土也由 100MPa 发展到 150MPa 并具有多种功能，超高泵送至 500m 以上高度。

日本试验应用的混凝土强度已达 200MPa；欧美国家试验应用的混凝土强度已达 300MPa。

23.1.3　混凝土结构的使用寿命大幅度延长

挪威为了提高海岸采油平台的耐久性，在混凝土中掺入了硅灰。这时，混凝土的密实度提高、耐久性提高，开发出了高性能混凝土。现在，许多国家均制订了按耐久性设计的混凝土结构标准与规范。中国工程建设标准化协会制订的《高性能混凝土技术标准》CECS 207 中指出：多种劣化因子作用下，宜采用 HPC 结构。HPC 应满足：$W/B \leqslant 0.38$，28～56d 龄期的电通量＜1000C，300 次冻融循环相对动弹性模量≥80％，胶凝材料试件（2.5cm×2.5cm×28.5cm）15 周膨胀率＜0.4％；碱含量＜3.0kg/m^3。从耐久性设计的角度，保证了混凝土结构的使用寿命。

23.1.4　对工业废弃物的有效应用，使混凝土技术达到了省资源、省能源，并与环境相协调

由大量试验研究成果和工程实践可知：混凝土材料发展仍以水灰（胶）比定律为指导，并在以下各个方面不断改进与提高：

① 增大和改善工作性，满足不同施工要求的保塑性；

② 提高强度；

③ 延长结构的使用寿命；

④ 原材料、施工技术与环境相协调。

在混凝土技术不断改进与创新的过程中，普通混凝土已发展成为高性能、超高性能混凝土。笔者和中建公司、天达混凝土公司等单位共同研发的多功能混凝土（Multi-functional Concrete Technology），不断推进混凝土技术向前发展。

笔者结合我国钢筋混凝土排水管的生产和应用中的问题，谈谈多功能混凝土技术对混凝土制品的生产与应用中的发展和创新。

23.2　现有排水管生产与应用中的问题

我国城市排水管的生产技术都是 20 世纪 50 年代，从苏联学习过来的。沿用至今，已有 70 年的历史。从生产工艺、排水管的材料上，都存在重大的技术问题。

23.2.1　排水管工作条件下的特种环境的腐蚀破坏

受腐蚀状态下水道中特有的硫酸对混凝土腐蚀，污水排水管中管壁见图 23-1。

排水管的腐烂失效是硫酸盐腐蚀造成的。水泥水化物中的 $Ca(OH)_2$ 和 C_3AH 最易受硫酸盐离子腐蚀。硅酸盐水泥水化时，C_3A 和石膏反应，生成单硫型水化物（$C_3A \cdot H_{18}$）。但当 C_3A 含量≥8％时，也生成 $C_3A \cdot CH \cdot H_{18}$；在 $Ca(OH)_2$ 和石膏存在条件下，转变成高硫酸盐型的钙矾石（$C_3A \cdot CS \cdot H_{32}$），造成混凝土膨胀。此外，硫酸钠或硫酸镁溶液，与 $Ca(OH)_2$ 和 C-S-H 凝胶反应，生成结晶石膏，也会引起混凝土膨胀开裂。图 23-2 是对两种材料做成

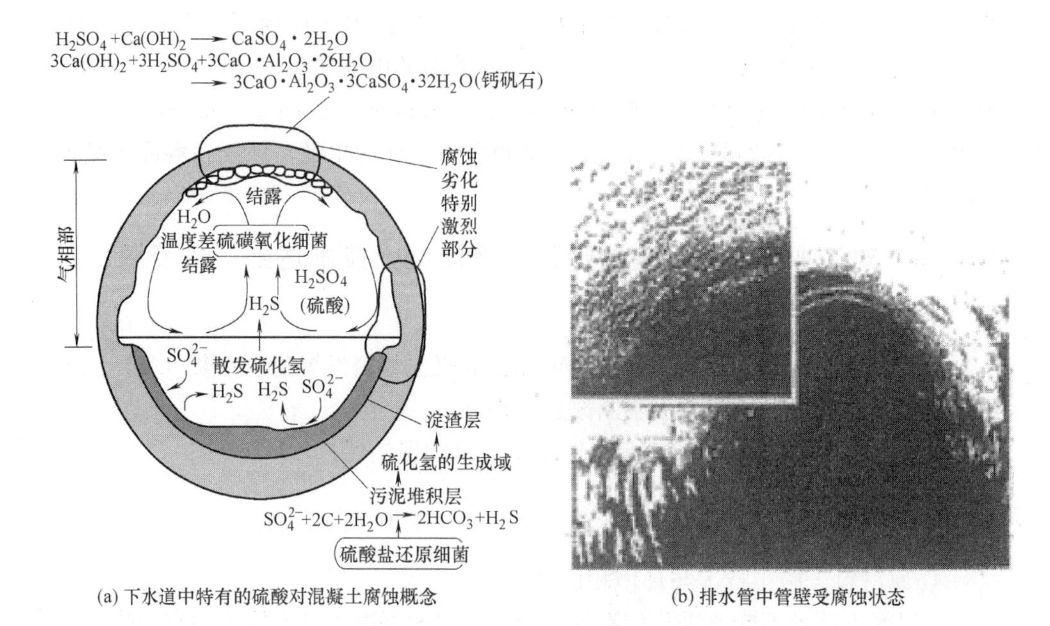

(a) 下水道中特有的硫酸对混凝土腐蚀概念 (b) 排水管中管壁受腐蚀状态

图 23-1 排水管混凝土受腐蚀概念图

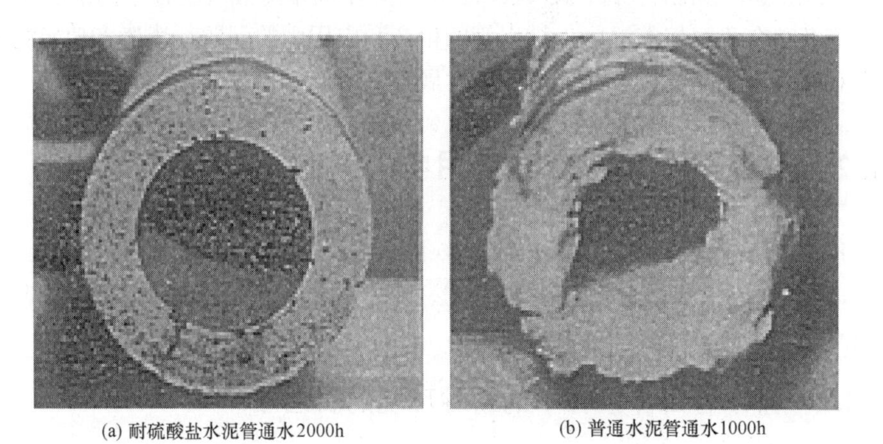

(a) 耐硫酸盐水泥管通水2000h (b) 普通水泥管通水1000h

图 23-2 2%硫酸水溶液通水试验结果

的排水管，用 2%的硫酸水溶液通水试验结果，故地下排水管的材料必须改变。

我国不少城市，长期以来都生产应用普通水泥排水管；据调查证明，使用 10 年左右，这些排水管就腐烂坍塌，失去排水功能。夏季大雨来临时发生水涝，有的城市甚至溺死数十人。因此，我国当前使用的排水管必须改变原材料，提高使用寿命。

23.2.2 排水管生产的传统工艺必须彻底改变

我国有很多生产排水管工艺仍是70多年前从苏联引进的技术和设备，见图23-3，是人工喂料、离心滚压的生产工艺。这样的生产工艺过程，耗费大量人力，生产时劳动量大、噪声大，电耗也大。而且，离心辊压过程中钢筋易偏离，保护层厚度不易保证，必须彻底改革。

(a) 排水管生产时离心辊压的辊轴

(b) 套上模具，安装支架

(c) 模具安装完毕

(d) 人工喂料

图23-3 排水管生产老工艺的设备

20世纪80年代，从国外引进了芯模振动法生产技术。该技术排水管需竖立，振动器放在芯模上。管内混凝土浇筑后，开启芯模振捣器，使排水管混凝土振动密实。

采用新材料、新技术和新工艺生产使用新型排水管，延长混凝土排水管使用寿命，是混凝土排水管生产和应用的必然之路。

23.3 新型多功能混凝土排水管的研发

由清华大学与海南永桂联合水泥制品公司共同试制了内径 100cm、壁厚 12cm、长 300cm 的不同材料的多功能混凝土排水管。

23.3.1 C30 多功能混凝土排水管

1. C30 多功能混凝土排水管（钢筋配筋）

多功能混凝土配合比见表 23-1。

C30 多功能混凝土配合比（kg） **表 23-1**

水泥	矿粉	水	炉底灰	河砂	碎石	减水剂
250	250	165	150	650	950	0.5%～0.8%

水泥 P·O42.5，矿粉为 95 矿粉，炉底灰为生活垃圾发电炉排灰，过 5mm 筛，是一种多孔质的细骨料，能吸收和排放混凝土中的游离水；减水剂掺量按要求调整。多功能混凝土排水管配筋及生产工艺流程见图 23-4。

(a) 排水管钢筋配筋

图 23-4 多功能混凝土排水管配筋及生产工艺流程（一）

(b) 在排水管内模套入钢筋笼

(c) 安装外模

(d) 浇筑多功能混凝土

(e) 排水管成品

图 23-4 多功能混凝土排水管配筋及生产工艺流程（二）

混凝土强度：龄期 28d 的强度 37.4MPa。海南省产品质量检验报告，符合《混凝土和钢筋混凝土排水管》GB/T 11836—2009 的规定。裂缝荷载 93：破坏荷载 93kN/m。

2. C30 多功能混凝土排水管（竹筋代钢筋配筋）

C30 多功能混凝土配合比见表 23-1。所用材料也与本节 1 中相同。

竹筋代替钢筋多功能混凝土排水管，生产过程见图 23-5。

混凝土强度检测：28d 龄期混凝土强度 36.9MPa；产品质量检验报告，检验方法：《混凝土和钢筋混凝土排水管试验方法》GB/T 16752—2017，符合《混凝土和钢筋混凝土排水管》GB/T 11836—2009 中第 6.2 条的规定。裂缝荷载 54：破坏荷载 54kN/m。

(a) 竹筋网代替钢筋网的排水管配筋

(b) 浇筑C30多功能混凝土(免振自密实)

(c) C30多功能混凝土竹筋排水管

图 23-5　竹筋代替钢筋生产试验排水管

23.3.2　碱-矿粉、非烧飞灰陶粒多功能混凝土竹筋排水管

1. 碱-矿粉、非烧飞灰陶粒多功能混凝土组成材料

多功能混凝土组成材料见表 23-2。

多功能混凝土组成材料（kg）　　　　**表 23-2**

矿粉	激发剂	调凝剂	水	河砂	非烧陶粒	表面处理剂	混凝土量(L)
600	210	0.42	90	800	300	12	1000
30	10.5	240	4.5	40	15	0.6	约 50

配比中的矿粉：95 矿粉，比表面积约 $3500cm^2/g$；主要成分：SiO_2 34%～38%，Al_2O_3 12%～14%，CaO 40%～45%，MgO 6%～7%；激发剂：水玻璃碱溶液；调凝剂：碳酸钠水溶液，30%浓度；表面处理剂：50%浓度的碳酸钠水溶液。

2. 碱-矿粉、非烧飞灰陶粒多功能混凝土的拌制

（1）拌合激发剂、矿粉和砂浆

在强制式搅拌机中，倒入矿粉和砂，搅拌均匀；倒入激发剂、水、调凝剂，搅拌均匀；再倒入表面预处理的非烧陶粒，搅拌均匀，得多功能混凝土。

（2）新拌混凝土的性能

坍落度≥270mm，扩展度≥680mm，U 形仪试验上升高度≥300mm，满足自密实的要求。

生产拌合的 MFC 的流动性如图 23-6 所示；海南永桂联合水泥制品试验搅拌楼如图 23-7 所示。

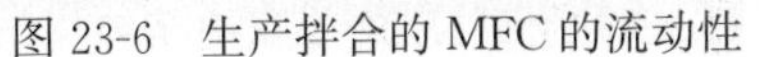

图 23-6　生产拌合的 MFC 的流动性

图 23-7　海南永桂联合水泥制品试验搅拌楼

3. 竹筋代钢筋、碱-矿粉代水泥的多功能混凝土排水管

按表 23-2 的多功能混凝土组成材料，拌合混凝土，检测新拌混凝土坍落度、扩展度及 U 形仪试验上升高度合格后，浇筑排水管，如图 23-8 所示。

(a) 排水管的竹筋笼

(b) 将竹筋笼安装入模

图 23-8　竹筋、碱-矿粉、飞灰非烧陶粒的多功能混凝土排水管（一）

(c) 竹筋笼已就位

(d) 浇筑多功能混凝土

(e) 从排水管模具上部浇筑的多功能混凝土

(f) 现场浇筑的混凝土试件

(g) 脱模后的碱 -矿粉飞灰非烧陶粒排水管制品

图 23-8　竹筋、碱-矿粉、飞灰非烧陶粒的多功能混凝土排水管（二）

4. 碱-矿粉、非烧飞灰陶粒多功能混凝土强度

按表23-2的组成材料，拌制约50L混凝土，测定不同龄期的强度，见表23-3。

碱-矿粉、非烧飞灰陶粒多功能混凝土强度（MPa）　表23-3

1d脱模强度	3d	7d	28d	56d
25.7	32.8	36.4	42.5	46.6

碱-矿粉、非烧飞灰陶粒多功能混凝土的强度完全符合排水管生产和使用要求。

5. 碱-矿粉、非烧飞灰陶粒多功能混凝土的耐久性

化学侵蚀试验见表23-4。

碱-矿粉多功能混凝土的化学侵蚀试验　表23-4

试件龄期	24个月				6个月		1个月	
侵蚀介质	pH=2的HCl		2%$MgSO_4$		10%H_2SO_4		10%$MgSO_4$	
抗压强度（MPa）	原始	试验后	原始	试验后	原始	试验后	原始	试验后
	82.4	122.8	80.6	112.2	87.7	54.2	96.8	101.9
强度变化	+48.3		+39.2		−38.2		+5.27	

碱-矿渣胶结料，代替水泥配制混凝土，具有良好的抗硫酸盐侵蚀能力。因为碱-矿渣胶结料的水化物中不存在$Ca(OH)_2$高碱性水化物，在硫酸盐作用下不可能生成石膏或钙矾石。在浓酸中仍受严重腐蚀，但这种浓酸的工作条件甚少。

6. 碱-矿粉、飞灰非烧陶粒多功能混凝土的缓凝作用

飞灰非烧陶粒固化了重金属元素，也抑制了放射性的危害；但要把飞灰非烧陶粒制成多功能混凝土，必须要解决混凝土中浆体的速凝问题。飞灰非烧陶粒多功能混凝土，由于飞灰非烧陶粒含有较多的Cl^-，当混凝土浆体中倒入陶粒后，Cl^-要与系统中的Ca^{2+}反应，生成$CaCl_2$；这迅速促进了矿渣的水化，使混凝土速凝。本研究通过使用调凝剂及陶粒表面处理剂，抑制了Cl^-向外扩散和$CaCl_2$的形成，从而抑制了混凝土的速凝，获得了多功能混凝土。

23.4　小结

本章叙述了用工业废弃物制成细骨料或粗骨料（非烧陶粒），用碱-矿粉代替水泥为胶结料，研制出了多功能混凝土；在排水管中，用竹筋代替钢筋配筋；排水管生产时，立式安装模具从顶部浇筑（也可泵送浇筑），混凝土免振自密实成型，试生产了多根排水管；检验质量合格。

（1）碱-矿粉胶结料配制的多功能混凝土，从组成材料来看，水化过程中没有$Ca(OH)_2$水化物，也没有石膏存在。在排水管特有的硫酸盐腐蚀条件下，不可能形成钙矾石，也即排水管混凝土不可能因硫酸盐腐蚀而膨胀开裂，解决了排水管的使用寿命问题。

（2）排水管用竹筋代替钢筋配筋，免除了Cl^-对钢筋腐蚀、生锈、体积膨胀，对排水管带来胀裂、毁坏的危害。

（3）碱激发飞灰非烧陶粒，固化了飞灰中的重金属元素。非烧陶粒也是一种建材产品，将飞灰无害化、资源化结合了在一起。现在，又将飞灰非烧陶粒作为骨料，与碱-矿粉作为胶结料结合在一起，开发出了多功能混凝土。这种混凝土中的水化物，主要是合成沸石，使陶粒中固化的重金属元素又多了一道包裹层，固化了飞灰中的重金属元素，使其更加安全、稳定。

（4）多功能混凝土排水管的生产，混凝土浇筑时可以泵送施工，又能免振自密实，给我国当前排水管的生产技术带来了新的突破。

（由傅军、李先中完成多功能混凝土排水管试验研究。郭自力参加了试验研究）

第 24 章　多功能混凝土结构的电化学保护技术

24.1　混凝土结构中钢筋的腐蚀

混凝土结构的失效和破坏，首先是其中的钢筋受到了腐蚀，产生铁锈，体积膨胀，使混凝土结构开裂，逐渐失去了承载能力，见图 24-1。

(a) 混凝土中性化钢筋锈蚀

(b) 混凝土结构受盐害劣化破坏

图 24-1　混凝土结构由于盐害和中性化使钢筋锈蚀

挪威、英国的相关规范规定：钢筋表面 Cl^- 含量为水泥质量的 0.4%；日本的相关规范规定：混凝土中 Cl^- 含量为 0.3kg/m^3，混凝土中的钢筋即发生锈蚀。一般认为：$Cl^-/OH^- \geqslant 0.6$，钢筋开始锈蚀。

钢筋保护层混凝土中性化以后，钢筋失去了碱性保护，钢筋表层的钝化膜开始损伤破坏，产生腐蚀电流，形成电化学腐蚀，生锈。

图 24-1 中（b），是由于钢筋表面 Cl^- 含量超过标准值后产生腐蚀；图 24-1 中（a），是由于钢筋保护层混凝土中性化以后，钢筋产生腐蚀。

24.1.1　混凝土中钢筋腐蚀机理

钢筋在混凝土中完全处于碱性保护状态，表面形成钝化膜或称不动态皮膜（有学者认为是含水氧化物超薄膜，厚度 2～6nm），钢筋处于防锈状态。但如果对钢筋的腐蚀性介质的强度大，使钢筋表面损伤的不动态皮膜不能自动修复；钢筋的表面处于活性状态，就会发生电化学腐蚀，见图 24-2。

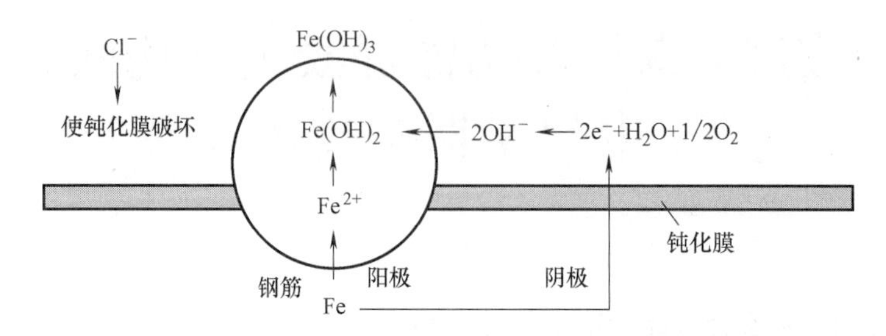

钢筋受氯离子腐蚀反应模式

图 24-2 混凝土中钢筋发生电化学腐蚀

在同一根钢筋上，发生微电池腐蚀和宏观电池腐蚀。腐蚀的反应式如下：

阳极：$2Fe \rightarrow 2Fe^{2+} + 4e^-$

$\Rightarrow Fe(OH)_2 \Rightarrow Fe(OH)_3$ 铁锈

阴极：$O_2 + 2H_2O + 4e^- \rightarrow 4OH^-$

在图 24-2 左边，由于钢筋表面的微缺损而产生孔蚀，钢筋失去电子 e^- 成为铁离子（$2Fe^{2+}$）；失去的电子流动走向阴极，生成 OH^-；OH^- 进入阳极与 Fe^{2+} 反应，生成 $Fe(OH)_3$（铁锈）。钢材的腐蚀反应是钢材表面和外界的电化学反应。

24.1.2 金属（钢筋）腐蚀的测定

腐蚀在金属中进行的时候，阳极带负电，自然电位向负的方向（较活泼的方向）变化。从外部向受腐蚀的金属强制通入电流后，使腐蚀金属中阳极的自然电位与外部通入电流的电位处于平衡状态；利用这两个电化学特性值的平衡状态，去测定金属的腐蚀。这就是自然电位法测定金属的腐蚀。

1977 年，美国制订了《混凝土中钢筋腐蚀的非破坏性检测方法》ASTM C876。按照该标准，能找出混凝土中钢筋受腐蚀位置和推算出被腐蚀百分率。故在世界上得到了广泛应用。数年后，ASTM C876 标准介绍到了日本，日本混凝土工学协会对自然电位法作了广泛的介绍。2000 年，日本土木学会也制订了《在混凝土结构物中自然电位测定方法》JSCE E601：2000 标准。在我国市场上，也有自然电位法测定的相关仪器销售。清华大学也曾用自然电位法测定了海砂砂浆试件中钢筋锈蚀的情况。检测砂浆试件中钢筋的自然电位见图 24-3。

经过 6 个月左右，试件在 3% NaCl 溶液中进行干湿试验。然后，分别测定了三种试件中钢筋的电位。河砂和海砂试件中钢筋的自然电位随时间而下降，说明钢筋已发生锈蚀。而内掺 10%氯离子吸附剂的编号 3 试件，测定了钢筋的自然电位 30min。自然电位很稳定，不随时间而下降，说明试件中的钢筋没有被锈蚀。

(a) Cl⁻含量不同的砂浆试件埋入钢筋

(b) 自然电位法测定钢筋的电位

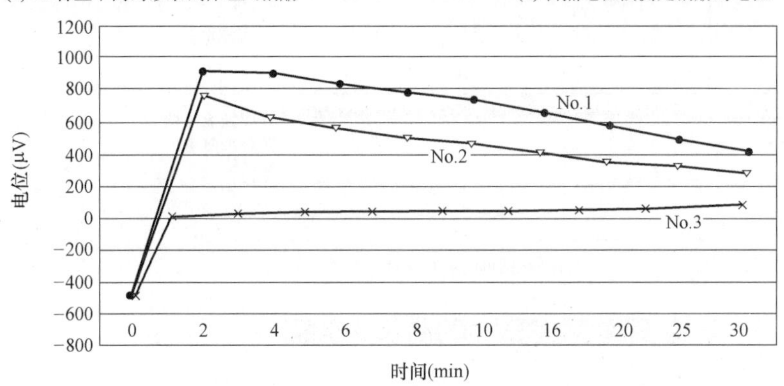

No.1—河砂试件；No.2—海砂试件；No.3—海砂+10%Cl⁻吸附剂试件

(c) 自然电位法测定砂浆中钢筋的电位与时间变化的曲线

图 24-3 干湿循环后钢筋的电位与时间的关系曲线

24.2 电化学保护技术的原理

钢筋受到了腐蚀，产生腐蚀电流。腐蚀电流由阳极流向阴极的流动状态，见图 24-4（a）。

通过电化学保护技术，向钢筋输入直流电流，电流从高电位优先流入阴极。伴随此现象的发生，阴极部分的电位向负的方向变化。阳极和阴极部分的电位差变小。但是在这种状态下，腐蚀电流不能完全停止时，防腐蚀是不完全的。见图 24-4（b）。

如果防腐蚀电流更大一些，阴极和阳极部分之间没有电位差，就没有腐蚀电流流动，见图 24-4（c），钢材的腐蚀反应就停止了。这就是电化学保护的原理，或称电化学防腐蚀的原理。

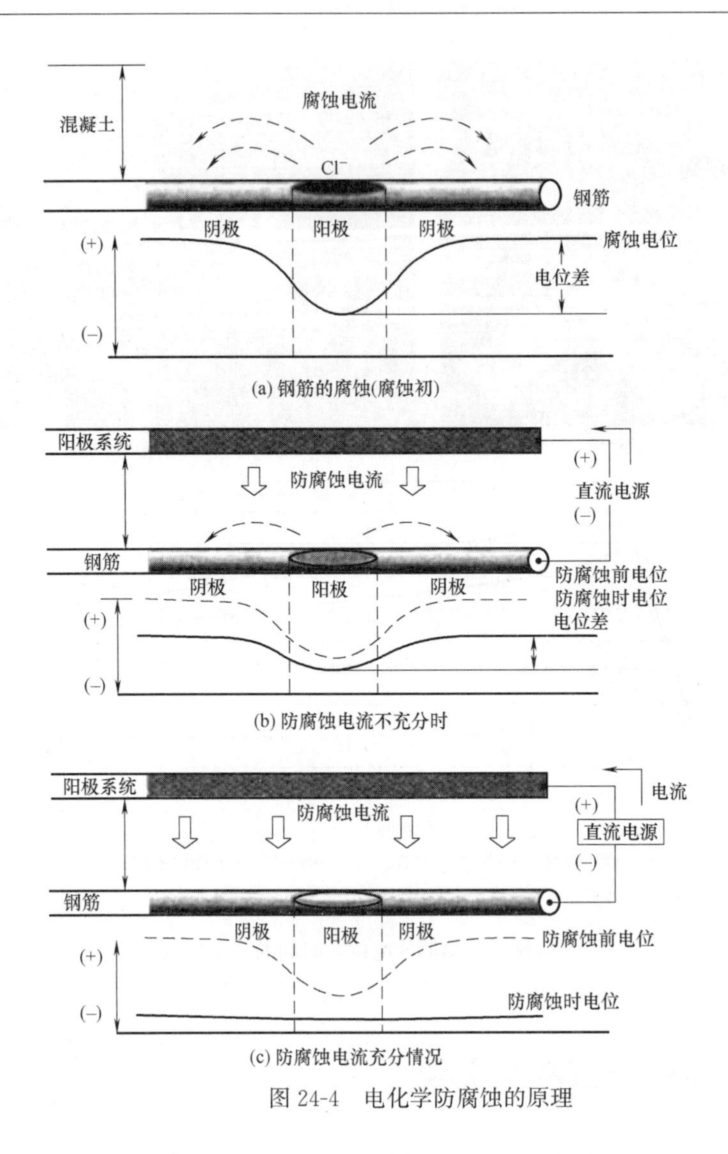

图 24-4　电化学防腐蚀的原理

24.3　电化学保护技术及其应用

24.3.1　外部电流方式

在受腐蚀混凝土结构的表面，安放阳极系统。该系统与外部直流电源的阳极相连接，而直流电源的阴极与混凝土中的钢筋相连接；外接直流电源通电时，直流电输入阳极系统，经过混凝土保护层流入阴极（钢筋）。原来受腐蚀的钢筋，阳极（受损部位）和阴极（完好部位）都在同一根钢筋上，电流从受损部位流向完好部位，阴极和阳极都在同一根钢筋上。见图 24-5。但外接直流电源，从阳极流入钢筋的电流足够充分时，使整个钢筋都变成了阴极，而阴极是不受腐蚀的。这就是外部电流防腐蚀方式。

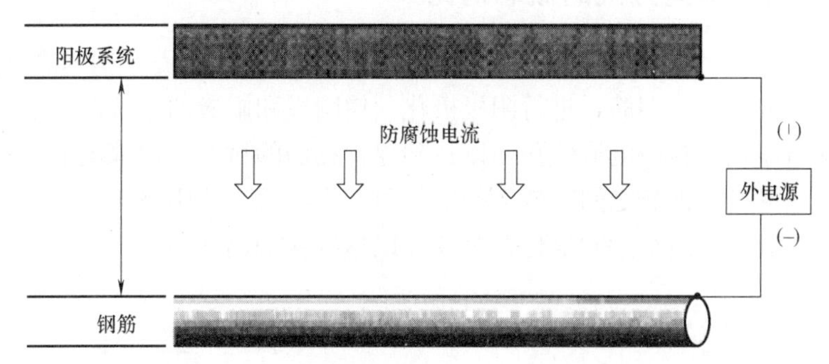

图 24-5　电化学保护技术的外部电流方式

24.3.2　内部电流方式（牺牲阳极方式）

选择电位比混凝土中钢筋电位低的金属（如锌、铝及镁）为阳极，设置于混凝土表面或其附近，通过导线将阳极与钢筋相连接。利用钢筋和阳极金属电位差产生电流，输入钢筋而达到防腐蚀的目的。其特征是不需要电源设备，见图 24-6。

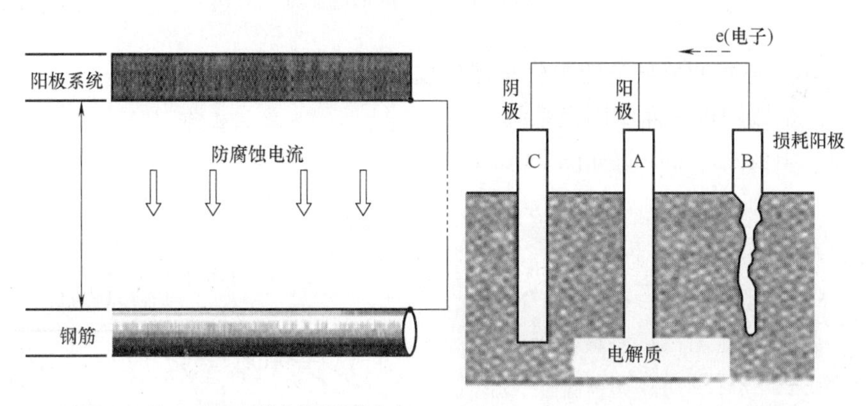

(a) 锌、铝及镁为阳极与钢筋电位差产生电流　(b) 锌为损耗阳极产生电流

图 24-6　牺牲阳极方式

牺牲阳极的材料，须具备以下条件：

（1）和被保护的钢筋相比，有足够低的电位。

（2）单位消耗量所发生的电量要大。

（3）牺牲阳极金属本身腐蚀小，电流率高。

（4）有较好的机械强度，价格便宜。

工程上常用的牺牲阳极的材料有锌、铝、镁及其合金。可用于已有混凝土结构物，也可用于新建结构物的预防保护。

24.3.3 两种不同方式的概念对比

如图 24-7 所示，外加电流方法所用的临时阳极。主要是使外加电流通过临时阳极流入被保护的钢筋，进行阴极极化。使阴极和阳极的电位差变小，甚至达到电位差为零，使腐蚀电流停止，以达到保护钢筋的目的；内部电流方式利用牺牲阳极与被保护的钢筋之间有较大的电位差产生电流，使阴极极化，使阴极和阳极的电位差变小，甚至达到电位差为零，以达到保护钢筋的目的。

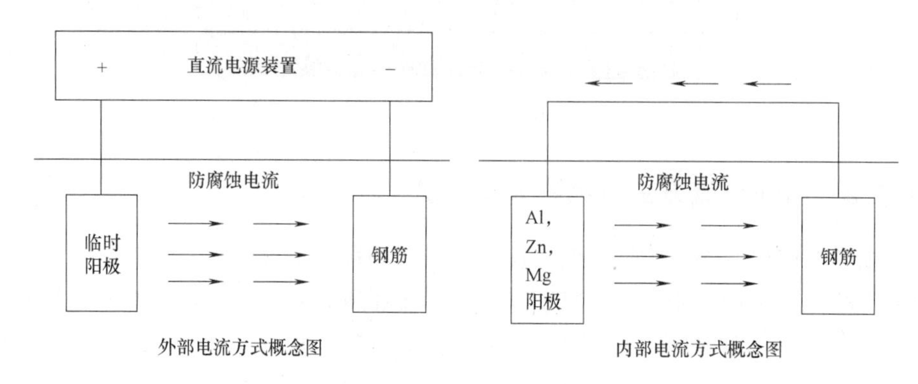

图 24-7 外部电流方式与内部电流方式对比

1. 不同形式的外部电流电化学保护技术

(1) 金属网作为面状阳极系统

面状阳极的外部电流如图 24-8 所示。

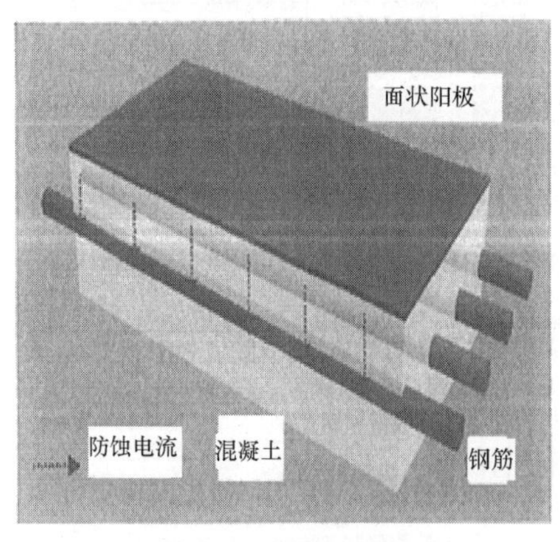

(a) 防腐蚀电流由网状阳极流向钢筋

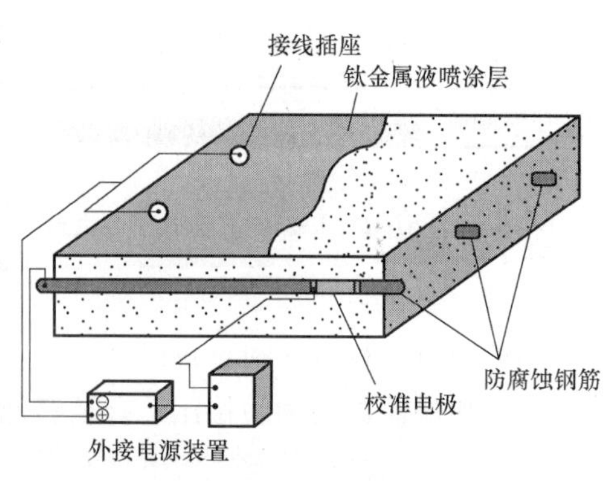

(b) 网状阳极及相关设备组合

图 24-8 面状阳极的外部电流

(2) 条状钛金属作为阳极系统

设置于混凝土表面或者内部某一面上，通过条状钛金属将预定的电流输入防腐蚀的钢筋，见图 24-9。

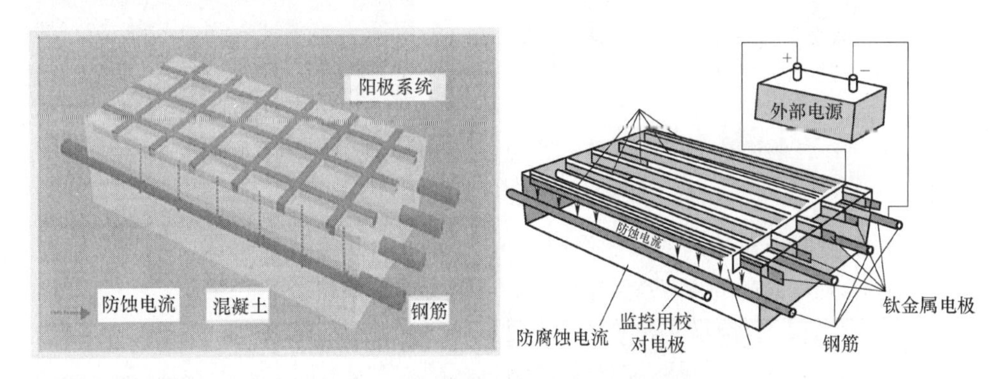

图 24-9　条状钛金属作为阳极系统

把条状钛金属作为阳极系统，设置于混凝土表面或者内部某一面上，通过条状钛金属阳极，将预定的电流输入防腐蚀的钢筋。

(3) 点状阳极系统

在防腐蚀钢筋的顶部，在保护钢筋上安放点状阳极，供给钢筋防腐蚀电流。其特点是在混凝土结构的面层钻孔，孔径 12mm 左右，各孔深度离保护钢筋有一定的距离；在孔内插入钛金属杆阳极，然后再用钛金属线把各钛金属杆阳极连接，成为整个防腐蚀阳极。再与外接直流电源相接，如图 24-10 所示。

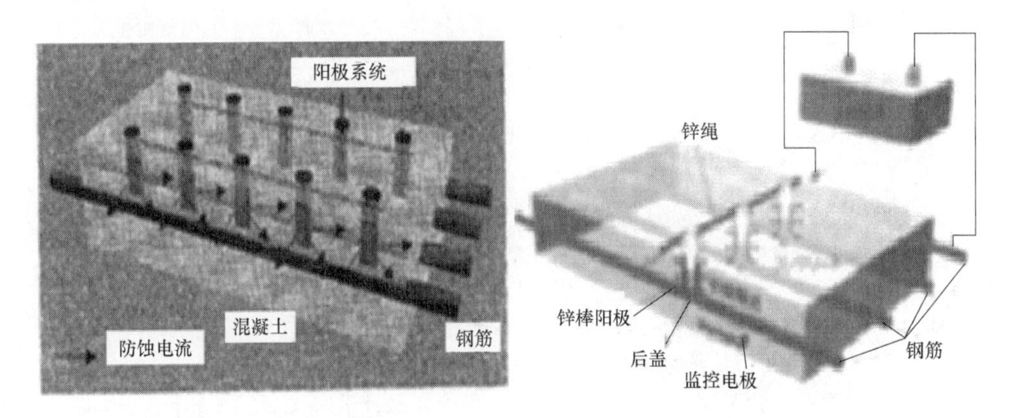

图 24-10　点状阳极的电化学保护系统

2. 牺牲阳极对钢筋的保护技术

(1) 牺牲阳极的外观形式

牺牲阳极的外观形式有多种，下面介绍加拿大和日本的产品，见图 24-11。

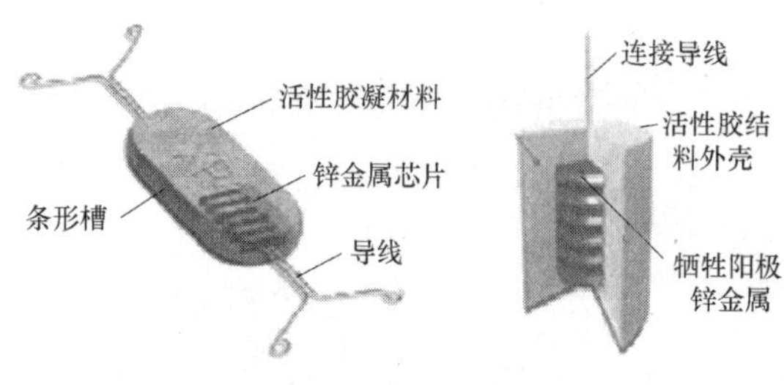

(a) 加拿大Vector公司产的小型锌片阳极

小型牺牲阳极尺寸

(b) 日本鹿岛公司介绍产品

图 24-11　牺牲阳极的外观形式

（2）牺牲阳极对钢筋的保护作用

牺牲阳极对钢筋的保护作用如图 24-12 所示。

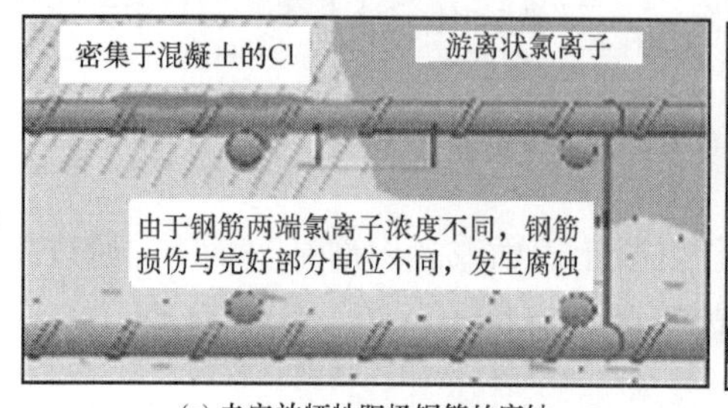

(a) 未安放牺牲阳极钢筋的腐蚀

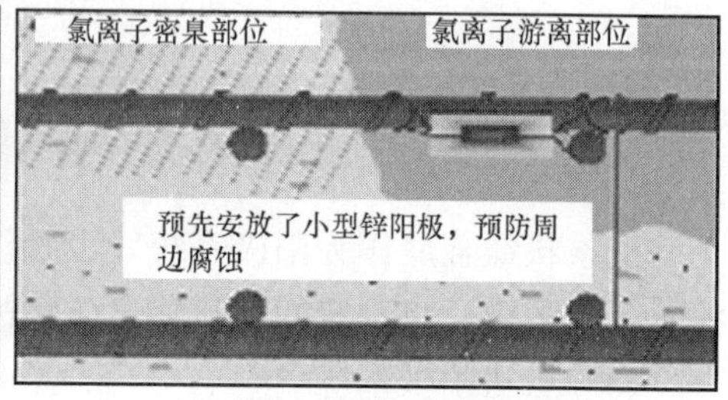

(b) 安放小型牺牲阳极钢筋的状况良好

图 24-12　未安放牺牲阳极与安放牺牲阳极钢筋的状况

（3）新建混凝土结构应用

新建混凝土结构中，小型阳极安放见图 24-13。

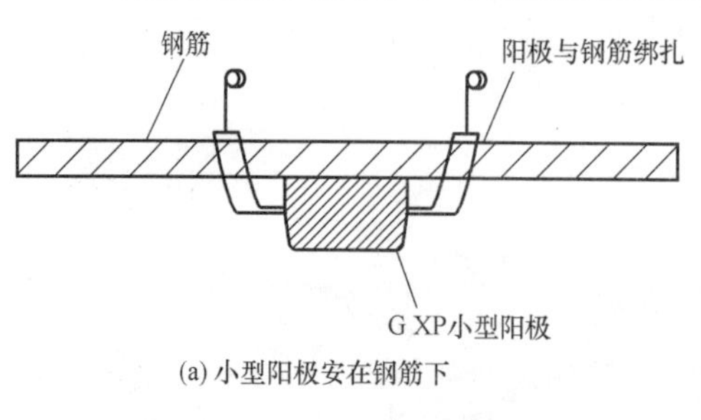

(a) 小型阳极安在钢筋下

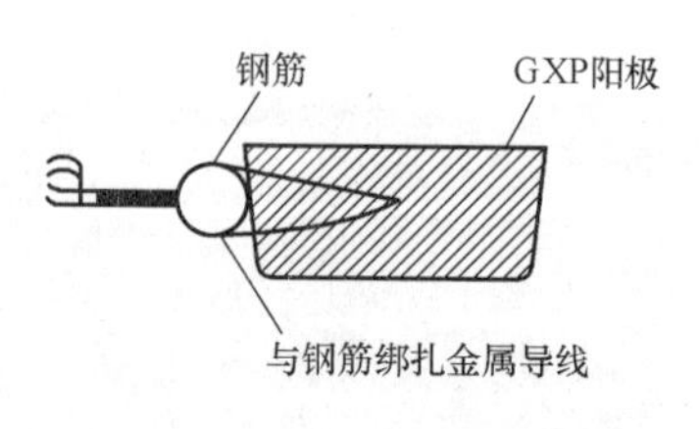

(b) 小型阳极与钢筋同一水平上

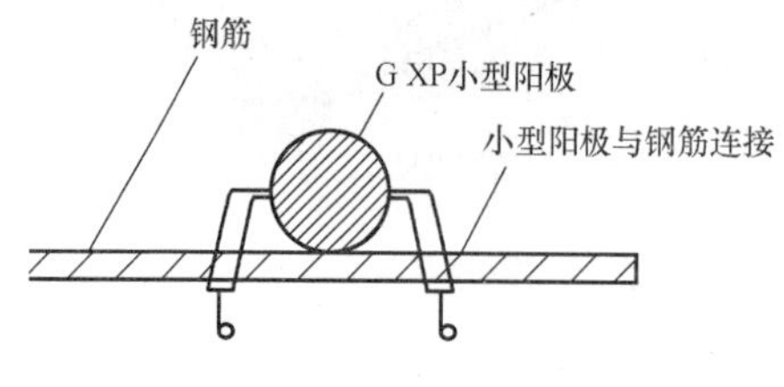

(c) 小型阳极在钢筋上

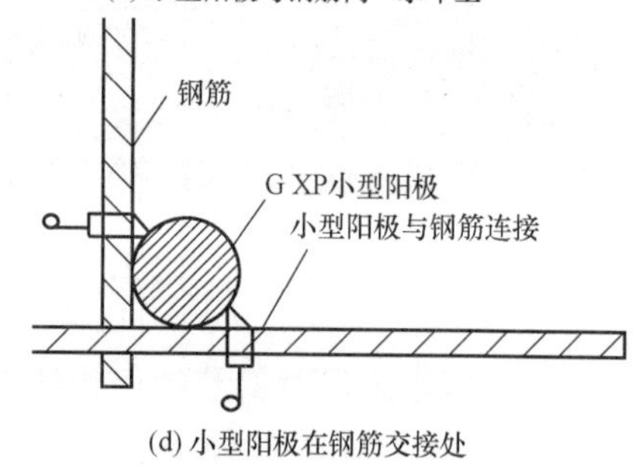

(d) 小型阳极在钢筋交接处

图 24-13　新建混凝土结构中小型牺牲阳极的安放（一）

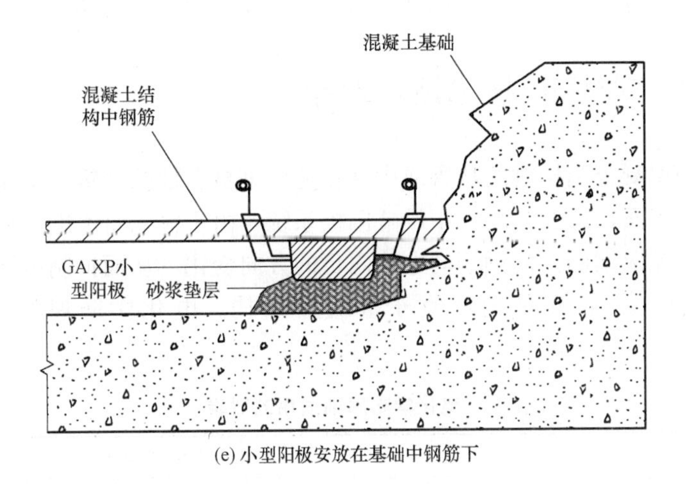

(e) 小型阳极安放在基础中钢筋下

图 24-13　新建混凝土结构中小型牺牲阳极的安放（二）

(4) 在混凝土结构修补中的应用

锌金属小型牺牲阳极在混凝土结构修补中的应用，见图 22-14。

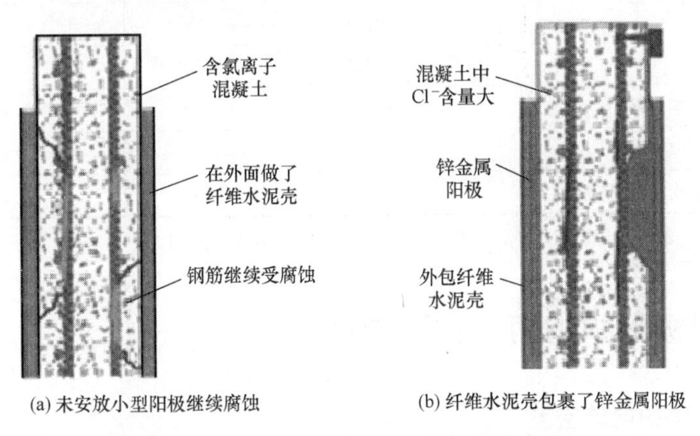

(a) 未安放小型阳极继续腐蚀　　(b) 纤维水泥壳包裹了锌金属阳极

图 24-14　锌金属小型阳极在结构修补中应用

(5) 牺牲阳极所用的材料

牺牲阳极的阴极保护法，利用牺牲阳极与被保护钢筋之间有较大的电位差产生电流，来达到保护混凝土中钢筋的目的。故用作牺牲阳极材料，必须具备以下条件：

① 与被保护的钢筋相比，有足够低的电位；

② 单位消耗量所发生的电量要大；

③ 能抵抗腐蚀，电流效率高；

④ 有较好的机械强度，成本低。

现在，工程上常用的牺牲阳极材料有铝、镁、锌及其合金。

24.4 电化学保护技术适用对象

可作为混凝土结构物的盐害或中性化造成钢材腐蚀的对策。电化学防腐蚀是在混凝土的表面，或在混凝土中设置阳极系统，由于输入直流电，从阳极系统经过混凝土，流向钢筋。使钢筋的电位向负的方向变化，从而抑制钢筋的腐蚀。电化学防腐蚀工法，几乎均适宜于混凝土结构。电化学防腐蚀适用的对象见表 24-1。

电化学防腐蚀适用的对象 **表 24-1**

适用对象	劣化机理		
	盐害		中性化
陆上部分		○	○
海洋环境	大气中	○	○
	浪溅区部位	○	○
	潮汐区中	▽	▽
	海水中部位	▽	—
结构构件	RC,PC	○	○
已有结构物		○	○
新建结构物(预防)		○	○

表中:“○”表示完全适用;“ ▽”表示尚可采用;“ —”表示不适用

24.5 阴极保护的两个主要参数

1. 最小保护电流密度

通过阴极保护，钢筋（金属设备）达到完全保护时，必须加上一个外加电流，使腐蚀电池中的阳极电流变为零。钢筋（金属设备）得到完全保护。如果把整个金属设备的表面作为阴极来看待，设 A 为其表面积，则电流密度应为 I_p/A。这就是使金属设备的腐蚀降低至最低程度所需的电流密度的最小值，也即最小保护电流密度。意即在金属设备的单位表面积上，要通过一定电流，该电流密度不能小于 I_p/A，单位为 A/m^2。如在潮湿环境下，混凝土中钢筋最小保护电流密度 0.055～0.27A/m^2。最小保护电流密度的大小，主要决定于被保护金属的种类、电解质溶液的性质、温度、流速、电极极化率，以及金属与电解质溶液的过渡电阻。

2. 最小保护电位

钢筋（金属设备）进行阴极保护时，使钢筋（金属设备）腐蚀过程停止的电位值，称为最小保护电位。要使金属设备达到完全保护时，必须要将金属设备阴极极化，使它的总电位降低到与腐蚀电池的阳极电位 $E^{\circ}_{阳}$ 相等，这时的电位称为最小保护电位。阴极与阳极之间的电位差为零，阴极不受到腐蚀。也即钢筋不受到腐蚀。这就是最小保护电位。试验证明，钢铁在天然水或土壤中的最小保护电位，对标准氢电极为－0.53V；对饱和甘汞电极为－0.77V。也就是说，只要钢铁设备的电极电位，保持比这个数值更负的电位值，就可以得到完全保护。

参考文献

［1］（日）笠井芳夫. The Concrete［M］. 东京：技术书院，1998.

［2］（美）P. Mehta. 混凝土的结构、性能与材料［M］. 祝永年、沈威、陈志源译. 上海：同济大学出版社，1991.

［3］冯乃谦. 高性能混凝土［M］. 北京：中国建筑工业出版社，1996.

［4］冯乃谦. 实用混凝土大全［M］. 北京：科学出版社，2001.

［5］A Neville，P C Aitcin. High Performance Concrete-An overview［J］. Materials and Structures，1998，31：111-117

［6］P K Mehta，P C Aitcin. Principles Underlying Production of High-Performance Concrete［J］. Cement Concrete & Aggregates，1990，12（2）：70-78.

［7］N Q Feng，G Z Li，X W Zang. High-Strength and Flowing Concrete with a Zeolitic Mineral Admixture［J］. ASTM. C. C. A，1990，12（2）.

［8］N Q Feng，Y X Shi，T Y Hao. Influence of Ultrafine Powder on the Fluidity and Strength Cement Paste［J］. Advances in Cement Research，2000，12（3）：89-95.

［9］R C Joshi，R P Lohtia. Type and Properties of Fly Ash［J］. Mineral Admixtures in Cement and Concrete［M］. V4. abi New Delhi，1993.

［10］S Popovics. What Do We know About the Contributions of Fly Ash to the Strength of Concrete［J］. Second ICFSS，Madrid，ACI SP-114，1，1986.

［11］M Kokubu. Mass Concrete Practices in Japan［M］. Symposium on Mass Concrete，ACI Publication，1963.

［12］P K Mehta，et al. Properties of Portland Cement containing Fly Ash and Condensed Silica Fume［J］. Cement and Concrete Research，1982，12：583.

［13］F H Wittmann. Summary Report on Research Activities［R］. Lausanne，1986.

［14］ACI Committee 363 State-of-the Art Report on High-Strength Concrete，Chapter 5-Properties of High-Strength Concrete［J］. ACI Journal，1984，383-389.

［15］N Q Feng，F Xing，F G Leng. Zeolite Ceramsite Cellular Concrete［J］. Magazine of Concrete Research，2000，52（2）：117-122.

［16］N Q Feng，X X Feng，T Y Hao，et al. Effect of Ultrafine Mineral Powder on the Charge Passed of the Concrete［J］. Cement & Concrete Research，2002.

［17］J Moksnes. High-Performance Concrete-A Proven Materials with Unfulfilled Potential［J］. Seventh International Symposium on Utilization of HS/HPC. ACI，2005.

［18］M Schmidt，E Fehling，Ultra HPC，Research，Development and Application in Europe［J］. Seventh International Symposium on Utilization of HS/HPC. ACI，2005.

［19］H Okamura，K Maekawa，T Mishima. Performance Based Design for Self-Compacting Structural High Strength Concrete［J］. Seventh International Symposium on Utilization of HS/HPC. ACI，2005.

［20］N Q Feng，J H Yan，G F Peng. Research Development and Application of HS/HPC in

China [C]. Seventh International Symposium on Utilization of HS/HPC. ACI，2005.
[21] N Q Feng，H W Ye，Z L Lin，Research and Application of Multi-Properties Concrete [C]. 10th International Symposium on HPC，Beijing，China ，2014.
[22] 冯乃谦. 高强混凝土技术 [M]. 北京：中国建材工业出版社，1992.
[23] 冯乃谦，邢锋. 高性能混凝土技术 [M]. 北京：中国原子能出版社，2000.
[24] 冯乃谦. 流态混凝土 [M]. 北京：中国铁道出版社，1986.
[25] 冯乃谦. 天然沸石混凝土应用技术 [M]. 北京：中国铁道出版社，1996
[26] 冯乃谦，邢锋. 混凝土与混凝土结构的耐久性 [M]. 北京：机械工业出版社，2006.
[27] 古阶祥. 沸石 [M]. 北京：中国建筑工业出版社，1980.
[28] 袭著革，李君文，王福玉. 环境卫生纳米应用技术 [M]. 北京：化学工业出版社，2004.
[29] 洪定海. 混凝土中钢筋的腐蚀与保护 [M]. 北京：中国铁道出版社，1998.
[30] 中国工程建设标准化协会标准. 高强混凝土应用技术规程：CECS 207：2006 [S]. 北京：中国计划出版社，2006.
[31] 建筑技术学会. 2003 年两岸营建环境及永续经营研讨会论文集 [C]. 台北：中国技术学院，2003.
[32] 冯乃谦. 高性能与超高性能混凝土技术 [M]. 北京：中国建筑工业出版社，2015.
[33] 小林一辅. 混凝土实用手册 [M]. 王晓云，邓利，译. 北京：中国电力出版社，2010.
[34] 冯乃谦. 现代建筑材料手册 [M]. 北京：机械工业出版社，2021.
[35] 朋改非. 土木工程材料 [M]. 武汉：华中科技大学出版社，2013.
[36] 笠井芳夫，坂井悦郎. 新 Cement Concrete 用混合材料 [M]. 日本：技术书院，2006.
[37] 庄青峰. 高性能混凝土的宏观、细观与微观断裂分析及水化计算机模拟 [D]. 北京：清华大学，1997.
[38] 马孝轩. 硅酸盐材料在地下耐久性的试验研究 [J]. 混凝土与水泥制品，1995 (8).
[39] 西林新藏. 性能评价型的 Concrete (收缩龟裂) [R]. 武汉，2009 (10).
[40] 笠井芳夫. 日本的高强度、超高强度 Concrete 的特征 [R]. 武汉，2011 (4).
[41] 冯乃谦. 高性能混凝土与超高性能混凝土的发展和应用 [J]. 施工技术，2009，38 (4)：1-6.
[42] 冯乃谦，向井毅，江原恭二. 作为混凝土增强促进剂的天然沸石的有效应用的研究 [C]. 日本建筑学会构造系论文报告集，1988 (6).
[43] 蒋鹤，李树繁，王小明，等，复合掺合料对水泥胶砂流动度和长期强度的影响 [J]. 混凝土与水泥制品，2021，1：1-6.
[44] 王冠，李炜，葛文杰，等. 不同因素对超高性能混凝土工作性及力学性能的影响 [J]. 混凝土与水泥制品，2021，12：50-54.
[45] 刘中原，陈平，刘荣进，等. 内养护剂对自密实混凝土性能的影响 [J]. 混凝土，2021 (6)：5.
[46] 张新华. 高性能混凝土的微观结构 [M]. 北京：中国原子能出版社，2000.
[47] 刘菲凡. 减缩剂对超高性能混凝土性能的影响研究 [J]. 混凝土与水泥制品，2022 (6).

［48］ 高玉军，孙武，邵建冬，等．UHPC预制桥面板生产工艺研究［J］．混凝土与水泥制品，2022（6）：5．
［49］ 冯乃谦，等．混凝土新材料新技术与新工艺变革与创新［J］．施工技术，2019，48（9）：1-5．
［50］ 冯乃谦，郝挺宇．混凝土结构电化学保护技术［M］．北京：中国建筑工业出版社，2019．
［51］ 冯乃谦，季元升，季龙泉．生活垃圾发电飞灰的重金属固化与飞灰资源化的研究［J］．中国高新科技，2019，21：3．
［52］ 纪涛．垃圾焚烧飞灰微波解毒与药剂稳定化及资源化技术研发［D］．天津：天津大学，2010．